数据库系统原理与应用

（Oracle版）

方巍◎主编

清华大学出版社

北京

内 容 简 介

本书是一本结合数据库技术的新近发展和作者多年的教学实践经验编写而成的学习用书。本书主要介绍数据库的基本原理和 Oracle 数据库的相关技术，并兼顾培养国产数据库人才的需要，介绍国产openGauss 数据库的相关内容。本书配合大量的代码示例、习题和上机实践练习，强化读者对基本概念的理解，并训练他们的实际动手能力，最后通过一个综合项目案例，带领读者体验真实的项目开发。通过阅读本书，读者能够快速掌握常用数据库系统开发的原理、技巧和应用等相关知识。**本书免费提供教学课件（PPT）、案例源代码和习题参考答案等教学资源。**

本书共 18 章。第 1～4 章介绍数据库的基本概念、关系模型、关系代数、规范化理论等；第 5～6 章介绍数据库设计的详细步骤及数据库开发环境；第 7～10 章介绍 Oracle 数据库体系结构、表空间和数据文件管理、Oracle 模式对象、SQL 基础知识；第 11～15 章介绍 PL/SQL 编程基础、存储过程与函数的创建、触发器和包的创建与应用、Oracle 安全性管理、数据库备份和恢复；第 16～18 章介绍大数据和云计算相关数据库应用知识、openGauss 数据库基础，最后通过一个数据库应用综合项目案例介绍 Oracle 开发的经验和技巧。附录以电子文档的形式提供本书实验指导以及 Oracle 常用技巧和认证考试等相关学习资料。

本书内容丰富，讲解循序渐进，非常适合数据库尤其 Oracle 数据库的初学者阅读，对于 Oracle 数据库管理和开发人员，也是不可多得的参考书。另外，本书也可作为高等院校相关专业的教材和教学参考书。

图书在版编目（CIP）数据

数据库系统原理与应用：Oracle 版 / 方巍主编. —北京：清华大学出版社，2023.3
ISBN 978-7-302-62848-4

Ⅰ．①数… Ⅱ．①方… Ⅲ．①关系数据库系统－高等学校－教材 Ⅳ．①TP311.132.3

中国国家版本馆 CIP 数据核字（2023）第 060941 号

责任编辑：王中英
封面设计：欧振旭
责任校对：徐俊伟
责任印制：刘海龙

出版发行：清华大学出版社
   网   址：http://www.tup.com.cn, http://www.wqbook.com
   地   址：北京清华大学学研大厦 A 座   邮 编：100084
   社 总 机：010-83470000   邮 购：010-62786544
   投稿与读者服务：010-62776969，c-service@tup.tsinghua.edu.cn
   质量反馈：010-62772015，zhiliang@tup.tsinghua.edu.cn
印 装 者：三河市少明印务有限公司
经 销：全国新华书店
开 本：185mm×260mm   印 张：26.5   字 数：682 千字
版 次：2023 年 5 月第 1 版   印 次：2023 年 5 月第 1 次印刷
定 价：69.80 元

产品编号：086790-01

前　　言

　　大数据时代，数据的存储和处理渗透在各个应用领域。数据库技术是一种基础且重要的数据处理手段，数据库的操作、设计与开发能力已成为 IT 人员必备的基本素质。数据库课程是计算机专业的核心基础课程，数据库技术及其应用正在以日新月异的速度发展，因此计算机及其相关专业的学生非常有必要学习和掌握数据库知识。数据库在当今各行各业中都有举足轻重的作用。Oracle 数据库是应用非常广泛的大型数据库管理系统，其体系结构灵活，具有跨平台的特性，适用面广，市场占有率高，各种高级语言都能很好地与其兼容，其安全性、完整性和一致性等方面都优于同类数据库，因此深受广大企事业单位的青睐，成为广泛应用于政府和各类企事业单位的首选数据库系统。

　　目前，市场上关于数据库相关的图书虽然比较多，但是它们大部分偏重于技术深度，对于初学者来说过于专业，比较难懂，而且一些具有较高应用价值的内容却偏重理论，应用与实践环节不足。本书便是为了解决这一问题而写。

　　本书的前身《Oracle 数据库应用与实践》于 2014 年出版，至今已经 8 年。其间，数据库技术应用日益广泛和深入，数据库课程教学也与社会的实际需求结合越来越密切。为了满足新的教学和学习需求，并满足爱国主义教育和课程思政的要求，笔者对《Oracle 数据库应用与实践》做了全面升级和修订。为了更加突出数据库原理与应用的特色，对书名也进行了调整。

　　本书总结笔者多年的教学心得体会，采用理论结合实践的编写方式，通过简洁明快的语言和短小精悍的代码示例，帮助读者快速掌握数据库原理和 Oracle 数据库应用开发技术，并让他们对国产 openGauss 数据库以及大数据和云数据库等知识也有基本的了解。

　　本书内容丰富，编排合理，讲解深入浅出，涵盖数据库开发人员、Oracle 程序设计人员、大数据开发人员和 DBA 需要掌握的基本知识，是不可多得的数据库教学用书，也是读者自学数据库尤其自学 Oracle 的佳作。

本书特色

1. 全面涵盖 Oracle 的核心技术细节和认证考试等内容

　　本书全面涵盖 Oracle 18c 的体系结构、应用技术及 PL/SQL 需要重点掌握的知识，同时对 Oracle 的新技术也有所涉及。另外，本书以电子书的方式提供 Oracle 认证考试的相关内容，可以帮助读者获得高含金量的 Oracle 认证证书。

2. 给出 Oracle 应用与管理中的常用技巧

　　本书对 Oracle 应用与管理中经常会用到的一些技巧做详细讲解，并对经常会碰到的一些问题进行解答，另外还对初学者经常出现的一些问题进行归纳和总结，从而帮助读者更好地掌握这些知识点。

3. 融入课政思政内容，适应当前教学需求

本书新增国产数据库 openGauss 以及大数据和云数据库等相关知识，以帮助读者了解国产数据库技术以及新兴数据库技术的发展情况，从而满足当前数据库教学的需求。

4. 结合大量的代码示例、习题与实践练习进行讲解

本书结合大量的代码示例进行讲解，并在除第 18 章外的每章后给出习题与实践练习，以帮助读者理解数据库的原理并提高实际动手能力。本书还以电子文档的形式提供实验指导与实训，便于相关老师和学生进行课堂实验。

5. 项目案例典型，实用性强

本书第 18 章介绍一个笔者开发的实际项目案例，该案例采用流行的 Java EE 框架实现，读者通过该案例可以融会贯通地理解相关技术。该案例有较高的应用价值，读者稍加修改，便可将其用于实际项目开发中。

6. 免费提供教学 PPT、源代码和习题参考答案等教学资源

本书免费提供专业的教学 PPT，以方便老师教学时使用，也可帮助读者梳理知识点；另外还提供本书涉及的源代码，便于读者实战演练；而且还提供习题参考答案，便于读者检查学习效果。

本书内容

全书共 18 章，可以分为如下 5 部分：

第 1 部分包括第 1~4 章。首先介绍数据库的基本概念，涵盖数据库系统概述、数据库系统结构、常用数据库简介、Oracle 数据库简介、国产数据库简介；然后介绍关系数据库的理论基础，从数学的角度重新定义关系、元组和属性等基本概念；接着详细介绍关系模型的三要素，以及关系的完整性约束等；最后从应用角度详细介绍各种查询运算规则及应用场景，并给出简单有效的优化查询技巧。

第 2 部分包括第 5~6 章。首先重点介绍数据库设计的详细步骤、数据库开发环境及数据库设计的 6 个阶段（需求分析、概念结构设计、逻辑结构设计、物理结构设计、数据库实施、数据库运行和维护），并针对每个阶段分别介绍其相应的任务、方法和步骤；然后介绍 Oracle 18c 数据库的新特性，并详细介绍在 Windows 系统下安装 Oracle 18c 的步骤；最后介绍 SQL Developer、SQL*Plus 和企业管理器 OEM 的安装与使用。

第 3 部分包括第 7~10 章，主要涵盖 Oracle 数据库体系结构、表空间和数据文件管理、Oracle 模式对象、SQL 基础等内容。首先介绍 Oracle 数据库的物理结构、逻辑结构和内存结构，以及 Oracle 的永久表空间、临时表空间、撤销表空间、非标准块表空间和大文件表空间的创建与管理，并对数据文件的管理、查看表空间和数据文件基本信息等做必要介绍；然后以应用为目标，详细介绍 Oracle 模式对象中的表及表的完整性约束，并简单介绍视图、

索引、序列和同义词的创建与使用方法；最后对 SQL 语句的用法做详细介绍，例如创建、操纵、查询数据库与数据表，视图的创建与应用，以及索引的创建与应用等，其中，在表的查询操作中提供实用查询技巧，另外还提供多种查询方法及其等价转换。

第 4 部分包括第 11～15 章。首先介绍 PL/SQL 编程基础、存储过程与函数的创建、触发器和包的创建与应用、Oracle 安全性管理、数据库备份和恢复；然后介绍数据库高级编程，包括存储过程、函数、游标和触发器等各种复杂数据库对象的创建及其在数据库中的应用。

第 5 部分包括第 16～18 章。首先介绍大数据和云数据库的相关知识，以及 openGauss 数据库的基础知识；然后通过数据库综合实例介绍 Oracle 开发的经验和技巧，以及实际应用中数据库设计的基本步骤和方法，并给出详细的设计过程；最后以一个医药管理系统的设计与开发完整地再现整个数据库系统的设计过程。

附录以电子文档的方式提供 8 次课程实验指导和实训，各院校的相关授课老师可以结合具体教学课时选择性安排实验；另外还会简单介绍华为数据库 openGauss 的相关知识，以及 Oracle 的一些常用语句和使用技巧，以方便初学者学习和参考；最后对 Oracle 认证考试的相关知识进行解读，并提供一些考试样题供读者参考和学习。

读者对象

- ❑ 数据库系统管理与开发入门人员；
- ❑ 学习 Oracle PL/SQL 开发技术的人员；
- ❑ 广大数据库开发程序员；
- ❑ 应用程序开发人员；
- ❑ 高校 Oracle 课程教学人员；
- ❑ 专业数据库培训机构的学员；
- ❑ 想提高项目开发水平的人员；
- ❑ 软件开发项目经理；
- ❑ 参加 Oracle 认证考试的人员；
- ❑ 需要一本案头参考手册的人员。

配套资料

- ❑ 教学课件（PPT）；
- ❑ 示例和案例源代码；
- ❑ 习题参考答案；
- ❑ 电子书。

这些资料需要读者自行下载。请在清华大学出版社的网站（www.tup.com.cn）上搜索到本书，并在本书页面上找到"资源下载"栏目，然后单击"网络资源"或"课件下载"按钮即可下载。

致谢

在此感谢庞林、易伟楠、贾雪磊、薛琼莹、张文、王建强、陆文赫、沙雨、袁众、齐媚涵和李佳欣等人提供的帮助。

本书能够顺利出版，还要感谢 2020 年南京信息工程大学教材基金的资助！另外，本书编写时参考了一些优秀的数据库教材及网络资料，在此向资料的作者表示感谢！最后感谢清华大学出版社参与本书出版的各位编辑，没有你们，本书难以高质量出版！

联系作者

本书由方巍主笔编写。其他参与编写的人员有沈亮、郑玉和方菲。

虽然我们对本书内容力求准确，并多次进行审校，但因时间所限，加之 Oracle 数据库产品与内容的浩瀚，书中可能还存在疏漏和不足之处，恳请读者批评与指正。

本书提供答疑邮箱（hsfunson@163.com 和 627173439@qq.com），读者在学习的过程中若有疑问，可以联系作者获得帮助。

方巍

2023 年 4 月

目　　录

第1章 数据库概述

数据库技术是一门使用计算机管理数据的新技术，该项技术产生于 20 世纪 60 年代末至 70 年代初，是计算机学科的重要分支。数据库技术研究的是如何科学地组织和存储数据，如何高效地处理数据以获取其内在信息。使用数据库对数据进行管理是计算机应用中一个重要而广阔的领域。现在比较知名的大型数据库管理系统有 Oracle、MySQL、Sybase、Informix、DB2、Ingress、RDB 和 SQL Server 等，它们都由国外知名公司开发。国产数据库主要有 OceanBase、TDSQL、openGauss 和 GBase 等。

Oracle 数据库是 Oracle（中文名称叫甲骨文）公司的核心产品，它是一个适合大中型企业的数据库管理系统，其主要用户涉及面非常广，包括银行、电信、移动通信、航空、保险、金融、电子商务和跨国公司等。Oracle 产品是免费的，可以在 Oracle 官方网站上下载安装包，但 Oracle 服务是收费的。Oracle 公司成立以来，发布的数据库从最初的版本到 Oracle 7、Oracle 8i、Oracle 9i、Oracle 10g、Oracle 11g、Oracle 12c，再到 Oracle 18c，虽然每个版本之间的操作存在一定的差别，但是其对数据的操作基本上都遵循 SQL（Structured Query Language）标准。因此，对于 Oracle 学习与开发来说，版本之间的差别不大。

本章主要内容包括数据库系统概述、数据库系统结构、常用数据库简介、Oracle 数据库简介和国产数据库概述。

本章要点：
- ❑ 了解数据库、数据管理系统和数据库系统的联系和区别。
- ❑ 了解数据库管理技术的发展历程。
- ❑ 掌握数据库系统的三级模式结构。
- ❑ 了解数据库的二级映像功能和数据的独立性。
- ❑ 了解数据库管理系统的工作过程。
- ❑ 了解常用的关系型数据库。
- ❑ 了解 Oracle 数据库的发展历程。
- ❑ 熟悉 Oracle 数据库的特点和工作模式。
- ❑ 了解国产数据库的发展现状。
- ❑ 了解 openGauss 数据库产品。

1.1 数据库系统概述

数据库系统是当前计算机系统的重要组成部分。为了更好地理解数据库技术，首先需要简要地介绍一下数据库的基本概念。本节主要介绍数据库、数据库管理系统、数据库系统以及数据库管理技术的发展，并强调数据库管理技术是数据库系统的核心组成部分。

1.1.1 数据库与数据库管理系统简介

1. 数据

数据（Data）是事物的符号表示。数据的种类有数字、文字、图像和声音等，可以用二进制将这些数据数字化后存入计算机进行处理。数据的含义称为信息，数据是信息的载体；信息是数据的内涵，是对数据的语义解释。

在日常生活中，人们直接用自然语言描述事务。在计算机中，实体要抽象出事务的特征并组成记录描述。例如，一条学生记录数据可以表示为如下形式。

202201001	张三	男	1999-11-05	计算机科学	202209

2. 数据库

数据库（Database，DB）是长期储存在计算机内有组织、可共享的数据集合。数据库中的数据按一定的数据模型组织、描述和储存，具有较小的冗余度，以及较高的数据独立性和易扩展性，并可为各种用户共享。

数据库具有以下特性：

- 共享性：数据库中的数据能被多个应用程序的用户所使用。
- 独立性：提高了数据和程序的独立性，有专门的语言支持。
- 完整性：指数据库中数据的正确性、一致性和有效性。
- 减少数据冗余。

数据库还包含以下含义：

- 建立数据库的目的是为应用提供服务。
- 数据存储在计算机的存储介质中。
- 数据结构比较复杂，有专门的理论支持。

3. 数据库管理系统

数据库管理系统（Database Management System，DBMS）是一种操纵和管理数据库的大型软件，它用于建立、使用和维护数据库。它对数据库进行统一的管理和控制，以保证数据库的安全和完整。用户通过 DBMS 访问数据库中的数据，数据库管理员（Database Administrator，DBA）通过 DBMS 进行数据库的维护工作。它支持多个应用程序的用户用不同的方法在同一时刻或不同时刻建立、修改和查询数据库。

数据库管理系统的主要功能如下：

- 数据定义：提供数据定义语言以定义数据库和数据库对象。
- 数据操纵：提供数据操纵语言对数据库中的数据进行查询、插入、修改和删除等操作。
- 数据控制：提供数据控制语言进行数据控制，即提供数据的安全性、完整性和并发控制等功能。
- 数据库的建立与维护：包括数据库初始数据的装入、转储、恢复，以及系统性能的监视和分析等功能。

1.1.2 数据库系统简介

数据库系统（Database System，DBS）是指在计算机系统中引入数据库后的系统构成，一般由数据库（DB）、操作系统（OS）、数据库管理系统及其开发工具、应用系统、用户、数据库系统管理员（Database Administrator，DBA）构成。图 1-1 描述了数据库系统的构成。

数据库管理系统是位于用户与操作系统之间的一层数据管理软件，用于科学地组织和存储数据，以及高效地获取和维护数据。数据库管理系统的主要功能包括数据定义、数据操纵、数据库的运行管理、数据库的建立和维护。

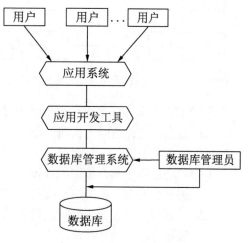

图 1-1 数据库系统的构成

📖知识点：
- ❑ 数据库系统的核心是数据库管理系统。
- ❑ 数据库系统有大小之分，大型数据库系统有 SQL Server、Oracle 和 DB2 等，中小型数据库系统有 Foxpro 和 Access 等。

1.1.3 数据库管理技术的发展

数据管理是指对数据进行收集、组织、编码、存储、检索和维护等工作。数据管理技术的发展经历了人工管理阶段、文件系统阶段、数据库系统阶段，现在正在向更高级的数据库系统发展。

1. 人工管理阶段

20 世纪 50 年代中期以前，人工管理阶段的数据是面向应用程序的，一个数据集只能对应一个应用程序。应用程序与数据之间的关系如图 1-2 所示。

在人工管理阶段，数据管理的特点如下：
- ❑ 不保存数据，只是在计算某一任务时将数据输入，用完即撤走。
- ❑ 不共享数据，数据面向应用程序，一个数据集只能对应一个程序，即使多个不同程序用到相同的数据，也得各自定义。
- ❑ 数据和程序不具有独立性。数据的逻辑结构和物理结构发生改变，必须修改相应的应用程序，即要修改数据则必须修改程序。
- ❑ 没有软件系统对数据进行统一管理。

2. 文件系统阶段

20 世纪 50 年代后期到 60 年代中期，计算机不仅用于科学计算，也用于数据管理。数据处理的方式不仅有批处理，还有联机实时处理。应用程序和数据之间的关系如图 1-3 所示。

图 1-2　人工管理阶段应用程序与数据之间的关系　　图 1-3　文件系统阶段应用程序与数据之间的关系

在文件系统阶段，数据管理的特点如下：

❑ 数据以文件的形式长期保存。

❑ 数据共享性差，冗余度大。在文件系统中，一个文件基本对应一个应用程序，当不同应用程序具有相同的数据时，也必须各自建立文件，而不能共享相同的数据，数据冗余度大，占用的系统存储空间大。

❑ 数据独立性差。当数据的逻辑结构改变时，必须修改相应的应用程序，数据依赖于应用程序，独立性差。

❑ 由文件系统对数据进行管理。文件系统把数据组织成相互独立的数据文件，用户可按文件名访问，并按记录存取，程序与数据之间有一定的独立性。

3．数据库系统阶段

从 20 世纪 60 年代后期开始，数据管理对象的规模越来越大，应用越来越广泛，数据量快速增加。为了实现数据的统一管理，解决多用户、多应用共享数据的需求，数据库技术应运而生，出现了统一管理数据的软件——数据库管理系统。

数据库系统阶段应用程序和数据之间的关系如图 1-4 所示。

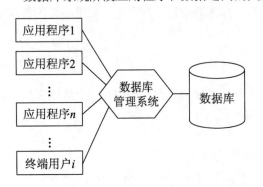

数据库系统与文件系统相比较主要具有以下特点：

❑ 数据结构化。

❑ 数据的共享度高，冗余度小。

❑ 有较高的数据独立性。

❑ 由数据库管理系统对数据进行管理。

在数据库系统中，数据库管理系统作为用户与数据库的接口，提供了数据库的定义、运行和维护，以及数据库安全性和完整性等控制功能。

图 1-4　数据库系统阶段应用程序与数据之间的关系

1.2　数据库系统结构

数据库系统的逻辑结构可以分为用户级、概念级和物理级 3 个层次，对应观察数据库的 3 种角度。3 个层次分别由用户、数据库管理员和系统程序员使用。每个层次的数据库都有自身对数据进行逻辑描述的模式，分别称为外模式、模式和内模式。

1.2.1 数据库系统的三级模式结构

模式（Schema）指对数据的逻辑结构、物理结构、数据特征以及数据约束的定义与描述。它是对数据的一种抽象，反映数据的本质和核心。

数据库系统的标准结构是三级模式结构，它包括外模式、模式和内模式，如图 1-5 所示。

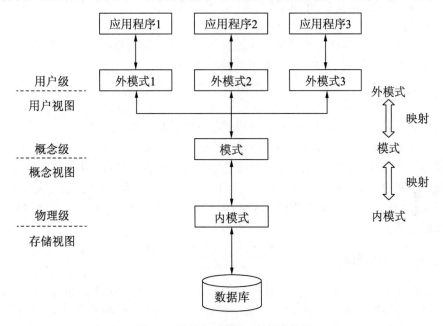

图 1-5 数据库系统的三级模式结构

1．外模式

外模式（External Schema）又称子模式或用户模式，位于三级模式的最外层，对应用户级。它是某个或某几个用户看到的数据视图，是与某一应用有关的数据的逻辑表示。外模式通常是模式的子集，一个数据库可以有多个外模式，同一外模式也可以为某一用户的多个应用系统所用，但一个应用程序只能使用一个外模式，它是由外模式描述语言（外模式 DDL）描述和定义的。

2．模式

模式（Schema）又称概念模式，也称逻辑模式，位于三级模式的中间层，对应概念级。它是由数据库设计者综合所有用户的数据，按照统一观点构造的全局逻辑结构，是所有用户的公共数据视图（全局视图）。一个数据库只有一个模式，它是由模式描述语言（模式 DDL）描述和定义的。

3．内模式

内模式（Internal Schema）又称为存储模式，位于三级模式的底层，对应物理级。它是对数据物理结构和存储方式的描述，是数据在数据库内部的表示方式。一个数据库只有一个内模式，它是由内模式描述语言（内模式 DDL）描述和定义的。

📖 知识点：

- ❏ 一个数据库可以有多个外模式，一个应用程序只能使用一个外模式。
- ❏ 一个数据库只有一个模式和内模式。

1.2.2 数据库的二级映像功能和数据独立性

为了能够在内部实现这 3 个抽象层次的联系和转换，数据库管理系统在这三级模式之间提供了两级映像：外模式/模式映像与模式/内模式映像。

1. 外模式/模式映像

模式描述的是数据全局逻辑结构，外模式描述的是数据局部逻辑结构。对于同一个模式可以有任意多个外模式。对于每一个外模式，数据库系统都有一个外模式/模式映像，它定义了该模式与模式之间的对应关系。这些映像的定义通常包含在各自的外模式描述中。

当模式改变时，由数据库管理员对各个外模式/模式映像做相应的改变，这样可以使外模式保持不变。应用程序是依据数据的外模式编写的，可以保证数据与程序的逻辑独立性，简称数据逻辑独立性。

2. 模式/内模式映像

由于数据库中只有一个模式，也只有一个内模式，所以模式/内模式映像是唯一的，它定义了数据库全局逻辑结构与存储结构之间的对应关系。例如，说明逻辑记录和字段在内部是如何表示的。该映像的定义通常包含在模式描述中。当数据库的存储结构改变（例如，选用另一种存储结构）时，由数据库管理员对模式/内模式映像做相应的改变，这样可以使模式保持不变，从而使得应用程序也不必改变，以保证数据与程序的物理独立性，简称数据的物理独立性。

在数据库的三级模式结构中，数据库模式（全局逻辑结构）是数据库的中心与关键，它独立于数据库的其他层次。

数据库的内模式依赖于它的全局逻辑结构，但独立于数据库的用户视图（外模式），也独立于具体的存储设备。

数据库的外模式面向具体的应用程序，它定义在逻辑模式之上，但独立于内模式和存储设备。

数据库的二级映像能保证数据库外模式的稳定性，从而从根本上保证应用程序的稳定性，使得数据库系统具有较高的数据与程序的独立性。数据库的三级模式与二级模式使得数据的定义和描述可以从应用程序中分离出去。

1.2.3 数据库管理系统的工作过程

数据库管理系统控制数据操作的过程，是基于数据库系统的三级模式结构与二级映像功能进行的。下面通过读取一个用户记录的过程介绍数据库管理系统的工作过程，如图 1-6 所示。

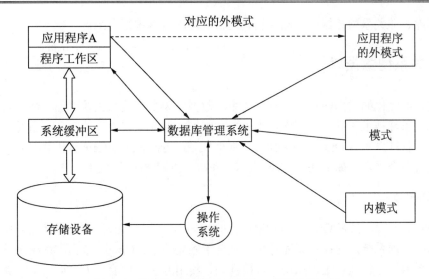

图 1-6　应用程序从数据库中读取一条记录的过程

（1）应用程序 A 向数据库管理系统发出从数据库中读用户数据记录的命令。

（2）数据库管理系统对该命令进行语法检查和语义检查，并调用应用程序 A 对应的外模式，检查 A 的存取权限，决定是否执行该命令。如果拒绝执行，则转第（10）步向用户返回错误信息。

（3）在决定执行该命令后，数据库管理系统调用模式，依据外模式/模式映像的定义，确定应读入模式中的哪些记录。

（4）数据库管理系统调用内模式，依据模式/内模式映像的定义，决定从哪个文件、用什么存取方式、读入哪个或哪些物理记录。

（5）数据库管理系统向操作系统发出执行读取所需物理记录的命令。

（6）操作系统执行从物理文件中读数据的有关操作。

（7）操作系统将数据从数据库的存储区传送至系统缓冲区。

（8）数据库管理系统依据内模式/模式、模式/外模式映像的定义（仅为模式/内模式、外模式/模式映像的反方向，并不是另一种新映像），导出应用程序 A 所要读取的记录格式。

（9）数据库管理系统将数据记录从系统缓冲区传送到应用程序 A 的用户工作区。

（10）数据库管理系统向应用程序 A 返回命令执行情况的状态信息。

以上为数据库管理系统的一次读用户数据记录的过程。数据库管理系统向数据库写一个用户数据记录的过程与此类似，只是过程基本相反。由数据库管理系统控制的用户数据的存取操作就是由很多读或写的基本过程组合完成的。

1.3　常用数据库简介

目前应用最为广泛的数据库是关系型数据库，它是建立在关系模式基础上的数据库，它借助集合代数等数学概念和方式来处理数据库中数据。近年来，大型社交网络如微博等新型应用的兴起对数据管理技术提出了新的挑战，如更高的并发读写、海量数据的高效存储和访问，以及高扩展性和高可用性等需求，于是非关系型数据库应运而生。下面分别对常用的关系型数据库、非关系型数据库产品及新兴的云数据库技术进行介绍。

1.3.1　关系型数据库

目前，商品化的数据库管理系统以关系型数据库为主，技术比较成熟。面向对象的数据库管理系统虽然技术先进，数据库易于开发和维护，但尚未有成熟的产品。市场上主要的关系型数据库管理系统有 Oracle、MySQL、SQL Sever、Sybase、Informix 和 INGRES 等，这些产品都支持多个平台，如 UNIX、VMS、Windows，但支持的程度不一样。

1. Oracle

Oracle 数据库，又名 Oracle RDBMS，简称 Oracle（甲骨文），它是甲骨文公司的一款关系型数据库管理系统，它在数据库领域一直处于领先地位。Oracle 数据库系统是目前世界上流行的关系数据库管理系统，系统可移植性好、使用方便、功能强大，适用于各类大、中、小微机。它是一种高效率、高可靠性、高吞吐量的数据库解决方案。Oracle 12c 引入了一个新的多承租方架构，使用该架构可轻松部署和管理数据库云。此外，一些创新特性可最大限度地提高资源的使用率和灵活性，如 Oracle Multitenant 可快速整合多个数据库，而 Automatic Data Optimization 和 Heat Map 能以更高的密度压缩数据并对数据分层。这些独一无二的技术进步再加上其在可用性、安全性和大数据支持方面的增强，使得 Oracle 12c 成为私有云和公有云部署的理想平台。

2. IBM的DB2

作为关系数据库领域的开拓者和领航者，IBM 在 1997 年完成了 System R 系统的原型，1980 年开始提供集成的数据库服务器——System/38，随后是 SQL/DS for VSE 和 VM，其初始版本与 System R 原型密切相关。1988 年，DB2 for MVS 提供了强大的在线事务处理（OLTP）支持，1989 年和 1993 年，分别以远程工作单元和分布式工作单元实现了分布式数据库支持。另外推出的 DB2 Universal Database 6.1 则是通用数据库的典范，它是第一个具备网上功能的多媒体关系数据库管理系统，支持包括 Linux 在内的一系列平台。

DB2 是内嵌于 IBM 的 AS/400 系统上的数据库管理系统，它直接由硬件支持。它支持标准的 SQL 语言，具有与异种数据库相连的 GATEWAY。因此它具有速度快、可靠性高的优点。不过，只有硬件平台选择了 IBM 的 AS/400，才能选择使用 DB2 数据库管理系统。

3. Informix

Informix 在 1980 年成立，目的是为 UNIX 等开放操作系统提供专业的关系型数据库产品。该公司的名称 Informix 便是 Information 和 UNIX 结合的产物。Informix 的第一个真正支持 SQL 语言的关系数据库产品是 Informix SE（StandardEngine）。Informix SE 是在 UNIX 环境下主要的数据库产品，它也是第一个被移植到 Linux 上的商业数据库产品。

4. Sybase

Sybase 公司成立于 1984 年，公司名称 Sybase 是 System 和 Database 相结合的产物。Sybase 公司的创始人之一 Bob Epstein 是 Ingres 大学版（与 System R 同时期的关系数据库模型产品）的主要设计人员。公司的第一个关系数据库产品是 1987 年 5 月推出的 Sybase SQL Server 1.0。

Sybase 首先提出 Client/Server 数据库体系结构的思想，并率先在 Sybase SQL Server 中实现。

5. SQL Server

1987 年，微软和 IBM 合作开发完成 OS/2，IBM 在其销售的 OS/2 ExtendedEdition 系统中绑定了 OS/2 Database Manager，而微软产品线中尚缺少数据库产品。为此，微软将目光投向 Sybase，同 Sybase 签订了合作协议，使用 Sybase 的技术开发基于 OS/2 平台的关系型数据库。1989 年，微软发布了 SQL Server 1.0 版。2012 年 3 月，微软正式发布最新的 SQL Server 2012 RTM（Release-to-Manufacturing）版本。微软此次新版本发布的口号是用"大数据"来替代"云"，微软对 SQL Server 2012 的定位是帮助企业处理大量的数据（Z 级别）增长。

6. Teradata

Teradata 公司是美国前十大上市软件公司之一。经过近 30 年的发展，Teradata 公司已经成为全球最大的专注于大数据分析、数据仓库和整合营销管理解决方案的供应商。Teradata 数据仓库配备性能最高、最可靠的大规模并行处理（MPP）平台，能够高速处理海量数据。它使得企业可以专注于业务，而无须花费大量精力管理技术，因而可以更加快速地做出明智的决策，从而实现 ROI 最大化。

7. MySQL

MySQL 是一个小型关系型数据库管理系统，它是最受欢迎的开源 SQL 数据库管理系统，其开发者为瑞典的 MySQL AB 公司。该公司在 2008 年 1 月 16 日被 Sun 公司收购，现属于 Oracle 公司所有。目前，MySQL 被广泛地应用在 Internet 上的中小型网站开发中。由于其体积小、速度快、成本低，尤其是开放源码这一特点，许多中小型网站为了降低网站总体运营成本而选择了 MySQL 作为后台数据库。

1.3.2　非关系型数据库

非关系型数据库也称为 NoSQL（Not Only SQL），意思是不仅仅是结构化查询语言（Structured Query Language，SQL）。NoSQL 不同于关系型数据库的数据库管理方式，它所采用的数据模型并非关系型数据库的关系模型，而是采用键值、列式、文档等非关系模型。它不支持关系型数据库事务的 ACID 特性。它们建立在非传统关系数据模型之上，它们的存在是为了满足更多的互联网业务，并且一般均开源免费，使用起来更加方便。下面介绍一些常用的非关系型数据库。

1. MongoDB

MongoDB 是最著名的 NoSQL 数据库，它是一个基于分布式文件存储的数据库，由 C++ 语言编写，旨在为 Web 应用提供可扩展的高性能数据存储解决方案。它支持的数据结构非常松散，是类似于 JSON 的 BJSON 格式，因此可以存储比较复杂的数据类型。MongoDB 最大的特点是它支持的查询语言非常强大，其语法有点类似于面向对象的查询语言，几乎可以实现类似于关系数据库单表查询的绝大部分功能，还支持为数据建立索引的功能。MongoDB 的主要优点如下：

❑　高性能、易部署、易使用，存储数据非常方便。

- ❑ 弱一致性，更能保证用户的访问速度。
- ❑ 文档结构的存储方式，能够更便捷地获取数据。
- ❑ 内置 GridFS，支持大容量存储。
- ❑ 第三方支持丰富。

与关系型数据库相比，MongoDB 的不足之处是，它不支持事务操作，在集群分片中的数据分布不均匀，磁盘空间占用比较大。

2．Redis

Remote Dictionary Server（Redis）是由 Salvatore Sanfilippo 开发的 Key-Value 系统。Redis 是纯内存 NoSQL 系统，把整个数据库加载到内存中，通过异步操作把数据库更新到硬盘上进行保存。Redis 的主要优点如下：

- ❑ 极高的性能：每秒可以处理 10 万次的读写操作。
- ❑ 丰富的数据类型：支持 String、List、Hash、Set 及 Ordered Set 等数据类型的操作。
- ❑ 操作的原子性：支持所有单操作或组合操作的原子性。
- ❑ 丰富的特性：支持发布/订阅、通知、键值过期等特性。

Redis 的主要缺点是数据库容量受到物理内存的限制，要依赖客户端来实现分布式读写，不具有可扩展性，不能用作海量数据的高性能读写。因此 Redis 主要用在数据量较小而性能要求极高的应用上。目前使用 Redis 的系统有 github 和 Engine Yard 等。

3．Cassandra

Cassandra 最初是由 Facebook 开发的，目前是 Apache 的开源项目，它是基于 Key-Value 和 BigTable 的混合型 NoSQL 系统，其系统架构与 Dynamo 一脉相承，是基于分布式哈希表 DHT 的完全 P2P 架构，可以无缝地加入或删除节点，但比 Dynamo 功能更加丰富，非常适用于对节点规模变化较快的 Web 应用。Cassandra 的主要优点如下：

- ❑ 灵活的模式：可以在系统运行时随意地添加或删除字段。
- ❑ 真正的可扩展性：支持水平扩展。可以通过指向另一台电脑以给集群添加更多容量，不必重启进程、改变应用或迁移数据。
- ❑ 可识别的多数据中心：可以设置多个备用数据中心，一旦主数据中心失效，备用数据可以立即发挥作用。

Cassandra 的不足之处是当它收到非协议标准的随机数据时可能导致系统崩溃。目前 Cassandra 成为关注度非常高的 NoSQL 系统，Facebook、Twitter 和 digg.com 都在使用它。

4．CouchDB

CouchDB 是 Document 模型的 NoSQL 系统，其文件基于 JSON，API 基于 REST。它可以实现 GET、PUT、POST 和 DELETE 等标准接口；使用 JavaScript 作为查询语言来转换文档，可通过 Map Reduce 函数来生成视图；可通过 JSON API 访问；它具有双流向增加副本的特性、高健壮性、高并发性和容错性。CouchDB 的主要优点如下：

- ❑ 良好的分布特性：可把存储系统分布到 N 台物理节点上，从而很好地协调它和同步节点之间的数据读写一致性。
- ❑ 灵活的文档存储：可以存储半结构化的数据，特别适合存储文档，很适合用于内容管理系统（CMS）、电话本和地址本等应用。

❑ 支持 REST API 和 JavaScript 操作 CouchDB 数据库：可以非常简单和方便地结合 AJAX 技术开发内容管理系统。

CouchDB 可以应用到只关注简单信息而不关注信息之间联系的 Document 应用中，如信件、账单和笔记等。

5．Neo4j

Neo4j 是基于 Graph 模型，用 Java 实现的 NoSQL 系统。Neo4j 的内核是性能极快的图形引擎，具有数据恢复、两阶段提交、ACID 等几乎所有的传统数据库都具有的特性。Neo4j 既可作为内嵌数据库使用，也可以作为单独的服务器使用，提供 REST 接口，能够方便地集成到基于 PHP、.NET 和 JavaScript 的环境里。Neo4j 将结构化数据存储在网络上而不是表中，具有灵活的数据结构，可以应用更加敏捷和快速的开发模式。Neo4j 的主要优点如下：

❑ 灵活的数据结构：具有简单的数据结构，甚至可以无数据结构，可以简化模式变更和延迟数据迁移。

❑ 强大的建模功能：可以方便地为各种复杂领域的数据集建模，如 CMS 的访问控制、类对象数据库的用例、TripleStores 用例等。

❑ 众多的典型使用领域：如语义网、RDF、LinkedData、GIS、基因分析、社交网络数据建模和深度推荐算法等其他领域。

1.3.3　云数据库

云数据库是指被优化或部署到一个虚拟计算环境中的数据库，它具有按需付费、按需扩展、高可用性以及进行存储整合等优势。从数据模型的角度来说，云数据库并非一种全新的数据库技术，而是以服务的方式提供数据库功能，它并没有专属于自己的数据模型，所采用的数据模型可以是关系型数据库所使用的关系模型，也可以是 NoSQL 数据库所使用的非关系模型。常见的一些云数据库产品如图 1-7 所示。

1．亚马逊的Redshift

亚马逊的 Redshift 是跨一个主节点和多个工作节点实施的分布式数据库。通过使用 AW 管理控制台，管理员能够在集群内增加或删除节点，以及按实际需要调整数据库规模。所有的数据都存储在集群节点或机器实例中。亚马逊的 Redshift 集群可通过密集存储型和密集计算型两种类型的虚拟机实施。密集存储型虚拟机是专为大数据仓库应用而进行优化的，而密集计算型虚拟机为计算密集型分析应用提供了更多的 CPU。

2．阿里云关系型数据库

阿里云关系型数据库（Relational Database Service，RDS）是一种稳定、可靠、可弹性伸缩的在线数据库服务。基于阿里云分布式文件系统和 SSD 盘高性能存储。RDS 支持 MySQL、SQL Server、PostgreSQL、PPAS（Postgre Plus Advanced Server，高度兼容 Oracle 数据库）和 MariaDB TX 引擎，并且提供了容灾、备份、恢复、监控、迁移等方面的数据库技术全套解决方案，彻底解决了数据库运维的烦恼。如图 1-8 所示的数据异地容灾场景，通过数据传输服务，用户可以将自建机房的数据库实时同步到公有云上任一地域的 RDS 实例里面，即使发生机房损毁的灾难，数据永远在阿里云有一个备份，可以保证数据的安全性。

图 1-7　云数据库产品　　　　　　　　图 1-8　数据异地容灾场景

3. 云数据库MongoDB版

云数据库 MongoDB 版是基于飞天分布式系统、高可靠存储引擎和高可用架构的数据库。它提供容灾切换、故障迁移透明化、数据库在线扩容、备份回滚和性能优化等功能。云数据库 MongoDB 支持灵活的部署架构，针对不同的业务场景提供不同的实例架构，包括单节点实例、副本集实例及分片集群实例。

1.4　Oracle 数据库简介

Oracle 是一种 RDBMS（Relational Database Management System，关系数据库管理系统），是 Oracle 公司的核心产品，目前在市场上占有大量的份额。Oracle 数据库产品被财富排行榜上的前 1000 家公司所采用，许多大型网站选用 Oracle 数据库。作为一种大型网络数据库管理系统，其功能强大，能够处理大批量数据，主要应用于政府部门和商业机构等。

1.4.1　Oracle 数据库的发展历程

❑ 1977 年，Larry Ellison、Bob Miner 和 Ed Oates 共同建立了软件开发实验室咨询公司（Software Development Laboratories，SDL），总部位于美国加州 Redwood shore。
❑ 1979 年，推出基于 SQL 标准的关系数据库产品 Oracle V2。
❑ 1986 年，Oracle 推出具有分布式结构的版本 5，可将数据和应用驻留在多台计算机上，而相互间的通信是透明的。
❑ 1988 年，推出版本 6（V6.0）可带事务处理选项，提高了事务处理的速度。
❑ 1992 年，推出了版本 7，可带过程数据库选项、分布式数据库选项和并行服务器选项，称为 Oracle 7 数据库管理系统。
❑ 1999 年，Oracle 8i 交付使用，这是第一个互联网数据库，实现了数据库的低成本架构，为互联网应用产品带来巨大效益。
❑ 2001 年，基于新一代 Internet 电子商务基础架构的 Oracle 9i 数据库面世。
❑ 2004 年，具有网格功能的 Oracle 10g 发布，该版本中的 g 代表网格计算。
❑ 2007 年，推出 Oracle 11g，该版本扩展了 Oracle 独家具有的提供网格计算优势的功能，可以利用它来提高用户的服务水平、减少停机时间以及更加有效地利用 IT 资源，同时还可以增强全天候业务应用程序的性能，以及可伸缩性和安全性。

- 2008 年，SUN 以 10 亿美元收购了 MySQL，2009 年 4 月，Oracle 以 74 亿美元收购了 SUN。
- 2013 年，Oracle 公司宣布推出基于其最新云应用基础的 Oracle 12c 版本，c 代表云计算。它将应用服务器和内存数据网格功能集成到云计算的基础服务。Oracle 云应用基础由 Oracle WebLogic 服务器 12.1.2 构建，并涵盖在 Oracle Coherence 12.1.2 内。
- 2018 年和 2019 年，Oracle 分别在 Oracle Cloud 上的一体机环境中发布了 Oracle 18c 和 Oracle 19c。
- 2020 年，Oracle 发布了 Oracle 21c。

Oracle 云应用基础和生产力工具可帮助客户推出下一代应用，并通过关键任务云平台将其延伸到移动设备，同时通过现代化开发平台和集成工具简化跨本地云管理操作，以加速产品的上市。

1.4.2　Oracle 数据库的特点

Oracle 数据库系统具有许多特点，具体如下：
- 高可靠性：能够尽可能地防止服务器故障、站点故障和人为错误的发生，并减少计划内的宕机时间。
- 高安全性：可以利用行级安全性、细粒度审计、透明的数据加密和数据的全面恢复，确保数据安全并遵守法规。
- 更好的数据管理：轻松管理大型数据库信息的整个生命周期。Oracle 独家具有的提供网格计算优势的功能可提高用户服务水平，减少停机时间，更加有效地利用 IT 资源。同时还增强了全天候业务应用程序的性能，以及可伸缩性和安全性，利用真正的应用测试降低更改的风险。
- 领先一步的商务智能：Oracle 具有高性能数据仓库、在线分析处理和数据挖掘等功能。
- 多平台自动管理：Oracle 基本上可以运行在所有的操作系统平台上，如 Windows、Linux、HP-UX 和 AIX 等，这些系统可以自动管理，且 CPU 支持 Intel X86、HP 安腾、IBM POWER 及 SUN SPARC 等。

1.4.3　Oracle 数据库的工作模式

Oracle 数据库服务器的工作模式主要有两种：专用服务器模式和共享服务器模式。

1. 专用服务器模式

专用服务器模式是指 Oracle 为每个用户进程启动一个专门的服务器进程，该服务器进程仅为该用户进程提供服务，直到用户进程断开连接时，对应的服务器进程才终止，如图 1-9 所示。

服务器进程与客户进程是一对一的关系。各个专用服务器进程之间是完全独立的，它们之间没有数据共享。

下列情况应该采用专用服务器模式：
- 在批处理和大任务操作时。批处理和大任务操作时服务器进程一直处于忙碌状态，应减少服务器进程的空闲和系统资源的浪费。

❑ 使用 RMAN 进行数据库备份、恢复及执行数据库启动与关闭等操作时。

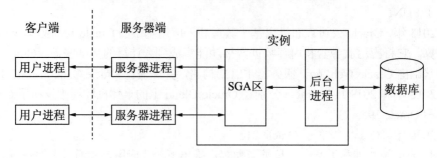

图 1-9　专用服务器模式

2．共享服务器模式

所谓共享服务器模式是指在数据库中创建并启动一定数目的服务器进程，在调度进程的帮助下，这些服务器进程可以为任意数量的用户进程提供服务，即一个服务器进程可以被多个用户进程共享，如图 1-10 所示。

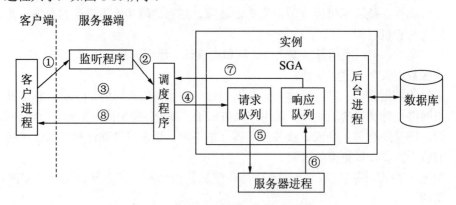

图 1-10　共享服务器模式

在创建数据库实例时，每个调度进程将自己的监听地址告诉 Oracle 监听程序。当监听器监听到一个用户进程后，首先检查该请求是否可以使用共享服务器进程，如果可以使用，则监听器将符合条件且负载最小的调度进程地址返回给用户进程，然后用户进程直接与该调度进程通信；如果没有找到合适的调度进程，或者用户进程请求的是专用服务器进程，则监听器将创建一个专用服务器进程为用户进程服务。在共享服务器模式下，用户请求被调度进程放入 SGA 中的一个先进先出（First in First out）的请求队列中。当有空闲的服务器进程时，该服务器进程从请求队列中取出一个"请求"进行处理，并将处理后的结果放入 SGA 的一个响应队列中（一个调度进程对应一个响应队列）；最后，调度进程从自己的响应队列中取出处理结果并返回给用户进程。

1.4.4　Oracle 数据库的应用结构

在安装和部署 Oracle 数据库时，需要根据硬件平台和操作系统的不同采取不同的结构。下面介绍几种常用的应用结构。

1．多数据库的独立宿主结构

多数据库的独立宿主结构在物理上只有一台服务器，服务器上有一个或多个硬盘，但是在功能上是多个逻辑数据库服务器和多个数据库，如图 1-11 所示。

图 1-11　多数据库的独立宿主结构

这种应用结构由多个数据库服务器和多个数据库文件组成，也就是说在一台计算机上安装两个版本的 Oracle 数据库。尽管它们在同一台计算机上，但其内存结构、服务器进程和数据库文件等都不是共享的，它们都有自己的内存结构、服务器进程和数据库文件。

对于这种情况，数据库文件要尽可能地存储在不同硬盘的不同路径下，由于每个逻辑服务器都要求分配全局系统区的内存和服务器后台进程，因此对硬件要求较高。

2．客户/服务器结构

在客户/服务器结构中，数据库服务器的管理和应用分布在两台计算机上，客户机上安装应用程序和连接工具，通过 Oracle 专用的网络协议 SQL*Net 建立和服务器的连接，发出数据请求。在服务器上运行数据库，通过网络协议接收连接请求，将执行结果回送给客户机。客户/服务器结构如图 1-12 所示。

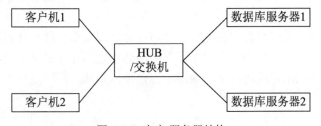

图 1-12　客户/服务器结构

在同一网络中，可以有多台物理数据库服务器和多台物理客户机。在一台物理数据库服务器上可以安装多种数据库服务器，或者安装一种数据库服务器的多个数据库进程。Oracle 支持多主目录，允许在一台物理数据库服务器上同时安装 Oracle 12c 和 Oracle 18c，它们可以独立存在于两个不同的主目录中。

客户/服务器结构的主要优点如下：

- ❑ 客户机和服务器可以选用不同的硬件平台，服务器（一个或几个）配置要高，客户机（可能是几个、几十个或上百个）配置可低一些，从而降低成本。
- ❑ 客户机和服务器可以选用不同的操作系统，因此可伸缩性好。
- ❑ 应用程序和服务器程序分别在不同的计算机上运行，从而减轻了服务器的负担。
- ❑ 具有较好的安全性。

❑ 可以进行远程管理，只要有通信网络（包括局域网或互联网），就可以对数据库进行管理，这也是 Oracle 数据库管理器 OEM 所要实现的功能。

3．分布式结构

分布式结构是客户/服务器结构的一种特殊类型。在这种结构中，分布式数据库系统在逻辑上是一个整体，但在物理上分布在不同的计算机网络里，通过网络连接在一起。网络中的每个节点可以独立处理本地数据库服务器中的数据，执行局部应用，同时也可以处理多个异地数据库服务器中的数据，执行全局应用。

各数据库相对独立，总体上又是完整的，数据库之间通过 SQL*Net 协议连接，因此异种网络之间也可以互连；操作系统和硬件平台可伸缩性好，可以执行对数据的分布式查询和处理；网络可扩展性好，可以实现局部自治与全局应用的统一。分布式结构如图 1-13 所示。

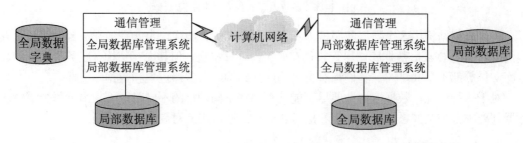

图 1-13 分布式数据库系统结构

其中，局部数据库管理系统负责创建和管理局部数据，执行局部应用和全局应用的子查询；而全局数据库管理系统则负责协调各个局部数据库管理系统，共同完成全局事务的执行，并保证全局数据库执行的正确性和全局数据的完整性；通信管理则负责实现分布在网络中各个数据库之间的通信；局部数据库存放全局数据的部分信息；全局数据字典则存放全局数据库在各服务器上的存放情况。

分布式数据库管理系统中数据在物理上分布存储，即数据存放在计算机网络上的不同局部数据库中；而在逻辑上，分布式数据库系统中的数据之间存在语义上的联系，即仍属于同一个系统。访问数据的用户既可以是本地用户，也可以是通过网络连接的远程用户。

1.5 国产数据库简介

1.5.1 国产数据库的发展现状

数据库、操作系统与中间件是计算机的三大基础软件。随着中美关系的变化，"缺芯少魂"之痛常让人为国产操作系统的不足捏一把汗，而数据库却像藏在水面之下的冰山，少有人关注。数据库核心技术受制于人不仅会带来供应链断裂的风险，同时也会带来安全风险，所以发展国产数据库势在必行。

当前，国产数据库发展比较缓慢，其在党政军领域应用较多，而在金融等领域应用较少。虽然与国外厂商的数据库相比，我国的数据库处于相对落后的状态，国外厂商仍占据我国数据库市场的 80%以上，但一些新的趋势正在行业内部悄然发生，国产数据库已经迈出了通往快速路的第一步。比如，对于关系型数据库而言，国产数据库的市场占有率已经从 2009 年的 4.2%提升至 2019 年的 18.9%；在 2020 年 11 月 Gartner 发布的 2020 年度数据库厂商评估报告中，中国数据库厂商已经占据三席。据统计，仅 2020 年新成立的初创型国产数据库公司就已完成 13 个融资项目。此外，根据中信证券的分析报告，2020 年 VLDB（大规模数据库国际会议）刊登的 63 篇论文，其中来自中国学者和研究人员的文章有 23 篇，在所有国家中排行第一，占比 36.5%。

近年来，国产数据库发展迅猛，各互联网巨头、网络通信巨头和创业公司纷纷加入，呈现百花齐放、百家争鸣的局面。据统计，仅 2020 年新成立的数据库公司就有 110 家。国产数据库可以分为 4 大流派：以南大通用、武汉达梦和人大金仓为代表的学院派；以华为 GaussDB（openGauss）、腾讯 TDSQL 和阿里 OceanBase 为代表的互联网派；以 TiDB、巨杉数据库、万里开源和 HotDB 等为代表的创业派，以及以中兴 GoldenDB 和亚信 AntDB 为代表的企业派。

数据库的研发与应用场景密切相关。如今，我国的数字经济规模已经达到 32 万亿，占 GDP 的 1/3，数字经济领域涌现出大量的新零售、新金融和新制造等数字业务场景，而这些场景从创新程度、创新规模和用户体量来看都居世界前列。随着消费互联网向产业互联网的推进，其数据库技术也在向产业和企业互联网场景演化，特别是工业互联网、车联网和物联网等大规模产业和企业互联网，它们都为数据库的创新提供了前所未有的机遇。

1.5.2　华为数据库简介

多年来华为致力于数据库的自主研发，GaussDB（openGauss）是华为自研数据库品牌，它涵盖关系型和非关系型数据库服务。华为 GaussDB 系列数据库全部基于统一的架构而开发，基于企业级分布式 DFV 存储，实现了融合多模的技术，让客户运维系统更加方便，其在可靠性、扩展性和备份恢复等方面均有成倍的性能提升。华为 GaussDB 系列数据库产品如图 1-14 所示。

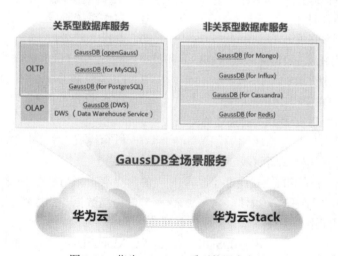

图 1-14　华为 GaussDB 系列数据库产品

GaussDB 数据库是华为汇聚全球数据库顶尖专家，从 2011 年开始持续进行大规模投入研发的产品。目前较为成熟的 GaussDB 是业界领先的企业级 OLAP 数据库，它重点在高性能、高可用、高可靠和融合分析方面构筑领先的竞争力。GaussDB 已获得中国信息通信研究院 512 节点大规模集群认证，被金融和安全等企业客户广泛采用，全球累计交付几百个商用局点。

GaussDB 的关键技术在于内置基于规则的优化器（RBO）和基于代价的优化器（CBO），这使其具备强大的 SQL 自优化能力，98%的数据仓库作业能实现原样迁移，而无须调优和修改业务逻辑。GaussDB 采用全并行计算技术和列存储向量化引擎技术，可以轻松实现万亿数据关联分析秒级响应。另外，GaussDB 数据库内核基于鲲鹏深度优化，充分利用鲲鹏多核和 CPU 指令集深度优化的特点，通过系统资源优化和调度策略优化，降低 NUMA 跨片访问时延高的影响，使得性能较同代的 X86 提高 25%。与传统数据库相比，GaussDB 可以解决很多行业用户的数据处理性能问题，为超大规模数据管理提供高性价比的通用计算平台，并可用于支撑各类数据仓库系统、BI 系统和决策支持系统，统一为上层应用的决策分析等提供服务。

1.6　本　章　小　结

本章首先介绍了数据库的基本概念和数据库系统结构，然后介绍了常见的数据库，包括关系型数据库、非关系型数据库和云数据库，接着对 Oracle 数据库进行了较为详细的介绍，最后介绍了国产数据库技术的发展现状，并重点介绍了华为数据库。通过本章的学习可以使读者对数据库的基本概念和常见的数据库产品有一个全面的了解和掌握，为后续课程的学习奠定良好的基础。

1.7　习题与实践练习

一、选择题

1. 在数据库管理技术的发展过程中，数据独立性最高的阶段是（　　　）。

A. 人工管理阶段　　　　　　　　　　　　　B. 文件系统阶段

C. 数据库系统阶段　　　　　　　　　　　　D. 数字系统阶段

2. 数据库（DB）、数据库系统（DBS）和数据库管理系统（DBMS）的关系是（　　　）。

A. DBMS 包括 DBS 和 DB　　　　　　　　B. DBS 包括 DBMS 和 DB

C. DB 包括 DBS 和 DBMS　　　　　　　　D. DBS 就是 DBMS

3. 对数据库物理存储方式的描述称为（　　　）。

A. 外模式　　　　　　B. 内模式　　　　　　C. 概念模式　　　　　D. 逻辑模式

4. 在数据库三级模式间引入二级映像的主要作用是（　　　）。

A. 提高数据与程序的独立性　　　　　　　　B. 提高数据与程序的安全性

C. 保持数据与程序的一致性　　　　　　　　D. 提高数据与程序的可移植性

5. 下列数据库不属于关系型数据库的是（　　　）。

A. Oracle　　　　　　B. MySQL　　　　　　C. MongoDB　　　　　D. SQL Server

二、填空题

1. _____是存储在计算机中所有结构的数据的集合。

2. 数据库系统的核心是_____。

3．数据库体系结构按照_____、_____和_____三级结构进行组织。

4．将数据库的结构划分为多个层次，是为了提高数据库的_____和_____。

三、简答题

1．什么是数据库系统与数据库管理系统？

2．数据库管理系统有哪些功能？

3．数据库管理技术的发展经历了哪些阶段？各个阶段分别有哪些特点？

4．简述数据库系统的三级模式和两级映像。

5．列举一些常见的国产数据库产品。

四、实践操作题

1．尝试下载并在 Windows 和 Linux 环境下安装 Oracle 数据库和 openGauss 数据库。

2．尝试利用第三方工具如 Navicat 连接不同的数据库。

第 2 章　数 据 模 型

数据库系统是一个基于计算机的数据管理机构，它对数据进行统一管理。而现实世界是纷繁复杂的，那么在现实世界中各种复杂的信息及其相互联系是如何通过数据库中的数据来反映的呢？数据库中的数据是结构化的，即建立数据库时要考虑如何组织数据，如何表示数据之间的联系，并合理地将其存储在计算机中，以便对数据进行有效的处理。

本章主要介绍数据模型的概念和要素，以及概念模型的基本概念和 E-R 图，然后介绍常用的逻辑模型：层次模型、网状模型、关系模型和面向对象模型。

本章要点：
❑ 了解数据模型的概念。
❑ 熟悉数据模型的三要素。
❑ 熟练掌握概念模型的基本概念以及 E-R 图表示。
❑ 熟练掌握逻辑模型中的关系模型。
❑ 熟悉逻辑模型中的层次模型、网状模型和面向对象模型。
❑ 熟练掌握概念模型向逻辑模型的转换。
❑ 熟悉关系模型中的关系数据结构概念。
❑ 熟悉关系模型中的关系操作概念。
❑ 熟悉关系模型中的完整性规则。

2.1　数据模型简介

模型是对现实世界中某个对象特征的模拟和抽象。数据模型（Data Model）是对现实世界数据特征及其与数据之间联系的抽象。它是用来描述数据、组织数据和对数据进行操作的。数据模型是数据库系统的核心和基础，要为一个数据库建立数据模型，需要经过以下过程：

（1）要深入现实世界中进行系统需求分析。

（2）用概念模型真实、全面地描述现实世界中的管理对象及其联系。

（3）通过一定的方法将概念模型转换为数据模型。

常见的数据模型有层次模型、网状模型、关系模型和面向对象模型。20 世纪 80 年代以来，计算机厂商新推出的数据库管理系统几乎都支持关系模型，非关系模型系统的产品大多加上了关系模型接口。数据库领域当前的研究也都是以关系模型为基础的。以关系模型为基础的关系数据库是目前应用较为广泛的数据库，由于它以数学方法为基础管理数据库，所以关系数据库与其他数据库相比具有突出的优点。

2.1.1　数据模型的概念

在现实世界中，人们对模型并不陌生，如一张图、一组建筑沙盘、一架航模，一眼看上去，就会使人联想到真实生活中对应的事物。

数据模型是实现数据抽象的主要工具。也就是说，数据模型用来描述数据的组成、数据关系、数据约束的抽象结构，以及说明对数据进行的操作。由于计算机不可能直接处理现实世界中的具体事物，所以现实世界中的事物必须先转换成计算机能够处理的数据，即数字化，把具体的人、物、活动、概念等用数据模型来抽象表示和处理。人们首先把现实世界抽象为信息世界，然后将信息世界转换为机器世界，这一过程如图 2-1 所示。

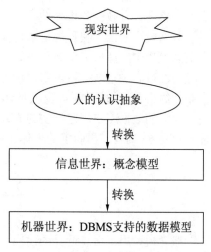

图 2-1　现实世界中客观对象的抽象过程

数据模型是数据库系统的核心和基础，决定了数据库系统的结构、数据定义语言、数据操作语言、数据库设计方法，以及数据库管理系统软件的设计和实现。它也是数据库系统中用于信息表示和提供操作手段的形式化工具。

数据模型应满足 3 个方面的要求：一是能比较真实地模拟现实世界；二是容易为人所理解；三是便于在计算机上实现。

2.1.2　数据模型的三要素

一般而言，数据模型是严格定义的一组概念的集合。这些概念精确地描述了系统的静态特征、动态特征和完整性约束条件。因此数据模型通常由数据结构、数据操作和数据的完整性约束 3 部分组成。

1. 数据结构

数据结构用于描述系统的静态特征，是数据库的组成对象以及对对象之间联系的描述。数据结构是刻画一个数据模型性质最重要的方面。因此，在数据库系统中，人们通常按照其数据结构的类型来命名数据模型。例如，将层次结构、网状结构和关系结构的数据模型分别命名为层次模型、网状模型和关系模型。

📖知识点：数据结构是描述数据模型最重要的方面，通常按数据结构的类型来命名数据模型。例如，层次结构即树结构的数据模型叫作层次模型，网状结构即图结构的数据模型叫作网状模型，关系结构的数据模型即表结构的数据模型叫作关系模型。

2. 数据操作

数据操作用于描述系统的动态特征，是指对数据库中各种对象所允许执行的操作的集合，包括操作及操作规则。数据库主要有检索和更新（包括插入、删除、修改）两大类操作。数据模型必须定义这些操作的确切含义、操作符号、操作规则（如优先级）及实现操作的语言。

3. 数据的完整性约束

数据的约束条件是一组完整性规则的集合。完整性规则是给定的数据模型中数据及其联系所具有的制约和依存规则，用以限定符合数据模型的数据库状态及状态的变化，以保证数据的完整性、有效性和相容性。

数据模型应该反映和规定本数据模型必须遵守的基本和通用的完整性约束条件。例如，在关系模型中，任何关系必须满足实体完整性和参照完整性两个条件（在关系数据库和数据库完整性等有关章节中将详细讨论这两个完整性约束条件）。此外，数据模型还应该提供定义完整性约束条件的机制，以反映具体应用所涉及的数据必须遵守的特定语义约束条件。例如，在某大学的数据库中规定学生的成绩如果有 6 门以上不及格将不能授予学士学位，教授的退休年龄是 65 周岁，男职工的退休年龄是 60 周岁等。

2.2 概 念 模 型

概念模型用于信息世界的建模，它是现实世界到信息世界的第一层抽象，是数据库设计人员进行数据库设计的有力工具，也是数据库设计人员和用户之间进行交流的语言，因此概念模型一方面应该具有较强的语义表达能力，能够方便、直接地表达应用中的各种语义知识，另一方面它还应该简单、清晰，易于用户理解。

2.2.1 基本概念

从现实抽象过来的信息世界具有以下 7 个主要基本概念。

1. 实体

客观存在并相互区别的事物称为实体（Entity）。实体可以是具体的人、事、物，也可以是抽象的概念或联系，如老师、学院，以及老师和学院之间的工作关系都是实体。

2. 实体集

同型实体的集合称为实体集（Entity Set）。例如，全体学生就是一个实体集。

3. 实体型

具有相同属性的实体必然具有共同的特征和性质。用实体名及其属性名集合来抽象和刻画同类实体，称为实体型（Entity Type）。例如，学生（学号,姓名,性别,年龄,院系）就是一个实体型。

🔔注意：须区分实体、实体型和实体集三个概念。实体是某个具体的个体，比如学生中的张三；实体集是一个个实体的某个集合，比如张三所在的 2021 级计算机科学 1 班的所有学生；实体型则是实体的某种类型（该类型中的所有实体具有相同的属性），比如学生这个概念，张三是学生，张三所在班级的所有学生都是学生，显然学生是一个更大且更抽象的概念，张三和张三全班同学都比学生要更加具体。

4．属性

实体所具有的某一特性称为属性（Attribute）。一个实体可以用若干属性来刻画。比如，学生实体可以用学号、姓名、性别、出生年月、所在院系和入学时间等属性描述。

5．域

属性的取值范围称为该属性的域（Domain）。例如，姓名的域为字符串，年龄的域为小于 99 的整数，性别的域为（男,女）。

6．码

唯一标识实体的属性集称为码（Key）。例如，学号是学生实体的码（学号可以唯一标识一个学生实体）。学号与课程号的组合是选修实体的码（学号与课程的组合可以唯一标识一个学生与一门课程的一次选修关系）。

7．联系

在现实世界中，事物内部（实体各属性之间的联系）与事物之间（实体间的联系）是有联系的，这些联系在信息世界中反映为实体内部的联系和实体之间的联系（Relationship）。实体内部的联系通常是指组成实体的各属性之间的联系。实体之间的联系通常是指不同实体集之间的联系。

2.2.2　概念模型的 E-R 图表示

概念层数据模型是面向用户和面向现实世界的数据模型，它是对现实世界真实和全面的反映，它与具体的 DBMS 无关。常用的概念层数据模型有实体-联系（Entity-Relationship，E-R）模型和语义对象模型。这里只介绍实体-联系模型。E-R 图由实体、属性和联系 3 个要素构成。

1．基本概念

1）实体

客观存在并可相互区别的事物称为实体。

E-R 图中的实体用于表示现实世界具有相同属性描述的事物的集合，它不是某一个具体事物，而是某一种类别的所有事物的统称。实体可以是具体的人、事、物，也可以是抽象的概念或联系，例如，职工、学生、部门、课程等都是实体。

在 E-R 图中，用矩形框表示具体的实体，把实体名写在框内。实体中的每一个具体的记录值（一行数据），比如学生实体中每个具体的学生，可称之为一个实体的一个实例。

数据库开发人员在设计 E-R 图时，一个 E-R 图中通常包含多个实体，每个实体由实体名唯一标记。在开发数据库时，每个实体对应数据库中的一张数据库表，每个实体的具体取值对应数据库表中的一条记录。

2）属性

E-R 图中的属性通常用于表示实体的某种特征，也可以使用属性表示实体间关系的特征。一个实体通常包含多个属性，每个属性由属性名唯一标记，画在椭圆内。在 E-R 图中，实体的属性对应数据库表的字段。在 E-R 图中，属性是一个不可再分的最小单元，如果属性能够再分，则可以考虑将该属性进行细分，或者可以考虑将该属性"升级"为另一个实体。

实体所具有的某一特性称为属性。每个实体具有一定的特征或性质，这样才能区分一个实例。属性是描述实体或者联系的性质与特征的数据项，属于一个实体的所有实例都具有相同的性质，在 E-R 图中，这些性质或特征就是属性。

例如，学生的学号、姓名、性别、出生日期、所在院系、入学年份等都是学生实体具有的特征（20202868,张三,男,计算机系,2020），这些属性组合起来表征一个学生。属性在 E-R 图中用椭圆（或圆角矩形）表示，在矩形框内写上实体名称，并用连线将属性框与它所描述的实体联系起来，学生实体属性实例如图 2-2 所示。

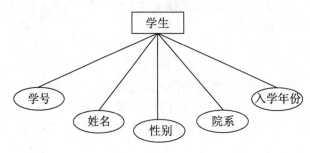

图 2-2　学生实体属性实例

3）联系

联系是数据之间的关联集合，是客观存在的应用语义链。在现实世界中，事物内部以及事物之间是有联系的，这些联系在信息世界中反映为实体内部的联系和实体之间的联系。

实体内部的联系通常是指组成实体的各属性之间的联系。实体之间的联系通常是指不同实体集之间的联系。

在 E-R 图中，联系用菱形表示，框内写上联系名，并用连线将联系框与它所关联的实体连接起来，如图 2-3 所示。

在 E-R 图中，基数表示一个实体到另一个实体之间关联的数目。基数是针对关系之间的某个方向提出的概念，基数可以是一个取值范围，也可以是某个具体数值。从基数的角度可以将联系分为一对一（1:1）、一对多（1:n）和多对多（m:n）三种，下面分别进行介绍。

- ❏ 一对一联系（1:1）：如果实体集 A 中的每个实体，在实体集 B 中至多有一个（也可以没有）实体与之联系，反之亦然，则称实体集 A 与实体集 B 有一对一联系，记为 1:1。例如，学校里一个系只有一个正主任，一个人只能担任一个系的正系主任，则系和正系主任是一对一联系，如图 2-4 所示。
- ❏ 一对多联系（1:n）：如果对于实体集 A 中的每一个实体，实体集 B 中有 n 个实体（$n \geq 0$）与之联系，反之，对于实体集 B 中的每一个实体，实体集 A 中至多只有一个实体与之联系，则称实体集 A 与实体集 B 有一对多的联系，记为 1:n。

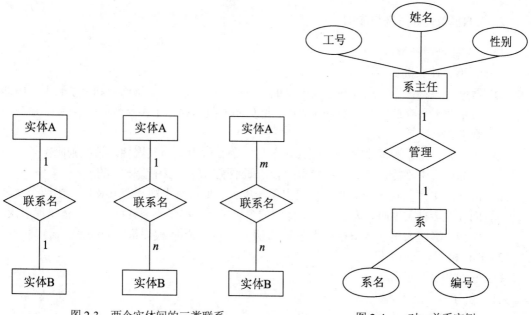

图 2-3　两个实体间的三类联系

图 2-4　一对一关系实例

例如，一个系有多名教师，而每个教师只能在一个系工作，则系和教师之间是一对多联系，如图 2-5 所示。

❑ 多对多联系（$m:n$）：如果对于实体集 A 中的每一个实体，实体集 B 中有 n 个实体（$n \geq 0$）与之联系，反之，对于实体集 B 中的每一个实体，实体集 A 中有 m 个实体（$m \geq 0$）与之联系，则称实体集 A 与实体集 B 有多对多的联系，记为 $m:n$。

例如，一门课程同时有若干学生选修，而一个学生可以同时选修多门课程，则课程与学生之间具有多对多联系，如图 2-6 所示。

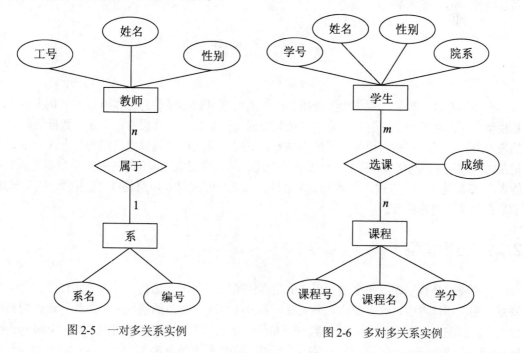

图 2-5　一对多关系实例

图 2-6　多对多关系实例

2．E-R 模型设计原则与步骤

1）E-R 模型设计原则

E-R 模型设计原则如下：

❑ 属性应该存在于且只存在于某一个地方（实体或者联系）。该原则确保了数据库中的某个数据只存储于某个数据库表中（避免同一数据存储于多个数据库表中），避免了数据冗余。

❑ 实体是一个单独的个体，不能存在于另一个实体中成为其属性。该原则确保了一个数据库表中不能包含另一个数据库表，即不能出现"表中套表"的现象。

❑ 同一个实体在同一个 E-R 图内仅出现一次。例如，对于同一个 E-R 图，当两个实体间存在多种关系时，为了表示实体间的多种关系，尽量不要让同一个实体出现多次。例如，客服人员与客户存在"服务-被服务"与"评价-被评价"的关系。

2）E-R 模型设计步骤

E-R 模型设计步骤如下：

（1）划分和确定实体。

（2）划分和确定联系。

（3）确定属性。作为属性的"事物"与实体之间的联系，必须是一对多的联系，作为属性的"事物"不能再有需要描述的性质或与其他事物具有联系。为了简化 E-R 模型，能够作为属性的"事物"尽量作为属性处理。

（4）画出 E-R 模型。重复步骤（1）～（3），以找出所有实体集、关系集、属性和属值集，然后绘制 E-R 图。

（5）设计 E-R 分图，即用户视图的设计，在此基础上综合各 E-R 分图，形成 E-R 总图。

（6）优化 E-R 模型。利用数据流程图，对 E-R 总图进行优化，消除数据实体间冗余的联系及属性，形成基本的 E-R 模型。

2.3　逻辑模型

在数据库技术领域，数据库所使用的最常用的逻辑数据模型有层次模型、网状模型、关系模型和面向对象模型。这 4 种模型是按其数据结构命名的，其根本区别在于数据之间联系的表示方式不同，即数据记录之间的联系方式不同。层次模型是以"树结构"方式表示数据记录之间的联系；网络模型是以"图结构"方式表示数据记录之间的联系；关系模型是用"二维表"（或称为关系）方式表示数据记录之间的联系；面向对象模型是以"引用类型"方式表示数据记录之间的联系。

2.3.1　层次模型

层次模型是数据库系统中最早出现的数据模型，它用树形结构表示各类实体及实体间的联系。在现实世界中，许多实体之间的联系本来就呈现很自然的层次关系，如行政机构和家族关系，如图 2-7 所示。层次模型数据库系统的典型代表是 IBM 公司的 IMS（Information Management System），它是一个曾经广泛使用的数据库管理系统。

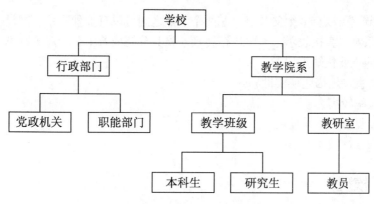

图 2-7　层次模型实例

层次模型对父子实体集间具有一对多的层次关系的描述非常自然、直观和容易理解。层次模型具有两个较为突出的问题：首先，在层次模型中具有一定的存取路径，需按路径查看给定记录的值；其次，层次模型比较适合表示数据记录类型之间的一对多联系，而对于多对多的联系难以直接表示，需要进行转换，将其分解成若干一对多联系。

层次模型的主要优缺点如下：

- ❑ 数据结构较简单，查询效率高。
- ❑ 提供良好的完整性支持。
- ❑ 不易表示多对多的联系。
- ❑ 数据操作限制多、独立性差。

2.3.2　网状模型

在现实世界中，广泛存在的事物及其联系大多具有非层次的特点，若用层次结构来描述，则不直观，也难以理解。于是人们提出了另一种数据模型——网状模型，其典型代表是 20 世纪 70 年代数据系统语言研究会下属的数据库任务组（DataBase Task Group，DBTG）提出的 DBTG 系统方案，该方案代表着网状模型的诞生。典型的网状模型数据库产品有 Cullinet 软件公司的 IDMS、Honeywell 公司的 IDSII 和 HP 公司的 IMAGE 数据库系统。

网状模型是一个图结构，它是由字段（属性）、记录类型（实体型）和系（set）等对象组成的网状结构模型。从图论的观点看，它是一个不加任何条件的有向图。在现实世界中，实体型间的联系更多是非层次关系，用层次模型表示非树形结构是很不直接的，采用网状模型作为数据的组织方式可以克服这一缺点。网状模型去掉了层次模型的两个限制，允许节点有多个双亲节点，允许多个节点没有双亲结点，网状模型的一个简单实例如图 2-8 所示。

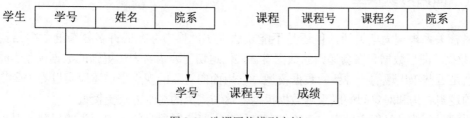

图 2-8　选课网状模型实例

网状模型用图结构表示各类实体集及实体集之间的关系。网状模型与层次模型的根本区别是：一个子节点可以有多个父节点；在两个节点之间可以有多种联系。同样，网状模型对于多对多的联系难以直接表示，需要进行转换，将其分解成若干个一对多联系。

网状模型的主要优缺点如下：

- ❑ 能较为直接地描述现实世界。
- ❑ 存取效率较高。
- ❑ 结构较复杂，不易使用。
- ❑ 数据独立性较差。

2.3.3　关系模型

关系模型是最重要的一种基本模型。美国 IBM 公司的研究员 E.F.Codd 于 1970 年首次提出了数据库系统的关系模型。关系模型的建立是数据库历史发展中最重要的事件。在过去 40 多年中，大量的数据库研究都是围绕着关系模型进行的。在数据库领域，当前的研究大多数是以关系模型及其方法为基础扩展和延伸的。

关系数据模型是目前最重要也是应用最广泛的数据模型。简单地说，关系就是一张二维表，它由行和列组成。关系模型将数据模型组织成表格的形式，这种表格在数学上称为关系。在关系模型中，实体及实体之间的联系都用关系也就是二维表来表示。表 2-1 用关系表表示学生实体。

表 2-1　关系模型实例表

学　　号	姓　　名	性　　别	出生年月	院　　系
202101101	李明	男	2002-07	自动化
202101507	张三	男	2001-11	计算机科学
202101822	王珊	女	2002-02	大气科学
...	...	...	...	...

关系模型的主要优缺点有：坚实的理论基础；结构简单、易用；数据具有较强的独立性及安全性；查询效率较低。

自 20 世纪 80 年代以来，计算机厂商新推出的 DBMS 几乎都支持关系模型，非关系模型的产品大部分也加上了关系接口。由于关系模型具有坚实的逻辑和数学基础，使得基于关系模型的 DBMS 得到了最广泛的应用，占据数据库市场的主导地位。典型的关系型数据库系统有 Oracle、MySQL、SQL Server、DB2 和 Sybase 等。

2.3.4　面向对象模型

尽管关系模型简单灵活，但还是不能表达现实世界中存在的许多复杂的数据结构，如 CAD 数据、图形数据和嵌套递归的数据等。人们迫切需要语义表达更强的数据模型。面向对象模型是近些年出现的一种新的数据模型，它用面向对象的观点来描述现实世界中事物（对象）的逻辑结构和对象间的联系等数据模型，这与人类的思维方式更接近。

所谓对象就是对现实世界中事物的高度抽象，每个对象是状态和行为的封装。对象的状态是属性的集合，行为是在该对象上操作方法的集合。因此，面向对象的模型不仅可以处理各种复杂多样的数据结构，而且具有数据和行为相结合的特点。目前面向对象已经成为系统开发和设计的主要方法。

1. 面向对象模型的优点

- ❑ 适合处理各种各样的数据类型。与传统的数据库（如层次、网状和关系）不同，面向对象数据库适合存储不同类型的数据，如图片、声音、视频、文本和数字等。
- ❑ 面向对象程序设计与数据库技术相结合。面向对象数据模型结合面向对象程序设计与数据库技术，提供了一个集成应用开发系统。
- ❑ 提高开发效率。面向对象数据模型提供强大的特性，如继承、多态和动态绑定，允许用户不用编写特定对象的代码就可以构成对象并提供解决方案，这些特性能有效地提高数据库应用程序开发人员的开发效率。
- ❑ 改善数据访问。面向对象数据模型明确地表示联系，支持导航式和关联式两种方式的信息访问，它比基于关系值的联系更能提高数据访问的性能。

2. 面向对象模型的缺点

- ❑ 没有准确的定义：不同产品和原型的对象是不一样的，所以不能对对象做出准确定义。
- ❑ 维护困难：随着组织信息需求的改变，对象的定义也要求改变并且需移植现有数据库，以完成新对象的定义。当改变对象的定义和移植数据库时，它可能面临真正的挑战。
- ❑ 不适合所有的应用：面向对象数据模型用于需要管理的数据对象之间存在复杂关系的应用，如工程、电子商务、医疗等，但并不适合所有的应用。对于普通应用，其性能会降低并要求很高的处理能力。

2.4　概念模型向逻辑模型的转换

E-R 图向关系模型的转换需要解决的问题是如何将实体型和实体间的联系转换为关系模式，以及如何确定这些关系模式的属性和码。

关系模型的逻辑结构是一组关系模式的组合。E-R 图是由实体型、实体的属性和实体型之间的联系 3 个要素组成的，将 E-R 图转换为关系模型就是将实体、实体的属性和实体型之间的联系转换为关系模式。下面介绍这种转换一般遵循的原则。

1. 实体的转换

将实体转换为关系模型很简单。一个实体对应一个关系模型，实体的名称即关系模型的名称，实体的属性就是关系模型的属性，实体的码就是关系模型的码。

转换时需要注意以下两点：

- ❑ 属性域的问题：如果所选用的 DBMS 不支持 E-R 图中的某些属性域，则应做相应修改，否则由应用程序处理和转换。
- ❑ 非原子属性的问题：在 E-R 图中允许非原子属性，这不符合关系模型的第一范式条件，必须做相应处理。

2. 联系的转换

在 E-R 图中存在三种联系：1∶1、1∶n 和 m∶n，它们在向关系模型转换时采取的策略是不一样的。

1）1∶1 联系转换

方法 1：将 1∶1 联系转换为一个独立的关系模式，与该联系相连的各实体的码及联系本身的属性均转换为关系模型的属性，每个实体的码均是该关系模式的码。

以如图 2-9 所示的 E-R 图为例，它描述的是实体学生和校园卡之间的联系。这里假设：一个学生只能办理一张校园卡，一张校园卡只属于一个学生，因此联系的类型是 1∶1。转换情况如下：

❑ 实体转换：学生（学号,姓名），校园卡（卡号,余额）；

❑ 联系办卡的转换：办卡（学号,卡号,办卡日期）。

方法 2：与任一端对应的关系模式合并。合并时需要在该关系模式的属性中加入另一个关系模式的码和联系本身的属性。如图 2-9 所示的 E-R 图的转换情况如下：

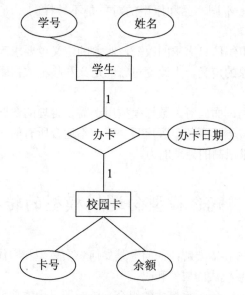

图 2-9 校园卡和学生之间的 E-R 图

学生：（学生,卡号,姓名,办卡日期）或校园卡（卡号,学号,余额,办卡日期）

2）1∶n 联系转换

方法 1：转换为一个独立的关系模式，与该联系相连的各实体的码及联系本身的属性均转换为关系模型的属性，而关系模式的码为 n 端实体的码。

以如图 2-10 所示的 E-R 图为例，它描述的是实体学生和班级之间的联系。这里假设：一个学生只能在一个班级学习，一个班级包含多个学生，因此联系的类型是 1∶n。转换情况如下：

❑ 实体转换：学生（学号,性别,姓名），班级（班号,班名）；

❑ 联系组成的转换：组成（学号,班号）。

方法 2：与 n 端对应的关系模式合并，在该关系模式中加入 1 端实体的码和联系本身的属性。如图 2-10 所示，E-R 图的转换情况如下：

❏ 实体转换：学生（学号,性别,姓名），班级（班号,班名）；

❏ 联系与学生一端合并，则关系模型学生变为：学生（学号,班号,性别,姓名）。

3）$m:n$ 联系转换

与 $1:1$ 和 $1:n$ 联系不同，$m:n$ 联系不能由一个实体的码唯一标识，而必须由所关联实体的码共同标识。这时，需要将联系单独转换为一个独立的关系模式，与该联系相连的各实体的码以及联系本身的属性均转换为关系模式的属性，每个实体的码组成关系模式的码或关系模式的码的一部分。

图 2-11 描述的是实体学生和课程之间的联系。这里假设：一个学生可以选修多门课程，一门课程可以由多个学生选修。因此，联系的类型是 $m:n$。转换情况如下：

❏ 实体转换：学生（学号,性别,姓名）和课程（课程号,课程名）；

❏ 联系选修的转换：选修（学号,课程号,成绩）。

具有相同码的关系模式可以合并，从而减少系统中关系的个数。合并方法是将其中一个关系模式的全部属性加入另一个关系模式中，然后去掉其中的同义属性（可能同名，也可能不同名），并适当调整属性的次序。

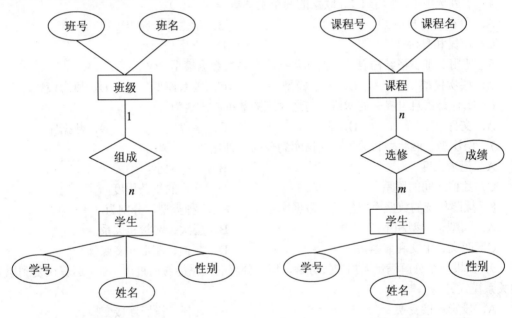

图 2-10　班级和学生的 E-R 图　　　　图 2-11　课程和学生的 E-R 图

2.5　本 章 小 结

数据模型是数据库系统的核心和基础。本章主要介绍了数据库的基本概念和基本原理，如组成数据模型的 3 个要素、概念层数据模型和关系层数据模型。概念层数据模型也是信息模型，用于信息世界的建模。E-R 模型是这类模型的典型代表。E-R 方法简单、清晰，应用十分广泛。最后介绍了如何将概念模型转换成逻辑模型。本章内容为后续章节的学习奠定了基础。

2.6 习题与实践练习

一、选择题

1. 数据模型的 3 要素不包括（　　　）。

A. 数据结构　　　　　　　　　　　　B. 数据操作

C. 关系结构　　　　　　　　　　　　D. 数据的完整性约束

2. 数据库系统按不同层次可以采用不同的数据模型，一般可以分为 3 层，即物理层、概念层和（　　　）。

A. 系统层　　　　　B. 服务层　　　　　C. 应用层　　　　　D. 逻辑层

3. 实体型与实体集之间的关系是（　　　）。

A. 型与值　　　　　B. 整体与部分　　　C. 两者无关　　　　D. 两者含义相同

4. 下列选项中，属于 1∶n 联系的两个实体集是（　　　）。

A. 所在部门与员工　　　　　　　　　　B. 学生和校园卡

C. 市民和身份证　　　　　　　　　　　D. 学生和课程

5. 使用二维表格结构表达数据和数据间联系的数据模型是（　　　）。

A. 层次模型　　　　B. 网状模型　　　　C. 关系模型　　　　D. 概念模型

6. 实体是信息世界中的术语，与之对应的数据库术语为（　　　）。

A. 文件　　　　　　B. 记录　　　　　　C. 字段　　　　　　D. 数据库

7. 层次型、网状型和关系型数据库划分的原则是（　　　）。

A. 记录长度　　　　　　　　　　　　　B. 文件大小

C. 数据之间的联系　　　　　　　　　　D. 联系的复杂程度

8. 按照传统的数据模型分类，数据库系统可分为 3 种类型，分别为（　　　）。

A. 大型、中型和小型　　　　　　　　　B. 层次、网状和关系

C. 西文、中文和兼容　　　　　　　　　D. 数据、图形和多媒体

9. 如果一个分解满足无损连接分解，那么分解的关系能够通过（　　　）运算恢复到原来的关系模式。

A. 投影连接变换　　　　　　　　　　　B. 选择、投影连接变换

C. 等值连接　　　　　　　　　　　　　D. 自然连接

10. 一个好的模式设计应符合下列原则（　　　）。

A. 表达式　　　　　B. 分离性　　　　　C. 最小冗余性　　　D. 以上 3 条

二、填空题

1. 数据模型由数据结构、数据操作和_____组成。

2. _____是对数据库系统静态特征性的描述，_____是对数据库系统动态特性的描述。

3. 数据模型包括概念模型、逻辑模型和_____。

4. 实体之间的联系可以抽象为 3 类，它们是_____、_____和_____。

5. 数据约束主要用于保证数据的_____、_____和_____。

6．在任何关系模型中，任何关系必须满足_____和_____两个条件。

7．层次型、网状型和关系型数据库划分的原则是_____。

三、简答题

1．数据模型应满足哪 3 个方面的要求？

2．数据模型和数据模式有什么联系和区别？

3．简述 E-R 模型设计的步骤。

四、实践操作题

1．在校田径运动会中设置了各类比赛，每一比赛类别有类别编号、类别名称和主管等属性，每一比赛类别包含很多比赛项目；每一比赛项目有项目编号、项目名称、比赛时间和级别等属性；各个系的团队有团编号、团名称和领队等属性，每一代表团有多名运动员组成，运动员有编号、姓名、年龄和性别等属性；每一名运动员可以参加多个比赛项目，每一比赛项目也有多名运动员参加，运动员参加比赛有成绩属性，成绩限定在 0～7 分。请画出相应的 E-R 模型图。尝试启动数据库服务，然后通过 OEM 和 SQL*Plus 两种方式连接到数据库。

2．有一个应用，包括 3 个实体集。

实体类型“商店”的属性有商店编号、店名、店址和店经理。

实体类型“会员”的属性有会员编号、会员名和地址。

实体类型“职工”的属性有职工编号、职工名、性别和工资。

每家商店有若干职工，但每个职工只能服务于一家商店。每家商店有若干会员，每个会员可以属于多家商店。在联系中应反映出职工参加某商店工作的开始时间和会员的加入时间。

（1）试画出反映商店、职工和会员实体类型与联系类型的 E-R 图。

（2）将 E-R 图转换成关系模式，并指出每个表的主键（也称主码）和外键（也称外码）。

第 3 章　关系模型与关系代数

在 1970 年，IBM 公司的研究员 E.F.Codd 博士首次提出了数据库的关系模型。后来他又发表了多篇文章，进一步完善了关系模型，使关系模型成为关系型数据库最重要的理论基础。了解关系模型的数学基础，对于理解关系模型、设计数据模式和实现应用有很大的帮助。关系模型的原理、技术和应用是本书的重要内容。在关系模型中，最基本的概念就是关系。关系数据模型的数据操作是以关系代数和关系演算为理论基础的。

本章主要介绍关系模型的数据结构、关系操作和关系的完整性，以及关系代数、关系演算和 SQL 语言等内容。

本章要点：

❑ 掌握关系数据结构及其基本术语。

❑ 熟悉关系模式和关系的联系与区别。

❑ 了解关系的主要性质。

❑ 熟练掌握关系操作中的数据查询、数据维护和数据控制三大功能。

❑ 了解关系操作语言的种类。

❑ 理解关系完整性规则中的实体完整性和参照完整性。

❑ 掌握关系代数中的数学定义：域、笛卡儿积和关系等。

❑ 熟练掌握关系代数中传统的集合运算。

❑ 熟练掌握关系代数中专门的关系运算。

❑ 了解关系演算中的元组关系演算。

❑ 了解关系演算中的域关系演算。

❑ 掌握关系代数中表达式的优化。

❑ 了解 SQL 语言。

3.1　关　系　模　型

关系模型是数据库使用的一种典型的数据模型。在关系模型中，数据结构为具有一定特征的二维表。在关系型数据库中，数据以关系表的形式存储实体数据，关系表是一个由行和列组成的二维表。关系模型由关系数据结构、关系操作和关系的完整性 3 部分组成。

3.1.1　关系数据结构

在关系模型中，无论是实体集还是实体集之间的联系均由单一的关系表示。在关系模型中，只有关系这一种单一数据结构。从用户角度来说，关系模型的逻辑结构就是一张二维表。其中，关于数据库结构的数据称为元数据，如表名、列名、表和列的属性等都是元数据。

1．基本术语

1）元组

元组（Tuple）也称记录，关系表中的每行对应一个元组，组成元组的元素称为分量。数据库中的一个实体或实体之间的一个联系均使用一个元组来表示。

例如，在表 3-1 中有 3 个元组，分别对应 3 个学生，"202101101、张三、男、自动化"是一个元组，由 4 个分量组成。

表 3-1　元组

学　号	姓　名	性　别	专　业
202101101	张三	男	自动化
202101507	李四	男	计算机
202101736	王丽	女	会计

2）属性

关系中的每列对应一个域。由于域可以相同，因此为了加以区分，必须给每一列一个名称，这个名称就称为属性。n 目（n 是属性集中属性的个数）关系必有 n 个属性（Attribute）。属性具有型和值两层含义：型是指字段名和属性的值域；值是指属性具体的取值。

关系中的字段名具有标识列的作用，所以在同一个关系中的字段名（列名）不能相同。一个关系中通常有个多个属性，属性用于表示实体的特征。

3）候选键

若关系中的某一属性或属性组的值能唯一地标识一个元组，则称该属性或属性组为候选键（Candidate Key，也称候选码）。

4）主码

若一个关系中有多个候选码，则选定其中的一个为主键（也可以称为主码或主关键字，Primary Key）。例如，假设关系中没有重名的学生，则学生的"姓名"就是该 Student 关系的主码；若在 Student 关系中增加学生的"学号"属性，则 Student 关系的候选码为"姓名"和"学号"两个，应当选择"学号"属性作为主码。当一个关系包含两个或更多的键称为复合码（键）。

主码不仅可以标识唯一的行，还可以建立与别的表之间的联系。

主码的作用如下：

- ❑ 唯一标识关系的每行。
- ❑ 作为关联表的外键，连接两个表。
- ❑ 使用主码值来组织关系的存储。
- ❑ 使用主码索引快速检索数据。

主码选择的注意事项如下：

- ❑ 建议取值简单的关键字为主码，如学生表中的"学号"和"身份证号"，建议选择"学号"作为主码。
- ❑ 在设计数据库表时，复合主键会给表的维护带来不便，因此不建议使用复合主键。
- ❑ 数据库开发人员如果不能从已有的字段（或者字段组合）中选择一个主码，那么可以向数据库添加一个没有实际意义的字段作为该表的主码，可以避免"复合主键"情况的发生，同时可以确保数据库表满足第二范式的要求（范式概念后续会介绍）。
- ❑ 数据库开发人员如果向数据库表中添加一个没有实际意义的字段作为该表的主键，

即代理键。建议该主键的值由数据库管理系统（如 Oracle）或者应用程序自动生成，避免人工录入时人为操作产生的错误。

键的主要类型如下：

❑ 超键：在一个关系中，能唯一标识元组的属性或属性集称为关系的超键。

❑ 候选键：如果一个属性集能唯一标识元组，且又不含多余的属性，那么这个属性集称为关系的候选键。

❑ 主键：如果一个关系中有多个候选键，则选择其中的一个键为关系的主键。用主键可以实现关系定义中"表中任意两行（元组）不能相同"的约束。

例如，在一个图书管理系统中，图书明细表中的图书编号列是唯一的，因为图书馆管理员是通过该编号对图书进行操作的。因此，把图书编号作为主键是最佳的选择，而如果使用图书名称列作为主键则会存在问题。为此，最好创建一个单独的键将其明确地指定为主键，这种唯一标识符在现实生活中很普遍，如身份证号、牌照号、订单号和航班号等。

5）全码

在最简单的情况下，候选码只包含一个属性；在最极端的情况下，关系模式的所有属性都是这个关系模式的候选码，称为全码。全码是候选码的特例。例如，设有以下关系：学生选课（学号和课程）中的"学号"和"课程"相互独立，属性间不存在依赖关系，它的码就是全码。

6）主属性和非主属性

在关系中，候选码中的属性称为主属性，而不包含在任何候选码中的属性称为非主属性。

7）代理键

代理键是 DBMS 分配的唯一标识符，该标识符已经作为主键添加到表中。每次创建行时由 DBMS 分配代理键的唯一值，通常是较短的数字，该值永远不变。该值对于用户没有任何意义。Oracle 数据库使用 AUTO_INCREMENT 函数自动分配代理键的数值。在 AUTO_INCREMENT 中，起始值可以是任意值（默认为 1），但增量总是 1。

2．数据库中关系的类型

关系型数据库中的关系有 3 种类型：基本关系（通常又称为基本表或基表）、查询表和视图表。下面分别介绍：

❑ 基本表是实际存在的表，它是实际存储数据的逻辑表示。

❑ 查询表是查询结果表或查询中生成的临时表。

❑ 视图表是由基本表或其他视图表导出的表，是虚表，不对应实际存储的数据。

3．关系的性质

关系的性质如下：

❑ 关系中的元组存储了某个实体或实体某个部分的数据。

❑ 在关系中，元组的位置具有顺序无关性，即元组的顺序可以任意交换。

❑ 同一属性的数据具有同质性，即每一列中的分量是同一类型的数据，它们来自同一个域。

❑ 同一关系的字段名具有不可重复性，即在同一关系中不同属性的数据可出自同一个域，但不同的属性要给予不同的字段名。

❑ 关系具有元组相异性，即关系中的任意两个元组不能完全相同。

❑　在关系中，列的位置具有顺序无关性，即列的次序可以任意交换和重新组织。
❑　关系中每个分量必须取原子值，即每个分量都必须是不可分的数据项。

关系模型要求关系必须是规范化的，即要求关系模式必须满足一定的规范条件，这些规范条件中最基本的一条就是关系的每个分量必须是一个不可分的数据项。

4. 关系模式

在数据库中要区分型和值。在关系型数据库中，关系模式（Relation Schema）是型，关系是值。关系模式是对关系的描述。那么应该描述哪几个方面呢？

首先，关系是一张二维表，表的每一行对应一个元组，每一列对应一个属性。一个元组就是该关系所涉及的属性集的笛卡儿积中的一个元素。关系是元组的集合，因此关系模式必须指出这个元组集合的结构，即它由哪些属性构成，这些属性来自哪些域，以及属性与域之间的映像关系。

其次，一个关系通常是由赋予它的元组语义来确定的。元组语义实质上是一个 n 目谓词，凡是使该 n 目谓词为真的笛卡儿积中的元素的全体就构成了该关系模式的关系。

现实世界随着时间在不断地变化，因而在不同的时刻，关系模式的关系也会有所变化。但是，现实世界的许多已有事实限定了关系模式所有可能的关系必须满足一定的完整性约束条件，这些约束或者通过对属性取值范围的限定，例如，学生的性别只能取值为"男"或"女"，或者通过属性值之间的相互关联（主要体现在值的相等与否）反映出来。关系模式应当刻画出这些完整性约束条件，因此一个关系模式应当是一个 5 元组。

关系的描述称为关系模式，它可以形式化地表示为五元组 $R(U, D, \text{Dom}, F)$。其中，R 为关系名，U 为该关系的属性名集合，D 为属性组 U 中属性来自的域，Dom 为属性向域的映像集合，F 为属性间数据依赖关系集合。关系模式通常可以简记为 $R(U)$ 或 $R(A1, A2, \cdots, An)$。其中 R 为关系名，$A1, A2, \cdots, An$ 为字段名。而域名及属性向域的映像通常直接称为属性的类型及长度。

关系模式是关系的框架或结构。关系是按关系模式组合的表格，关系既包括结构也包括其数据。因此，关系是关系模式在某一时刻的状态或内容。关系模式是静态的、稳定的，而关系的数据是动态的，是随时间不断变化的，因为关系操作在不断地更新着数据库中的数据。但在实际应用中，人们通常把关系模式和关系都称为关系，这不难区别。

在关系型数据库中，关于表的 3 组术语的对应关系如表 3-2 所示。

表 3-2　表的 3 组术语的对应关系

关　系	元　组	属　性
表	行	列
文件	记录	字段

5. 关系型数据库

在关系型数据库中，实体集以及实体间的联系都是用关系来表示的。在某一应用领域，所有的实体集及实体之间的联系所形成的关系的集合就构成一个关系型数据库。关系型数据库也有型和值的区别。关系型数据库的型称为关系型数据库的模式，它是对关系型数据库的描述，包括若干域的定义，以及在这些域上定义的若干关系模式。关系型数据库的值是这些关系模式在某一时刻对应关系的集合，也就是关系型数据库的数据。

3.1.2 关系操作

关系模型与其他数据模型相比，最具特色的是关系操作语言。关系操作语言灵活、方便，表达能力和功能都非常强大。

1．关系操作的基本内容

关系操作包括数据查询、数据维护和数据控制 3 大功能，下面分别介绍。

- ❑ 数据查询指数据的检索、统计、排序和分组等功能。
- ❑ 数据维护指数据的添加、删除和修改等数据自身更新的功能。
- ❑ 数据控制是为了保证数据的安全性和完整性而采用的数据存取控制及并发控制等功能。

关系操作的数据查询和数据维护功能使用关系代数中的 8 种操作来表示，即并（Union）、差（Difference）、交（Intersection）、广义的笛卡儿积（Extended Cartesian Product）、选择（Select）、投影（Project）、连接（Join）和除（Divide）。其中选择、投影、并、差、笛卡儿积是 5 种基本操作，其他操作可以由基本操作导出。

2．关系操作语言的种类

在关系模型中，关系型数据库操作通常是用代数方法或逻辑方法实现，分别称为关系代数和关系演算。

关系操作语言可以分为以下 3 类：

- ❑ 关系代数语言：用对关系的运算来表达查询要求的语言。由 IBM United Kingdom 研究中心研制的 ISBL（Information System Base Language）是关系代数语言的代表。
- ❑ 关系演算语言：用查询得到的元组应满足的谓词条件来表达查询要求的语言，它可以分为元组关系演算语言和域关系演算语言两种。
- ❑ 具有关系代数和关系演算双重特点的语言：结构化查询语言（Structure Query Language，SQL）是介于关系代数和关系演算之间的语言，它包括数据定义、数据操作和数据控制三种功能，具有语言简洁、易学易用的特点，是关系型数据库的标准语言。

这些语言都具有的特点是：语言具有完备的表达能力；是非过程化的集合操作语言；功能强；能够嵌入高级语言进行使用。

3.1.3 关系的完整性

关系模型的完整性规则是对关系的某种约束条件。

关系模型允许定义 3 类完整性约束：实体完整性、参照完整性和用户自定义完整性。其中，实体完整性和参照完整性是关系模型必须满足的完整性约束条件，称为两个不变性，应该由关系系统自动支持；用户自定义完整性是应用领域需要遵循的约束条件，体现了具体领域的语义约束。

1．实体完整性

实体完整性规则为：若属性 A 是基本关系 R 的主属性，则属性 A 不能取空值。

例如，在学生关系"学生(学号,姓名,性别,专业号,年龄)"中，"学号"为主码，则"学号"不能取空值。

实体完整性规则规定基本关系的主码不能取空值，若主码由多个属性组成，则所有这些属性都不可以取空值。

例如，在学生选课关系"选修(学号,课程号,成绩)"中，"学号,课程号"为主码，则"学号"和"课程号"两个属性都不能取空值。

对于实体完整性规则说明如下：

❑ 实体完整性规则是针对基本关系而言的。一个基本表通常对应信息世界的一个实体集，如学生关系对应学生的集合。

❑ 信息世界中的实体是可区分的，即它们具有某种唯一性标识。

❑ 关系模型中以主码作为唯一性标识。

❑ 主码的属性即主属性不能取空值。所谓空值就是"不知道"或"不确定"的值，如果主属性取空值，说明存在某个不可标识的实体，即存在不可区分的实体，这与第二个规则点相矛盾，因此这个规则称为实体完整性规则。

2．参照完整性

在实际中，实体之间往往存在着某种联系，在关系模型中实体及实体间的联系都是用关系来描述的，这样就自然存在着关系与关系间的引用。先来看下面 3 个例子。

【例 3-1】　学生关系和专业关系表示如下，其中主码用下画线标识：

学生(<u>学号</u>,姓名,性别,专业号,年龄)

专业(<u>专业号</u>,专业名)

这两个关系之间存在着属性的引用，即学生关系引用了专业关系的主码"专业号"。

显然，学生关系中的"专业号"值必须是确实存在的专业号，即专业关系中有该专业的记录。也就是说，学生关系中的某个属性的取值需要参照专业关系的属性来取值。

【例 3-2】　学生、课程、学生与课程之间的多对多联系选修可以用如下 3 个关系表示：

学生(<u>学号</u>,姓名,性别,专业号,年龄)

课程(<u>课程号</u>,课程名,学分)

选修(<u>学号,课程号</u>,成绩)

这 3 个关系之间也存在着属性的引用，即选修关系引用了学生关系的主码"学号"和课程关系的主码"课程号"。同样，选修关系中的"学号"值必须是确实存在的学生的学号，即学生关系中有该学生的记录；选修关系中的"课程号"值也必须是确实存在课程的课程号，即课程关系中有该课程的记录。也就是说，选修关系中某些属性的取值需要参照其他关系的属性来取值。不仅两个或两个以上的关系间可以存在引用关系，同一关系的内部属性间也可能存在引用关系。

【例 3-3】　在关系"学生(学号,姓名,性别,专业号,年龄,班长)"中，"学号"属性是主码，"班长"属性表示该学生所在班级的班长的学号，它引用了本关系"学号"属性，即班长必须是确实存在的学生的学号。

设 F 是基本关系 R 的一个或一组属性，但不是关系 R 的主码。如果 F 与基本关系 S 的主码 Ks 相对应，则称 F 是基本关系 R 的外键（Foreign Key），并称基本关系 R 为参照关系（Referencing Relation），基本关系 S 为被参照关系（Referenced Relation）或目标关系（Target Relation）。关系 R 和 S 有可能是同一关系。

🔖**注意**：主码（主键）与外码（外键）的列名不一定相同，唯一的要求是它们的值域必须相同。

显然，被参照关系 S 的主码 Ks 和参照关系 R 的外码 F 必须定义在同一个（或一组）域中。

在例 3-1 中，学生关系的"专业号"属性与专业关系的主码"专业号"相对应，因此"专业号"属性是学生关系的外码。这里的专业关系是被参照关系，学生关系为参照关系。

在例 3-2 中，选修关系的"学号"属性与学生关系的主码"学号"相对应，"课程号"属性与课程关系的主码"课程号"相对应，因此"学号"和"课程号"属性是选修关系的外码。这里的学生关系和课程关系均为被参照关系，选修关系为参照关系。

在例 3-3 中，"班长"属性与本身的主码"学号"属性相对应，因此"班长"是外码。学生关系既是参照关系，也是被参照关系。需要指出的是，外码并不一定要与相应的主码同名。但在实际应用中，为了便于识别，当外码与相应的主码属于不同关系时，则给它们取相同的名字。参照完整性规则就是定义外码与主码之间的引用规则。

参照完整性规则：若属性（或属性组）F 是基本关系 R 的外码，它与基本关系 S 的主码 Ks 相对应（基本关系 R 和 S 有可能是同一关系），则对于 R 中的每个元组在 F 上的值必须为以下两种值之一：

❑ 取空值（F 的每个属性值均为空值）。
❑ 等于 S 中某个元组的主码值。

在例 3-1 中，学生关系中的每个元组的"专业号"属性只能取下面两类值：

❑ 空值，表示尚未给该学生分配专业。
❑ 非空值，这时该值必须是专业关系中的某个元组的"专业号"值，表示该学生不可能分配到一个不存在的专业中，即被参照关系的"专业"中一定存在一个元组，它的主码值等于该参照关系"学生"中的外码值。

在例 3-2 中，按照参照的完整性规则，"学号"和"课程号"属性也可以取两类值：空值或被参照关系中已经存在的值。但由于"学号"和"课程号"是选修关系中的主属性，按照实体完整性规则，它们均不能取空值，所以选修关系中的"学号"和"课程号"属性实际上只能取相应被参照关系中已经存在的主码值。

在参照完整性规则中，关系 R 与关系 S 可以是同一个关系。在例 3-3 中，按照参照完整性规则，"班长"属性可以取两类值：

❑ 空值，表示该学生所在班级尚未选出班长。
❑ 非空值，表示该值必须是本关系中某个元组的学号值。

3. 用户自定义完整性

任何关系型数据库系统都应该支持实体完整性和参照完整性。除此之外，不同的关系型数据库系统根据其应用环境的不同，还需要支持一些特殊的约束条件，用户自定义完整性就是针对某一具体关系型数据库的约束条件，它反映某一具体应用所涉及的数据必须满足的语义要求。例如，某个属性必须取唯一值，属性值之间应满足一定的关系，某属性的取值范围在一定区间内等。关系模型应提供定义和检验这类完整性的机制，以便用统一的系统方法处理它们，而不需要由应用程序承担这一功能。

关系型数据库 DBMS 可以为用户实现如下自定义完整性约束：

❑ 定义域的数据类型和取值范围。
❑ 定义属性的数据类型和取值范围。

❑ 定义属性的默认值。

❑ 定义属性是否允许取空值。

❑ 定义属性取值的唯一性。

❑ 定义属性间的数据依赖性。

3.2　关系代数及其运算

关系代数是一种抽象的查询语言，是关系数据操作语言的一种传统表达方式，它用关系运算来表达查询。

关系型数据库的数据操作分为查询和更新两种。查询用于各种检索操作，更新用于插入、删除和修改等操作。关系操作的特点是集合操作方式，即操作的对象和结构都是集合。关系模型中常用的关系操作包括选择（SELECT）、投影（PROJECT）、连接（JOIN）、除（DIVIDE）、并（UNION）、交（INTERSECTION）、差（DIFFERENCE）等。

早期的关系操作功能通常用代数方式或逻辑方式来表示，关系查询语言根据其理论的不同分成以下两大类：

❑ 关系代数语言：用关系运算来表达查询要求的方式，查询操作是用集合操作为基础运算的 DML 语言进行。

❑ 关系演算语言：用谓词来表达查询要求的方式，查询操作是谓词演算为基础运算的 DML 语言进行。关系演算又可按谓词变元的基本对象是元组变量还是域变量分为元组关系演算和域关系演算。

关系代数、元组关系演算和域关系演算 3 种语言在表达能力方面是完全等价的。

3.2.1　关系的数学定义

1. 域

域（Domain）是一组具有相同数据类型的集合。在关系模型中，使用域来表示实体属性的取值范围，通常用 D_i 表示某个域。

例如，自然数、整数、实数、字符串、{男，女}，大于 10 小于 100 的正整数等都可以是域。

2. 笛卡儿积

给定一组域 $D_1, D_2, \cdots, D_n$，这些域可以有相同的，则 $D_1, D_2, \cdots, D_n$ 的笛卡儿积（Cartesian Product）为：

$$D_1 \times D_2 \cdots \times D_n = \{(d_1, d_2, \cdots, d_n) \mid d_i \in D_j, j = 1, 2, \cdots, n\}$$

其中，每一个元素 $(d_1, d_2, \cdots, d_n)$ 叫作一个 n 元组，或简称元组，元素中的每一个值 d_i 叫作一个分量。若 $D_i(i = 1, 2, \cdots, n)$ 为有限集，其基数（基数指一个域中可以取值的个数）为 $m_i(i = 1, 2, \cdots, n)$，则 $D_1 \times D_2 \cdots \times D_n$ 的基数为：

$$M = \prod_{i=1}^{n} m_i$$

笛卡儿积可以用一个二维表表示，表中的每行对应一个元组，每列对应一个域。例如，给出如下 3 个域：

姓名集合：D_1={李月,张明,宋江}

性别集合：D_2={男,女}

专业集合：D_3={计算机,会计}

$D_1 \times D_2 \cdots \times D_3$ ={(李月,男,计算机),(李月,男,会计),(李月,女,计算机),(李月,女,会计),(张明,男,计算机),(张明,男,会计),(张明,女,计算机),(张明,女,会计),(宋江,男,计算机),(宋江,男,会计),(宋江,女,计算机),(宋江,女,会计)}，这 12 个元组可以列成一张二维表，如表 3-3 所示。

表 3-3　D_1、D_2、D_3 的笛卡儿积结果

姓　名	性　别	专　业
李月	男	计算机
李月	男	会计
李月	女	计算机
李月	女	会计
张明	男	计算机
张明	男	会计
张明	女	计算机
张明	女	会计
宋江	男	计算机
宋江	男	会计
宋江	女	计算机
宋江	女	会计

3. 关系

$D_1 \times D_2 \cdots \times D_n$ 的子集叫作在域 $D_1, D_2, \cdots, D_n$ 上的关系（Relation），表示为 R（$D_1, D_2, \cdots, D_n$）。这里 R 表示关系的名称，n 是关系属性的个数，称为目数或度数（Degree）。

❏ 当 n=1 时，称该关系为单目关系（Unary Relation）。

❏ 当 n=2 时，称该关系为二目关系（Binary Relation）。

关系是笛卡儿积的有限子集，所以关系也是一个二维表。

例如，可以在表 3-1 的笛卡儿积中取出一个子集来构建一个学生关系。由于一个学生只能有一个专业和性别，所以笛卡儿积中的许多元组在实际中是无意义的。这里仅挑出有实际意义的元组构建一个关系，该关系名为 Student，字段名取域名（姓名、性别和专业），如表 3-4 所示。

表 3-4　Student 关系

姓　名	性　别	专　业
李月	女	会计
张明	男	计算机
宋江	男	计算机

3.2.2　关系代数概述

关系代数是一种抽象的查询语言，是关系数据操纵语言的一种传统表达方式，它用对关系运算来表达查询。任何一种运算都是将一定的运算符作用于一定的运算对象上，从而得到预期的运算结果，所以运算对象、运算符和运算结果是运算的三大要素。

关系代数的运算对象是关系，运算结果也是关系。

关系代数中使用的运算符包括 4 类：集合运算符、专门的关系运算符、比较运算符和逻辑运算符，如表 3-5 所示。

表 3-5　关系代数运算符

运　算　符	符　号	含　义
集合运算符	∪	并
	−	差
	∩	交
	×	广义笛卡儿积
专门的关系运算符	σ	选择
	π	投影
	⋈	连接
	÷	除
比较运算符	>	大于
	≥	大于或等于
	<	小于
	≤	小于或等于
	=	等于
	≠	不等于
逻辑运算符	¬	非
	∧	与
	∨	或

关系代数的运算按运算符的不同可以分为传统的集合运算和专门的关系运算两类。

传统的集合运算将关系看成元组的集合，其运算是从关系的"水平"方向，也即行的角度进行的。

专门的关系运算不仅涉及行，而且还涉及列。比较运算符和逻辑运算符用来辅助专门的关系运算进行操作。

3.2.3　传统的集合运算

传统的集合运算是二目运算，包括并、交、差、广义笛卡儿积 4 种。

设关系 R 和关系 S 具有相同的目 n（即两个关系都具有 n 个属性），且相应的属性取自同一个域，则可以按以下方式定义并、差、交、广义笛卡儿积运算。

1. 并

关系 R 和关系 S 的并（Union）记作：

$$R \cup S = \{t \mid t \in R \vee t \in S\}$$

t 是元组变量，其结果关系仍为 n 目关系，由属于 R 或属于 S 的所有元组组成。

2. 差

关系 R 和关系 S 的差（Difference）记作：

$$R - S = \{t \mid t \in R \vee t \notin S\}$$

t 是元组变量，其结果关系仍为 n 目关系，由属于 R 且不属于 S 的所有元组组成。

3. 交

关系 R 和关系 S 的交（Intersection）记作：

$$R \cap S = \{t \mid t \in R \wedge t \in S\}$$

t 是元组变量，其结果仍为 n 目关系，由既属于 R 又属于 S 的元组组成。

4. 广义笛卡儿积

两个分别为 n 目和 m 目的关系 R 和关系 S 的广义笛卡儿积（Extended Cartesian Product）是一个 $(m+n)$ 列的元组的集合。元组的前 n 列是关系 R 的一个元组，后 m 列是关系 S 的一个元组。若 R 有 k_1 个元组，S 有 k_2 个元组，则关系 R 和关系 S 的广义笛卡儿积有 $k_1 \times k_2$ 个元组。记作：

$$R \times S = \{t_r \cap t_s \mid T_r \in R \wedge T_s \in S\}$$

假定现在有两个关系 R 和 S 是关系模式学生的实例，则 R 和 S 如表 3-6（a）和表 3-6（b）所示。

表 3-6　关系 R 和关系 S

（a）关系 R

学　　号	姓　　名	性　　别	专　　业
2020001	张超	男	计算机
2020002	李兰	女	计算机
2020003	王芳	女	会计

（b）关系 S

学　　号	姓　　名	性　　别	专　　业
2020007	赵强	男	自动化
2020001	张超	男	计算机
2020003	王芳	女	会计

【例 3-4】 关系 $R \cup S$ 的结果如表 3-7 所示。

表 3-7　关系 R 和关系 S 的并集结果

学　　号	姓　　名	性　　别	专　　业
2020001	张超	男	计算机
2020002	李兰	女	计算机
2020003	王芳	女	会计
2020007	赵强	男	自动化

【例3-5】 关系 *R-S* 的结果如表 3-8 所示。

表 3-8　关系*R*和关系*S*的差集结果

学　　号	姓　　名	性　　别	专　　业
2020002	李兰	女	计算机

【例3-6】 关系 *R*∩*S* 的结果如表 3-9 所示。

表 3-9　关系*R*和关系*S*的交集结果

学　　号	姓　　名	性　　别	专　　业
2020001	张超	男	计算机
2020003	王芳	女	会计

【例3-7】 关系 *R* 和关系 *S* 做广义笛卡儿积的结果如表 3-10 所示。

表 3-10　关系*R*和关系*S*的广义笛卡儿积的结果

学　　号	姓　　名	性　　别	专　　业	学　　号	姓　　名	性　　别	专　　业
2020001	张超	男	计算机	2020007	赵强	男	自动化
2020001	张超	男	计算机	2020001	张超	男	计算机
2020001	张超	男	计算机	2020003	王芳	女	会计
2020002	李兰	女	计算机	2020007	赵强	男	自动化
2020002	李兰	女	计算机	2020001	张超	男	计算机
2020002	李兰	女	计算机	2020003	王芳	女	会计
2020003	王芳	女	会计	2020007	赵强	男	自动化
2020003	王芳	女	会计	2020001	张超	男	计算机
2020003	王芳	女	会计	2020003	王芳	女	会计

3.2.4　专门的关系运算

专门的关系运算有选择、投影、连接和除等，涉及行也涉及列。在介绍专门的关系运算前引入如下概念。

- ❑ 分量：设关系模式为 $R(A_1, A_2, \cdots, A_n)$，将它的一个关系设为 R，$t \in R$ 表示 t 是 R 的一个元组，则 $t[A_i]$ 表示元组 t 中属性 A_i 上的一个分量。
- ❑ 属性组：若 $A = \{A_{i1}, A_{i2}, \cdots, A_{ik}\}$，其中 $A_{i1}, A_{i2}, \cdots, A_{ik}$ 是 $A_1, A_2, \cdots, A_n$ 中的一部分，则称 A 为属性组或属性列。$t[A] = \{t[A_{i1}], t[A_{i2}], \cdots, t[A_{ik}]\}$ 表示元组 t 在属性列 A 上诸分量的集合，则 $\overline{A}$ 表示 $\{A_1, A_2, \cdots, A_n\}$ 中去掉 $\{A_{i1}, A_{i2}, \cdots, A_{ik}\}$ 后剩余的属性组。
- ❑ 元组的连接：R 为 n 目关系，S 为 m 目关系，$t_r \in R$，$t_s \in S$，$t_r \bigcap t_s$ 称为元组的连接（Concatenation）。
- ❑ 象集：给定一个关系 $R(X,Z)$，Z 和 X 为属性组，当 $t[X]=x$ 时，则 x 在 R 中的象集定义为：

$$Z_x = \{t[Z] \,|\, t \in R, t[X] = x\}$$

表示 R 中属性组 X 上值为 x 的诸元组在 Z 上分量的集合。

【例 3-8】 在关系 R 中，Z 和 X 为属性组，X 包含属性 x_1、x_2，Z 包含属性 z_1、z_2，如表 3-11 所示。

表 3-11 关系 R 和关系 S 的交集结果

x_1	x_2	z_1	z_2
a	b	m	n
a	b	n	p
a	b	m	p
b	c	r	s
c	a	s	t
c	a	p	s

在关系 R 中，X 可以取值 $\{(a,b), (b,c), (c,a)\}$。

- (a,b) 的象集为 $\{(m,n), (n,p), (m,p)\}$。
- (b,c) 的象集为 $\{(r,s)\}$。
- (c,a) 的象集为 $\{(s,t), (p,s)\}$。

1. 选择

在关系 R 中，选出满足给定条件的诸元组称为选择（Selection）。选择是从行的角度进行的运算，表示为：

$$\sigma_F(R) = (t \mid t \in R \wedge F(t) = '真')$$

其中，F 是一个逻辑表达式，表示选择条件，取逻辑值"真"或"假"，t 表示 R 中的元组，$F(t)$ 表示 R 中满足 F 条件的元组。

逻辑表达式 F 的基本形式如下：

$$X_1 \theta Y_1$$

其中，θ 由比较运算符（$>$、$\geqslant$、$<$、$\leqslant$、$=$、$\neq$）和逻辑运算符（$\vee$、$\wedge$、$\neg$）组成，X_1 和 Y_1 等是属性名、常量或简单函数，属性名也可以用它的序号代替。

2. 投影

在关系 R 中，选出若干属性列组成新的关系称为投影（Projection）。投影是从列的角度进行的运算，表示为：

$$\pi_A(R) = \{t[A] \mid t \in R\}$$

其中，A 为 R 的属性列。

3. 连接

连接（Join）也称为 θ，它是从两个关系 R 和 S 的笛卡儿积中选取属性值以满足一定条件的元组，记作：

$$R \underset{A\theta B}{\bowtie} S = \{t_r \bigcap t_s \mid t_r \in R \wedge t_s \in S \wedge t_r[A] \theta t_s[B]\}$$

其中，A 和 B 分别为 R 和 S 上度数相等且可比的属性组，θ 为比较运算符，连接运算符从 R 和 S 的笛卡儿积 $R \times S$ 中选取，R 关系在 A 属性组上的值和 S 关系在 B 属性组上的值满足比较运算符的元组。

下面介绍几种常用的连接。

（1）等值连接

θ 为等号"="的连接运算，称为"等值连接"，记作：

$$R \underset{A=B}{\bowtie} S = \{t_r \bigcap t_s \mid t_r \in R \wedge t_s \in S \wedge t_r[A]\theta \, t_s[B]\}$$

等值连接是从 R 和 S 的笛卡儿积 $R \times S$ 中选取 A 和 B 属性值相等的元组。

（2）自然连接

自然连接是除去重复属性的等值连接，记作：

$$R \bowtie S = \{t_r \bigcap t_s \mid t_r \in R \wedge t_s \in S \wedge t_r[A]=t_s[B]\}$$

一般的连接操作是从行的角度进行运算的，但是自然连接还需要取消重复列，所以是同时从行的角度和列的角度进行运算的。

如果把舍弃的元组也保存在结果关系中，而在其他属性上填空值 Null，那么这种连接就叫作外连接（Outer Join）。如果只把左边关系 R 中要舍弃的元组保留就叫作左外连接（Left Outer Join 或 Left Join）；如果只把右边关系 S 中要舍弃的元组保留就叫作右外连接（Right Outer Join 或 Right Join）。

4．除运算

给定关系 $R(X,Y)$ 和 $S(Y,Z)$，其中 X、Y、Z 为属性组。R 中的 Y 与 S 中的 Y 可以有不同的属性名，但必须出自相同的域集。

R 与 S 的除运算（Join）得到一个新的关系 $P(X)$，P 是 R 中满足下列条件的元组在 X 属性列上的投影：元组在 X 上的分量值 x 的象集 Y_x 包含 S 在 Y 上投影的集合。记作：

$$R \div S = \{t_r[X] \mid t_r \in R \wedge \pi_Y(S) = Y_x\}$$

其中，Y_x 为 x 在 R 中的象集，$x=t_r[X]$。

除运算是同时从行和列的角度进行的运算。

3.3　关　系　演　算

除了用关系代数表示关系运算外，还可以用谓词演算来表达关系运算，这称为关系演算（Relational Caleulas）。用关系代数表示关系运算，须标明关系运算的序列，因而以关系代数为基础的数据库语言是过程语言。用关系演算表达关系运算，只要说明所要得到的结果，而不必标明运算的过程，因而以关系演算为基础的数据库语言是非过程语言。目前，面向用户的关系型数据库语言基本上都是以关系演算为基础的。随着所用变量的不同，关系演算又可分为元组关系演算和域关系演算。

3.3.1　元组关系演算

元组关系演算（Tuple Relational Calculus）以元组为变量，其一般形式为 $\{t[<属性表>]P(t)\}$。其中，t 是元组变量，即用整个 t 作为查询对象，也可查询 t 中的某些属性。如查询整个 t，则可省去<属性表>。$P(t)$ 是 t 应满足的谓词。

【例 3-9】 假设有关系 STUDENT(学号,姓名,性别,出生年月,籍贯,地址,…)。要求用元组关系演算表达式查询江苏籍女大学生的姓名。

解： $\{t[姓名] | t \in STUDENT\ AND\ t.性别 = '女'\ AND\ t.籍贯='江苏'\}$

另外，利用元组关系演算，还可以表达关系代数运算。关系代数的几种运算可以用以下元组表达式表示。

❑ 投影。

设有关系模式 $R(A,B,C)$，r 为 R 的一个值，则 $\prod_{AB}(r) = \{t[AB] | t \in r\}$。

❑ 选择。

设有关系模式 $R(A,B,C)$，r 为 R 的一个值，则 $\sigma_F(r) = \{t | t \in r\ and\ F\}$。

F 是以 t 为变量的布尔表达式。其中，属性变量以 $t.A$ 形式表示。

❑ 并。

设 r、s 是 $R(A,B,C)$ 的两个值，则 $R \cup S = \{t | R(t) \vee S(t)\}$。

❑ 差。

可用 $\{t | R(t) \vee \neg S(t)\}$ 表示，或用 $\{t | t \in R\ AND\ \neg t \in S\}$ 表示。

❑ 连接。

设有两个关系模式 $R(A,B,C)$ 和 $S(C,D,E)$，r、s 分别为两个关系中某时刻的值，则：
$$r \bowtie s = \{t(A,B,C,D,E) | t(A,B,C) \in r\ AND\ t[C,D,E] \in s\}$$

🔔**注意：** 谓词中的两个 $t[C]$ 同值，隐含等连接。

元组关系演算与关系代数具有同等表达能力，它也是关系完备的。用谓词演算表示关系操作时，只有当结果是有限集时才有意义。一个表达式的结果如果是有限的，则称此表达式是安全的，否则是不安全的。例如，$\{t | \neg(t \in STUDENT)\}$ 的结果不是有限的，则它是不安全的，因为现实世界中不属于 STUDENT 的元组是无限多的。实际上，在计算上述表达式时，人们所感兴趣的范围既不是整个现实世界，也不是整个数据库，而仅仅是关系 STUDENT。若限制 t 取值的域，使 $t \in DOM(P)$，则可以将上式改写成 $\{t | t \in DOM(P) and \neg(t \in STUDENT)\} = DOM(P) - STUDENT$，从而成为安全表达式。

3.3.2 域关系演算

域关系演算（Domain Relational Calculus）以域为变量，其一般形式如下：
$$\{<X_1, X_2, \cdots, X_n> | P(X_1, X_2, \cdots, X_n, X_{n+1}, \cdots, X_{n+m})\}$$

其中，$X_1, X_2, \cdots, X_n, X_{n+1}, \cdots, X_{n+m}$ 为域变量，且 $X_1, X_2, \cdots, X_n$ 出现在结果中，其他 m 个域变量不出现在结果中，但出现在谓词 P 中。

域关系演算是 QBE 语言的理论基础。

对关系 GRADE(学号,课程号,成绩)，如果要查询需补考的学生的学号和补考的课程号，则查询表达式为 $\{<x, y> | (\exists z)(GRADE(x, y, z)\ AND\ z < 60)\}$。

$GRADE(x, y, z)$ 是一个谓词，如果 $<x, y, z>$ 是 GRADE 中的一个元组，则该谓词为真。

🔔**注意：** 元组变量的变化范围是一个关系；域变量的变化范围是某个值域。

3.4　关系代数表达式的优化

在层次模型和网状模型中，因为用户要使用过程化语言表达查询要求、执行哪种记录级的操作，以及操作的序列等，所以必须了解存取路径。系统要为用户提供选择存取路径的手段，这样查询效率便由用户的存取策略决定。在这两种模型中，要求用户有较高的数据库技术和程序设计水平。而在关系模型中，关系系统的查询优化都是由数据库管理系统来实现的，用户不必考虑如何表达查询以获得较高的效率，而只要告诉系统"做什么"就可以了，因为系统可以比用户程序的"优化"做得更好。

由数据库管理系统来实现查询优化的优势如下：

❑ 优化器可以从数据字典中获取许多统计信息，如关系中的元组数和每个属性值的分布情况等。优化器可以根据这些信息选择有效地执行计划，而用户程序则难以获得这些信息。

❑ 如果数据库的物理统计信息有变化，系统可以自动对查询进行重新优化，以选择相适应的执行计划。在非关系系统中必须重写程序，而重写程序在实际应用中往往是不太可能的。

❑ 优化器可以考虑数百种不同的执行计划，而程序员一般只能考虑有限的几种可能性。

❑ 优化器中包括很多复杂的优化技术，这些优化技术往往只有最好的程序员才能掌握，而系统的自动优化相当于使得所有人都拥有这些优化技术。

实际系统对查询优化的具体实现方法不尽相同，一般来说，可以归纳为以下 4 个步骤：

❑ 将查询转换成某种内部表示，通常是语法树。

❑ 根据一定的等价变换规则把语法树转换成标准（优化）形式。

❑ 选择低层操作算法。对于语法树中的每一个操作都需要根据存取路径、数据的存储分布和存储数据的聚簇等信息来选择具体的执行算法。

❑ 生成查询计划。查询计划也称查询执行方案，它是由一系列内部操作组成的。这些内部操作按一定的次序构成查询的一个执行方案，通常这样的执行方案有多个，需要对每个执行计划计算代价，从中选择代价最小的一个。

总之，关系型数据库查询优化的总目标是选择有效策略，求得给定关系表达式的值，从而达到提高 DBMS 系统效率的目标。

3.5　SQL 简介

SQL 即结构化查询语言，它是关系型数据库的标准语言，是一种高级的非过程化编程语言。SQL 是通用的、功能极强的关系型数据库语言，它包括数据定义、数据操纵、数据查询和数据控制等功能。

SQL 是 1986 年 10 月由美国国家标准局（ANSI）通过的数据库语言标准。1987 年，国际标准化组织（ISO）颁布了 SQL 的正式国际标准。1989 年 4 月，ISO 提出了具有完整性特征的 SQL 89 标准。1992 年 11 月 ISO 又公布了 SQL 92 标准。

SQL 发展历程简介如下：

- ❏ 1970 年，E.F.Codd 发表了关系型数据库理论。
- ❏ 1974 年到 1979 年，IBM 以 E.F.Codd 的理论为基础开发了 Sequel，并将其命名为"结构化查询语言"。
- ❏ 1979 年，Oracle 发布了商业版 SQL。
- ❏ 1981 年到 1984 年，出现了其他商业版本的 SQL，如 IBM（DB2），Relational Technology（INGRES）。
- ❏ 1986 年，SQL 86，ANSI 发布了第一个标准 SQL。
- ❏ 1989 年，SQL 89，ISO 发布了具有完整性特征的 SQL。
- ❏ 1992 年，SQL 92，受到数据库管理系统生产商的广泛支持。
- ❏ 2003 年，SQL 2003，包含 XML 的相关内容，可以自动生成列值等。
- ❏ 2006 年，SQL 2006，定义了结构化查询语言与 XML（包含 XQuery）的关联应用。

3.6　本章小结

本章首先介绍了关系型数据库的重要概念，包括关系数据结构、关系操作和关系的完整性；然后介绍了关系代数中传统的集合运算以及专门的关系运算；最后介绍了关系表达式的优化和 SQL 语言的简单概述。

3.7　习题与实践练习

一、选择题

1. 关系模型的一个候选键（　　）。
   A. 可以由多个任意属性组成
   B. 必须由多个属性组成
   C. 至少由一个属性组成
   D. 可以由一个或多个其值能唯一标识该关系模式中任何元组的属性组成

2. 使用二维表格结构表达数据和数据间联系的数据模型是（　　）。
   A. 层次模型　　　　　B. 网状模型　　　　　C. 关系模型　　　　　D. 概念模型

3. 同一个关系模型的任意两个元组值（　　）。
   A. 不可再分　　　　　　　　　　　　B. 可再分
   C. 命名在该关系模型式中可以不唯一　　D. 以上都不是

4. 基于关系模型的关系操作包括（　　）。
   A. 关系代数和集合运算　　　　　　　B. 关系代数和谓词演算
   C. 关系演算和谓词演算　　　　　　　D. 关系代数和关系演算

5. 设在关系 R 中有 4 个属性和 3 个元组，在关系 S 中有 6 个属性和 4 个元组，则 $R \times S$ 属性和元组的个数分别是（　　）。
   A. 10 和 7　　　　　B. 24 和 7　　　　　C. 10 和 12　　　　　D. 24 和 12

6. 在关系中，如果某一属性组的值能够唯一地标识一个元组，则称之为（　　）。
   A. 候选码　　　　　　　B. 外码　　　　　C. 联系　　　　　D. 主码

7. 当关系有多个候选码时，则选定一个作为主码，但若主码为全码时应包含（　　）。
   A. 单个属性　　　　　B. 两个属性　　　C. 多个属性　　　D. 全部属性

8. 关系代数的 5 个基本操作是（　　）。
   A. 并、交、差、笛卡儿积、除法　　　　　B. 并、交、选取、笛卡儿积、除法
   C. 并、交、选取、投影、除法、投影　　　D. 并、交、选取、笛卡儿积、投影

9. 集合 R 和 S 的交可用关系代数的基本运算表示为（　　）。
   A. $R+(R-S)$　　　　　　　　　　　　B. $S-(R-S)$
   C. $R-(S-R)$　　　　　　　　　　　　D. $R-(R-S)$

10. 关系演算是用（　　）的方式表达查询要求的。
   A. 关系的运算　　　B. 域　　　　　C. 元组　　　　　D. 谓词

二、填空题

1. 关系模型由关系数据结构、关系操作和_____三部分组成。

2. 关系操作的特点是_____操作方式。

3. 在关系模型的 3 种完整性约束中，_____是关系模型必须满足的完整性约束条件，它由 DBMS 自动支持。

4. 一个关系模式可以形式化地表示为_____。

5. 关系操作语言可分为关系代数语言、关系演算语言和_____三类。

6. 查询的 5 种基本操作是_____、差、笛卡儿积、选择和投影。

三、简答题

1. 简述关系模型的 3 个组成部分。

2. 简述关系模型的完整性规则。

3. 关系操作语言有什么特点？可以分为哪几类？

4. 关系代数的运算有哪些？

5. 试述等值连接和自然连接的区别与联系。

四、实践操作题

1. 已知一组关系模式如下：

部门(部门号,部门名称,电话号码)

职工(职工号,姓名,性别,职务,部门号)

工程(项目号,项目名称,经费预算,开工时间)

施工(职工号,项目号,工时)

工资级别(职务,小时工资率)

按要求写出下列关系代数语句：

（1）查询 2010 年开工的项目名称和参与施工的职工姓名。

（2）找出职工"王五"的职工号和参与工时大于 100 小时的项目名称。

（3）找出所有职工的姓名及其参与的工程的工程号。

（4）查询参与所有项目的职工的职工号和姓名。

（5）查询在单个项目中工资大于 5000 元的职工的姓名。

（6）查询"人事部"所有男职工的名字。

2．已知 3 张表，分别为学生信息表（如表 3-12）、学生选课成绩表（如表 3-13）和课程信息表（如表 3-14）。

表 3-12　学生信息表

SNO（学号）	SNAME（姓名）	AGE（年龄）	SEX（性别）
1	李强	23	男
2	刘丽	22	女
5	张友	22	男

表 3-13　学生选课成绩表

SNO（学号）	CNO（课程号）	GRADE（年级）
1	K1	83
2	K1	85
5	K1	92
2	K5	90
5	K5	84
5	K8	80

表 3-14　课程信息表

CNO（课程号）	CNAME（课程名）	TEACHER（教师）
K1	C语言	王华
K5	数据库原理	程军
K8	编译原理	程军

（1）检索"程军"老师所授课程的课程号和课程名。

（2）检索年龄大于 21 的男学生的学号和姓名。

（3）检索至少选修"程军"老师所授全部课程的学生姓名。

（4）检索"李强"同学不选修课程的课程号。

（5）检索至少选修两门课程的学生学号。

（6）检索全部学生都选修课程的课程号和课程名。

（7）检索选修课程包含"程军"老师所授课程之一的学生学号。

（8）检索选修全部课程的学生姓名。

（9）检索选修课程包含学号为 2 的学生所修课程的学生学号。

（10）检索选修课程名为"C 语言"的学生的学号和姓名。

第 4 章 关系型数据库设计理论

数据库设计需要理论指导，关系型数据库规范化理论是数据库设计的重要理论基础。应用该理论可针对一个给定的应用环境，设计和优化数据库逻辑结构和物理结构，并据此建立数据库及其应用系统。

关系型数据库设计的基本任务是在给定的应用背景下，建立一个满足应用需求且性能良好的数据库模式。具体来说就是给定一组数据，如何决定关系模式以及各个关系模式中应该有哪些属性，才能使数据库系统在数据存储与数据操纵等方面都具有良好的性能。关系型数据库规范化理论以现实世界存在的数据依赖为基础，提供鉴别关系模式合理与否的标准，以及改进不合理关系模式的方法，这些都是关系型数据库设计的理论基础。

本章主要介绍关系型数据库的理论、函数依赖、关系模式的范式和规范化、关系模式的分解等内容。

本章要点：

❑ 了解关系型数据库的设计理论。

❑ 掌握函数依赖。

❑ 熟悉范式和规范化。

❑ 熟悉关系模式的分解。

❑ 掌握数据依赖的公理系统。

4.1 关系型数据库设计理论概述

关系型数据库设计理论最早由数据库创始人 E.F.Codd 提出，后经很多专家和学者的深入研究与发展，形成了一整套有关关系型数据库设计的理论。

关系型数据库设计的关键是关系模式的设计，一个合适的关系型数据库系统的设计重点是关系型数据库模式，即应该构造几个关系模式，每个模式有哪些属性，怎样将这些相互关联的关系模式组建成一个适合的关系模型。

关系型数据库的设计必须在关系型数据库设计理论的指导下进行。关系型数据库设计理论有 3 个方面，分别是：函数依赖、范式和模式设计。函数依赖起核心作用，它是模式分解和模式设计的基础，范式是模式分解的标准。

如果一个关系没有经过规范化，可能会导致数据冗余、数据更新不一致、数据插入异常和删除异常等问题的出现。表 4-1 中的例子可以说明这个问题。

表 4-1　关系模式 SC 实例

sno	sname	sex	dept	depthead	cno	cname	grade
20201101	张三	男	自动化	程海涛	101	自动控制	82
20201101	张三	男	自动化	程海涛	106	电工基础	79
20201101	张三	男	自动化	程海涛	112	数字电路	80
20201507	陈军	男	计算机	李建明	704	C语言程序设计	85
20201507	陈军	男	计算机	李建明	701	计算机导论	90
20201507	陈军	男	计算机	李建明	707	数据结构	75
20201736	李悦	女	计算机	李建明	704	C语言程序设计	89
20201736	李悦	女	计算机	李建明	701	计算机导论	92
20201736	李悦	女	计算机	李建明	707	数据结构	80

从表 4-1 中的数据情况可知，该关系存在以下问题：

❏ 数据冗余：指同一个数据被重复存储多次。它是影响系统性能的重要问题之一。在关系 SC 中，系名称和系主任姓名（例如，计算机系，李建明）随着选课学生人数的增加而被重复存储多次。数据冗余不仅浪费存储空间，而且会引起数据修改的潜在不一致性。

❏ 插入异常：指应该插入关系中的数据而不能插入。例如，在尚无学生选修的情况下，要想将一门新课程的信息（例如，C05，数据库原理与实践）插入关系 SC 中，在属性 sno 上就会出现取空值的情况，由于 sno 是关键字中的属性，不允许取空值，因此受实体完整性约束的限制，该插入操作无法完成。

❏ 删除异常：指不应该删除的数据从关系中被删除了。例如，在 SC 中，假设学生（刘红）因退学而要删除该学生信息时，连同她选修的 C02 这门课程也一起删除，这是一个不合理的现象。

❏ 更新异常：指对冗余数据没有全部被修改而出现不一致的问题。例如，在 SC 中，如果要更改系名称或更换系主任，则分布在不同元组中的系名称或系主任都要被修改，如有一个地方未修改，就会造成系名称或系主任不唯一，从而产生不一致现象。

由此可见，SC 关系模式的设计就是一个不合理的设计。可以将上述关系模式分解成 4 个关系模式：学生关系 S（sno,sname,sex,dept），课程关系 C（cno,cname），选课关系 SC（sno,cno,grade），系关系 D（dept,depthead），这 4 个关系模式的实例如表 4-2 至表 4-5 所示。

表 4-2　S 表

sno	sname	sex	dept
20201101	张三	男	自动化
20201507	陈军	男	计算机
20201736	李悦	女	计算机

表 4-3　C 表

cno	cname
101	自动控制
106	电工基础
112	数字电路
704	C语言程序设计

续表

cno	cname
701	计算机导论
707	数据结构

表 4-4　SC表

sno	cno	grade
20201101	101	82
20201101	106	79
20201101	112	80
20201507	704	85
20201507	701	90
20201507	707	75
20201736	704	89
20201736	701	92
20201736	707	80

表 4-5　D表

dept	depthead
自动化	程海涛
计算机	李建明

　　这样分解后，4 个关系模式都不会发生插入异常和删除异常的问题，数据的冗余也得到了控制，数据的更新也变得简单。

　　"分解"是解决冗余的主要方法，也是规范化的一条原则，"关系模式有冗余问题就分解它"。但是上述关系模式的分解方案是否最佳的也不是绝对的。如果要查询某位学生所在系的系主任名，就要对两个关系做连接操作，而连接的代价也是很大的。一个关系模式的数据依赖有哪些不好的性质？如何改造一个模式？这些都是规范化理论所讨论的问题。

4.2　函　数　依　赖

　　数据依赖是指通过一个关系中属性间的值相等与否体现出来的数据间的相互关系，是现实世界属性间相互联系的抽象，是数据内在的性质。数据依赖共有 3 种：函数依赖、多值依赖和连接依赖，其中最重要的是函数依赖和多值依赖。

4.2.1　函数依赖的概念

　　在数据依赖中，函数依赖是最基本和最重要的一种依赖，它是属性之间的一种联系，假设给定一个属性的值，就可以唯一确定（查找到）另一个属性的值。例如，知道某一学生的学号，就可以唯一地查询到其对应的系别，如果这种情况成立，就可以说系别函数依赖于学号。这种唯一性并非指只有一个记录，而是指任何记录。

【定义 4-1】 设有关系模式 $R(A_1, A_2, \cdots, A_n)$，或简记为 $R(U)$，X 和 Y 是 U 的子集，r 是 R 的任一具体关系，对于 r 的任意两个元组 t_1 和 t_2，由 $t_1[X]=t_2[X]$ 导致 $t_1[Y]=t_2[Y]$，则称 X 函数决定 Y，或 Y 函数依赖于 X，记作 $X \rightarrow Y$ 为模式 R 的一个函数依赖。

这里的 $t_1[X]$ 表示元组 t_1 在属性集 X 上的值，$t_2[X]$ 表示元组 t_2 在属性集 X 上的值，FD 是针对关系 R 的一切可能的当前值 r 而定义的，并不是针对某个特定关系定义的。通俗地说，在当前值 r 的两个不同元组中，如果 X 值相同，就一定要求 Y 值也相同。或者说，对于 X 的每一个具体值，都有 Y 有唯一的具体值与之对应，即 Y 值由 X 值决定，因而这种数据依赖称为函数依赖。

函数依赖类似于数学中的单值函数，函数的自变量确定时，因变量的值也唯一确定，反映了关系模式中属性间的决定关系，体现了数据间的相互关系。

在一张表内，两个字段值之间的一一对应关系称为函数依赖。通俗地讲，在一个数据库的表内，如果字段 A 的值能够唯一确定字段 B 的值，那么字段 B 函数依赖于字段 A。

对于函数依赖，需要说明以下几点：

❑ 函数依赖不是指关系模式 R 的某个或某些关系实例所满足的约束条件，而是指 R 的所有关系实例均要满足的约束条件。

❑ 函数依赖是 RDB 用以表示数据语义的机制。人们只能根据数据的语义来确定函数依赖。例如，"姓名 性别"函数依赖只在没有同名同姓的条件下成立；如果允许同名同姓在同一关系中存在，则"性别"就不再依赖于"姓名"了。数据库设计者可对现实世界做强制规定。

❑ 属性间的函数依赖与属性间的联系类型相关。

设有属性集 X、Y 以及关系模式 R：

➤ 如果 X 和 Y 之间是 $1:1$ 的关系，则存在函数依赖。

➤ 如果 X 和 Y 之间是 $1:m$ 的关系，则存在函数依赖。

➤ 如果 X 和 Y 之间是 $m:n$ 的关系，则 X 和 Y 之间不存在函数依赖。

❑ 若 $X \rightarrow Y$，则 X 是这个函数依赖的决定属性集。

❑ 若 $X \rightarrow Y$，并且 $Y \rightarrow X$，则记为 $X \leftrightarrow Y$。

❑ 若 Y 不函数依赖于 X，则记为 $X \nrightarrow Y$。

4.2.2 函数依赖的类型

1. 平凡函数依赖与非平凡函数依赖

【定义 4-2】 在关系模式 $R(U)$ 中，对于 U 的子集 X 和 Y，如果 $Y \subseteq X$，则称 $X \rightarrow Y$ 为平凡函数依赖；若 $Y \not\subseteq X$，则称 $X \rightarrow Y$ 是非平凡函数依赖。

例如，$X \rightarrow \emptyset$，$X \rightarrow X$ 都是平凡函数依赖。

显然，平凡函数依赖对于任何一个关系模式必然都是成立的，与 X 的任何语义特性无关，因此它们对于设计不会产生任何实质性的影响。在后续的讨论中，如果不特别说明，都不考虑平凡函数依赖的情况。

2. 完全函数依赖和部分函数依赖

【定义 4-3】 在关系模式 $R(U)$ 中，如果 $X \rightarrow Y$，并且对于 X 的任何一个真子集 X，都有 X'

$\nrightarrow Y$，则称 Y 对 X 为完全函数依赖，记作：

$$X \xrightarrow{\ F\ } F$$

若 $X \to Y$，如果存在 X 的某一真子集 X'（$X' \subseteq X$），则称 Y 对 X 为部分函数依赖，记作：

$$X \xrightarrow{\ P\ } Y$$

3．传递函数依赖

【定义 4-4】　在关系模式 $R(U)$ 中，X、Y、Z 是 R 的 3 个不同的属性或属性组，如果 $X \to Y$（$Y \not\subset X$），且 $Y \nrightarrow X$，$Y \to Z$，则称 Z 对 X 为传递函数依赖，记作：

$$X \xrightarrow{\ T\ } Y$$

假设 A、B、C 分别是同一个数据结构 R 中的 3 个元素，或者分别是 R 中若干数据元素的集合，如果 C 依赖于 B，而 B 依赖于 A，那么 C 自然依赖于 A，即称 C 传递依赖 A。

加上条件 $Y \nrightarrow X$，如果 $Y \to X$，则 $X \to Y$，实际上是 $X \to Z$，因此是直接函数依赖而不是传递函数依赖。

4.2.3　FD 公理

首先介绍 FD 的逻辑蕴含的概念，然后引出 FD 公理。

1．FD的逻辑蕴含

FD 的逻辑蕴含是指在已知函数依赖集 F 中是否蕴含着未知的函数依赖。比如，F 中有 $A \to B$ 和 $B \to C$，那么 $A \to C$ 是否也成立？这个问题就是 F 是否也逻辑蕴含着 $A \to C$？

【定义 4-5】　设有关系模式 $R(U,F)$，F 是 R 上成立的函数依赖集。$X \to Y$ 是一个函数依赖，如果对于 R 的关系 r 也满足 $X \to Y$，那么称 F 逻辑蕴含 $X \to Y$，记为 $F \Rightarrow X \to Y$，即 $X \to Y$ 可以由 F 中的函数依赖推出。

【定义 4-6】　设 F 是已知函数依赖集，被 F 逻辑蕴含的 FD 全体构成的集合称为函数依赖集 F 的闭包（Cloure），记为 F^+。即：

$$F^+ = \{X \to Y \mid F \Rightarrow X \to Y\}$$

显然一般 $F \subseteq F^+$。

2．FD公理

为了从已知 F 求出 F^+，尤其根据 F 集合中已知的 FD 判断一个未知的 FD 是否成立，或者求 R 的候选键，这就需要一组 FD 推理规则的公理。FD 公理有 3 条推理规则，它是由 W.W.Armstrong 和 C.Beer 建立的，通常称为 Armstrong 公理。

设关系模式 $R(U,F),X,Y,U,F$ 是 R 上成立的函数依赖集。FD 公理的 3 条规则如下：

- ❏ 自反律：若在 R 中有 $Y \subseteq X$，则 $X \to Y$ 在 R 上成立，且蕴含于 F 之中。
- ❏ 传递律：若 F 中的 $X \to Y$ 和 $Y \to Z$ 在 R 上成立，则 $X \to Z$ 在 R 上成立，且蕴含于 F 之中。
- ❏ 增广律：若 F 中的 $X \to Y$ 在 R 上成立，则 $XZ \to YZ$ 在 R 上也成立，且蕴含于 F 之中。

4.2.4　属性集闭包

在实际使用中，经常要判断从已知的 FD 推导出 FD:$X \to Y$ 在 F^+ 中，而且还要判断 F 中是否有冗余的 FD 和冗余信息，以及求关系模式的候选键等问题。虽然使用 Armstrong 公理可以解决这些问题，但是工作量大，比较麻烦。为此引入属性集闭包的概念及求法，能够方便地解决这些问题。

【定义 4-7】 设有关系模式 $R(U)$，F 是 U 上的 FD 集，X 是 U 的子集，则称所有用 FD 公理从 F 推出的 FD：$X \to A_i$，A_i 中的属性集合为 X 属性集的闭包，记为 X^+。

从属性集闭包的定义可以得出下面的引理。

【引理】 一个函数依赖 $X \to Y$ 能用 FD 公理推出的充要条件是 $Y \subseteq X^+$。

由引理可知，判断 $X \to Y$ 能否由 FD 公理从 F 推出，只要求 X^+，若 X^+ 中包含 Y，则 $X \to Y$ 成立，即为 F 逻辑蕴含。而且求 X^+ 并不太难，比用 FD 公理推导简单得多。

下面介绍求属性集闭包的算法。

【算法 4-1】 求属性集 X 相对于 FD 集 F 的闭包 X^+。

输入：有限的属性集合 U 和 U 中的一个子集 X，以及在 U 上成立的 FD 集 F。

输出：X 关于 F 的闭包 X^*。

步骤：

（1）$X(0)=X$。

（2）$X(i+1)=X(i)A$。

在 F 中寻找尚未用过的左侧是 $X(i)$ 的子集的函数依赖 $Y_j \to Z_j (j=0,1,\cdots,k)$，其中 $Y_j \subseteq X(i)$，即在 Z_j 中寻找 $X(i)$ 中未出现过的属性集 A，若无这样的 A，则转到步骤（4）。

（3）判断是否有 $X(i+1)=X(i)$，若有则转步骤（4），否则转步骤（2）。

（4）输出 $X(i)$，即为 X 的闭包 X^+。

（5）对于步骤（3）的计算停止条件，以下方法是等价的：

$$X(i+1)=X(i)$$

当发现 $X(i)$ 包含全部属性时，在 F 中函数依赖的右侧属性中再也找不到 $X(i)$ 中未出现的属性；在 F 中未用过的函数依赖的左侧属性已经没有 $X(i)$ 的子集。

4.2.5　F 的最小依赖集 Fm

【定义 4-8】 如果函数依赖集 F 满足下列条件，则称 F 为最小依赖集，记为 Fm。

❑ F 中每个函数依赖的右部属性都是一个单属性。

❑ F 中不存在多余的依赖。

❑ F 中的每个依赖，左部没有多余的属性。

【定理 4-1】 每个函数依赖集 F 都与它的最小依赖集 Fm 等价。

【算法 4-2】 计算最小依赖集。

输入：一个函数依赖集 F。

输出：与 F 等价的最小依赖集 Fm。

步骤：

（1）右部属性单一化。应用分解规则，使 F 中每一个依赖的右部属性单一化。

（2）去掉各依赖左部多余的属性。逐个检查 F 中左部是非单属性的依赖，如 $XY \to A$。只要在 F 中求 X^+，若 X^+ 中包含 A，则 Y 是多余的，否则不是多余的。依次判断其他属性即可消除各依赖左部的多余属性。

（3）去掉多余的依赖。从第一个依赖开始，先从 F 中去掉它（假设该依赖为 $X{\to}Y$），然后在剩下的 F 依赖中求 X^+，看 X^+ 是否包含 Y，若包含，则去掉 $X{\to}Y$，否则不去掉。

（4）这样依次做下去。

🔔注意：Fm 不是唯一的。

4.2.6 候选码求解

对于给定的关系 $R(A_1,\cdots,A_n)$ 和函数依赖集，可将其属性分为如下 4 类：

- □ L 类：仅出现在 F 的函数依赖左部的属性。
- □ R 类：仅出现在 F 的函数依赖右部的属性。
- □ N 类：在 F 的函数依赖左右均未出现的属性。
- □ LR 类：在 F 的函数依赖左右均出现的属性。

对于给定的关系模式 R 及函数依赖集 F，如何找出它的所有候选码是基于函数依赖理论和范式判断该关系模式是否好模式的基础，也是对一个不好的关系模式进行分解的基础。下面介绍 3 种求候选码的方法。

1．快速求解候选码的充分条件

对于给定的关系模式 R 及其函数依赖 F，如果 X 是 R 的 L 类和 N 类组成的属性集，且 X^+ 包含 R 的全部属性，则 X 是 R 的唯一候选码。

【定理 4-2】 对于给定的关系模式 R 及其函数依赖 F，如果 X 是 R 的 R 类属性，则 X 不在任何候选码中。

【例 4-1】 设有关系模式 $R(A,B,C,D)$，其函数依赖集 $F=\{D{\to}B,B{\to}D,AD{\to}B,AC{\to}D\}$，求 R 的所有候选码。

解：观察 F 发现，A、C 两属性是 L 类属性，其余为 R 类属性。由于 $(AC)^+=ABCD$，所以 AC 是 R 的唯一候选码。

【例 4-2】 设有关系模式 $R(A,B,C,D,E,P)$，R 的函数依赖集为 $F=\{A{\to}D,E{\to}D,D{\to}B,BC{\to}D,DC{\to}A\}$，求 R 的所有候选码。

解：观察 F 发现，C、E 两属性是 L 类属性，P 是 N 类属性。由于 $(CEP)^+=ABCDEP$，所以 CEP 是 R 的唯一候选码。

2．左部为单属性函数依赖集的候选码成员的图论判定法

当 LR 类属性的闭包不包含全部属性时，无法使用方法 1。如果该依赖集等价的最小依赖集左部是单属性，可以使用图论判定法求出所有的候选码。

一个函数依赖图 G 是一个有序二元组 (R,F)，R 的所有属性是结点，所有依赖是边。

下面介绍一些专业术语。

- □ 引入线/引出线：若结点 A_i 到 A_j 是连接的，则边 (A_i,A_j) 是 A_i 的引出线，也是 A_j 的引入线。
- □ 原始点：只有引出线而无引入线的结点。
- □ 终结点：只有引入线而无引出线的结点。
- □ 途中点：既有引入线又有引出线的结点。
- □ 孤立点：既无引入线又无引出线的结点。

❑ 关键点：原始点和孤立点称为关键点。

❑ 关键属性：关键点对应的属性。

❑ 独立回路：不能被其他结点到达的回路。

求出候选码的具体步骤如下：

（1）求出 F 的最小依赖集 Fm。

（2）构造函数依赖图 FDG。

（3）从图中找出关键属性 X（可为空）。

（4）查看 G 中有无独立回路，若无，则输出 X 即为 R 的唯一候选码，结束，否则转步骤（5）。

（5）从各个独立回路中各取一结点对应的属性与 X 组合成一候选码，并重复这一过程，取尽所有可能的组合，即为 R 的全部候选码。

3．多属性依赖集候选码求解

多属性依赖集候选码求解具体步骤如下：

（1）将 R 的所有属性分为 L、N、R 和 LR 共 4 类，令 X 代表 L 和 N 类，Y 代表 LR 类。

（2）求 X^+，若包含 R 的全部属性，则 X 为 R 的唯一候选码，转步骤（5），否则转步骤（3）。

（3）在 Y 中取一属性 A，求 $(XA)^+$，若它包含 R 的全部属性，则 A 为 R 的候选码，调换一属性反复进行这一步骤，直到试完 Y 中所有属性。

（4）如果已找出所有候选码，转步骤（5），否则依次取两个、三个……，求它们的属性闭包，直到闭包包含 R 的全部属性。

（5）停止，输出结果。

【例 4-3】 设有关系模式 $R(A,B,C,D,E)$，其函数依赖集 $F=\{A{\rightarrow}BC,CD{\rightarrow}E,B{\rightarrow}D,E{\rightarrow}A\}$，求出 R 的所有候选码。

解：

（1）X 类属性为 $\varnothing$，Y 类属性为 A、B、C、D、E。

（2）$A^+=ABCDE$，$B^+=BD$，$C^+=C$，$D^+=D$，$E^+=ABCDE$，所以 A、E 为 R 的其中两个候选码。

（3）由于 B、C、D 属性还未出现在候选码中，将其两两组合与 X 类属性组合求闭包。$(BC)^+=ABCDE$，$(BD)^+=BD$，$(CD)^+=ABCDE$，所以 BC 和 CD 为 R 的两个候选码。

（4）由于所有 Y 类属性均已出现在候选码中，所以 R 的所有候选码为 A、E、BC、CD。

4.3　关系模式的范式及规范化

关系模式分解到什么程度比较好？用什么标准衡量？这个标准就是模式的范式（Normal Form，NF）。所谓范式是指规范化的关系模式。由于规范化的程度不同，就产生了不同的范式，最常用的有 1NF、2NF、3NF 和 BCNF。本节重点介绍这 4 种范式，最后简单介绍 4NF 和目前的最高范式 5NF。

范式是衡量关系模式优劣的标准。范式的级别越高，其数据冗余和操作异常的现象就越少。范式之间存在如下关系：

$$1NF \subset 2NF \subset 3NF \subset 4NF \subset 5NF$$

通过分解（投影）把属于低级范式的关系模式转换为几个属于高级范式的关系模式的集合，这一过程称为规范化。

4.3.1　1NF

【定义 4-9】　若一个关系模式 R 的所有属性都是不可分的基本数据项，则该关系属于第一范式（First Normal Form，1NF）。

满足 1NF 的关系称为规范化的关系，否则称为非规范化关系。关系型数据库和存储的都是规范化的关系，即 1NF 关系是作为关系型数据库最基本的关系条件。

例如，在如表 4-6（a）所示的关系 r1 中存在属性项"班长"，如表 4-6（b）所示的关系 r2 存在重复组，它们均不属于 1NF。

表 4-6　非规范化的关系

（a）关系r1

学　号	姓　名	班　级	班　长	
			正班长	副班长
20201507	陈军	1班	张明	薛利伟
20201736	李悦	2班	陈欣	王志

（b）关系r2

借书人	书　名	日　期
李立	B1，B2	D1，D2
魏红	B3，B4	D3，D4

非规范化关系的缺点是更新困难。非规范化关系转化成 1NF 的方法为：对于组项，去掉班长层的命名。例如，在 r1 中，将"班长"属性去掉。对于重复组，重写属性值相同部分的数据。将 r1、r2 规范化为 1NF 的关系，如表 4-7（a）和表 4-7（b）所示。

表 4-7　规范化后的关系

（a）关系r1

学　号	姓　名	班　级	正 班 长	副 班 长
20201507	陈军	1班	张明	薛利伟
20201736	李悦	2班	陈欣	王志

（b）关系r2

借 书 人	书　名	日　期
李立	B1	D1
李立	B2	D2
魏红	B3	D3
魏红	B4	D4

4.3.2   2NF

1NF 虽然是关系型数据库中对关系结构最基本的要求，但还不是理想的结构形式，因为它仍然存在大量的数据冗余和操作异常。为了解决这些问题，就要消除模式中属性之间存在的部分函数依赖，将其转化成高一级的第二范式。

【定义 4-10】 若关系模式 *R* 属于 1NF，且 *R* 中每个非主属性都完全函数依赖于主关键字，则称 *R* 是第二范式（简记为 2NF）的模式（Second Normal Form，2NF）。

【例 4-4】 设有关系模式学生(学号,所在系,系主任姓名,课程号,成绩)。主关键字为(学号,课程名)。存在函数依赖{(学号,课程号)→所在系,(学号,课程号)→系主任姓名;(学号,课程号)→成绩}，如图 4-1 所示。

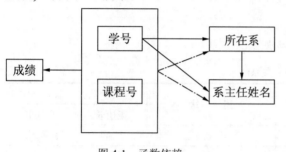

图 4-1   函数依赖

由于存在非主属性对主键的部分依赖，所以该关系模式不属于 2NF，而是 1NF。

该关系模式存在以下问题：

❑ 数据冗余：系主任的姓名和所在系随着选课人数或选课门数的增加被反复存储多次。

❑ 插入异常：新来的学生由于未选课而无法插入学生信息。

❑ 删除异常：如果某系的学生信息都被删除，则该学生所在系和系主任的姓名信息会连带被删除。

根据 2NF 的定义，通过消除部分 FD，按完全函数依赖的属性组成关系，将学生模式按以下方式分解：

学生-系(学号,所在系,系主任姓名);

选课(学号,课程号,成绩)。

如图 4-2 和图 4-3 所示。

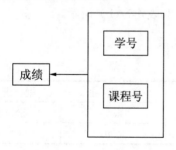

图 4-2   分解后的学生-系函数依赖

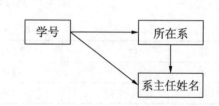

图 4-3   分解后的选课函数依赖

显然，分解后的两个关系模式均属于 2NF。

📖 **说明**：由 2NF 的定义可以得出以下结论：

❑ 属于 2NF 的关系模式 *R* 必定属于 1NF。

❑ 如果关系模式 *R* 属于 1NF，且 *R* 中全部是主属性构成，则 *R* 必定是 2NF。

❑ 如果关系模式 *R* 属于 1NF，且 *R* 中所有的候选关键字全部是单属性构成，则 *R* 必定是 2NF。

❑　二元关系模式必定是 2NF。

4.3.3　3NF

【定义 4-11】　若关系模式 R 属于 2NF，且每个非主属性都不传递依赖于主关键字，则称 R 是第三范式（简记为 3NF）的模式。若 $R \in$ 3NF，则每一个非主属性既不部分函数依赖于主键，也不传递函数依赖于主键。

上例分解后的关系模式"选课(学号,课程名,成绩)"是 3NF。关系模式"学生-系(学号,所在系,系主任姓名)"是 2NF。在 2NF 的关系模式中，仍然存在数据冗余和操作异常。例如，在"学生-系"关系模式中有以下问题：

❑　数据冗余：一个学生选修多门课程，该学生所在系主任的姓名仍然要被反复存储。

❑　插入异常：某个新成立的系由于没有学生及学生选课信息，该系及系主任的姓名无法插入"学生-系"关系。

❑　删除异常：要删除某个系的所有学生，则该系及系主任的姓名信息连带一起被删除。

为了消除这些异常，将"学生-系"关系模式分解后成为更高一级的 3NF。产生异常的原因是，在该关系模式中存在非主属性系主任姓名对关键学号的传递依赖。

学号→所在系，所在系→系主任姓名，但是所在系 $\nrightarrow$ 学号，所以学号→系主任姓名。

消除该传递依赖的方法是将它们分解为两个关系，将"学生-系"关系分解后的关系模式如下：

学生(学号,所在系)；

教学系(所在系,系主任姓名)。

显然，分解后的各子模式均属于 3NF。

📑说明：由 3NF 的定义可以得出以下结论：

❑　关系模式 R 是 3NF，必定也是 2NF 或 1NF，反之则不然。

❑　如果关系模式 R 属于 1NF，且 R 中全部是主属性，则 R 必定是 3NF。

❑　二元关系模式必定是 2NF。

4.3.4　BCNF

在 3NF 关系模式中仍然存在一些特殊的操作异常问题，这是因为关系中可能存在由主属性主键的部分和传递函数依赖。针对这个问题，由 Boyce 和 Codd 提出了 BCNF（Boyce Codd Normal Form），它比上述的 3NF 又进了一步。通常认为，BCNF 是修正的第三范式，有时也称为扩充的第三范式。

【定义 4-12】　关系模式 R 是 1NF，且每个属性都不传递函数依赖 R 的候选关键字，则 R 为 BCNF 的关系模式。

下面介绍 BCNF 的另一种等价定义。

【定义 4-13】　设 F 是关系模式 R 的 FD 集，如果 F 中每一个非平凡的 FD:$X \to A$，其左部都是 R 的候选关键字，则称 R 为 BCNF 的关系模式。

【例 4-5】 设有关系模式 $SC(U,F)$。其中，$U=\{SNO,CNO,SCORE\}$，$F=\{(SNO,CNO)\to SCORE,(CNO,SCORE)\to SNO\}$。$SC$ 的候选码为 (SNO,CNO) 和 $(CNO,SCORE)$，决定因素中都包含候选键，没有属性对候选键传递依赖或部分依赖，则 $SC\in$ BCNF。

【例 4-6】 设有关系模式 $STJ(S,T,J)$。其中，S 为学生，T 为教师，J 为课程。每位教师只教一门课，每门课有若干教师，某一学生选定某门课，就对应一位固定的教师。由语义可得到函数依赖：$(S,J)\to T,(S,T)\to J,T\to J$。该关系模式的候选码为 $(S,J),(S,T)$。

因为在该关系模式中，所有的属性都是主属性，所以 $STJ\in$ 3NF，但 $STJ\notin$ BCNF，因为 T 是决定因素，但 T 不包含码。T 不属于 BCNF 的关系模式，仍然存在数据冗余问题。如例 4-6 中的关系模式 STJ，如果有 100 个学生选定某一门课，则教师与该课程的关系就会重复存储 100 次。STJ 可分解为两个满足 BCNF 的关系模式，以消除此种冗余，即 $TJ(T,J)$ 和 $ST(S,T)$。

📖说明：从 BCNF 的定义可以得出以下结论：
- ❑ 如果关系模式 R 属于 BCNF，则它必定属于 3NF，反之则不一定成立。
- ❑ 二元关系模式 R 必定是 BCNF。
- ❑ 都是主属性的关系模式并非一定属于 BCNF。

显然，满足 BCNF 的条件要高于满足 3NF 的条件。

建立在函数依赖概念基础之上的 3NF 和 BCNF 是两种重要的范式。在实际的数据库设计中具有特殊的意义。一般而言，设计的模式如果能达到 3NF 或 BCNF，其关系的更新操作性能和存储性能都是比较高的。

从非关系到 1NF、2NF、3NF 和 BCNF，直到更高级别关系的变换或分解过程称为关系的规范化处理。

4.3.5 4NF

从数据库设计的角度看，在函数依赖的基础上，分解最高范式 BCNF 的模式仍然存在数据冗余问题。为了处理这个问题，必须引入新的数据依赖概念及范式，如多值依赖、连接依赖以及相应的更高范式（4NF 和 5NF）。本节仅介绍多值依赖与 4NF。

【定义 4-14】 给定关系模式 R 及其属性 X 和 Y，对于一个给定的 X 值，就有一组 Y 值与之对应，而与其他的属性 $(R-X-Y)$ 没有关系，则称"Y 多值依赖 X"或"X 多值决定 Y"，记作 $X\to\to Y$。

例如，设有关系模式 $WSC(W,S,C)$，W 表示仓库，S 表示报关员，C 表示商品，列出其关系，如表 4-8 所示。

表 4-8 WSC 关系

W	S	C
$W1$	$S1$	$C1$
$W1$	$S1$	$C2$
$W1$	$S1$	$C3$
$W1$	$S2$	$C1$
$W1$	$S2$	$C2$

续表

W	S	C
W1	S2	C3
W2	S3	C4
W2	S3	C5
W2	S4	C4
W2	S4	C5

按照语义,由于每个 Wi 和 S 都有一个集合与之对应,而不论 C 的取值是什么,即 $W \to \to S$,也有 $W \to \to C$。

注意: 函数依赖是多值依赖的特例,即若 $X \to Y$,则 $X \to \to Y$。

【定义 4-15】 非平凡多值依赖:在多值依赖的定义中,如果属性集 $Z=U-X-Y$ 为空,则该多值依赖为平凡多值依赖,否则为非平凡多值依赖。

【定义 4-16】 将关系模式 $R<U, F> \in$ 1NF,如果对于 R 的每个非平凡多值依赖 $X \to \to Y(YX)$,X 包含 R 的一个候选码,则称 R 是 4NF。

例如,在上例中,关系模式的候选码为 (W,S,C),非平凡多值依赖为 $W \to \to S$ 和 $W \to \to C$,所以不是 4NF。

分解: $WS(W,S)WC(W,C)$

注意: 当 F 中只包含函数依赖时,4NF 就是 BCNF,但一个 BCNF 不一定是 4NF,而 4NF 一定是 BCNF。

几种范式和规范化的关系如图 4-4 所示。

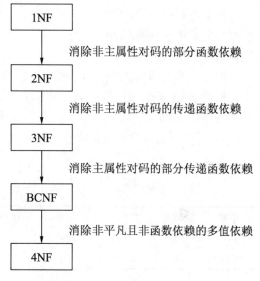

图 4-4　1NF 到 4NF 规范化关系

4.4　关系模式的分解

在 4.3 节中,通过分解的方法消除了模式中的操作异常,减少和控制了数据冗余问题。要使关系模式的分解有意义,模式分解需要满足一些约束条件以便使分解不破坏原来的语义,即模式分解要符合无损连接和保持函数依赖的原则。本节主要讨论关系模式分解的两个重要特性:保持信息的无损连接和保持函数依赖。

4.4.1　无损连接的分解

无损连接可以保证分解前后关系模式的信息不会丢失和增加,能保持原有的信息不变,从而反映模式分解的数据等价原则。如果不能保持无损连接，那么在关系中就会出现错误的信息。

【定义 4-17】 设 $p=\{R2,R2,\cdots,Rn\}$ 是 R 的一个分解，若对于任一 R 的关系实例 r，都有 $r=\pi_{R_1}(r)\bowtie r=\pi_{R_2}(r)\bowtie\cdots r=\pi_{R_n}(r)\cdots$，则称该分解满足 F 的无损连接，简称无损分解；否则称为有损连接分解，简称有损分解。其中，$\pi_{R_n}(r)$ 是 r 在关系模式 Rn 上的投影。

例如，有关系模式 $R(A,B,C)$ 和具体关系 r，如表 4-9（a）所示。其中，R 被分解的两个关系模式 $\rho=\{AB,AC\}$，r 在这两个模式上的投影分别如表 4-9（b）和表 4-9（c）所示。显然 $r=r_1\bowtie r_2$，即分解 ρ 是无损连接分解。

表 4-9 无损连接分解

（a）关系r				（b）关系r1			（c）关系r2	
A	B	C		A	B		A	C
2	2	5		2	2		2	5
2	3	5		2	3			

如果是有损分解，则说明分解后的关系做自然连接的结果比分解前的 R 增加了元组，它使原来关系中一些确定的信息变成不确定的信息，因此它是有害的错误信息，对做连接查询操作是极为不利的。

例如，有关系模式 $R($学号,课程号,成绩$)$ 和具体的关系 r，如表 4-10（a）所示。R 的一个分解为 $\rho=\{($学号,课程号$),($学号,成绩$)\}$，其对应的两个关系为 r_1 和 r_2，如表 4-10（b）和表 4-10（c）所示。此时 $r\neq r_1\bowtie r_2$，如表 4-10（d）所示，多出了两个元组（值加下画线的元组）。显然，这两个元组有悖于原来 r 中的元组，使原来的元组值变成了不确定的信息。

表 4-10 有损连接分解

（a）关系r			（b）关系r1		（c）关系r2		（d）关系 $r_1\bowtie r_2$		
学号	课程号	成绩	学号	课程号	学号	成绩	学号	课程号	成绩
202001	2	91	202001	2	202001	91	202001	2	91
202001	3	82	202001	3	202001	82	202001	2	82
							202001	3	91
							202001	3	82

将关系模式 R 分解成 $p=R2,R2,\cdots,Rn$ 以后，如何判定该分解是不是无损连接分解？这是一个值得关心的问题。下面介绍判定是否具有无损连接分解的方法——判定表法。

【算法 4-3】 无损连接的测试。

输入：关系模式 $R=A2,\cdots,An$ 和 R 上成立的函数依赖集 F，以及 R 的一个分解 $\rho=\{R_1,R_2,\cdots,R_k\}$。

输出：判断 ρ 相对于 F 是否具有无损连接特性。

步骤如下：

（1）构造一张 k 行 n 列的表格，每列对应一个属性 A_j（$1\leqslant j\leqslant n$），每行对应一个模式 R_i（$1\leqslant i\leqslant k$）。如果 A_j 在 R_i 中，那么在表格的第 i 行第 j 列处填上符号 a_j，否则填上符号 b_{ij}。

（2）反复检查 F 的每一个函数依赖，并修改表格中的元素。修改方法为：

取 F 中的函数依赖 $X\rightarrow Y$，如果表格中有两行在 X 分量上相等，而在 Y 分量上不相等，那么修改 Y，使这两行在 Y 分量上也相等。如果 Y 分量中有一个是 a_j，那么另一个也修改成

a_j，如果没有 a_j，那么用其中的一个 b_{ij} 替换另一个符号（尽量把下标 ij 改成较小的数），一直到表格不能修改为止（这个过程称为 Chase 过程）。

（3）若修改到最后一张表格中有一行是全 a，即 $a_1a_2\cdots a_n$，那么 ρ 相对于 F 是无损连接分解。

4.4.2 保持函数依赖的分解

保持函数依赖的分解是关系模式分解的另一个特性，分解后的关系不能破坏原来的函数依赖（不能破坏原来的语义），即保持分解前后原有的函数依赖依然成立。保持依赖反映了模式分解的依赖等价原则。

例：成绩(学号,课程名,教师姓名,成绩)

函数依赖集如下：

(学号,课程名)→教师姓名,成绩

(学号,教师姓名)→课程名,成绩

教师姓名→课程名

分解为：学-课-教(学号,课程名,成绩)和学-教(学号,教师姓名)

丢失函数依赖：教师姓名→课程名，不能体现一个教师只开一门课的语义。

【定义 4-18】 设 F 是关系模式 $R(U)$ 上的 FD 集，$Z \subseteq U$，F 在 Z 上的投影用 $\pi_Z(F)$ 表示，定义如下：

$$\pi_Z(F) = \{X \to Y \,|\, X \to Y \in F^+, X, Y \subseteq Z\}$$

【定义 4-19】 设 R 的一个分解 $\rho = \{R_1, R_2, \cdots, R_n\}$，$F$ 是 R 上的依赖集，如果 F 等价于 $U = \pi_{R1}(F) \bigcup \pi_{R2}(F) \bigcup \cdots \bigcup \pi_{Rk}(F)$，则称分解 ρ 具有依赖保持性。

由于 $U \subseteq F$，即 $U^+ \subseteq F^+$ 必然成立，所以只要判断 $F^+ \subseteq U^+$ 是否成立即可。具体方法如下：

对 F 中有而 G 中无的每个 $X \to Y$，求 X 相对于函数依赖集 U 的闭包，如果所有的 Y 都有 $Y^+ \subseteq X_G^+$，则称分解具有依赖保持性，如果存在某个 Y，有 $Y \not\subset X_G^+$，则分解不具有依赖保持性。

【例 4-7】 设关系模式 $R\{A,B,C,D,E\}$，$F=\{A \to B, B \to C, C \to D, D \to A\}$ 是依赖集，$\rho = \{AB, BC, CD\}$ 是 R 的一个分解，判断该分解是否具有依赖保持性。

解：因为

$$\pi_{AB}(F) = \{A \to B, B \to A\}$$
$$\pi_{BC}(F) = \{B \to C, C \to B\}$$
$$\pi_{CD}(F) = \{C \to D, D \to C\}$$

$U = \pi_{AB}(F) \bigcup \pi_{BC}(F) \bigcup \pi_{CD}(F) = \{A \to B, B \to A, B \to C, C \to B, C \to D, D \to C\}$。

从中可以看到，$A \to B, B \to C, C \to D$ 均得以保持，对于 $D \to A$，由于 $D_G^+ = ABCD, A \subseteq D_G^+$，所以该分解具有依赖保持性。

注意：一个无损连接不一定具有依赖保持性。同样，一个依赖保持性分解不一定具有无损连接。

4.4.3 模式分解算法

范式和分解是数据库设计中两个重要的概念与技术。模式规范化的手段是分解，将模式分解成 3NF 和 BCNF 后是否一定能保证分解具有无损连接性并保持函数依赖性呢？研究的结论是：若要求分解既具有无损连接性又具有保持函数依赖保持性，则分解总可以达到 3NF。

对于分解成 BCNF 模式的集合，只存在无损连接性，而不保持函数依赖性。本节介绍这 3 种算法。

【算法 4-4】 把一个关系模式分解为 3NF，使它具有依赖保持性。

输入：关系模式 R 和 R 的最小依赖集 F_m。

输出：R 的一个分解 $\rho = \{R_1, R_2, \cdots, R_k\}$，$R_i(i = 1, 2, \cdots, k)$ 为 3NF，ρ 具有无损连接性和依赖保持性。

步骤如下：

（1）如果 F_m 中有一个依赖 $X{\rightarrow}A$，且 $XA=R$，则输出，转步骤（4）。

（2）如果 R 中某些属性与 F 中所有依赖的左右部都无关，则将它们构成关系模式，从 R 中将其分出去。

（3）对于 F_m 中的每一个 $X_i{\rightarrow}A_i$，都构成一个关系子模式 $R=X_iA_i$。

（4）停止分解，输出 ρ。

【例 4-8】 设有关系模式 $R<U, F>$，$U = \{C, T, H, R, S, G\}$，$F = \{CS \rightarrow G, C \rightarrow T, TH \rightarrow R, HR \rightarrow C, HS \rightarrow R\}$，将其依赖保持行分解为 3NF。

解：

求出 F 的最小依赖集 $F_m = \{CS \rightarrow G, C \rightarrow T, TH \rightarrow R, HR \rightarrow C, HS \rightarrow R\}$，使用算法 4-4，步骤如下：

（1）不满足条件。

（2）不满足条件。

（3）$R_1=CSG$，$R_2=CT$，$R_3=THR$，$R_4=HRC$，$R_5=HSR$。

（4）$\rho=\{CSG, CT, THR, HRC, HSR\}$。

【算法 4-5】 把一个关系模式分解为 3NF，使它既具有无损连接性又具有依赖保持性。

输入：关系模式 R 和 R 的最小依赖集 F_m。

输出：R 的一个分解 $\rho = \{R_1, R_2, \cdots, R_k\}$，$R_i(i = 1, 2, \cdots, k)$ 为 3NF，ρ 具有无损连接性和依赖保持性。

步骤如下：

（1）根据算法 4-5 求出依赖保持性分解 $\rho = \{R_1, R_2, \cdots, R_k\}$。

（2）判断 p 是否具有无损连接性，若具有，则转步骤（4）。

（3）令 $\rho = \rho \bigcup \{X\}$，其中 X 是候选码。

（4）输出 ρ。

【例 4-9】 设有关系模式 $R<U, F>$，$U = \{C, T, H, R, S, G\}$，$F = \{CS \rightarrow G, C \rightarrow T, TH \rightarrow R, HR \rightarrow C, HS \rightarrow R\}$，将其无损连接和保持依赖性分解为 3NF。

解：

（1）由例 4-8 求出依赖保持性分解。

（2）ρ={CSG,CT,THR,HRC,HSR}。

（3）判断其是否具有无损连接性，若具有，则转步骤（4）。

（4）不执行。

（5）输出 ρ={CSG,CT,THR,HRC,HSR}。

【算法 4-6】 把一个关系模式无损分解为 BCNF。

输入：关系模式 R 和 R 的依赖集 F。

输出：R 的无损分解 $\rho = \{R_1, R_2, \cdots, R_k\}$。

步骤如下：

（1）令 $\rho=(R)$。

（2）如果 ρ 中所有的模式都是 BCNF，则转步骤（4）。

（3）如果 ρ 中有一个关系模式 S 不是 BCNF，则 S 中必能找到一个函数依赖 $X{\to}A$，有 X 不是 R 的候选键，且 A 不属于 X，设 $S_1=XA$，$S_2=S\text{-}A$，用分解 $\{S_1,S_2\}$ 代替 S，转步骤（2）。

（4）分解结束，输出 ρ。

【例 4-10】 设有关系模式 $R<U,F>$，$U = \{C,T,H,R,S,G\}$，$F = \{CS \to G, C \to T,$ $TH \to R, HR \to C, HS \to R\}$，将其无损连接分解为 BCNF。

解：

R 上只有一个候选键 HS。

（1）令 $\rho=\{CTHRSG\}$。

（2）ρ 中的关系模式不是 BCNF。

（3）考虑 $CS{\to}G$，这个函数依赖不满足 BCNF 条件，将 $CTHRSG$ 分解为 CSG 和 $CTHRS$。CSG 已是 BCNF，$CTHRS$ 不是 BCNF，进一步分解。选择 $C{\to}T$，把 $CTHRS$ 分解为 CT 和 $CHRS$。CT 已是 BCNF，$CHRS$ 不是 BCNF，进一步分解。选择 $HS{\to}R$，把 $CHRS$ 分解为 HRS 和 CHS。这时，HRS 和 CHS 均为 BCNF。

（4）$\rho=\{CSG,CT,HRC,CHS\}$。

⚠️**注意：**

- ❏ 进行模式分解时，除考虑数据等价和依赖等价以外，还要考虑效率。
- ❏ 当对数据库进行的操作主要是查询时，为提高查询效率，可以保留适当的数据冗余，让关系模式中的属性多一些，而不把模式分解得太小。否则为了查询一些数据，常常要做大量的连接运算，把多个关系模式连在一起才能从中找到相关的数据。
- ❏ 在设计数据库时，为了减少冗余，节省空间，把关系模式一再分解。到使用数据库时，为查询相关数据，把关系模式一再连接，会花费大量时间，得不偿失。因此，保留适当的冗余，达到以空间换时间的目的，这也是模式分解的重要原则。

在关系型数据库中，对关系模式的基本要求是满足 1NF，在此基础上，为了消除关系模式中存在的插入异常、删除异常、更新异常和数据冗余等问题，人们要寻求解决这些问题的方法，这就是规范化的目的。

规范化的基本思想是逐步消除数据依赖中不合适的部分，使模式中的各关系模式达到某种程度的"分离"。让一个关系描述一个概念、一个实体或实体间的一种联系，若多于一个概念，就把它"分离"出去，因此所谓的规范化实质上是概念的单一化。

关系模式的规范化过程是通过对关系模式的分解来实现的，把低一级的关系模式分解为若干个高一级的关系模式，对关系模式进一步规范化，使之逐步达到 2NF、3NF、4NF 和 5NF。各种规范化之间的关系如下：

$$5NF \subseteq 4NF \subseteq BCNF \subseteq 3NF \subseteq 2NF \subseteq 1NF$$

关系规范化的递进过程如图 4-5 所示。

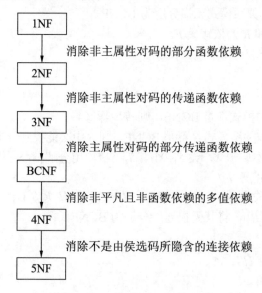

图 4-5 关系规范化的递进过程

一般来说，规范化程度越高，分解就越细，所得数据库的数据冗余就越小，且更新异常也会相对减少。如果某一关系主要用于检索，那么即使它是一个低范式的关系，也不要去追求高范式而将其不断进行分解。因为在检索时通过多个关系的自然连接才能获得全部信息，这会降低数据的检索效率。数据库设计满足的范式越高，其数据处理的开销也越大。

因此，规范化的基本原则是由低到高，逐步规范，权衡利弊，适可而止。规范化通常要以满足第三范式为基本要求。

把一个非规范化的数据结构转换成第三范式一般需要经过以下几步：

（1）把该结构分解成若干个属于第一范式的关系。

（2）对那些存在组合码且有非主属性部分函数依赖的关系必须继续分解，使所得关系都属于第二范式。

（3）若关系中有非主属性传递依赖于码，则继续分解，使得关系都属于第三范式。

事实上，规范化的理论是在与 SQL 结合时产生的。关系理论的基本原则指出，数据库被规范化后，其中的任何数据子集都可以用基本的 SQL 操作而获取，这就是规范化的重要性所在。数据库不进行规范化，就必须通过编写大量的复杂代码来查询数据。规范化规则在关系建模和关系对象建模中同等重要。

4.5 本章小结

本章主要介绍了关系型数据库设计理论，有 3 个方面的内容：函数依赖、范式和模式设计。函数依赖起核心作用，它是模式分解和模式设计的基础。还介绍了完全函数依赖、部分函数依赖和传递函数依赖的定义，阐明了范式是模式分解的标准，以及关系型数据库设计的关键是关系模式的设计。

4.6　习题与实践练习

一、选择题

1. 在规范化的过程中，需要克服数据库逻辑结构中冗余度大、插入异常和（　　）的问题。

　　A．结构不合理　　　　　　　　　　　B．删除异常

　　C．数据丢失　　　　　　　　　　　　D．数据的不一致性

2. 关系规范化的插入异常是指（　　）。

　　A．不该删除的数据被删除　　　　　　B．应该删除的数据未被删除

　　C．不该插入的数据被插入　　　　　　D．应该插入的数据未被插入

3. 关系规范化的删除异常是指（　　）。

　　A．不该删除的数据被删除　　　　　　B．应该删除的数据未被删除

　　C．不该插入的数据被插入　　　　　　D．应该插入的数据未被插入

4. 在关系模式中，如果属性 A 和 B 存在 1∶1 的联系，则说明（　　）。

　　A．$A{\to}B$　　　　　　B．$A{\leftrightarrow}B$　　　　　　C．$B{\to}A$　　　　　　D．以上都不是

5. $X{\to}Y$，且（　　），则称为平凡依赖。

　　A．$Y{\subset}X$　　　　　　B．$X{\subset}Y$　　　　　　C．$X{\bigcap}Y{=}\varnothing$　　　　　　D．$X{\bigcap}Y{\neq}\varnothing$

6. 下列说法错误的是（　　）。

　　A．2NF 必然属于 1NF　　　　　　　　B．3NF 必然属于 2NF

　　C．3NF 必然属于 BCNF　　　　　　　D．BCNF 必然属于 3NF

7. 当关系模式 $R(A,B)$ 已属于 3NF，下列说法正确的是（　　）。

　　A．一定消除了插入异常和删除异常　　B．仍存在一定的插入异常和删除异常

　　C．一定属于 BCNF　　　　　　　　　D．A 和 C 都是

8. 设有关系模式 $R(A,B,C,D)$，其数据依赖集 $F{=}((A,B){\to}C,C{\to}D)$，则关系模式 R 的规范化程度最高可以达到（　　）。

　　A．1NF　　　　　　B．2NF　　　　　　C．3NF　　　　　　D．BCNF

9. 在关系模式 S(Sno,Sname,Dept,DeptHead)中，各属性含义为学号、姓名、系、系主任姓名，S 的最高范式是（　　）。

　　A．1NF　　　　　　B．2NF　　　　　　C．3NF　　　　　　D．BCNF

10. 设有关系模式 $R(A,B,C,D,E)$，其数据依赖集 $F{=}(A{\to}D,B{\to}C,E{\to}A)$，则关系模式 R 的候选码为（　　）。

　　A．AB　　　　　　B．CD　　　　　　C．DE　　　　　　D．BE

二、填空题

1. 关系型数据库设计理论有 3 个方面的内容：函数依赖、范式和_____。

2. 在关系型数据库的规范化过程中，为不同程度的规范化要求设立的不同_____称为

范式。

3．一个低一级范式的关系模式，通过_____可以转换成若干个高一级范式的关系模式的集合，该过程称为规范化。

4．关系模式规范化的目的是让结构更合理，消除插入异常、删除异常和_____，使数据冗余尽量小。

5．任何一个二目关系属于_____。

6．把自反律、_____和传递律称为 Armstrong 公理系统。

7．Armstrong 公理系统是有效的和_____的。

8．若 $R.A \to R.B$，$R.B \to R.C$，则_____。

9．若 $R.A \to R.B$，$R.A \to R.C$，则_____。

10．若 $R.B \to R.A$，$R.C \to R.A$，则_____。

三、简答题

1．什么是函数依赖？简述完全函数依赖、部分函数依赖和传递函数依赖。

2．什么是范式？什么是关系模式的规范化？关系模式的规范化目的是什么？

3．简述关系模式规范化的过程。

4．简述 Armstrong 公理系统的推理规则。

5．什么是函数依赖集 F 的闭包？

四、实践操作题

建立一个关于系、学生、班级、学生会等信息的关系型数据库。

描述学生的属性有学号、姓名、出生年月、系名、班号和宿舍区。

描述班级的属性有班号、专业名、系名、人数和入校年份。

描述系的属性有系名、系号、系办公室地点和人数。

描述学生会的属性有学会名、成立年份、地点和人数。

有关语义为：一个系有若干个专业，每个专业每年只招一个班，每个班有若干个学生；一个系的学生住在同一宿舍区；每个学生可以参加若干个学生会，每个学生会有若干个学生；学生参加某学生会有一个入会年份。

1．请给出关系模式，写出每个关系模式的极小函数依赖集，并指出是否存在传递函数依赖；对于函数依赖左部是多属性的情况，讨论函数依赖是完全函数依赖还是部分函数依赖。

2．指出各关系的候选码和外部码，并分析有没有全码存在。

第5章　数据库设计

数据库设计是指对一个给定的应用环境，构造（设计）优化的数据库逻辑模式和物理结构，并据此建立数据库及其应用系统，使之能有效地收集、存储、操作和管理数据，从而满足各类用户的应用需求。从本质上讲，数据库设计是将数据库系统与现实世界进行密切的、协调一致的结合过程。因此，数据库设计者必须非常清晰地了解数据库系统本身及其实际应用对象这两方面的知识。本章介绍数据库设计的全过程，包括需求分析以及数据库的实施和维护。

本章要点：
- ❑ 了解数据库设计的特点、方法和步骤。
- ❑ 掌握需求分析的任务和方法。
- ❑ 熟悉概念结构设计和 E-R 模型。
- ❑ 熟悉逻辑结构设计和 E-R 模型向关系模型的转换。
- ❑ 掌握物理结构的设计。
- ❑ 掌握数据库的实施。
- ❑ 熟悉数据库的运行和维护。

5.1　数据库设计概述

数据库设计主要进行数据库的逻辑设计，即将数据按一定的分类、分组系统和逻辑层次组织起来，整个设计是面向用户的。数据库设计需要综合企业各个部门的存档数据和需求，分析各个数据之间的关系，按照 DBMS 提供的功能和描述工具，设计出规模适当、正确反映数据关系、数据冗余少、存取效率高、能满足多种查询要求的数据模型。

5.1.1　数据库设计的相关内容

数据库设计涵盖的内容很广泛，数据库设计的质量与设计者的知识、经验和水平有密切的关系。

数据库设计面临的主要困难和问题如下：
- ❑ 懂计算机与数据库的人一般都缺乏应用业务知识和实际经验，而熟悉应用业务知识的人又往往不懂计算机和数据库，而同时具备这两方面知识的人很少。
- ❑ 在开始时往往不能明确应用业务的数据库系统目标。
- ❑ 缺乏完善的设计工具和方法。
- ❑ 用户的需求往往不是从一开始就明确的，而是在设计过程中不断地提出新的要求，甚至在数据库建立后还会要求修改数据库结构或增加新的应用。

❑ 应用业务系统千差万别，很难找到一种适合所有应用业务的工具和方法。

数据库设计的目标是为用户和各种应用系统提供信息基础设施和高效率的运行环境。一个成功的数据库系统应具备如下特点：

❑ 功能强大。

❑ 能准确地表示业务数据。

❑ 使用方便，易于维护。

❑ 对最终用户操作的响应时间合理。

❑ 便于数据库结构的改进。

❑ 便于数据库的检索和修改。

❑ 具备有效的安全机制。

❑ 冗余数据最少甚至不存在。

❑ 便于数据的备份和恢复。

5.1.2　数据库设计的特点

大型数据库的设计和开发工作量大而且比较复杂，涉及多门学科，是一项系统的数据库工程，也是一项软件工程。数据库设计的多个阶段都可以对应软件工程的相关阶段，软件工程的某些方法和工具也适用于数据库工程。但数据库设计是与用户的业务需求紧密相关的，因此它有很多自身的特点，下面进行介绍。

1. 三分技术，七分管理和基础数据

数据库系统的设计和开发本质上是软件开发，不仅涉及有关开发技术，还涉及开发过程中的管理问题。要建设好一个数据库应用系统，除了要有很强的开发技术外，还要有完善和有效的管理方法，通过对开发人员和有关过程的控制管理，实现"1+1>2"的效果。一个企业的数据库建设过程是企业管理模式改革和提高的过程。

在数据库设计中，基础数据的作用非常关键，但往往被人们忽视。数据是数据库运行的基础，数据库的操作就是对数据的操作。如果基础数据不准确，则在此基础上的操作结果也就没有意义。因此，在数据库建设中，数据的收集、整理、组织和不断更新是至关重要的环节。

2. 综合性

数据库设计涉及的范围很广，包括计算机专业知识和业务系统的专业知识，同时还要解决技术及非技术两方面的问题。

3. 结构（数据）设计和行为（处理）设计相结合

结构设计是指根据给定的应用环境，进行数据库模式或子模式的设计，它包括数据库的概念设计、逻辑设计和物理设计。行为设计是指确定数据库用户的行为和动作，用户的行为和动作就是对数据库的操作，这些操作通过应用程序来实现，包括功能组织和流程控制等方面的设计。在传统的软件开发中，一般比较注重处理过程的设计，而不太重视数据结构的设计。只要有可能就尽量推迟数据结构的设计，这种方法对数据库设计是不适合的。

在进行数据库设计时主要精力首先应该放在数据结构的设计上，如数据库表的结构和视

图的设计等，但这并不等于将结构设计和行为设计相互分离。相反，在数据库设计中必须强调要把结构设计和行为设计结合起来。

5.1.3　数据库设计方法分类

早期的数据库设计主要采用手工与经验相结合的方法。数据库设计的质量与设计人员的经验和水平有直接关系。缺乏科学理论和工程方法的支持，设计质量难以保证。为了使数据库设计更合理、更有效，需要具备有效的指导原则，这些原则称为数据库设计方法。

首先，一个好的数据库设计方法，应该能在合理的期限内以合理的工作量产生一个有实用价值的数据库结构。这里的实用价值是指满足用户关于功能、性能、安全性、完整性及发展需求等方面的要求，同时又要服从特定的 DBMS 的约束，并可以用简单的数据模型来表达。其次，数据库设计方法应具有足够的灵活性和通用性，不但能让具有不同经验的人使用，而且不受数据模型和 DBMS 的限制。最后，数据库设计方法应该是可以再生的，即不同的设计者使用同一方法设计同一东西时，可以得到相同或相似的设计结果。

多年来，经过不断的努力和探索，人们提出了各种数据库设计方法，运用工程思想和方法提出的各种设计准则和规范都属于规范设计方法。下面重点介绍其中的 4 种方法。

- ❑ 新奥尔良（New Orleans）方法：该方法是一种比较著名的数据库设计方法，它将数据库设计分为 4 个阶段：需求分析、概念结构设计、逻辑结构设计和物理结构设计。这种方法注重数据库的结构设计，而不太考虑数据库的行为设计。随后，S.B.Yao 等人又将数据库设计分为 5 个阶段，主张数据库设计应该包括设计系统开发的全过程，并在每个阶段结束时进行评审，以便及早发现设计错误并纠正。各阶段的设计也不是严格线性进行的，而是采取"反复探寻、逐步求精"的方法推进的。
- ❑ 基于 E-R 模型的数据库设计方法：该方法用 E-R 模型来设计数据库的概念模型，是概念设计阶段广泛采用的方法。
- ❑ 3NF（第三范式）设计方法：该方法以关系型数据理论为指导来设计数据库的逻辑模型，是关系型数据库在逻辑设计阶段可采用的有效方法。
- ❑ ODL（Object Definition Language）方法：该方法是面向对象的数据库设计方法，ODL主要作用是进行面向对象数据库设计，它用面向对象的概念和术语来说明数据库结构，进而将其直接转换成面向对象数据库管理系统的说明。

上面的这些方法都是在数据库设计的不同阶段使用的具体技术和方法，属于常用的规范设计法。规范设计法从本质上看仍然是手工设计方法，其基本思想是过程迭代和逐步求精。

5.1.4　数据库设计的 6 个阶段

按照规范设计的方法，同时考虑数据库及其应用系统开发的全过程，可以将数据库设计分为 6 个阶段：需求分析、概念结构设计、逻辑结构设计、物理结构设计、数据库实施以及数据库运行和维护。数据库设计的全过程如图 5-1 所示。

开始进行数据库设计之前，必须选定参加的人员，包括系统分析人员、数据库设计人员、应用开发人员、数据库管理员和用户代表。各种人员在设计过程中的分工不同。

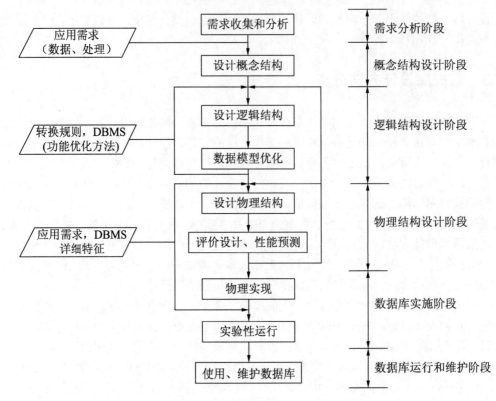

图 5-1　数据库设计的全过程

系统分析和数据库设计人员是数据库设计的核心人员，他们将自始至终参与数据库设计，他们的水平决定了数据库系统的质量。用户代表负责参与需求分析；数据库管理员负责对数据库进行专门的控制和管理，包括进行数据库权限的设置、数据库的监控和维护等工作；应用开发人员包括程序员和操作员，他们分别负责编制程序和准备软/硬件环境，在系统实施阶段参与进来。如果所设计的数据库应用系统比较复杂，还应该考虑是否需要使用数据库设计工具以及选用何种工具，以提高数据库设计质量并减少设计工作量。

1. 需求分析阶段

需求分析是对用户提出的各种需求进行分析，对各种原始数据进行汇总、整理，该阶段是形成最终设计目标的首要阶段。需求分析是整个数据库设计的基础，是最困难、最耗费时间的阶段。对用户的各种需求能否做出准确无误、充分完备的分析，并在此基础上形成最终目标，是整个数据库设计成败的关键。

2. 概念结构设计阶段

概念结构设计是对用户需求进一步抽象、归纳，并形成独立于 DBMS 和有关软/硬件的概念数据模型的设计过程。这是对现实世界中具体数据的首次抽象，完成从现实世界到信息世界的转化过程。数据库的逻辑结构设计和物理结构设计都是以概念设计阶段所形成的抽象结构为基础进行的。因此，概念结构设计是整个数据库设计的关键。数据库的概念结构通常用 E-R 模型来描述。

3．逻辑结构设计阶段

逻辑结构设计是将概念结构转换为某个 DBMS 所支持的数据模型，并对其进行优化的设计过程。由于逻辑结构设计基于具体 DBMS 的实现过程，因此，选择什么样的数据库模型尤为重要。数据库模型有层次模型、网状模型、关系模型以及面向对象的模型等，设计人员可以选择其中之一，并结合具体的 DBMS 实现逻辑结构设计。逻辑结构设计阶段后期的优化工作也很重要，已成为影响数据库设计质量的一项重要工作。

4．物理结构设计阶段

物理结构设计阶段是将逻辑结构设计阶段所产生的逻辑数据模型转换为某种计算机系统所支持的数据库物理结构的实现过程。这里，数据库在相关存储设备上的存储结构和存取方法，称为数据库的物理结构。完成物理结构设计后，需要对该物理结构做出相应的性能评价，若评价结果符合原设计要求，则进一步实现该物理结构。否则，就需要对该物理结构做出相应的修改，若属于最初设计问题所导致的物理结构的缺陷，必须返回概念设计阶段修改其概念数据模型或重新建立概念数据模型，如此反复，直至评价结果满足原设计要求为止。

5．数据库实施阶段

数据库实施阶段即数据库调试、试运行阶段。数据库的物理结构一旦形成，就可以用已选定的 DBMS 来定义、描述相应的数据库结构，装入数据，以生成完整的数据库；然后编制有关应用程序，进行联机调试并转入试运行，同时进行时间、空间等性能分析，若不符合要求，则需要调整物理结构、修改应用程序，直至高效、稳定、正确地运行该数据库系统为止。

6．数据库运行和维护阶段

数据库实施阶段结束标志着数据库系统可以投入正常的运行工作。在数据库系统运行过程中必须不断地对其进行评价、调整与修改。

随着对数据库设计的深刻了解和设计水平的不断提高，人们已经充分认识到数据库的运行和维护工作与数据库设计的紧密联系。

数据库设计是一个动态和不断完善的过程。运行和维护阶段的开始，并不意味着设计过程的结束。若在运行和维护过程中出现问题，则需要对程序或结构进行修改，修改的程度也不相同，有时会引起对物理结构的调整、修改。因此，数据库运行和维护阶段是数据库设计的一个重要阶段。

数据库设计过程的各个阶段可用图 5-2 概括描述。

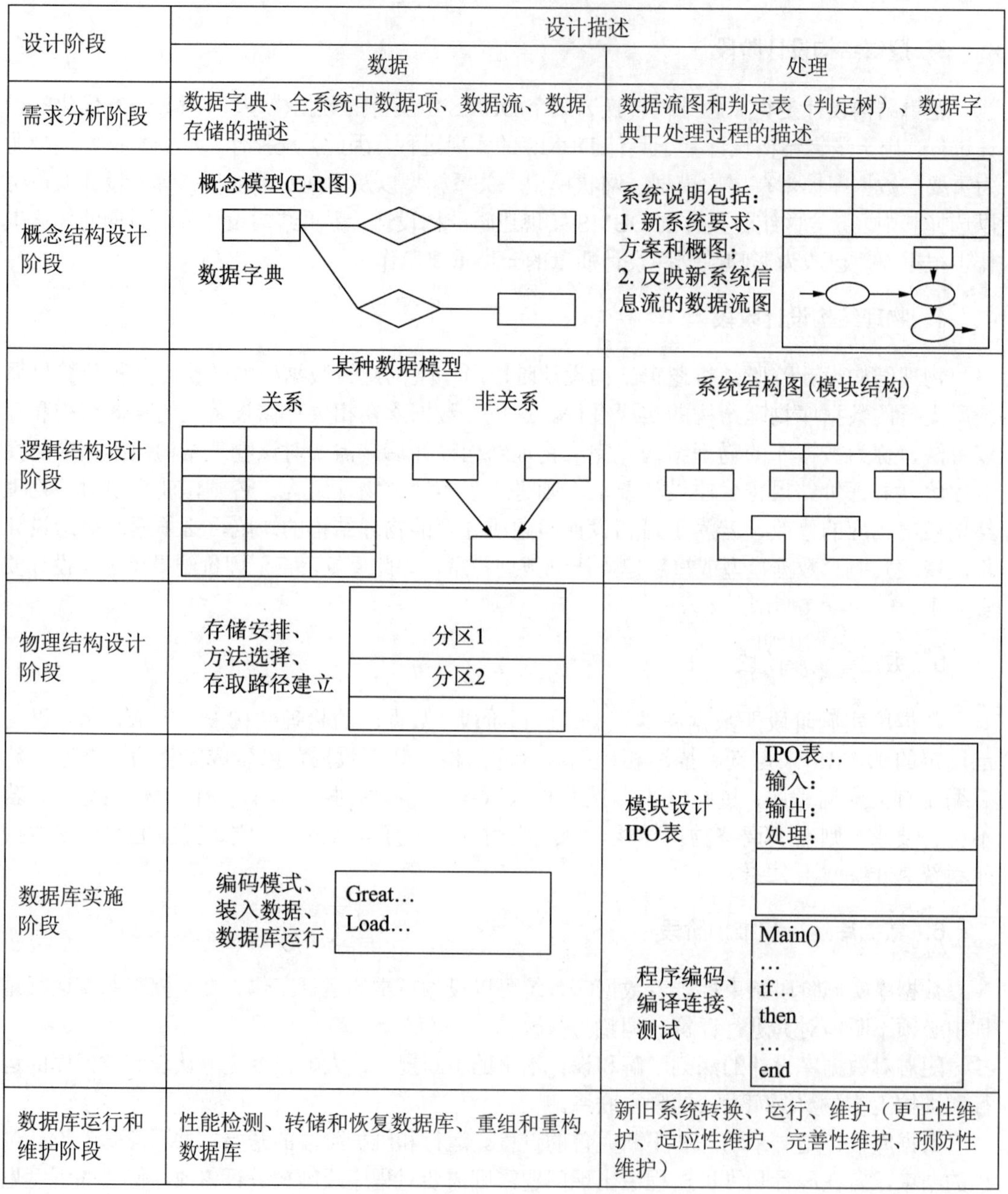

设计阶段	设计描述	
	数据	处理
需求分析阶段	数据字典、全系统中数据项、数据流、数据存储的描述	数据流图和判定表（判定树）、数据字典中处理过程的描述
概念结构设计阶段	概念模型(E-R图) 数据字典	系统说明包括： 1. 新系统要求、方案和概图； 2. 反映新系统信息流的数据流图
逻辑结构设计阶段	某种数据模型 关系　　　非关系	系统结构图（模块结构）
物理结构设计阶段	存储安排、方法选择、存取路径建立 分区1 分区2	
数据库实施阶段	编码模式、装入数据、数据库运行 Great… Load…	模块设计IPO表 IPO表… 输入： 输出： 处理： 程序编码、编译连接、测试 Main() … if… then … end
数据库运行和维护阶段	性能检测、转储和恢复数据库、重组和重构数据库	新旧系统转换、运行、维护（更正性维护、适应性维护、完善性维护、预防性维护）

图 5-2　数据库设计各个阶段的描述

设计一个完善的数据库应用系统不可能一蹴而就，往往是上述 6 个阶段不断反复。

5.2　需 求 分 析

简单地说，需求分析就是分析用户的需求。需求分析是设计数据库的起点，这一阶段收集到的基础数据和数据流图是下一步概念结构设计的基础。如果该阶段的分析有误，将直接影响到后面各个阶段的设计，并影响最终的设计结果。

5.2.1　需求描述与分析

目前数据库应用越来越普及，而且结构越来越复杂，为了帮助支持所有用户的使用，数据库设计变得异常复杂。如果没有对信息进行全面、充分地分析，则设计很难完成。因此，需求分析放在整个设计的第一步。

需求分析阶段的目标是通过详细调查现实世界要处理的对象（如组织、部门、企业等），充分了解原系统（手工系统或计算机系统）的工作概况，确定企业的组织目标，明确用户的各种需求，进而确定新系统的功能，并把这些需求写成用户和数据库设计者都能够接受的文档。

需求分析阶段必须强调用户的参与。在新系统设计时，要充分考虑系统在今后可能出现的扩充和改变，使设计更符合未来发展的趋势，并易于改动，以减少系统维护的代价。

5.2.2　需求分析的分类

需求分析总体上分为两类：信息需求和处理需求，如图 5-3 所示，下面分别进行介绍。

- ❑ 信息需求：用于定义要实现的数据库系统用到的所有信息，描述了数据之间本质上和概念上的联系，描述了实体、属性、组合及联系的性质。由信息需求可以导出数据需求，即在数据库中需要存储哪些数据。

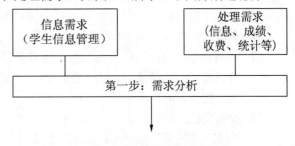

图 5-3　需求分析的描述

- ❑ 处理需求：定义了要实现的数据库系统的数据处理操作，描述了操作的先后次序、操作执行的频率和环境、操作与数据之间的联系等，如对处理响应时间的要求、处理方式是批处理还是联机处理等。

在定义信息需求和处理需求的同时，还应定义安全性与完整性约束。安全性约束需要描述系统中不同用户对数据库的使用和操作情况。完整性约束需要描述数据之间的关联关系及数据的取值范围。

需求分析是整个数据库设计中最重要的一步，如果把整个数据库设计看作一个系统工程，那么需求分析的结果是这个系统工程的最原始输入信息。但是确定用户的最终需求是一件困难的事，其困难不在于技术，而在于要了解、分析、表达客观世界并非易事。一方面用户缺乏计算机知识，开始时无法确定计算机究竟能为自己做什么，不能做什么，因此往往不能准确地表达自己的需求，所提出的需求往往不断变化；另一方面，设计人员缺乏用户的专业知识，不易理解用户的真正需求，有时甚至会误解用户的需求。因此设计人员必须不断深入地与用户交流，才能逐步确定用户的实际需求。

这一阶段的输出是"需求分析说明书"，其主要内容是系统的数据流图和数据字典。"需求分析说明书"应是一份既切合实际，又具有远见的文档，是一个描述新系统的轮廓图。

5.2.3　需求分析的内容与方法

进行需求分析首先需要调查清楚用户的实际需求，与用户达成共识，然后再分析与表达这些需求。

调查用户需求的重点是"数据"和"处理"，为了达到这一目的，在调查前要拟定调查提纲。调查时要抓住两个"流"，即"信息流"和"数据流"，而且调查中要不断地将这两个"流"结合起来。调查的任务是调研现行系统的业务活动规则，并提取描述系统业务的现实系统模型。

1．需求分析的内容

通常，调查用户的需求包括 3 方面的内容，即系统的业务现状、信息源及外部要求。
- ❏ 业务现状：包括业务的方针政策、系统的组织结构、业务的内容和业务的流程等，为分析信息流程做准备。
- ❏ 信息源：包括各种数据的类型和数据量，各种数据的产生、修改等信息。
- ❏ 外部要求：包括信息要求、处理要求、安全性与完整性要求等。

2．需求分析的方法

在调查过程中，可以根据不同的问题和条件，使用不同的调查方法。常用的调查方法如下：
- ❏ 跟班作业。通过亲身参加业务工作来观察和了解业务活动的情况。为了确保调查结果有效，要尽可能多地了解要观察的人和活动。
- ❏ 开调查会。通过与用户座谈来了解业务活动的情况及用户需求。采用这种方法，需要有良好的沟通能力，为了保证调查结果有效，必须选择合适的被调查人选，准备的问题涉及的范围也要广。
- ❏ 检查文档。通过检查与当前系统有关的文档、表格、报告和文件等，进一步理解原系统，并发现与原系统问题相关的业务信息。
- ❏ 问卷调查。问卷是一种有着特定目的的小册子，这样可以在控制答案的同时，集中一大群人的意见。问卷有两种格式：自由格式和固定格式。自由格式问卷上，答卷人提供的答案有更大的自由。问题提出后，答卷人在题目后的空白处写答案。在固定格式问卷上，问题的答案是特定的，给定一个问题，答题者必须从所提供的答案中选择一个，因此，容易列成表格，但缺点是答卷人不能提供一些有用的附加信息。

做需求分析时，往往需要同时采用上述多种方法。但无论使用何种调查方法，都必须有用户的积极参与和配合。

5.2.4 需求分析的步骤

需求分析的步骤如下：

1．分析用户活动，生成用户活动图

这一步要了解用户当前的业务活动和职能，分析其处理过程。如果一个业务流程比较复杂，则要把它分解为几个子流程处理，使每个子流程功能明确、页面清楚，分析之后画出用户活动图（即用户的业务流程图）。

2．确定系统范围，生成系统范围图

这一步用于确定系统的边界。在和用户经过充分讨论的基础上，确定计算机所能进行的

数据处理的范围，确定哪些工作由人工完成，哪些工作由计算机系统完成，即确定人机页面。

3．分析用户活动所涉及的数据，生成数据流图

在这一过程中，要深入分析用户的业务处理过程，以数据流图的形式表示出数据的流向和对数据所做的加工。

数据流图（Data Flow Diagram，DFD）是从"数据"和"处理"两个方面表达数据处理的一种图形化表示方法，其优点是直观、易于被用户理解。

数据流图有 4 个基本成分：数据流（用箭头表示）、加工或处理（用圆圈表示）、文件（用双线段表示）和外部实体（数据流的源点和终点用方框表示）。如图 5-4 是一个简单的DFD。

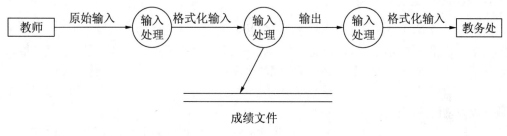

图 5-4　一个简单的 DFD

在众多分析和表达用户需求的方法中，自顶向下、逐步细化是一种简单实用的方法。为了将系统的复杂度降低到人们可以掌握的程度，通常把大问题分割成若干小问题，然后分别解决，这就是"分解"。分解也可以分层进行，即先考虑问题最本质的属性，暂时把细节略去，以后再逐层添加细节，直到涉及最详细的内容，这称为"抽象"。

DFD 可作为自顶向下、逐步细化时描述对象的工具。顶层的每一个圆圈都可以进一步细化为第二层，第二层的每一个圆圈都可以进一步细化为第三层，直到最底层的每一个圆圈表示一个最基本的处理动作为止。DFD 可以形象地表示数据流与各业务活动的关系，它是需求分析的工具和分析结果的描述工具。

4．分析系统数据

仅有 DFD 并不能构成需求说明书，因为 DFD 只表示系统由哪几部分组成和各部分之间的关系，并没有说明各个部分的含义。只有对每个部分都给出确切的定义后，才能较完整地描述系统。

5．撰写需求说明书

需求说明书是在需求分析活动后建立的文档资料，它是对开发项目需求分析的全面描述。需求说明书的内容有需求分析的目标和任务、具体需求说明、系统功能和性能、系统运行环境等，还应包括在分析过程中得到的数据流图、数据字典以及功能结构图等必要的图表说明。

需求说明书是需求分析阶段成果的具体表现，是用户和开发人员对开发系统的需求取得认同基础上的文字说明，它是以后各个设计阶段的主要依据。

5.2.5 数据字典

数据流图表达了数据和处理的关系，数据字典（Data Dictionary，DD）则是系统中各类数据描述的集合，它的功能是存储和检索各种数据描述，并为 DBA 提供有关的报告。对数据库设计来说，数据字典是进行详细的数据收集和数据分析所获得的主要成果，因此在数据库中占有很重要的地位。数据字典通常包括数据项、数据结构、数据流、数据存储和处理过程 5 个部分。其中数据项是不可再分的数据单位，若干数据项可以组成一个数据结构，数据字典通过对数据项和数据结构的定义来描述数据流、数据存储的逻辑内容。

1．数据项

数据项是数据的最小单位，是不可再分的数据单位。其描述如下：

数据项描述={数据项名，数据项含义说明，别名，数据类型，长度，取值范围，取值含义，与其他数据项的逻辑关系，数据项之间的联系}

其中："取值范围"和"与其他数据项的逻辑关系"定义了数据的完整性约束条件，是设计数据校验功能的依据。

可以用关系规范化理论为指导，用数据依赖的概念分析和表示数据项之间的联系，即按实际语义，写出每个数据项之间的数据依赖，它们是数据库逻辑结构设计阶段数据模型优化的依据。

在学生课程管理子系统中，有一个数据流选课单，每张选课单有一个数据项为选课单号，在数据字典中可对此数据项做如图 5-5 所示的描述。

```
数据名称：课程号
说    明：表示每门课程
类    型：CHAR(8)
别    名：课程编号
取值范围：000001-999999
```

图 5-5　选课单号数据项

2．数据结构

数据结构反映了数据之间的组合关系。一个数据结构可以由若干数据项组成，也可以由若干个数据结构组成，或由若干数据项和数据结构混合组成。数据结构的描述如下：

数据结构描述={数据结构名，含义说明，组成：{数据项或数据结构}}

3．数据流

数据流可以是数据项，也可以是数据结构，表示某一加工处理过程的输入或输出。对数据流的描述如下：

数据流描述={数据流名，说明，数据流来源，数据流去向，组成：{数据结构}，平均流量，高峰期流量}

其中："数据流来源"用于说明该数据流来自哪个过程；"数据流去向"用于说明该数据流到哪个过程；"平均流量"指在单位时间（每天、每周、每月等）里的传输次数；"高峰期流量"指在高峰时期的数据流量。

4．数据存储

数据存储是处理过程中要存储的数据，可以是手工文档或手工凭单，也可以是计算机文档。对数据存储的描述如下：

数据存储描述={数据存储名，说明，编号，输入的数据流，输出的数据流，组成：{数据结构}，数据量，存取频度，存取方式}

其中："存取频度"指每小时、每天或每周存取几次，每次存取多少数据等信息；"存取方式"指是批处理还是联机处理，是检索还是更新，是顺序检索还是随机检索等；"输入的数据流"是指其来源；"输出的数据流"是指其去向。

5. 处理过程

处理过程的具体处理逻辑一般用判定表或判定树来描述。数据字典中只需要描述处理过程的说明性信息，其描述如下：

处理过程描述={处理过程名，说明，输入：{数据流}，输出：{数据流}，处理：{简要说明}}

其中："简要说明"主要说明该处理过程的功能及处理要求。功能是指该处理过程用来做什么；处理要求指处理频度要求等，如单位时间内处理多少事务、多少数据量、响应时间要求等，这些处理要求是物理设计的输入及性能评价的标准。

数据字典是关于数据库中数据的描述，即元数据，而不是数据本身。数据字典在需求分析阶段建立，在数据库设计过程中不断修改、充实和完善。

5.3　概念结构设计

将需求分析得到的用户需求抽象为信息结构，即概念模型的过程就是概念结构设计。概念结构设计是整个数据库设计的关键。概念模型独立于计算机硬件结构，独立于 DBMS。

5.3.1　概念结构设计的必要性与要求

在进行数据库设计时，将现实世界中的客观对象直接转换为机器世界中的对象很难。因此，通常是将现实世界中的客观对象首先抽象为不依赖于任何具体机器的信息结构，这种信息结构不是 DBMS 所支持的数据模型，而是概念模型。然后再把概念模型转换为具体机器上 DBMS 支持的数据模型。设计概念模型的过程称为概念设计，概念设计使设计者的注意力能够从对现实世界具体要求的复杂细节中解脱出来，而只集中在最重要信息的组织结构和处理模式上。

1. 将概念设计从数据库设计过程中独立出来的优点

将概念设计从数据库设计过程中独立出来具有以下优点：
- 各阶段的任务相对单一，设计复杂程度大大降低，便于组织管理。
- 不受特定 DBMS 的限制，也独立于存储安排和效率方面的考虑，因而比逻辑模式更为稳定。
- 概念模式不含具体的 DBMS 所附加的技术细节，更容易为用户所理解，因而才有可能准确地反映用户的需求信息。

2. 概念模型的要求

概念模型的要求如下：
- 概念模型是对现实世界的抽象和概括，应真实、充分地反映现实世界中事物和事物之间的联系，有丰富的语义表达能力，能表达用户的各种需求，是现实世界的一个抽象模型。

- ❑ 概念模型应简洁、清晰、独立于机器，易于理解，方便数据库设计人员与应用人员交换意见，用户的积极参与是数据库设计成功的关键。
- ❑ 当应用环境和应用要求改变时，应易于对概念模型进行修改和扩充。
- ❑ 概念模型应该易于向关系、网状、层次等各种数据模型转换，易于从概念模式导出与 DBMS 有关的逻辑模式。

选用何种概念模型完成概念设计任务，是进行概念设计前应该考虑的首要问题。用于概念设计的模型既要有足够的表达能力，使之可以表示各种类型的数据及其相互间的联系和语义，又要简单易懂。这种模型有很多，如 E-R 模型、语义数据模型和函数数据模型等。其中，E-R 模型提供了规范、标准的构造方法，是应用最广泛的概念结构设计工具。

5.3.2 概念结构设计的方法与步骤

1. 概念结构设计的方法

概念结构设计的方法有自顶向下、自底向上、逐步扩张、混合策略 4 种方法，下面分别进行介绍。

1）自顶向下的方法

根据用户要求，先定义全局概念结构的框架，然后分层展开，逐步细化，如图 5-6 所示。

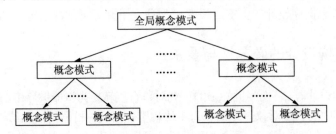

图 5-6　自顶向下方法

2）自底向上的方法

根据用户的每一项具体需求，先定义各局部应用的概念结构，然后将它们集成起来，得到全局概念结构，如图 5-7 所示。自底向上设计概念结构通常分为两步：抽象数据并设计局部视图；集成局部视图，得到全局概念结构，如图 5-8 所示。

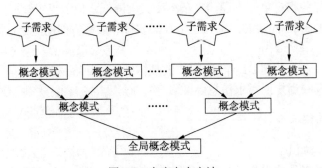

图 5-7　自底向上方法

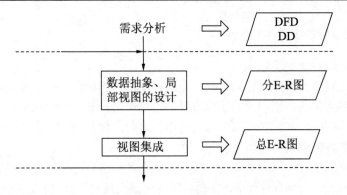

图 5-8　自底向上设计概念结构两步法

3）逐步扩张的方法

首先定义最重要的核心概念结构，然后向外扩充，以滚雪球的方式逐步生成其他概念结构，直至全局概念结构，如图 5-9 所示。

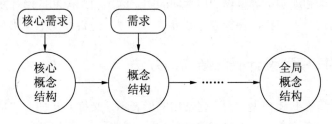

图 5-9　逐步扩张方法

4）混合策略的方法

将自顶向下和自底向上方法相结合，先用自顶向下策略设计一个全局概念结构的框架，再以它为基础，采用自底向上法集成各局部概念结构。

在前面介绍的需求分析中，较为常见是采用自顶向下的方法描述数据库的层次结构。而在概念结构的设计中最常采用的策略是自底向上方法。即自顶向下地进行需求分析，然后再自底向上地设计概念结构，如图 5-10 所示。

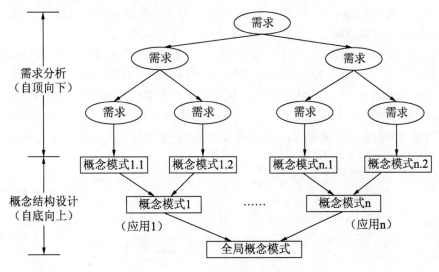

图 5-10　混合策略方法

2．概念结构设计的步骤

概念结构设计的步骤如下：

（1）进行局部数据抽象，设计局部概念模式。局部用户的信息需求是构造全局概念模式的基础，因此，需要先从个别用户的需求出发，为每个用户建立一个相应的局部概念结构。在建立局部概念结构时，常常要对需求分析的结果进行细化补充和修改，如有的数据项要分为若干子项，有的数据定义要重新核实等。

（2）将局部概念模式综合成全局概念模式。综合各局部概念模式可以得到反映所有用户需求的全局概念模式。在综合过程中，主要处理各局部模式对各种对象定义的不一致性问题，包括同名异义、异名同义和同一事物在不同模式中被抽象为不同类型的对象等问题。把各个局部结构合并时，还会产生冗余问题，或导致对信息需求的再调整与分析，以确定准确的含义。

（3）评审。消除了所有冲突后，就可以把全局概念模式提交评审。评审分为用户评审与 DBA 及应用开发人员评审两部分。用户评审的重点放在确认全局概念模式是否准确完整地反映了用户的信息需求和现实世界事物的属性间的固有联系；DBA 和应用开发人员评审则侧重于确认全局概念模式是否完整，各种成分划分是否合理，是否存在不一致性等。

5.3.3　采用 E-R 模型设计概念结构的方法

实体联系模型简称 E-R 模型，由于通常用图形表示，又称 E-R 图。它是数据库设计中最常用的概念模型设计方法之一。采用 E-R 模型设计方法分为设计局部 E-R 模型、设计全局 E-R 模型和优化全局 E-R 模型 3 步，下面分别进行讲解。

1．设计局部E-R模型

基于 E-R 模型的概念设计是用概念模型描述目标系统涉及的实体、属性及实体间的联系。这些实体、属性和实体间联系是对现实世界的人、事、物等的抽象，它是在需求分析的基础上进行的。

抽象的方法一般包括如下 3 种。

❑ 分类（classification）：将现实世界中具有某些共同特征和行为的对象作为一个类型。它抽象了对象值和类型之间的 a number of（是……的成员）的语义。

  例如，在学校环境中，学生是具有某些共同特征和行为的对象，可以将其视为一个类型。王欣是学生，她可以视为学生这个类中一个具体的"值"，如图 5-11 所示。

❑ 概括（generalization）：定义类型之间的一种子集联系。它抽象了类型之间的 a subset of（是……的子集）的语义。

  例如，课程是一个实体型，必修课、选修课也是实体型，必修课和选修课均是课程的子集，如图 5-12 所示。

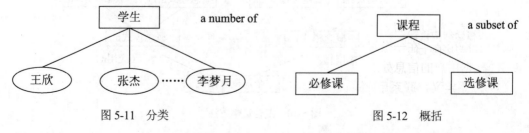

图 5-11　分类　　　　　　　　　　　　　　　　　图 5-12　概括

❑ 聚集（aggregation）：定义某一类型的组成成分。它抽象了对象内部类型和成分之间的 a part of（是……的一部分）的语义，如图 5-13 所示。

局部 E-R 模型的设计过程如图 5-14 所示，具体步骤如下。

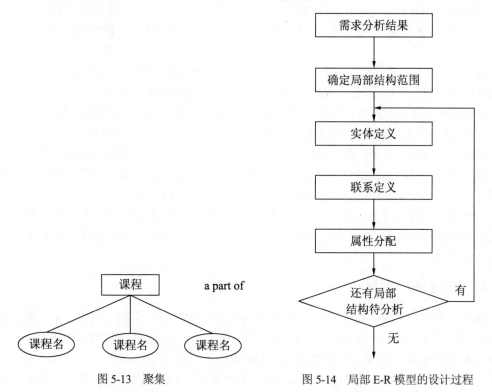

图 5-13　聚集　　　　　　　　　图 5-14　局部 E-R 模型的设计过程

（1）确定局部结构范围。设计各个局部 E-R 模型的第一步是确定局部结构的范围。划分范围的方式一般有两种：一种是依据系统的当前用户进行自然划分；另一种是按用户要求数据库提供的服务划分为几类，使每一类应用访问的数据明显区别于其他类，然后为每一类应用设计一个局部 E-R 模型。

局部结构范围的确定要考虑以下因素：

❑ 范围的划分要自然，易于管理。

❑ 范围之间的界限要清晰，相互之间的影响要小。

❑ 范围的大小要适度。太小了，会造成局部结构过多，设计过程烦琐；太大了，则容易造成内容结构复杂，不便于分析。

（2）实体定义。每一个局部结构都包括一些实体，实体定义的任务就是从信息需求和局部范围定义出发，确定每一个实体的属性和码。

事实上，实体、属性和联系之间并无形式上可以截然区分的界限，划分的依据通常有以下 3 条：

❑ 采用人们习惯的划分。

❑ 避免冗余，在一个局部结构中，对一个对象只取一种抽象形式，不要重复。

❑ 根据用户的信息处理需求。

（3）联系定义。联系用来刻画实体之间的关联。一种完整的方式是对局部结构中任意两个实体，依据需求分析的结果，考虑两个实体之间是否存在联系。若有联系，则进一步确定

是 $1:1$、$1:n$ 还是 $m:n$ 等。还要考虑一个实体内部是否存在联系，多个实体之间是否存在联系等。

在确定联系类型时，应防止出现冗余的联系（即可从其他联系导出的联系），如果存在，要尽可能地识别并消除这些冗余联系。

联系的命名应能反映联系的语义性质，通常采用某个动词命名，如"选修""授课"等。

（4）属性分配。实体与联系确定后，局部结构中的其他语义信息大部分可以用属性描述。属性分配时，首先要确定属性，然后将其分配到相关的实体和联系中去。

确定属性的原则是：属性应该是不可再分解的语义单位；实体与属性之间的关系只能是 $1:n$ 的；不同实体类型的属性之间应无直接关联关系。

属性不可分解可以使模型结构简单，不出现嵌套结构。当多个实体用到一个属性时，将导致数据冗余，从而可能影响存储效率和完整性约束，因而需要确定把它分配给哪个实体。一般把属性分配给那些使用频率最高的实体，或分配给实体值少的实体。

有些属性不宜归属于任何一个实体，只说明实体之间联系的特性。例如，某个学生选修某门课程的成绩，既不能归为学生实体的属性，也不能归为课程实体的属性，应作为"选修"联系的属性。

2. 设计全局E-R模型

所有的局部 E-R 模型设计好后，就可以把它们综合成一个全局概念结构。全局概念结构不仅要支持所有局部 E-R 模型，而且必须合理地表示一个完整、一致的数据库概念结构。把局部 E-R 模型集成为全局 E-R 模型时，有两种方法：一是多个分 E-R 图一次集成，通常在局部视图比较简单时使用；二是逐步集成，用累加的方式一次集成两个分 E-R 图，从而降低复杂度。

全局 E-R 模型的设计过程如图 5-15 所示，具体步骤如下：

（1）确定公共实体。为了实现多个局部 E-R 模型的合并，首先要确定各局部结构中的公共实体。一般把同名实体作为公共实体的一类候选，把具有相同码的实体作为公共实体的另一类候选。

（2）局部 E-R 模型的合并。合并的顺序有时会影响处理效率和结果。建议的合并原则是：首先进行两两合并；其次合并那些现实世界中有联系的局部结构；合并从公共实体开始，最后再加入独立的局部结构，从而减少合并工作的复杂性，并使合并结果的规模尽可能小。

（3）消除冲突。由于各个局部应用所面向的问题不同，且通常由不同的设计人员进行局部 E-R 模型设计，因此局部 E-R 模型之间不可避免地会有不一致的地方，称为冲突。解决冲突是合并 E-R 模型的主要工作和关键所在。

局部 E-R 模型之间的冲突主要有 3 类：属性冲突、命名冲突和结构冲突，下面分别进行讲解。

❑ 属性冲突：即属性值的类型、取值范围或取值集合不同。例如，学号，有的部门把它定义为整数，有的部门把它定义为字符型，不同的部门对学号的编码也不同。

❑ 命名冲突：包括同名异义和异名同义两种情况。同名异义：不同意义的对象在不同的局部应用中具有相同的名字。异名同义（一义多名）：同一意义的对象在不同的局部应用中具有不同的名字。

❑ 结构冲突：同一对象在不同应用中具有不同的抽象。例如，教师在某一局部应用中被当作实体，而在另一局部应用中被当作属性。

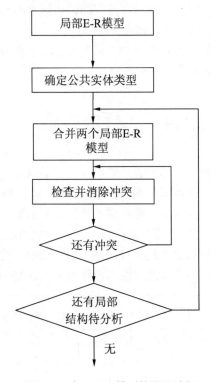

图 5-15 全局 E-R 模型的设计过程

实体之间的联系在不同的局部 E-R 图中呈现不同类型。例如，E1 与 E2 在某一个应用中是多对多联系，而在另一个应用中是一对多联系。

属性冲突和命名冲突通常采用讨论、协商等手段解决，结构冲突则要认真分析后才能解决。

3. 优化全局E-R模型

得到全局 E-R 模型后，为了提高数据库系统的效率，还应进一步依据需求对 E-R 模型进行优化。一个好的全局 E-R 模型除了能准确、全面地反映用户功能需求外，还应满足如下条件：

❑ 实体个数尽可能少。
❑ 实体所包含的属性尽可能少。
❑ 实体间的联系无冗余。

但是这些条件不是绝对的，要视具体的信息需求与处理需求而定。全局 E-R 模型的优化原则如下：

❑ 实体的合并。这里的合并指的是相关实体的合并，在公共模型中，实体最终转换成关系模式，涉及多个实体的信息要通过连接操作获得。因而减少实体的个数，可减少连接的开销，提高处理效率。

❑ 冗余属性的消除。通常，在各个局部结构中是不允许冗余属性存在的，但是，综合成全局 E-R 模型后，可能产生局部范围内的冗余属性。当同一非主属性出现在几个实体中，或者一个属性值可以从其他属性的值导出时，就存在冗余，应该把冗余属性从全局 E-R 模型中去掉。

冗余属性消除与否，取决于它对存储空间、访问效率和维护代价的影响。有时为了兼顾访问效率，有意保留冗余属性。

- ❑ 冗余联系的消除。在全局 E-R 图中，可能存在冗余的联系，通常可以利用规范化理论中函数依赖的概念消除冗余联系。

5.4　逻辑结构设计

逻辑结构设计的任务是把概念结构设计阶段设计好的基本 E-R 模型转换为与选用 DBMS 产品所支持的数据模型相符合的逻辑结构。也就是导出特定的 DBMS 可以处理的数据库逻辑结构，这些逻辑结构在功能、性能、完整性和一致性方面满足应用要求。

特定的 DBMS 可以支持的数据模型包括关系模型、网状模型、层次模型和面向对象模型等。对某一种数据模型，各个机器系统又有许多不同的限制，提供不同的环境与工具。设计逻辑结构时一般包括如下 3 个步骤，逻辑结构设计图如图 5-16 所示。

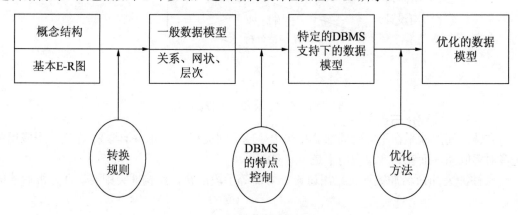

图 5-16　逻辑结构设计

（1）将概念结构转化为一般的关系、网状、层次模型。

（2）将转换后的关系、网状、层次模型向特定 DBMS 支持下的数据模型转换。

（3）对数据模型进行优化。

目前，新设计的数据库应用系统大多都采用支持关系型数据模型的 DBMS，所以这里只介绍 E-R 图向关系型数据模型转换的原则与方法。

5.4.1　E-R 图向关系模型的转换

概念设计中得到的 E-R 图是由实体、属性和联系组成的，而关系型数据库逻辑设计的结果是一组关系模型的集合。所以将 E-R 图转换为关系模型实际上就是将实体、属性和联系转换成关系模型（详见本书第 2 章内容）。

5.4.2　关系模式的规范化

应用规范化理论对逻辑设计阶段产生的关系的逻辑模式进行初步优化，以减少甚至消除关系模式中存在的各种异常，改善关系完整性、一致性和存储效率。规范化理论是数据库逻辑设计的指南和工具，规范化过程可分为两个步骤：确定范式级别和实施规范化处理。

1．确定范式级别

考察关系模式的函数依赖关系，确定范式等级。逐一分析各个关系模式，考察是否存在部分函数依赖、传递函数依赖等，确定它们分别属于第几范式。

2．实施规范化处理

确定范式级别后，利用第 4 章介绍的规范化理论，逐一分析考察各个关系模式，并根据应用要求，判断它们是否满足规范要求，可用规范化方法和理论将关系模式规范化。

综合以上数据库的设计过程，规范化理论在数据库设计中有如下几方面的应用：

- ❑ 在需求分析阶段，用数据依赖概念分析表示各个数据项之间的联系。
- ❑ 在概念结构设计阶段，以规范化理论为指导，确定关系键，初步消除 E-R 图中冗余的联系。
- ❑ 在逻辑结构设计阶段，从 E-R 图向数据模型转换过程中，用模式合并与分解方法达到规范化级别。

5.4.3　模式评价与改进

关系模式的规范化不是目的而是手段，数据库设计的目的是最终满足应用需求。因此，为进一步提高数据库应用系统的性能，还应该对规范化后的关系模式进行评价、改进，并经过反复多次的尝试和比较，最后得到优化的关系模式。

模式评价的目的是检查所设计的数据库模式能否满足用户的功能要求、效率要求，并确定需要改进的部分。模式评价包括功能评价和性能评价。

功能评价指对照需求分析的结果，检查规范化后的关系模式集合是否符合用户所有的应用要求。对于目前得到的数据库模式，由于缺乏物理结构设计所提供的数量测量标准和相应的评价手段，所以性能评价是比较困难的，因此只能对实际性能进行估计，包括逻辑记录的存取数、传送量以及物理结构设计算法的模型等。

根据模式评价的结果，对已生成的模式进行改进。如果因为系统需求分析、概念结构设计的疏漏导致某些应用不能得到支持，则应该增加新的关系模式或属性。如果因为性能考虑而要求改进，则可采用合并或分解的方法，下面分别进行介绍。

1．合并

如果有若干关系模式具有相同的主键，并且对这些关系模式的处理主要是查询操作，而且经常是多关系的连接查询，那么可对这些关系模式按照组合使用频率进行合并，这样便可以减少连接操作，提高查询效率。

2．分解

提高数据操作的效率和存储空间的利用率最常用和最重要的模式优化方法是分解，根据应用的不同要求，可以对关系模式进行垂直分解和水平分解。

经过多次的模式评价和模式改进之后，最终的数据库模式得以确定。逻辑结构设计阶段的结果是全局逻辑数据库结构。对于关系数据库系统来说，就是一组符合一定规范的关系模式组成的关系数据库模式。

数据库系统的数据物理独立性特点消除了由于物理存储改变而引起的对应程序的修改。标准的 DBMS 例行程序应适用于所有的访问，查询和更新事务的优化应在系统软件一级上实现。这样，逻辑数据库确定之后，就可以开始进行应用程序设计了。

在数据库设计的工作中，有时数据库开发人员仅从理论知识无法找到问题的"标准答案"，需要依靠数据库开发人员经验的积累以及智慧的沉淀。设计同一个系统，不同经验的数据库开发人员设计结果往往不同。但只要实现了相同的功能，设计结果没有对错之分，只有合适与不合适之分。

因此，数据库设计像一门艺术，数据库开发人员像一名艺术家，设计结果更像一件艺术品。数据库开发人员要依据系统的环境（网络环境、硬件环境、软件环境等）选择一种更为合适的方案。有时为了提升系统的检索性能、节省数据的查询时间，数据库开发人员不得不考虑使用冗余数据，不得不浪费一些存储空间。有时为了节省存储空间、避免数据冗余，又不得不考虑牺牲一些时间。设计数据库时，"时间"（效率或者性能）和"空间"（外存或内存）好比天生的一对"矛盾体"，这就要求数据库开发人员保持良好的数据库设计习惯，维持"时间"和"空间"之间的平衡关系。

5.5 物理结构设计

数据库的物理结构设计是利用数据库管理系统提供的方法、技术，对已经确定的数据库逻辑结构，以较优的存储结构、数据存取路径、合理的数据库存储位置及存储分配，设计出一个高效的、可实现的物理数据库结构。

由于不同的数据库管理系统提供的硬件环境、存储结构以及数据的存取方法不同，提供给数据库设计者的系统参数以及变化范围也不同，因此，物理结构设计一般没有通用的准则，它只能提供一种技术和方法供参考。

数据库物理结构设计通常分为如下两步：

（1）确定数据库的物理结构，在关系数据库中主要指存取方法和存储结构。

（2）对物理结构进行评价，评价的重点是时间和空间效率。

如果评价结果满足原设计要求，则可进入实施阶段，否则，就需要重新设计或修改物理结构，有时甚至要返回逻辑结构设计阶段进行修改。

5.5.1 物理结构设计的相关内容和方法

物理结构设计得好，可以使各业务的响应时间短、存储空间利用率高、事务吞吐率大。因此，在设计数据库时首先要对经常用到的查询和对数据进行更新的事务进行详细的分析，获得物理结构设计所需要的各种参数。其次，要充分了解所用的 DBMS 的内部特征，特别是系统提供的存取方法和存储结构。对于数据库查询事务，需要得到如下信息：

❑ 查询所涉及的关系。

❑ 连接条件所涉及的属性。

❑ 查询条件所涉及的属性。

❑ 查询的列表所涉及的属性。

对于数据更新事务，需要得到如下信息：

❑ 更新所涉及的关系。

❑ 更新操作所涉及的属性。

❑ 每个关系上的更新操作条件所涉及的属性。

此外，还需要了解每个查询或事务在各关系上运行的频率和性能要求。假设某个查询必须在 1s 内完成，则数据的存储方式和存取方式就非常重要。

应该注意的是，数据库上运行的操作和事务是不断变化的，因此，需要根据这些操作的变化不断地调整数据库的物理结构，以获得最佳的数据库性能。

通常，关系数据库物理结构设计的内容步骤如下：

1）确定数据的存取方法（建立存取路径）

存取方法是快速存取数据库中数据的技术。数据库管理系统一般都提供多种存取方法。常用的存取方法有索引方法、聚簇方法和 Hash 方法。具体采取哪种存取方法由系统根据数据库的存储方式决定，一般用户不能干预。

所谓索引存取方法实际上就是根据应用要求确定对关系的哪些属性列建立索引，对哪些属性列建立组合索引，哪些索引要设计为唯一索引等。

建立索引的一般原则如下：

❑ 如果一个（或一组）属性经常作为查询条件，则考虑在这个（或这组）属性上建立索引（或组合索引）。

❑ 如果一个属性经常作为聚集函数的参数，则考虑在这个属性上建立索引。

❑ 如果一个（或一组）属性经常作为表的连接条件，则考虑在这个（或这组）属性上建立索引。

❑ 如果某个属性经常作为分组的依据列，则考虑在这个属性上建立索引。

❑ 一个表可以建立多个非聚簇索引，但只能建立一个聚簇索引。

索引一般可以提高数据查询性能，但会降低数据修改性能。因为在进行数据修改时，系统要同时对索引进行维护，使索引与数据保持一致。维护索引要占用较多的时间。存储索引也要占用空间信息。因此，在建立索引时，要权衡数据库的操作，如果查询多，并且对查询性能要求较高，可以考虑多建一些索引；如果数据更改多，并且对更改的效率要求比较高，可以考虑少建索引。

2）确定数据的物理存储结构

在物理结构设计中，一个重要的考虑是确定数据的存储位置和存储结构，包括确定关系、索引、聚簇、日志备份等的存储安排和存储结构，确定系统配置。确定数据存储位置和存储结构的因素包括存取时间、存储空间利用率和维护代价，这 3 个方面常常是相互矛盾的，必须进行权衡。

常用的存储方法如下：

❑ 顺序存储：这种存储方式的平均查找次数是表中记录数的一半。

    ❑ 散列存储：这种存储方式的平均查找次数由散列算法决定。

    ❑ 聚簇存储：为了提高某个属性的查询速度，可以把这个或这些属性上具有相同值的元组集中存储在连续的物理块上，以提高对聚簇码的查询效率。

用户可以通过建立索引的方法改变数据的存储方式。但其他情况下，数据是采用顺序存储、散列存储还是其他存储方式是由数据库管理系统根据具体情况决定的，一般都会为数据选择一种最适合的存储方式，而用户并不能对其进行干涉。

5.5.2 评价物理结构

数据库物理结构设计过程中需要对时间效率、空间效率、维护代价和各种用户要求进行权衡，其结果可能产生多种方案。数据库设计人员必须对这些方案进行细致的评价，从中选择出一个较优的、合理的方案作为数据库物理结构。

在数据库应用系统生存期，包括规划开销、设计开销、实施和测试开销、操作开销、运行维护开销。评价物理结构的方法完全依赖于所选用的 DBMS，主要考虑操作开销，即为使用户获得及时、准确的数据所需要的开销和计算机资源的开销。具体可以分为以下步骤：

（1）查询和响应时间。响应时间是从查询开始到结束之间所经历的时间。一个好的应用程序设计可以减少 CPU 的时间和 I/O 时间。

（2）更新事务的开销，主要是修改索引、重写数据块或文件以及写校验方面的开销。

（3）生成报告的开销，主要包括索引、重组、排序和结果显示的开销。

（4）主存储空间的开销，包括程序和数据所占的空间。对数据库设计者来说，一般可以对缓冲区进行适当的控制。

（5）辅助存储空间的开销，辅助存储空间分为数据块和索引块，设计者可以控制索引块的大小。

实际上，数据库设计者只能对 I/O 和辅助存储空间进行有效的控制，其他方面都是有限的控制或根本不能控制。

5.6 数据库实施

完成数据库的结构设计和行为设计，并编写实现用户需求的应用程序后，就可以利用 DBMS 提供的功能实现数据库逻辑结构设计和物理结构设计的结果，然后可以将一些数据加载到数据库中，运行已经编好的应用程序，查看数据库设计及应用程序设计是否存在问题，这就是数据库实施阶段。

数据库实施阶段包括两项重要的工作：加载数据；调试和运行应用程序。

1. 加载数据

一般数据库系统中的数据量都很大，而且数据来源于部门中的各个不同的单位，数据的组织方式、结构和格式都与新设计的数据库系统有相当的差距。数据录入就是要将各类数据从各个局部应用中抽取出来，输入计算机，然后再分类转换，最后综合成符合新设计的数据库结构的形式，输入数据库中。数据转换、组织入库的工作是相当费力、费时的，特别是原系统是手工数据处理系统时，各类数据分散在各种不同的原始表格、凭证、单据中。在向新的数据库中输入数据时，还要处理大量的纸质文件，工作量更大。

由于各应用环境差异很大，很难有通用的数据转换器，DBMS 也很难提供一个通用的转换工具。因此，为了提高数据输入工作的效率和质量，应该针对具体的应用环境设计一个数据录入子系统，专门来处理数据复制和输入问题。

为了保证数据库中数据的准确性，必须十分重视数据的校验工作。在将数据输入系统进行数据转换的过程中，应该进行多次校验，对于重要数据，更应反复校验。目前，很多 DBMS 都提供数据导入功能，有些 DBMS 还提供了功能强大的数据转换功能。

2．调试和运行应用程序

部分数据输入数据库后，就可以开始对数据库系统进行联合调试了，称为数据库的试运行。这一阶段要实际运行数据库应用程序，执行对数据库的各种操作，测试应用程序的功能是否满足设计要求。如果不满足，对应用程序部分则要修改、调整，直到达到设计要求为止。

在数据库试运行阶段，还要测试系统的性能指标，分析其是否达到设计目标。在对数据库进行物理结构设计时，已初步确定了系统的物理参数值，但一般情况下，设计时的考虑在许多方面只是近似估计，和实际系统运行有一定的差距，因此，必须在试运行阶段实际测量和评价系统性能指标。事实上，有些参数的最佳值往往是经过运行调试后得到的。如果测试的结果与设计目标不符，则要返回物理设计阶段，重新调整物理结构，修改系统参数，某些情况下甚至要返回逻辑设计阶段，对逻辑结构进行修改。

需要特别强调两点。第一，由于数据入库工作量太大，费时、费力，所以应分期、分批地组织数据入库。先输入小批量数据供调试用，待试运行基本合格后再大批量输入数据，逐步增加数据量，逐步完成运行评价。第二，在数据库试运行阶段，系统还不稳定，软/硬件故障随时都可能发生。而系统的操作人员对新系统还不熟悉，误操作也不可避免，因此应首先调试运行 DBMS 的恢复功能，做好数据库的转储和恢复工作。一旦故障发生，能使数据库尽快恢复，尽量减少对数据库的破坏。

5.7 数据库运行和维护

数据库试运行合格后，即可投入正式运行。数据库投入运行标志着开发工作的基本完成和维护工作的开始。数据库只要还在使用，就需要不断对它进行评价、调整和维护。在数据库运行阶段，对数据库经常性的维护工作主要是由 DBA 完成的，主要包括以下方面。

1．数据库的备份和恢复

要对数据库进行定期的备份，一旦出现故障，能及时地将数据库恢复到某种一致的状态，并尽可能减少对数据库的破坏，该工作主要是由数据管理员 DBA 负责。数据库的备份和恢复是重要的维护工作之一。

2．数据库的安全性、完整性控制

随着数据库应用环境的变化，对数据库的安全性和完整性要求也会发生变化。需要 DBA 对数据库进行适当的调整，以反映这些新变化。

3．监督、分析和改进数据库性能

在数据库运行过程中，监视数据库的运行情况，并对监测数据进行分析，找出能够提高性能的可行性方案，适当地对数据库进行调整。目前，有些 DBMS 产品提供了检测系统性能参数的工具，DBA 可以利用这些工具方便地对数据库进行控制。

4．数据库的重组织和重构造

数据库运行一段时间后，由于记录不断增、删、改、查，会使数据库的物理存储情况变差，降低了数据的存取效率，数据库性能下降。这时，DBA 就要对数据库进行重组织或部分重组织。DBMS 一般都提供数据重组织的实用程序。在重组织过程中，按原设计要求重新安排存储位置、回收垃圾、减少指针链等，以提高系统性能。

数据库的重组织并不会改变原设计的逻辑结构和物理结构，而数据库的重构造则不同，它部分修改数据库的模式和内模式。数据库的重构也是有限的，只能做部分修改，如果应用变化太大，重构也无济于事，说明此数据库应用系统的生命周期已经结束，应该设计新的数据库应用程序了。

数据库的结构和应用程序设计的好坏是相对的，它并不能保证数据库应用系统始终处于良好的性能状态。这是因为数据库中的数据随着数据库的使用而发生变化，随着这些变化的不断增加，系统的性能可能会下降，所以，即使在不出现故障的情况下，也要对数据库进行维护，以便数据库获得较好的性能。

数据库设计工作并非一劳永逸，一个好的数据库应用系统需要精心的维护才能保持良好的性能。

5.8　本　章　小　结

本章介绍了数据库设计的 6 个阶段，包括需求分析、概念结构设计、逻辑结构设计、物理结构设计、数据库实施、数据库运行和维护，并详细讨论了相应阶段的任务、方法和步骤。本章内容为后续数据库软件开发奠定了良好的理论基础。

5.9　习题与实践练习

一、选择题

1．数据库设计中概念结构设计的主要工具是（　　）。

A．E-R 图　　　　　　B．概念模型　　　C．数据模型　　　　　D．范式分析

2．数据库设计人员和用户之间沟通信息的桥梁是（　　）。

A．程序流程图　　　　　　　　　　　B．模块结构图

C．实体联系图　　　　　　　　　　　D．数据结构图

3．概念结构设计阶段得到的结果是（　　）。

A．数据字典描述的数据需求　　　　　B．E-R 图表示的概念模型

C．某个 DBMS 所支持的数据结构　　　　D．包括存储结构和存取方法的物理结构

4．在关系数据库设计中，设计关系模式是（　　）的任务。

A．需求分析阶段　　　　　　　　　　　B．概念结构设计阶段

C．逻辑结构设计阶段　　　　　　　　　D．物理结构设计阶段

5．生成 DBMS 系统支持的数据模型是在（　　）阶段完成的。

A．概念结构设计　　　　　　　　　　　B．逻辑结构设计

C．物理结构设计　　　　　　　　　　　D．运行和维护

6．在关系数据库设计中，对关系进行规范化处理，使关系达到一定的范式，是（　　）的任务。

A．需求分析阶段　　　　　　　　　　　B．概念结构设计阶段

C．逻辑结构设计阶段　　　　　　　　　D．物理结构设计阶段

7．逻辑结构设计阶段得到的结果是（　　）。

A．数据字典描述的数据需求　　　　　　B．E-R 图表示的概念模型

C．某个 DBMS 所支持的数据结构　　　　D．包括存储结构和存取方法的物理结构

8．员工性别的取值，有的用"男"和"女"，有的用 1 和 0，这种情况属于（　　）。

A．结构冲突　　　　B．命名冲突　　　　C．数据冗余　　　　D．属性冲突

9．将 E-R 图转换为关系数据模型的过程属于（　　）。

A．需求分析阶段　　　　　　　　　　　B．概念结构设计阶段

C．逻辑结构设计阶段　　　　　　　　　D．物理结构设计阶段

10．根据需求建立索引是在（　　）阶段完成的。

A．运行和维护　　　　　　　　　　　　B．物理结构设计

C．逻辑结构设计　　　　　　　　　　　D．概念结构设计

11．物理结构设计阶段得到的结果是（　　）。

A．数据字典描述的数据需求　　　　　　B．E-R 图表示的概念模型

C．某个 DBMS 所支持的数据结构　　　　D．包括存储结构和存取方法的物理结构

12．在关系数据库设计中，设计视图是（　　）的任务。

A．需求分析阶段　　　　　　　　　　　B．概念结构设计阶段

C．逻辑结构设计阶段　　　　　　　　　D．物理结构设计阶段

13．进入数据库实施阶段，下述工作中，（　　）不属于实施阶段的工作。

A．建立数据库结构　　　　　　　　　　B．加载数据

C．系统调试　　　　　　　　　　　　　D．扩充功能

14．在数据库物理设计中，评价的重点是（　　）。

A．时间和空间效率　　　　　　　　　　B．动态和静态性能

C．用户界面的友好性　　　　　　　　　D．成本和效益

二、填空题

1．数据库设计 6 个阶段为：需求分析阶段，概念结构设计阶段，_____，物理结构设计阶段，数据库实施阶段，数据库运行和维护阶段。

2．结构化分析方法通过数据流图和_____描述系统。

3．概念结构设计阶段的目标是形成整体_____的概念结构。

4．描述概念模型的有力工具是_____。

5. 逻辑结构设计是将 E-R 图转换为_____。

6. 数据库在物理设备上的存储结构和_____称为数据库的物理结构。

7. 对物理结构进行评价的重点是_____。

8. 在数据库运行阶段的经常性的维护工作有_____，数据库的安全性和完整性控制、监视、分析、调整数据库性能，数据库的重组和重构。

三、简答题

1. 试述数据库设计过程及各阶段的工作。

2. 需求分析阶段的主要任务是什么？用户调查的重点是什么？

3. 概念结构有什么特点？简述概念结构设计的步骤。

4. 逻辑结构设计的任务是什么？简述逻辑结构设计的步骤。

5. 简述 E-R 图向关系模型转换的规则。

6. 简述物理结构设计的内容和步骤。

第6章 数据库开发环境

随着计算机科学的发展，数据库作为计算机学科的重要基础技术之一，在互联网、计算机辅助设计、电子商务、工业控制、办公自动化和工程技术等诸多领域得到了广泛应用。目前数据库产品有很多，Oracle 数据库是数据库系统中的佼佼者，经过40多年的发展，由于其优越的安全性、完整性、稳定性，以及支持多种操作系统、多种硬件平台等特点，得到了广泛的应用。从工业领域到商业领域，从大型机到微型机，从 UNIX 操作系统到 Windows 操作系统，到处都可以发现成功的 Oracle 应用案例。

Oracle 18c 是 Oracle 公司开发的支持关系对象模型的分布式数据库产品，是当前主流关系型数据库管理系统之一。本章主要介绍 Oracle 18c 数据库的新特性、安装方法、使用的开发工具和卸载方法等内容。

本章要点：

❑ 了解 Oracle 18c 数据库的新特性。
❑ 掌握 Oracle 18c 数据库的安装方法。
❑ 熟悉 Oracle 数据库开发工具：SQL Developer、SQL*Plus 和 Oracle Enterprise Manager。
❑ 掌握 Oracle 数据库的卸载方法。

6.1 Oracle 18c 数据库的新特性

Oracle 数据库是 Oracle（中文名称叫甲骨文）公司的核心产品，它是一个适合大中型企业的数据库管理系统。Oracle 公司成立以来，开发的产品经历了从最初的数据库版本到 Oracle 7、Oracle 8i、Oracle 9i、Oracle 10g、Oracle 11g、Oracle 12c、Oracle 18c 以及最新的 Oracle 19c，虽然每一个版本之间的操作都存在一定的差别，但是 Oracle 对数据的操作基本上都遵循 SQL 标准，因此对 Oracle 开发来说，版本之间的差别不大。Oracle Database 18c 中增加了诸多新特性，主要包括以下几点。

1. 增强云级别可用性

主要包括支持跨地域和混合云的自动 Sharding 能力、支持 RAC Sharding、在 ADG 中支持 Nologging 数据的复制同步、ADG 自动重定向 update 操作到主库、Grid Infrastructure 打补丁的零影响等。

2. 增强In-Memory内存选件

内存选件获得了大量的增强，包括自动 In-Memory 管理（自动选择适合 In-Memory 的对象并压缩提速）、支持 In-Memory 的内存表、In-Memory 支持 NVRAM 内存架构、In-Memory 动态扫描、优化算法等。

3．支持访问In-Memory的外部表和InLine外部表

Oracle 18c 支持 In-Memory 对外部表的访问，这使 Oracle 对外部数据的操作更加灵活，并且基于内存列式存储压缩，能够更快地支持大数据量的运算，极大地增强了数据仓库的环境。由于外部表的数据基本是静态的，更适合使用 In-Memory 来处理。

InLine 外部表能够透明访问外部表。外部表在运行时定义成为 SQL 语句的一部分，可以通过 SQL 直接调用。无须创建仅需一次使用的外部表，也无须在数据字典中创建外部表作为持久数据库对象，这使开发灵活了很多，简化了访问外部数据的过程，也减少了大量元数据的处理，从而可以实现更高效的数据库应用程序。

4．近似查询Approximate Query和Top-N近似聚合

Oracle 能够以小于 0.5%的误差率提供近似聚合，这个功能将极其有助于对精确度要求不高的聚合查询，同时可以获得性能的巨大提升。

5．机器学习算法新特性

机器学习算法的新特性如下：

- ❑ 可扩展机器学习算法（SQL API）。例如，随机森林分类、神经网络用于分类和回归、显式语义分析 ML 算法扩展到支持分类、通过指数平滑的时间序列、基于 CUR 分解的算法。
- ❑ 能够将 ML 模型导入 C 和 Java 中进行应用程序部署。
- ❑ 增加分析视图。实现了将底层各种数据对接，形成分析视图，再提供给简化 SQL 访问，最终输出给应用，将复杂性通过分析视图遮蔽。
- ❑ 持续多维表达式查询。

6．增强多态表的支持

多态表中行的类型可以在定义时声明或不声明。多态表函数利用动态 SQL 功能来创建功能强大且复杂的自定义函数，这对于要求具有适用于任意输入表或查询的通用扩展接口的应用程序很有用。

在多态表中封装了更复杂的算法，从而实现隐藏算法，能够利用强大的动态 SQL 功能，通过任何表格式进行处理，最终返回 SQL 行集（表、JSON、XML doc 等）。

7．租户特性

租户特性如下：

- ❑ 刷新的 PDB 切换：在 Oracle 18c 中，增加了对克隆 PDB 刷新的功能，通过 refresh 命令，设置两个 PDB 之间刷新的频率，即可将一个 PDB 中的数据几乎实时地传输到另一个 CDB 中的 PDB 中。
- ❑ 快照转盘：类似虚拟机中的快照。当为 PDB 启用快照功能后，可以创建最多 8 个快

照，类似一个旋转的转盘，当快照多于 8 个后，最老的快照会被删除。通过快照转盘可以方便地实现基于时间点的恢复。

❏ CDB 的加密复制：在 Oracle 18c 中，如果 CDB 中的 PDB 需要复制（clone），RMAN 可以复制 CDB 中未加密的 PDB 或表空间，以便在目标 CDB 中加密它们。可以使用 DUPLICATE 命令的 AS ENCRYPTED 子句执行复制。同样，使用 DUPLICATE 命令的 AS DECRYPTED 子句将加密的 PDB 复制到目标 CDB 而不使用加密。

❏ CDB Fleet：CDB Fleet 是不同 CDB 的集合，可以作为一个逻辑 CDB 进行管理。在 CDB Fleet 中，有一个作为 leader 的 CDB，负责整体资源的协调和管理，并可以通过该 CDB 直接在其他 CDB 中直接执行操作，这个 CDB 叫做 CDB Lead，而其他在 Fleet 中的 CDB 则为普通的 CDB Member。

❏ Container Map：Container Map 可以基于存储在 CDB 表列中的值定义基于 PDB 的分区策略。通过该功能可以将 CDB 的表结构和管理机制继承到对应的 PDB 中。

6.2　Oracle 18c 数据库的安装

本节将介绍在 Windows 10 系统下安装 Oracle 18c 的全过程。具体的 Oracle 18c 的安装要求和步骤如下。

6.2.1　安装要求和软件下载

1. 安装Oracle 18c的软件和硬件环境要求

❏ 操作系统：Windows 7、Windows 8、Windows 10 等 64 位操作系统。
❏ CPU：最小 1GHz，建议 2GHz 以上。
❏ 网络配置：TCP/IP 协议。
❏ 物理内存：最小 2GB，建议 8GB 以上。
❏ 虚拟内存：物理内存的 2 倍左右。
❏ 硬盘：NTFS，最小 10GB。

💭注意：Oracle 18c 只能安装在 Windows 64 位操作系统上。

2. 安装软件下载

Oracle 18c 安装软件可以直接从 Oracle 官方网站免费下载，下载网址为：https://www.oracle.com/cn/downloads/#category-database。下载窗口如图 6-1 所示。

图 6-1　Oracle 18c 下载窗口

6.2.2　Oracle 18c 数据库的安装步骤

下面以在 Windows 10 下安装 Oracle 18c 企业版为例进行介绍，安装步骤如下：

（1）双击文件夹中的 setup.exe 应用程序，出现命令行窗口，启动 Oracle Universal Installer
安装工具，进入如图 6-2 所示的"选择配置选项"窗口，这里选中"创建并配置单实例数据
库"单选按钮，单击"下一步"按钮。

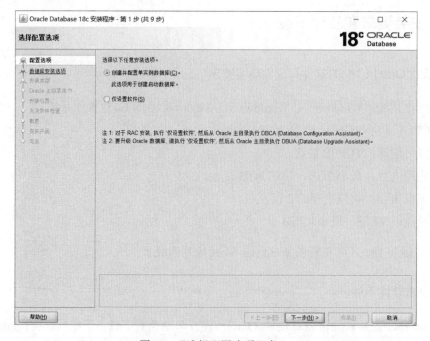

图 6-2　"选择配置选项"窗口

（2）出现"选择系统类"窗口，本书安装的 Oracle 仅用于教学，这里选中"桌面类"单
选按钮，如图 6-3 所示。

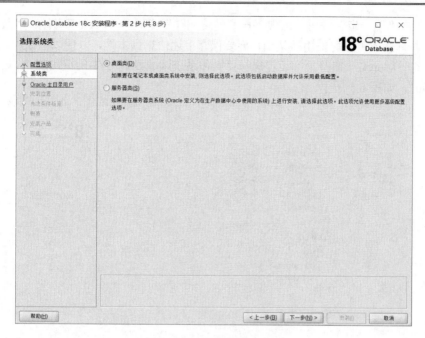

图 6-3　"选择系统类"窗口

（3）单击"下一步"按钮，出现"指定 Oracle 主目录用户"窗口，该步骤是 Oracle 18c 特有的，用于更加安全地管理 Oracle 主目录，防止用户误删 Oracle 文件。这里，选中"创建新 Windows 用户"单选按钮，在"用户名"文本框中输入"admin"，在"口令"文本框中输入自己设定的密码，如"Oral23456"，如图 6-4 所示。

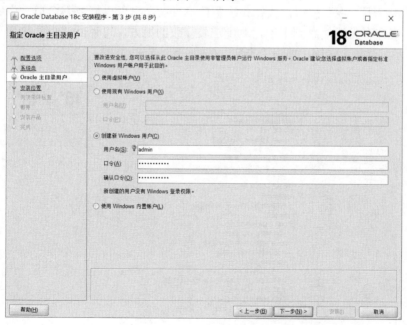

图 6-4　"指定 Oracle 主目录用户"窗口

🔔注意：Oracle 18c 对用户口令有严格要求，规范的标准口令组合为：小写字母+数字+大写字母（顺序不限），且字符长度必须保持在要求的范围内。

（4）单击"下一步"按钮，出现"典型安装配置"窗口，"Oracle 基目录""数据库文件位置""数据库版本"等均采用默认值，但要保存上述信息到本地，以便以后使用。这里"全局数据库名"为 orcl，"字符集"设置选择"操作系统区域设置（ZHS16GBK）"，设置口令为"Oral23456"，如图 6-5 所示。

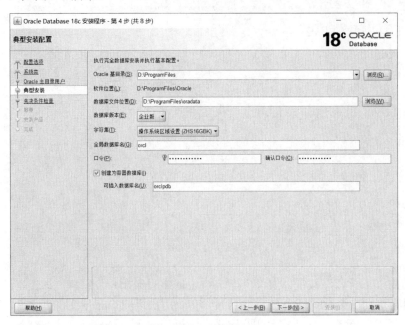

图 6-5 "典型安装配置"窗口

（5）单击"下一步"按钮，执行先决条件检查后，出现"概要"窗口，生成安装设置概要信息，可保存上述信息到本地，对于需要修改的地方，可返回"上一步"进行调整，如图 6-6 所示，确认无误后，单击"安装"按钮。

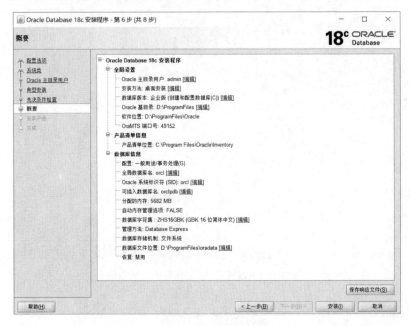

图 6-6 "概要"窗口

（6）出现"安装产品"窗口，进入软件安装过程，持续时间较长，如图 6-7 所示。

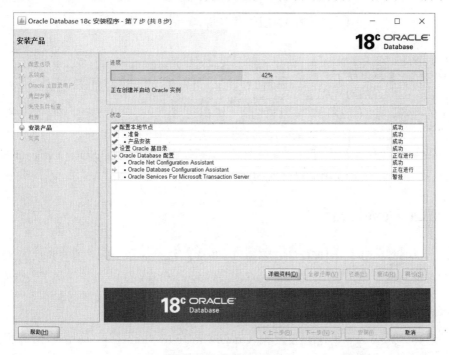

图 6-7　"安装产品"窗口

（7）安装完成并且 Oracle Database 配置完成后，出现"完成"窗口，提示安装成功，如图 6-8 所示，单击"关闭"按钮结束 Oracle 18c 的安装。

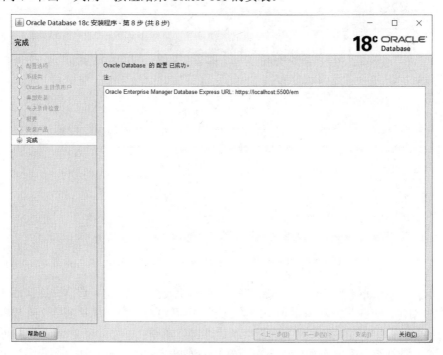

图 6-8　"完成"窗口

6.3　Oracle 数据库开发工具

在 Oracle 18c 数据库中，可以使用两种方式执行命令：一种是使用命令行，另一种是使用图形界面。图形界面的特点是直观、简便、容易记忆，但灵活性较差，不利于用户对命令及其选项的理解。使用命令行则需要记忆命令的语法形式，但使用灵活，有利于加深用户对命令及其选项的理解，可以完成某些图形界面无法完成的任务。

Oracle 18c 数据库有很多开发和管理工具，包括使用图形界面的 SQL Developer 和 Oracle Enterprise Manager，以及使用命令行的 SQL*Plus，下面分别进行介绍。

6.3.1　SQL Developer

SQL Developer 是一个图形化的开发环境，集成在 Oracle 18c 中，它可以创建、修改和删除数据库对象，运行 SQL 语句，调试 PL/SQL 程序，十分直观、方便，简化了数据库的管理和开发，提高了工作效率，受到了广大用户的欢迎。

启动 SQL Developer 的操作步骤如下：

（1）选择"开始"→"所有程序"→Oracle-OraDB18 Homel→"应用程序开发"→SQL Developer 命令，如果是第一次启动，会弹出 Oracle SQL Developer 窗口，要求输入 java.exe 的完全路径，单击 Browse 按钮，选择 java.exe 的路径。

（2）出现"Oracle SQL Developer：起始页"窗口，如图 6-9 所示。

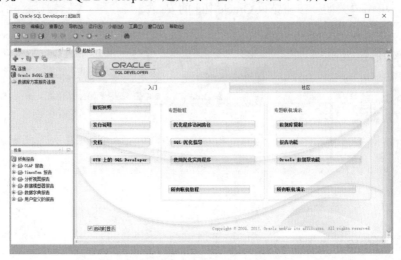

图 6-9　"Oracle SQL Developer：起始页"窗口

（3）SQL Developer 启动后，需要创建一个数据库连接，创建了数据库连接后，才能在该数据库中创建、更改对象和编辑表中的数据。在主界面左边窗口的"连接"选项卡中右击"连接"选项，在弹出的快捷菜单中选择"新建连接"命令；弹出"新建/选择数据库连接"对话框，在"连接名"文本框中输入一个自定义的连接名，如 conn；在"用户名"文本框中输入"system"；在"口令"文本框中输入相应的密码，这里口令为 Ora123456（安装时已设置）；选中"保存口令"复选框；在"角色"下拉列表框中保留默认值；在"主机名"文本框中保留默认的 localhost；在"端口"文本框中保留默认的 1521；在 SID 文本框中输入数据库的 SID，本书为 orcl；设置完毕后，单击"保存"按钮对设置进行保存；单击"测试"按钮对连接进行测试，如果成功，在左下角状态栏会显示成功，如图 6-10 所示。

图 6-10　"新建/选择数据库连接"对话框

（4）单击"连接"按钮，出现 Oracle SQL Developer 主界面，如图 6-11 所示。

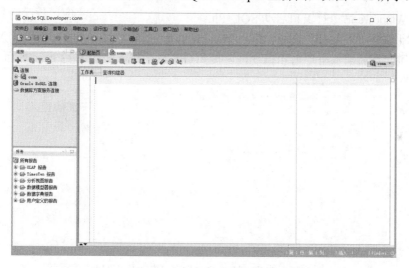

图 6-11　Oracle SQL Developer 主界面

6.3.2　SQL*Plus

SQL*Plus 是 Oracle 公司独立的 SQL 语言工具产品，它是与 Oracle 数据库进行交互的一个非常重要的工具，同时也是一个可用于各种平台的工具。很多初学者都使用 SQL*Plus 与 Oracle 数据库进行交互，执行启动或关闭数据库，数据查询，数据插入、删除、修改，创建用户和授权，备份和恢复数据库等操作。

1. 启动SQL*Plus

启动 SQL*Plus 有以下两种方法。

1）从 Oracle 程序组中启动 SQL*Plus

选择"开始"→"所有程序"→Oracle-OraDB18c Homel→"应用程序开发"→SQL Plus 命令，进入 SQL Plus 命令行窗口，这里，在"请输入用户名："处输入"system"，在"输入口令："处输入"Ora123456"，按 Enter 键连接到 Oracle，如图 6-12 所示。

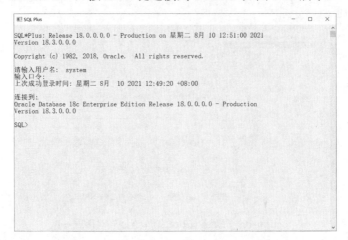

图 6-12　从 Oracle 程序组中启动 SQL* Plus

2）从 Windows 命令行窗口启动 SQL*Plus

选择"开始"→"运行"命令，进入 Windows 命令行窗口，在"打开"框输入"sqlplus"后按 Enter 键，然后输入用户名和口令，连接到 Oracle 后进入如图 6-13 所示界面。

图 6-13　从 Windows 命令行窗口启动 SQL* Plus

2. 使用SQL*Plus

下面介绍使用 SQL*Plus 创建数据表以及插入和查询数据的方法。

【例 6-1】　使用 SQL*Plus 编辑界面创建学生成绩数据库 orcl 中的成绩表 score。在提示符 SQL>后输入以下语句：

```
CREATE TABLE score
(
    sno char(6)NOT NULL,
    cno char(4)NOT NULL,
    grade int NULL,
    PRIMARY KEY(sno,cno)
);
```

该语句执行结果如图 6-14 所示。

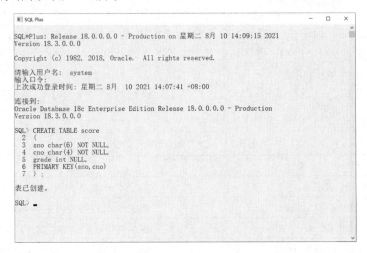

图 6-14　创建 score 表

注意：Oracle 命令不区分大小写，在 SQL*Plus 中每条命令以分号（;）为结束标志。

【例 6-2】　使用 INSERT 语句向成绩表 score 插入一条记录。

在提示符 SQL>后输入以下语句：

```
INSERT INTO score VALUES('201001','1006',85);
```

该语句执行结果如图 6-15 所示。

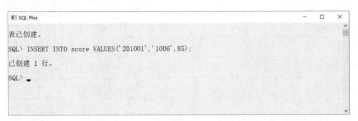

图 6-15　向 score 表中插入一条记录

【例 6-3】　使用 SELECT 语句查询成绩表 score 中的记录。

在提示符 SQL>后输入以下语句：

```
SELECT * FROM score;
```

该语句执行结果如图 6-16 所示。

图 6-16　查询 score 表中的记录

3. 使用SQL*Plus编辑命令

在 SQL*Plus 中，最后执行的一条 SQL*Plus 语句将保存在一个 SQL 缓冲区的内存区域，用户可对 SQL 缓冲区中的 SQL 语句进行修改、保存，然后再次执行。

1）SQL*Plus 行编辑命令

SQL*Plus 窗口是一个行编辑环境，它提供了一组行编辑命令用于编辑保存在 SQL 缓冲区中的语句，常用的编辑命令如表 6-1 所示。

表 6-1　SQL*Plus行编辑命令

命　　令	描　　述
A[PPEND] text	将文本text的内容附加在当前行的末尾
C[HANGE]/old/new	将文本old替换为新文本new的内容
C[HANGE]/text	删除当前行中text指定的内容
CL[EAR]BUFF[ER]	删除SQL缓冲区中的所有命令行
DEL	删除当前行
DEL n	删除n指定的行
DEL m n	删除m~n行之间的所有命令
DEL n LAST	删除n行到最后一行的命令
I[NPUT]	在当前行后插入任意数量的命令行
I[NPUT] text	在当前行后插入一行text指定的命令行
L[IST]	列出所有行
L[IST] n或只输入n	显示第n行，并指定第n行为当前行
L[IST]m n	显示第m~n行
L[IST]*	显示当前行
R[UN]	显示并运行缓冲区当前命令
n text	用text文本的内容代替第n行
O text	在第一行之前插入text指定的文本

2）SQL*Plus 文件操作命令

SQL*Plus 常用的文件操作命令如表 6-2 所示。

表 6-2　SQL*Plus文件操作命令

命　　令	描　　述
SAV[E] filename	将SQL缓冲区的内容保存到指定的文件中，默认扩展名为.sql
GET filename	将文件的内容调入SQL缓冲区，默认的文件扩展名为.sql
STA[RT] filename	运行filename指定的命令文件
@ filename	运行filename指定的命令文件
ED[IT]	调用编辑器，并把缓冲区的内容保存到文件中
ED[IT] filename	调用编辑器，编辑所保存的文件内容
SPO[OL][filename]	把查询结果放入文件中
EXIT	退出SQL*Plus

【例 6-4】 在 SQL*Plus 中输入一条 SQL 查询语句，将当前缓冲区的 SQL 语句保存为 sco.sql 文件，再将保存在磁盘上的文件 sco.sql 调入缓冲区执行。

（1）保存脚本文件 sco.sql。输入 SQL 查询语句：

```
SELECT sno,cno
    FROM score
    WHERE grade=85;
```

保存 SQL 语句到 sco.sql 文件中：

```
SAVE D:\sco.sql;
```

（2）调入脚本文件 sco.sql 并执行：

```
GET D:\sco.sql;
```

运行缓冲区的命令即可，执行结果如图 6-17 所示。

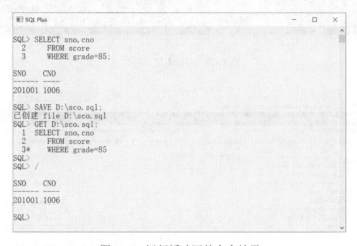

图 6-17 运行缓冲区的命令结果

6.3.3 Oracle Enterprise Manager

OEM 是 Oracle Enterprise Manager（企业管理器）的简称，它是一个基于 Java 的框架系统，具有图形用户界面，OEM 采用了基于 Web 的界面，使用 B/S 模式访问 Oracle 数据库管理系统。使用 OEM 可以创建表、视图，管理数据库的安全性，备份和恢复数据库，查询数据库的执行情况和状态，管理数据库的内存和存储结构等。

OEM 的使用方法如下：

（1）在浏览器地址栏中输入 OEM 的 URL 地址 https://localhost:5050/em/，启动 OEM。

（2）出现 OEM 的登录界面，如图 6-18 所示，在 User Name 文本框中输入"sys"，在 Password 文本框中输入原来安装时设定的口令，如"Ora123456"，选中 as sysdba 复选框。

（3）单击 Login 按钮，进入数据库主目录属性页，这里显示当前数据库的状态、性能、资源、SQL 监视、意外事件等，如图 6-19 所示。

（4）在"数据库主目录"菜单栏中选择"配置"→"初始化参数"命令，进入"初始化参数"属性页，显示 Ansi 相容性、Exadata、Java、PL/SQL、SGA 内存等参数。

（5）在"数据库主目录"菜单栏中选择"存储"→"还原管理"命令，进入"还原管理"属性页，显示还原概要、还原统计信息概要、还原指导、统计信息等。

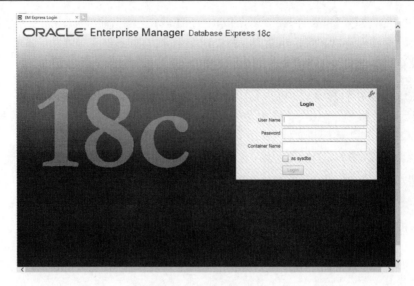

图 6-18　OEM 登录界面

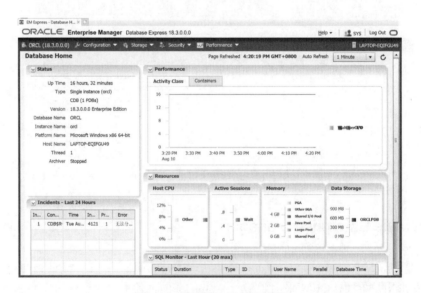

图 6-19　数据库主目录属性页

（6）在"数据库主目录"菜单栏中选择"安全"→"用户"命令，进入"普通用户"属性页，显示用户名称、账户状态、失效日期、默认表空间等。

（7）在"数据库主目录"菜单栏中选择"性能"→"性能中心"命令，进入"性能中心"属性页，显示过去 1 小时的性能情况，并可通过"概要""活动""工作量""监视的 SQL""ADDM""容器"等选项卡查询有关性能。

6.4　Oracle 18c 数据库的卸载

Oracle 18c 数据库卸载包括停止所有的 Oracle 服务、卸载所有的 Oracle 组件、手动删除 Oracle 的残留部分等。

6.4.1　停止所有的 Oracle 服务

在卸载 Oracle 组件前，必须首先停止所有 Oracle 服务，其操作步骤如下：

（1）选择"开始"→"控制面板"→"管理工具"命令，在右侧窗口中双击"服务"选项，出现如图 6-20 所示"服务"窗口。

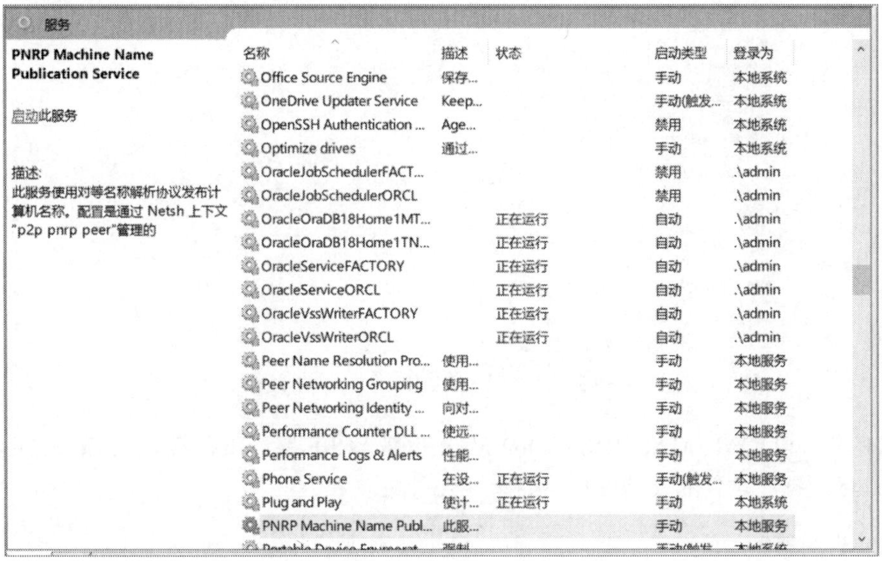

图 6-20　"服务"窗口

（2）在"服务"窗口中，找到所有与 Oracle 相关且状态为"正在运行"的服务，分别右击"已启动"的服务，在弹出的快捷菜单中选择"停止"命令。

（3）退出"服务"窗口，退出"控制面板"。

6.4.2　卸载所有的 Oracle 组件

运行命令 D:\app\ora\product\12.2.0\dbhome_1\deinstall\deinstall 即可卸载所选择的组件。

6.4.3　手动删除 Oracle 的残留部分

由于 Oracle Univeral Installer（OUI）不能完全卸载 Oracle，在卸载完 Oracle 所有组件后，还需要手动删除 Oracle 残留部分，包括注册表、环境变量、文件和文件夹中的残留部分等。

1．从注册表删除

删除注册表中所有 Oracle 入口，操作步骤如下：

（1）选择"开始"→"运行"命令，在打开的窗口中输入 regedit 命令，单击"确定"按钮，出现"注册表编辑器"窗口。

（2）在"注册表编辑器"窗口中，在 HKEY_CLASSES_ROOT 路径下，查找 Oracle、ORA、Ora 的注册项进行删除，如图 6-21 所示。

图 6-21　HKEY_CLASSES_ROOT 路径

在 HKEY_LOCAL_MACHINE\SOFTWARE\ORACLE 路径下，删除 Oracle 目录，该目录注册 Oracle 数据库软件的安装信息，如图 6-22 所示。

图 6-22　HKEY_LOCAL_MACHINE\SOFTWARE\ORACLE 路径

在 HKEY_LOCAL_MACHINE\SYSTEM\CurrentControlSet\Services 路径下，删除所有以 Oracle 开始的服务名称，该键标识 Oracle 在 Windows 下注册的服务，如图 6-23 所示。

在 HKEY_LOCAL_MACHINE\SYSTEM\CurrentControlSet\Services\Eventlog\Application 路径下，删除以 Oracle 开头的 Oracle 事件日志，如图 6-24 所示。

图 6-23　HKEY_LOCAL_MACHINE\SYSTEM\CurrentControlSet\Services 路径

图 6-24　HKEY_LOCAL_MACHINE\SYSTEM\CurrentControlSet\Services\Eventlog\Application 路径

（3）确定删除后，退出"注册表编辑器"窗口。

2. 从环境变量中删除

从环境变量中删除 Oracle 残留部分，操作步骤如下：

（1）选择"开始"→"控制面板"→"系统"命令，在打开的窗口中单击"高级系统设置"按钮，出现"系统属性"窗口。

（2）在"系统属性"窗口中单击"环境变量"按钮，弹出如图 6-25 所示的"系统变量"对话框。

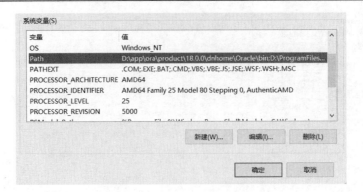

图 6-25 "系统变量"对话框

（3）在"系统变量"列表框中选择变量 Path，单击"编辑"按钮，删除 Oracle 的相关内容；选择变量 ORACLE_HOME，单击"删除"按钮，将该变量删除。单击"确定"按钮，保存并退出。

3．从文件夹中删除

在文件和文件夹中删除 Oracle 残留部分，操作步骤如下：

（1）删除 C:\Program Files\Oracle。

（2）删除 D:\app。

注意：需要对 Oracle 数据库重新安装时，必须先卸载已安装的 Oracle 数据库。

6.5　本 章 小 结

本章主要介绍了 Oracle 18c 数据库的新特性，然后详细说明了 Oracle 18c 在 Windows 系统的安装过程，之后介绍了 Oracle 18c 的开发环境 SQL Developer、SQL*Plus 和企业管理器 OEM；最后介绍了 Oracle 18c 数据库的卸载方法。

6.6　习题与实践练习

一、选择题

1．下列操作系统中，不能运行 Oracle 18c 的是（　　）。

A．Windows　　　　　B．Linux　　　　　C．Macintosh　　　　　D．UNIX

2．关于 SQL*Plus 的叙述，正确的是（　　）。

A．SQL*Plus 是标准的 SQL 访问工具，可以访问各类关系型数据库

B．SQL*Plus 是 Oracle 数据库专用访问工具

C．DB 包括 DBS 和 DBMS

D．DBS 就是 DBMS，也就是 DB

3．SQL*Plus 显示表结构的命令是（　　　）。

A．LIST　　　　　　　　　　　　　　B．DESC

C．SHOW DESC　　　　　　　　　　D．SHOW STRUCTURE

二、填空题

1．在 SQL*Plus 工具中，可以运行_____和_____。

2．使用 SQL*Plus_____命令可以显示表结构的信息。

3．使用 SQL*Plus_____命令可以将文件的内容调入缓冲区，并且不执行。

4．使用 SQL*Plus_____命令可以将缓冲区的内容保存到指定文件中。

三、简答题

1．Oracle 18c 具有哪些新特性？

2．简述 Oracle 18c 安装步骤。

四、实践操作题

1．根据自己电脑的性能，在 Windows 和 Linux 环境下安装 Oracle 18c 或 Oracle 11g 数据库。

2．尝试启动数据库服务，然后通过 OEM 和 SQL*Plus 两种方式连接到数据库。

第 7 章　Oracle 数据库体系结构

　　Oracle 是一个关系型数据库系统。Oracle 数据库是一个数据容器，它包含表、视图、索引、过程、函数等对象，并对这些对象进行统一管理。用户只有和一个确定的数据库连接，才能使用和管理该数据库中的数据。因此，在开始对 Oracle 进行操作之前，用户需要理解 Oracle 数据库的体系结构，这不仅可以使用户对 Oracle 数据库有一个从外到内的整体认识，而且可以指导具体的操作。特别 Oracle 的初学者，对 Oracle 体系结构的掌握将直接影响到以后的学习。

　　Oracle 数据库的体系结构包括存储结构、内存结构和进程结构。存储结构又分为物理存储结构和逻辑存储结构，Oracle 引入逻辑结构，不仅增加了 Oracle 的可移植性，还减少了 Oracle 操作人员的操作难度；内存结构包括系统全局区（System Global Area，SGA）和程序全局区（Program Global Area，PGA）；进程结构包括前台进程和后台进程。

　　本章将对 Oracle 数据库的物理结构、逻辑结构、内存结构和进程结构分别进行介绍。

本章要点：
- ❑ 了解 Oracle 数据库体系结构。
- ❑ 熟悉体系结构中各部分的组成。
- ❑ 熟练掌握物理存储结构中数据文件的功能及其信息查询方法。
- ❑ 熟练掌握物理存储结构中控制文件的功能及其信息查询方法。
- ❑ 熟练掌握物理存储结构中日志文件的功能及其信息查询方法。
- ❑ 熟练掌握内存结构中系统全局区的功能及其信息查询方法。
- ❑ 熟悉系统全局区中共享池的功能及其信息查询方法。
- ❑ 熟悉系统全局区中数据缓冲区的功能及其信息查询方法。
- ❑ 熟悉系统全局区中日志缓冲区的功能及其信息查询方法。
- ❑ 了解系统全局区中 Java 池和大型池的功能及其信息查询方法。
- ❑ 了解程序全局区的功能及其信息查询方法。
- ❑ 了解 Oracle 进程结构的分类及主要功能。

7.1　物理存储结构

　　Oracle 数据库在物理上是由存储在磁盘中的操作系统文件所组成的，这些文件就是 Oracle 的物理存储结构。物理存储结构主要用于描述 Oracle 数据库外部数据的存储，即在操作系统中如何组织和管理数据，与具体的操作系统有关。一般 Oracle 数据库在物理上主要由 3 种类型的文件组成：数据文件（*.dbf）、控制文件（*.ctl）和日志文件（*.log）。这 3 大核心文件中如果任何一个核心文件不正确，Oracle 都不能正常启动。除此之外还包括一些其他文件，如参数文件、口令文件、警告文件、备份文件、跟踪文件等。物理存储结构主要是指在操作系统中 Oracle 的数据存储和管理方式。

7.1.1　数据文件

数据文件（Data File）是用于存储数据库数据的物理文件，文件后缀名为.dbf。数据文件存放的主要内容有表中的数据，索引数据，数据字典定义，回滚事务所需信息，存储过程、函数和数据包的代码，用来排序的临时数据。

每一个 Oracle 数据库都有一个或多个数据文件，每一个数据文件只能属于一个表空间、数据文件一旦加入表空间，就不能从这个表空间移走，也不能和其他表空间发生联系。数据库、表空间和数据文件之间的关系如图 7-1 所示。

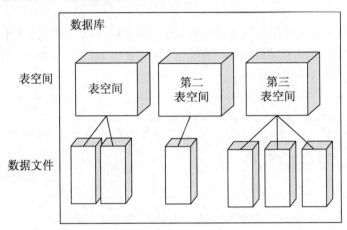

图 7-1　Oracle 体系结构

在存取数据时，Oracle 数据库系统首先从数据文件中读取数据，并存储在内存中的数据缓冲区中。当用户查询数据时，如果所要查询的数据不在数据缓冲区，则这时 Oracle 数据库启动相应的进程从数据文件中读取数据，并保存到数据缓冲区。当用户修改数据时，用户对数据的修改保存在数据缓冲区，然后由 Oracle 的相应后台进程将数据写入数据文件中。这样的存取方式减少了磁盘的 I/O 操作，提高了系统的响应性能。

如果需要了解数据文件的信息，可以通过查询数据字典视图 dba_data_files 和 V$DATAFILE 实现。

其中，dba_data_files 包含如下字段：

❑ file_name：数据文件的名称以及存储路径。

❑ file_id：数据文件在数据库中的 id 号。

❑ tablespace_name：数据文件对应的表空间名。

❑ bytes：数据文件的大小。

❑ blocks：数据文件所占用的数据块数。

❑ status：数据文件的状态。

❑ autoextensible：数据文件是否可扩展。

【例 7-1】　使用 DESCRIBE 命令来了解数据字典视图 dba_data_files 的结构。

```
DESCRIBE dba_data_files;
```

该语句的运行结果如图 7-2 所示。

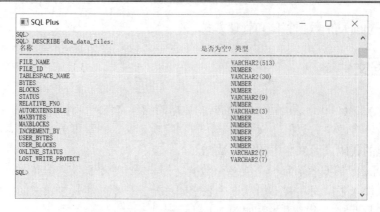

图 7-2　数据字典视图 dba_data_files 的结构

【例 7-2】　使用 SELECT 查询数据字典 dba_data_files 数据文件的部分信息。

```
SELECT * FROM dba_data_files;
```

该语句的运行结果如图 7-3 所示。

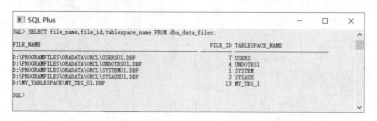

图 7-3　数据字典 dba_data_files 数据文件的部分信息

7.1.2　控制文件

Oracle 数据库中，数据库控制文件（Control Files）维护着数据库的全局物理结构，用以支持数据库成功地启动和运行。创建数据库时，就同时提供了与之对应的数据库控制文件。在数据库使用过程中，Oracle 不断更新数据库控制文件，所以只要数据库是打开的，数据库控制文件就必须处于可写状态。如果由于某些原因控制文件不能被访问，那么数据库也就不能正常工作。因此，一旦控制文件损坏，数据库将无法正常运行。

控制文件是一个很小的二进制文件，通常是*.ctl 格式，它用于描述数据库的物理结构。例如，数据库的名称、数据文件和日志文件等信息都存储在控制文件中。一个 Oracle 数据库通常包含多个控制文件，而一个控制文件只能属于一个数据库。每个 Oracle 数据库最少需要一个有效的控制文件，如果系统有多个控制文件，则它们是相互备份的。

数据库的正常启动和正常运行都离不开控制文件。启动数据库时，需要访问控制文件，从中读取数据文件和日志文件信息，最后打开数据库。控制文件对数据库而言至关重要，所以存储着多个副本。

控制文件的信息可以通过数据字典视图 v$controlfile 来查询。

【例 7-3】　使用数据字典 v$controlfile，查看当前数据库控制文件的名称及存储路径。

```
SQL> SELECT name from v$controlfile;
```

该语句的运行结果如图 7-4 所示。

图 7-4　控制文件查询结果

📑说明：控制文件的名称也可用 show parameter control_files 命令来显示，其中 show parameter 是显示参数的命令，而 control_files 是参数名。

7.1.3　日志文件

在 Oracle 中，日志文件也叫作重做日志文件或重演日志文件（Redo Log Files）。日志文件是用来保证数据库安全、数据库备份与恢复的重要文件，通常是*.log 格式，对数据库所做的修改信息都被记录在日志中，其中包括用户对数据库中数据的修改和数据库管理员对数据库结构的修改。如果只是对数据库中的信息进行查询操作，则不会产生日志信息。由于日志文件记录的是对数据库的修改信息，如果用户对数据的操作出现了故障，使得修改的数据没有保存到数据文件中，那么就可以利用日志文件找到数据的修改，这样以前所做的工作就不会因为故障而丢失。

在 Oracle 中，日志文件是以组为单位使用的。日志文件的组织单位叫作日志文件组，组中的日志文件叫作日志成员，一般有一个以上日志成员，成员之间是相互备份的，即文件大小、数据都是完全一致的。当 Oracle 运行时，始终有一个日志文件组为当前日志文件组，记录当前数据的修改信息，一旦当前日志文件组中的日志文件写满时，Oracle 自动设置另外一个日志文件组为当前日志文件组，所以 Oracle 的文件组最少需要两组以上。同一个组中的日志文件最好放在不同的磁盘中，以便保证一个日志文件受损时，还有其他日志文件提供日志信息。

通过数据字典 v$log 可以了解系统当前正在使用哪个日志文件组。

【例 7-4】　使用数据字典 v$log 查看日志文件的相关信息。

```
SQL> SELECT name from v$log;
```

该语句的运行结果如图 7-5 所示。

GROUP#	THREAD#	SEQUENCE#	BYTES	BLOCKSIZE	MEMBERS	ARC	STATUS	FIRST_CHANGE#	FIRST_TIME	NEXT_CHANGE#	NEXT_TIME	CON_ID
1	1	124	209715200	512	1	NO	INACTIVE	6975607	30-9月 -21	7015216	01-10月-21	0
2	1	125	209715200	512	1	NO	INACTIVE	7015216	01-10月-21	7128078	03-10月-21	0
3	1	126	209715200	512	1	NO	CURRENT	7128078	03-10月-21	1.8447E+19		0

图 7-5　日志文件查询结果

📑说明：如果 STATUS 字段的值为 CURRENT，则表示当前系统正在使用该字段对应的日志文件组。当一个日志文件组的空间被占用完之后，Oracle 系统会自动转换到另一个日志文件组，不过，管理员可以使用 ALTER SYSTEM 命令手动切换日志文件。

7.1.4　其他文件

除了构成 Oracle 数据库物理结构的 3 类主要文件外，Oracle 数据库还有参数文件、口令文件、跟踪文件和报警文件等。

1．参数文件

参数文件（PARAMETER FILES）记录了 Oracle 数据库的基本参数信息，主要包括数据库名、控制文件所在路径、进程等。参数文件分为文本参数文件（Parameter File，PFILE）和服务器参数文件（Server Parameter File，SPFILE）。文本参数文件名形式为 init<SID>.ora，服务器参数文件名形式为 spfile<SID>.ora 或 spfile.ora，其中，<SID>为所创建的数据库实例名。

参数文件的作用如下：
- 设置 SGA 的大小。
- 设置数据库的全部默认值。
- 设置数据库的范围。
- 在数据库建立时定义数据库的物理属性。
- 指定控制文件名和路径。
- 通过调整内存结构，优化数据库性能。

2．口令文件

口令文件（PASSWORD FILES）用于保存数据库中具有 SYSDBA 或 SYSOPER 系统权限的用户名及 SYS 用户口令的二进制文件。

3．跟踪文件

跟踪文件（TRACE FILES）是数据库中重要的诊断文件，是获取数据库信息的重要工具，对管理数据库实例起着至关重要的作用。它包含数据库系统运行过程中遇到的重大事件的有关信息，可以为数据库运行故障的解决提供重要信息。

4．报警文件

报警文件（ALERT FILES）是数据库中重要的诊断文件，记录数据库在启动、关闭、运行期间后台进程的活动情况。

5．备份文件

备份文件（BACKUP FILES）数据库中用于恢复数据库结构和数据文件。

7.2　逻辑存储结构

数据库的逻辑结构是从逻辑的角度分析数据库的构成，即创建数据库后形成的逻辑概念之间的关系。Oracle 在逻辑上将保存的数据划分成一个个小单元进行存储和管理，高一级的存储单元由一个或多个低一级的存储单元组成。数据库的逻辑结构和物理结构的关系如图 7-6 所示。图中连线两端的 1 和 n 所表示的含义为：以表空间和段为例，表示 1 个表空间可由 1 个或多个段组成。

　　表空间划分为若干段，段由若干个盘区组成，盘区由连续分配的相邻的数据块组成，如图 7-7 所示。从大到小依次为：表空间（TABLE SPACE）、段（SEGMENT）、区（EXTENT）和块（DATA BLOCK）。它们之间的关系为：一个数据库包含一个或多个表空间；一个表空间包含一个或多个段；一个段包含一个或多个区；一个区包含一个或多个块。

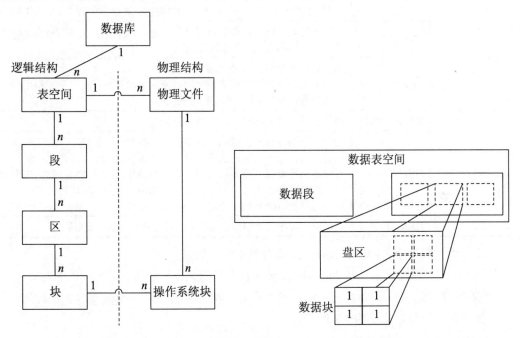

图 7-6　Oracle 数据库的逻辑结构和物理结构的关系　　图 7-7　表空间、段、盘区和数据块之间的关系

7.2.1　表空间

　　表空间（TABLE SPACE）是在 Oracle 中用户可以使用的最大的逻辑存储结构，用户在数据库中建立的所有内容都被存储在表空间中，所有表空间之和就是数据库的空间。Oracle 使用表空间将相关的逻辑结构组合在一起，表空间在物理上与数据文件相对应，每一个表空间是由一个或多个数据文件组成的，一个数据文件只可以属于一个表空间，这是逻辑与物理的统一。表空间的大小是它所对应的数据文件大小的总和。

　　所以存储空间在物理上表现为数据文件，而在逻辑上表现为表空间。在 Oracle 数据库中，存储结构管理主要就是通过对表空间的管理来实现的。

　　表空间根据存储数据的不同，分为系统表空间和非系统表空间两类。系统表空间主要存放数据的系统信息，如数据字典信息、数据库对象定义信息、数据库组件信息等。非系统表空间有撤销表空间、临时表空间和用户表空间。

　　在安装 Oracle 时，Oracle 数据库系统一般会自动创建一系列表空间，如 Oracle 18c 会自动创建 6 个表空间，这 6 个表空间的说明如表 7-1 所示。

表 7-1　Oracle数据库自动创建的表空间

分　类	表 空 间	说　明
系统表空间	SYSTEM	SYSTEM表空间存放关于表空间名称、控制文件、数据文件等管理信息，存放方案对象（如表、索引、同义词、序列）的定义信息，以及所有PL/SQL程序（如过程、函数、包、触发器）的源代码，是Oracle数据库中最重要的表空间。它属于SYS和SYSTEM这两个用户，仅被SYS和SYSTEM或其他具有足够权限的用户使用。即便是SYS和SYSTEM用户也不能删除或重命名该空间。它是用户的默认表空间，即当用户在创建一个对象时，如果没有指定特定的表空间，该对象的数据也会被保存在SYSTEM表空间中
	SYSAUX	辅助系统表空间存储数据库组件等信息，用于减少SYSTEM表空间的负荷，从而提高系统的工作效率
	TEMP	临时表空间存放临时表和临时数据，用于排序。每个数据库都应该有一个（或创建一个）临时表空间，以便在创建用户时将其分配给用户，否则就会将TEMP表空间作为临时表空间
非系统表空间	UNDOTBS1	撤销表空间用于存储、管理回退信息
	USERS	用户表空间存放永久性的用户对象的数据和私有信息，因此也被称为数据表空间。每个数据库都应该有一个（或创建一个）用户表空间，以便在创建用户时将其分配给用户，否则将会使用SYSTEM表空间来保存数据，而这种做法不好。一般而言，系统用户使用SYSTEM表空间，而非系统用户使用USERS表空间
	EXAMPLE	示例表空间存放示例数据库的方案对象信息及其培训资料

可以通过数据字典 dba_tablespaces 查看表空间的信息。

【例 7-5】　通过数据字典 dba_tablespaces 查看当前数据库的所有表空间的名称。

```
SQL> SELECT tablespace_name FROM dba_tablespaces;
```

该语句的运行结果如图 7-8 所示。

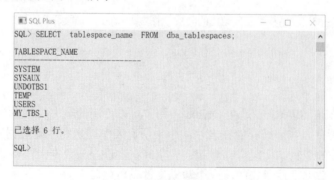

图 7-8　表空间名称查询结果

7.2.2　段

段（SEGMENT）是由一个或多个连续或不连续的区组成的逻辑存储单元，是表空间的组成单位。段不再是存储空间的分配单位，而是一个独立的逻辑存储结构。段存于表空间并且由盘区组成。按照段中储存数据的特征，可以将段分为 4 种类型：数据段、索引段、临时段和回滚段。

在这里要讲一个比较重要的概念：回滚段。回滚段是当某事务修改一个数据块时，用以存放数据以前映像信息的数据段。回滚段中的信息用以保存读连续性，并进行事务回滚和事务恢复。例如，如果事务通过把一列的关键值从 10 改为 20 来修改数据块，则原值 10 要存放于回滚段中，而数据块将具有新值 20。如果事务被回滚，则值 10 从回滚段复制回数据块。事务产生的重做记录保证在事务提交或回滚之前保持在回滚段中，而一个事务只能用一个回滚段存放其所有的重做记录，因此，如果回滚段大小配置不恰当，当 Oracle 执行一个大的事务时，就会出现回滚段溢出的错误。所以设置回滚段大小是一个比较重要的问题，这取决于数据库应用的主要事务模式（稳定的平均速度事务、频繁的大型事务、不频繁的大型事务），并可通过一些测试来确定。

这里还有另外一个概念：临时段，主要用于以下 SQL 操作：

❑ CREATE INDEX。
❑ 带 DISTINCT、ORDER BY、GROUP BY、UNION、INTERSECT 和 MINUS 子句的 SELECT 语句。
❑ 无索引的 JOIN 语句。
❑ 某些相互关联的子查询。

7.2.3　区

区（EXTENT）是数据库存储空间分配的逻辑单位，一个区由一组数据块组成，区是由段分配的，分配的第一个区称初始区，以后分配的区称为增量区。

Extent 是段中分配空间的逻辑单元。它有如下特性：

❑ 一个或多个区构成一个段。
❑ 当段增长时，区自动添加到段中。
❑ DBA 可以手工把区加到一个段中。
❑ 一个区不能跨数据文件，即一个扩展只属于一个数据文件。
❑ 一个区由一片连续的 Oracle block 构成。

每个段在定义时有多个存储参数来控制区的分配，主要是 STORGAE 参数，主要包括如下几项：

❑ INITIAL：分配给段的第一个区的字节数，默认为 5 个数据块。
❑ NEXT：分配给段的下一个增量区的字节数，默认为 5 个数据块。
❑ MAXEXTENTS：最大扩展次数。
❑ PCTINCREASE：每一个增量区都在最新分配的增量区增长，这个百分数默认为 50%，建表时通常设置为 0，建表空间时通常设置为 1%。

区在分配时，遵循如下分配方式：

❑ 初始创建时，分配 INITIAL 指定大小的区。
❑ 空间不够时，按 NEXT 大小分配第二个区。
❑ 再不够时，按 NEXT + NEXT *PCTINCREASE 分配。

可以对表、聚集、索引、回滚段、表空间等实体设置存储参数。

7.2.4　数据块

数据库块（Database Block）是 Oracle 逻辑分配空间的最底层，又称逻辑块、页或 Oracle 块。

数据块是数据库使用和分配空间的最小单元，也可以说是使用的最小 I/O 单元，一个数据块与磁盘上指定的物理空间大小一致，一个数据库块对应一个或多个物理块，块的大小由参数 db_block_size 确定。

PCTFREE 和 PCTUSED 是开发人员用来控制数据块中可用插入和更新数据的空闲空间大小的参数。

- ❑ PCTFREE：用于设置数据块中保持空闲的百分比。
- ❑ PCTUSED：当数据块空闲空间达到 PCTFREE 时，此块不允许插入数据，只能修改或删除块中的行，更新时可能使数据块空闲空间变大，已用数据空间变小，当已用空间低于 PCTUSED 时，则可以重新插入数据。

PCTFREE 及 PCTUSED 的选择方法如下：

- ❑ 经常做查询（SELECT）的表，应使 PCTFREE 小些，尽量减少存储空间浪费。
- ❑ 经常做插入（INSERT）的表，应使 PCTUSED 大一些。
- ❑ 经常做更新（UPDATE）的表，应使 PCTFREE 大一些，给更新留出更大的空间，减少行移动。

说明： 这两个参数只能在创建、修改表和聚簇（数据段）时指定。另外，在创建、修改索引（索引段）时只能指定 PCTFREE 参数。

7.3 内 存 结 构

内存结构是 Oracle 数据库体系结构中最为重要的部分之一，内存也是影响数据库性能的主要因素。在 Oracle 数据库中，服务器内存的大小将直接影响数据库的运行速度，特别是多个用户连接数据库时，服务器必须有足够的内存支持，否则会导致有的用户可能连接不到服务器，或查询速度明显下降。

在 Oracle 数据库系统中，内存结构主要分为系统全局区（System Global Area，SGA）和程序全局区（PGA），SGA 随着数据库实例的启动向操作系统申请分配一块内存结构，随着数据库实例的关闭释放，每一个 Oracle 数据库实例有且只有一个 SGA。PGA 随着 Oracle 服务进程启动时申请分配的一块内存结构。

7.3.1 系统全局区

系统全局区是 Oracle 系统为实例分配的一组共享缓冲存储区，用于存储数据库数据和控制信息，以实现对数据库数据的管理和操作。

如果多个用户连接到同一个数据库实例，则在实例的 SGA 中数据可为多个用户共享。在数据库实例启动时，SGA 的内存被自动分配；当数据库实例关闭时，SGA 被回收。SGA 由许多不同的区域组成，在为 SGA 分配内存时，控制 SGA 不同区域的参数是动态变化的，但 SGA 区域的总内存由参数 sga_max_size 决定，可使用 SHOW PARAMETER 语句查看该参数的信息，其操作语句如下：

```
SQL> SHOW PARAMETER sga_max_size;
```

Oracle 的内存结构如图 7-9 所示。SGA 按其作用不同，可以分为共享池（Shared Pool）、数据缓冲区（Database Buffer Cache）、日志缓冲区（RedoLog Buffer Cache）、Java 池（可选）（Java Pool）、大型池（可选）（Lager Pool），下面分别进行介绍。

📖 说明：

❑ SGA 的尺寸应小于物理内存的一半。

❑ 在 Oracle 系统中，所有用户与 Oracle 数据库系统的数据交换都要经过 SGA 区。

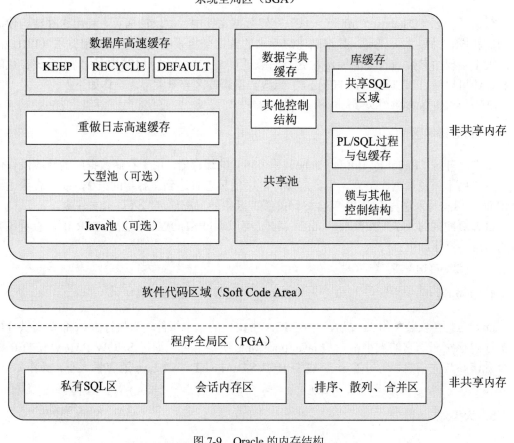

图 7-9　Oracle 的内存结构

1．共享池

共享池（Shared Pool）保存了最近执行的 SQL 语句、PL/SQL 程序和数据字典信息，是对 SQL 语句和 PL/SQL 程序进行语法分析、编译和执行的内存区。它包含库高速缓存器和数据字典缓存器这两个与性能相关的内存结构，下面分别进行介绍。

❑ 库高速缓存器：包含共享 SQL 区和共享 PL/SQL 区两个组件区。为了提高 SQL 语句的性能，在提交 SQL 语句或 PL/SQL 程序块时。Oracle 服务器将先利用最近最少使用算法（LRU）检查库高速缓存中是否存在相同的 SQL 语句或 PL/SQL 程序块，若有则使用原有的分析树和执行路径。

❑ 数据字典缓存器：用于收集最近使用的数据库中的数据定义信息，包含数据文件、表、索引、列、用户、访问权限、其他数据库对象等信息，用于在分析阶段决定数据库对象的可访问信息。利用数据字典缓存器可以有效地改善响应时间。它的大小由共享池的大小决定。

共享池的大小可以通过初始化参数文件（通常为 init.ora）中的 shared_pool_size 决定。共享池是活动非常频繁的内存结构，会产生大量的内存碎片，所以要确保它尽可能足够大。查看共享池大小可通过 SHOW PARAMETER 语句来实现，操作如下：

```
SQL> SHOW PARAMETER shared_pool_size;
```

2．数据缓冲区

数据缓冲区（Database Buffer Cache）存储数据文件中数据块的拷贝。利用这种结构使数据的更新操作性能大大提高。数据高速缓存中的数据交换采用最近最少使用算法（LRU）。它的大小主要由参数 db_cache_size 决定，可以通过 SHOW PARAMETER 语句查看该参数的信息，还可以通过 ALTER SYSTEM SET 修改数据缓冲区容量大小，操作如下：

```
SQL> SHOW PARAMETER db_cache_size;
```

3．日志缓冲区

日志缓冲区（RedoLog Buffer Cache）是个环状的缓存器，用于存储数据库的修改操作信息，主要用于恢复数据库信息。当日志缓冲区中的日志量达到总容量的 1/3，或日志量达到 1MB 时，日志写入进程 LGWR 就会将日志缓冲区中的日志信息写入日志文件中。

日志缓冲区的大小由参数 log_buffer 决定，可以通过 SHOW PARAMETER 语句查看该参数的信息，操作如下：

```
SQL> SHOW PARAMETER log_buffer;
```

4．Java池

Java 池是在安装使用 Java 后，才在 SGA 中出现的一个组件，为执行 Java 命令提供分析与执行内存空间。它的大小由参数 java_pool_size 决定。可以通过 SHOW PARAMETER 语句查看该参数的信息，还可以通过 ALTER SYSTEM SET 修改 Java 池容量大小，操作如下：

```
SQL> SHOW PARAMETER java_pool_size;
```

5．大型池

大型池主要用于 Oracle 数据库的备份与恢复操作、并行消息的缓存等。

大型池是可选的内存结构，数据库管理员可以决定是否在系统全局区中创建大型池，值得一提的是，大型池不像其他内存组件一样存在 LRU 列表。它的大小由参数 large_pool_size 决定。可以通过 SHOW PARAMETER 语句查看该参数的信息，还可以通过 ALTER SYSTEM SET 修改大型池容量大小，操作如下：

```
SQL> SHOW PARAMETER large_pool_size;
```

7.3.2 程序全局区

程序全局区（PGA）是包含单独用户或服务器数据和控制信息的内存区域。PGA 是在用户连接到 Oracle 数据库，并创建一个会话时，由 Oracle 自动分配的。与 SGA 不同，PGA 是非共享区，只有服务进程本身才能访问它自己的 PGA 区，每个服务进程都有它自己的 PGA 区。

各个服务进程在各自的 PGA 区中保存自身所使用到的各种数据。PGA 的内容与结构和数据库的操作模式有关，在专用服务器模式下和共享服务器模式下，PGA 有着不同的结构和内容。

程序全局区的大小由参数 pga_aggregate_target 决定。可以通过 SHOW PARAMETER 语句查看该参数的信息，操作如下：

```
SQL> SHOW PARAMETER pga_aggregate_target;
```

7.4　进 程 结 构

Oracle 进程结构包括用户进程和 Oracle 进程两类，而 Oracle 进程又分为服务器进程和后台进程，每个系统进程的大部分操作都是相互独立、互不干扰的。数据库进程与内存的关系如图 7-10 所示。

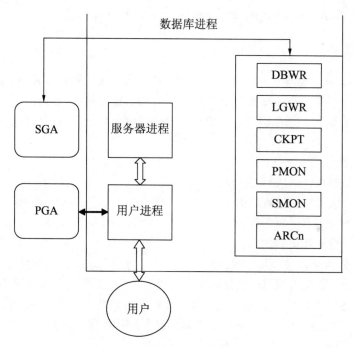

图 7-10　数据库进程与内存的联系

1．用户进程

用户进程是当用户连接数据库执行一个应用程序时创建的，用来完成用户所指定的任务。在 Oracle 数据库中有两个与用户进程相关的概念：连接与会话。连接是指用户进程与数据库实例之间的一条通信路径。该路径由硬件线路、网络协议和操作系统进程通信机制构成。会话是指用户到数据库的指定连接。在用户连接数据库的过程中，会话始终存在，直到用户断开连接终止应用程序为止。而且会话是通过连接实现的，同一个用户可以创建多个连接来实现多个会话。

2．服务器进程

服务器进程由 Oracle 自身创建，用于处理连接到数据库实例的用户进程所提出的请求。

在应用程序和 Oracle 运行在一台机器的情况下，可以将用户进程和对应的服务器进程合并来降低系统开销。但是，当应用程序和 Oracle 在不同的计算机上运行时，用户进程总是通过不同的服务器进程连接 Oracle。

服务器进程主要完成以下任务：

（1）解析并执行用户提交的 SQL 语句和 PL/SQL 语句。

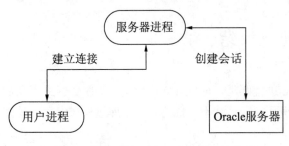

图 7-11　用户进程与服务器进程之间的关系

（2）在 SGA 的高速缓冲区中搜索用户进程所需要访问的数据，如果数据不在缓冲区，则需要从硬盘数据文件中读取所需的数据，再将它们复制到缓冲区。

（3）将查询或执行后的结果数据返回给用户进程。

用户进程与服务器进程之间的关系如图 7-11 所示。

3．后台进程

为了保证 Oracle 数据库在任意一个时刻都可以处理多用户的并发请求，进行复杂的数据操作，并优化系统性能，Oracle 数据库启用了一些相互独立的附加进程，用于完成一类指定的工作，称为后台进程。服务器进程在执行用户进程请求时，会调用后台进程来实现对数据库的操作。

后台进程主要完成以下任务：

❑　在内存与磁盘之间进行 I/O 操作。

❑　监视各个服务器的进程状态。

❑　协调各个服务器进程的任务。

❑　维护系统性能和可靠性。

后台进程又分为必备进程和可选进程。必备进程是当 Oracle 开启时所必须要有的 5 个基本进程，缺一不可，如果进程崩溃数据库也会崩溃。这 5 个必备进程分别是 DBWR、LGWR、PMON、CKRT、SMON。而可选进程是当有需要开启特殊功能时才会启动的进程。这些可选进程包含 ARCn、REDO 等。下面分别介绍这些必备进程和可选进程。

1）DBWR 进程

DBWR（Database Writer，数据库写入）进程的主要工作是将数据缓冲区中被修改过的数据写回到数据文件里。Oracle 数据库为了执行效率，并不会直接将数据存取在硬盘里，而是先回到共享内存中的数据缓冲区查找，如果没有，才会去读取硬盘。而 DBWR 的工作就是负责 Oracle 内存和硬盘上数据的一致性，它负责不定时将内存中已修改的数据写到数据库中。

当数据库高速缓存的一段缓存修改时，它就被标识为"脏"的。一个"冷"缓存是根据 LRU（Least Recently Used，最近最少使用）机制判断最近没有使用的一段缓存。DBWR 进程将冷的、脏的缓存写入磁盘，所以用户进程能够找到可以使用的冷的、清理的缓存来读取新的块到高速缓存中。随着用户进程不停地弄"脏"缓存，空闲缓存的数量会减少。如果空闲缓存的数量下降得太多，用户进程就不能找到新的空闲缓存来从磁盘上读取块到高速缓存中。DBWR 管理高速缓存，所以用户进程总能找到空闲的缓存。通过写入"冷""脏"缓存到磁盘，DBWR 提高了查找空闲缓存的性能，并在内存中保存了最近使用的缓存。例如，经常访问的小表或索引的一部分块都保存在高速缓存中，所以它们不需要从磁盘重新读入。

在有些平台上，一个实例可有多个 DBWR。在这样的实例中，一些块可写入一个磁盘，另一些块可写入其他磁盘。允许启动的 DBWR 进程个数由参数 db_writer_processes 决定，可以通过 SHOW PARAMETER 语句查看该参数的信息，操作如下：

```
SQL> SHOW PARAMETER db_writer_processes;
```

在 DBWR 进程执行的过程中有以下两个机制将会发生作用：

❑ 日志写优先机制：它是为了维护数据的一致性。当用户 COMMIT 时，是将重做日志缓冲区的 redo entry 通过 LGWR 写入在线重做日志文件，以确保数据库损坏或连接中断时，已提交的数据都可以恢复。当 checkpoint 发生时，将资料库缓冲区里的 dirty buffer 回写到数据文件，但当 DBWR 执行之前，会先检查重做日志缓冲区内相关的 redo entry 是否都已完成写入动作，如果发现某些尚未写入在线重做日志文件，将会通知 LGWR 来处理，之后 DBWR 才会真正将 dirty buffer 写入数据文件中。

❑ LRU（Least Recently Used）机制：其实现的功能是当数据缓冲区已无空间时，DBWR 会利用 LRU 机制，将最近最少使用的数据回写到数据文件中，这样可减少数据缓冲区的损失，以及对性能的消耗。LRU 算法的基本概念是当内存的剩余空间不足时，数据缓冲区将会保留最常使用的数据，即清除不常使用的数据，以保持内存中的数据块是最近使用的，使 I/O 最小。

2）LGWR 进程

LGWR（Log Writer，日志写入）进程记录有关全部提交事务所做的修改信息。该进程将日志缓冲区写入磁盘上的一个日志文件，它是负责管理日志缓冲区的一个 Oracle 后台进程。LGWR 进程将自上次写入磁盘以来的全部日志输出。LGWR 输出的内容如下：

❑ 当用户进程提交一个事务时写入一个提交记录。

❑ 每 3 秒将日志缓冲区输出。

❑ 当日志缓冲区的 1/3 已满时将日志缓冲区输出。

❑ 当 DBWR 将修改缓冲区写入磁盘时则将日志缓冲区输出。

LGWR 进程同步地写入活动的镜像在线日志文件组。如果组中一个文件被删除或不可用，LGWR 可继续写入该组的其他文件。

日志缓冲区是个循环缓冲区。当 LGWR 将日志缓冲区的日志写入日志文件后，服务器进程可将新的日志写入该日志缓冲区。LGWR 通常写得非常快，可确保日志缓冲区总有空间可写入新的日志。

📑说明：有时当需要更多的日志缓冲区时，LWGR 在一个事务提交前就将日志写出，而这些日志仅当在以后事务提交后才永久化。

3）PMON 进程

PMON（Process Monitor，进程监控）进程会监视数据库的用户进程。若用户的进程被中断，则 PMON 会负责清理任何遗留下来的资源（如内存），并释放失效的进程所保留的锁，然后从 Process List 中移除，以终止 Process ID。例如，重置活动事务表的状态，释放封锁，将该故障进程的 ID 从活动进程表中移去。PMON 还周期地检查调度进程（DISPATCHER）和服务器进程的状态，如果已死，则重新启动（不包括有意删除的进程）。PMON 有规律地被唤醒，检查是否被需要，或者其他进程发现需要时可以被调用。

例如，当有一笔交易前端程序突然挂掉了，但这笔交易并不会结束，因为没有人下

COMMIT 指令，Oracle Server 是听 server process 做动作的，而 server process 则是听 user process 的，如果 user process 断掉了，server process 并不会知道，而会一直等待，这时 PMON 负责检查有没有 server process 所对应的 user process 挂掉了，如果有，就把那笔交易进行恢复。

PMON 的主要工作如下：

❑ 当前段的程序挂掉时，由 PMON 来做恢复未提交的数据。

❑ 释放不当中断连接而被锁定的所有对象。

❑ 释放不当中断连接而被占用的资源（如内存）。

❑ 重新启动死掉的共享模式的连接。

4）CKRT 进程

CKPT（Check Point，检查点）进程主要负责更新数据库的最新状态，对象是数据文件和控制文件。它的动作很简单，只是要求数据缓冲区里的 dirty buffer 回写到数据库，因为真正做动作的是 DBWR，当动作完成之后 CKPT 就会在控制文件中做记录。

该进程在检查点出现时，对全部数据文件的标题进行修改，指示该检查点。在通常的情况下，该任务由 LGWR 执行。然而，如果检查点明显地降低系统性能时，可使 CKPT 进程运行，将原来由 LGWR 进程执行的检查点的工作分离出来，由 CKPT 进程实现。对于许多应用情况，CKPT 进程是不必要的。只有当数据库有许多数据文件，LGWR 在检查点时有明显的性能降低才使 CKPT 运行。CKPT 进程不将块写入磁盘，该工作是由 DBWR 完成的。

5）SMON 进程

SMON（System Monitor，系统监控）进程在实例开始时执行必要的恢复。SMON 还负责清理不再使用的临时段和在字典管理的表空间中合并临近的空闲区段。如果在实例恢复中因为文件读或者离线错误导致跳过一些结束的事务，在表空间或文件重新在线时 SMON 会恢复它们。SMON 通常会自己检查是否需要启动。其他进程也可以在它们认为需要的时候调用 SMON。

在真正的应用集群中，一个实例的 SMON 进程可以针对 CPU 失败或者实例失败执行实例恢复。

Oracle 数据库的恢复可分为：Instance Recovery 和 Media Recovery 两种。前者是由 SMON 自动执行的，当其无法完成恢复时就必须执行后者，而后者必须人为介入手动恢复。

SMON（System Monitor）的主要功能如下：

❑ 执行 Instance Recovery：当数据库不正常中断后再开启时，SMON 会自动执行该项，也就是将在线重做日志中的数据写到数据文件中。

❑ 收集空间：将表空间内相邻的空间进行合并，但该表空间必须是数据库字典管理模式。

6）ARCn 进程

ARCn（Archiver Process，归档）进程自动在 LGWR 进程将事务日志文件填写重做项后进行备份。如果一个数据库经历一个严重的错误（如磁盘错误），Oracle 将使用数据库备份和归档事物日志来恢复数据库和全部提交的任务。

该进程将已填满的在线日志文件复制到指定的存储设备上。当日志为 ARCHIVELOG 使用方式并可自动地归档时，ARCn 进程才存在。

一个 Oracle 实例可以用 10 个 ARCn 进程（ARC0 到 ARC9）。LGWR 进程在当前数量的 ARCn 进程无法处理当前负载时会启动一个新的 ARCn 进程，并会在警告日志中保存一个记录。

如果归档负载很重，如批量装载数据，可以使用初始化参数 LOG_ARCHIVE_

MAX_PROCESSES 来指定多个归档进程。通过 ALTER SYSTEM 语句修改这个参数值可以动态地增加和减少 ARCn 的数量。但是，不必修改这个参数的默认值（为 1），因为系统会根据需要确定 ARCn 进程的数量，LGWR 在数据库负载需要时会自动启动更多的 ARCn 进程。

ARCn 是一个可选特性的进程，只有当使用该特性时，归档进程才会出现。

7）RECO 进程

RECO（Recovery，恢复）进程负责在分布式数据库环境下，自动恢复失败的分布式事务。当某个分布式事务由于网络连接故障或其他原因失败时，RECO 进程将会尝试与该事务相关的所有数据库进行联系，以完成对失败事务的恢复工作。

RECO 是在具有分布式选项时所使用的一个进程，它可以自动解决在分布式事务中的故障。一个结点的 RECO 后台进程会自动连接到包含悬而未决的分布式事务的其他数据库中，RECO 进程将自动解决所有悬而未决的事务。所有已处理的悬而未决的事务的行将从每一个数据库的悬挂事务表中删去。

当数据库服务器的 RECO 后台进程试图建立同一远程服务器的通信时，如果远程服务器不可用或网络连接不能建立，则 RECO 进程自动在一个时间间隔之后再次连接。但是，RECO 进程在重新连接之前等待的时间间隔将会以指数级增长。RECO 进程只有在实例允许分布式事务时才存在。

7.5　数　据　字　典

数据字典是 Oracle 数据库的最重要的部分之一，它是由一组只读的表及其视图所组成的。这些表和视图是数据库被创建的同时由数据库系统建立起来的，起着系统状态的目录表的作用。数据字典描述表、列、索引、用户、访问权以及数据库中的其他实体，当其中的一个实体被创建、修改或取消时，数据库将自动修改数据字典。因此，数据字典总是包含着数据库的当前描述。数据字典提供有关该数据库的信息，主要如下：

- ❏ Oracle 用户的名字。
- ❏ 每一个用户所授予的特权和角色。
- ❏ 模式对象的名字（表、视图、索引、同义词等）。
- ❏ 关于完整性约束的信息。
- ❏ 列的默认值。
- ❏ 有关数据库中对象的空间分布信息及当前使用情况。
- ❏ 审计信息（如哪个用户存取或修改各种对象）。
- ❏ 其他一般的数据库信息。

Oracle 中的数据字典有静态和动态之分。静态数据字典在用户访问数据字典时不会发生改变，但动态数据字典是依赖数据库运行的性能的，反映数据库运行的一些内在信息，所以在访问这类数据字典时往往不是一成不变的。下面分别介绍这两类数据字典。

7.5.1　静态数据字典

静态数据字典主要是由表和视图组成的，应该注意的是，数据字典中的表是不能直接被访问的，但可以直接访问数据字典中的视图。静态数据字典中的视图分为 3 类，它们的前缀分别是 user_*、all_*和 dba_*。

1. user_*

该视图存储了关于当前用户所拥有的对象的信息（即所有在该用户模式下的对象）。

2. all_*

该视图存储了当前用户能够访问的对象的信息（与 user_*相比，all_*并不需要拥有该对象，只需要具有访问该对象的权限即可）。

3. dba_*

该视图存储了数据库中所有对象的信息（前提是当前用户具有访问这些数据库的权限，一般来说必须具有管理员权限）。

从上面的描述可以看出，三者之间存储的数据肯定会有重叠，其实它们除了访问数据库范围不同外（因为权限不一样，所以访问对象的范围不一样），其他均具有一致性。具体来说，由于数据字典视图是由 SYS（系统用户）所拥有的，所以在默认情况下，只有 SYS 和拥有 DBA 系统权限的用户可以看到所有的视图。没有 DBA 权限的用户只能看到 user_*和 all_*视图。如果没有被授予相关的 SELECT 权限的话，用户是不能看到 dba_*视图的。

由于三者具有相似性，下面以 user_*为例介绍几个常用的静态视图。

1）user_users 视图

主要描述当前用户的信息，包括当前用户名、账户 ID、账户状态、表空间名、创建时间等。例如，执行下列命令即可返回这些信息：

```
SELECT * FROM user_users;
```

2）user_tables 视图

主要描述当前用户拥有的所有表的信息，主要包括表名、表空间名、簇名等。通过此视图可以清楚了解当前用户可以操作的表有哪些。执行命令为：

```
SELECT * FROM user_tables;
```

3）user_objects 视图

主要描述当前用户拥有的所有对象的信息，包括表、视图、存储过程、触发器、包、索引、序列等。该视图比 user_tables 视图更加全面。例如，需要获取一个名为 package1 的对象类型和其状态的信息，可以执行下面命令：

```
SELECT object_type,status
FROM user_objects
WHERE object_name=upper('package1');
```

这里需注意 upper 的使用，数据字典里的所有对象均为大写形式，而 PL/SQL 里不是大小写敏感的，所以在实际操作中一定要注意大小写匹配。

4）user_tab_privs 视图

该视图主要存储当前用户下对所有表的权限信息。例如，为了了解当前用户对 table1 的权限信息，可以执行如下命令：

```
SELECT * FROM user_tab_privs WHERE table_name=upper('table1');
```

了解了当前用户对该表的权限之后就可以清楚地知道，哪些操作可以执行，哪些操作不能执行。

前面的视图均以 user_开头，其实 all_开头的也完全是一样的，只是列出来的信息是当前用户可以访问的对象而不是当前用户拥有的对象。对于 dba_开头的则需要管理员权限，其他用法也完全一样，这里就不再赘述了。

7.5.2　动态数据字典

Oracle 包含一些潜在的由系统管理员如 SYS 维护的表和视图，由于当数据库运行时它们会不断进行更新，所以称它们为动态数据字典（或者动态性能视图）。这些视图提供了关于内存和磁盘的运行情况，所以只能对其进行只读访问而不能修改。

Oracle 中这些动态性能视图都是以 v$开头的，如 v$access。表 7-2 中列出了 Oracle 中常用的动态数据字典。

表 7-2　Oracle中常用的动态数据字典

视 图 名 称	说　　明
V$ACCESS	显示数据库中的对象信息
V$ARCHIVE	查询数据库系统中每个索引的归档日志的信息
V$BACKUP	查询所有在线数据文件的状态
V$BGPROCESS	查询后台进程的相关信息
V$CIRCUIT	查询有关虚拟电路的信息
V$DATABASE	查询控制文件中的数据库信息
V$DATAFILE	查询控制文件中的数据文件信息
V$DBFILE	查询构成数据库的所有数据文件
V$DB_OBJECT_CACHE	显示库高速缓存中被缓存的数据库对象
V$DISPATCHER	查询调度进程信息
V$ENABLEDPRIVS	显示被授予的权限
V$FILESTAT	查询文件读/写统计信息
V$FIXED_TABLE	显示数据库中所有固定表、视图和派生表
V$INSTANCE	查询当前实例状态
V$LATCH	为非双亲简易锁列出统计表，同时为双亲简易锁列出总计统计。就是说，每一个双亲简易锁的统计量包括它的每一个子简易锁的计算值
V$LATCHHOLDER	查看当前简易锁持有者的信息
V$LATCHNAME	查看显示在V$LATCH中的简易锁的解码简易锁名字的信息
V$LIBRARYCACHE	显示有关库高速缓冲存储管理信息统计
V$LICENSE	显示有关许可限制信息
V$LOADCSTAT	包含一个直接装载执行过程中所编译的SQL*Loader统计量
V$LOCK	显示当前Oracle所持有的锁，不包含DDL封锁
V$LOG	显示控制文件中的日志文件信息
V$LOGFILE	显示有关日志文件信息
V$LOGHIST	显示控制文件中的日志历史信息
V$LOG_HISTORY	显示日志历史中所有日志的归档日志名
V$NLS_PARAMETERS	列出所有NLS参数的当前值
V$OPEN_CURSOR	列出每一个用户会话当前打开和解析的游标

视图名称	说明
V$PARAMETER	列出当前参数的信息
V$PROCESS	列出当前活动进程的信息
V$QUEUE	列出多线程消息队列的信息
V$REVOVERY_LOG	列出需要完成介质恢复的归档日志的信息
V$RECOVERY_FILE	列出需要介质恢复的文件状态
V$REQDIST	列出MTS调度程序请求次数的直方图统计量
V$RESOURCE	列出有关资源信息
V$ROLLNAME	列出所有在线回滚段的名字
V$ROLLSTAT	列出所有在线回滚段的统计信息
V$ROWCACHE	列出数据字典活动的统计信息（每一个包含一个数据字典高速缓存的统计信息）
V$SESSION	列出每一个当前会话期的会话信息
V$SESSION_WAIT	列出活动会话等待的资源或事件
V$SESSTAT	显示对于每一个当前会话的当前统计值
V$SESS_IO	对每一个用户会话的I/O进行统计
V$SGA	显示系统全局区的统计信息
V$SGASTAT	显示系统全局区的详细的信息
V$SHARED_SERVER	显示共享服务器进程的信息
V$SQLAREA	每条记录显示一条共享SQL区中的统计信息。它提供了所有在内存中解析过的和准备运行的SQL语句的统计信息
V$SQLTEXT	包含库缓存中所有共享游标对应的SQL语句。它将SQL语句分片显示
V$STATNAME	显示在V$SESSTAT表中表示的统计信息的译码统计名
V$SYSSTAT	显示表V$SESSETA中当前每个统计的全面的系统值
V$THREAD	显示从控制文件中得到线程信息
V$TIMER	显示以1%秒为单位的当前时间
V$TRANSACTION	显示有关事务的信息
V$TYPE_SIZE	显示各种数据库成分的大小
V$VERSION	显示Oracle Server中核心库成员的版本号，每个成员一行
V$WAITSTAT	块竞争统计时，当时间统计成为可能，才能更新该表

下面介绍几个主要的动态性能视图。

1. v$access

v$access 视图显示数据库中锁定的数据库对象以及访问这些对象的会话对象（session 对象）。

运行如下命令：

```
SELECT * FROM v$access;
```

结果如图 7-12 所示（因记录较多，这里只是节选了部分记录）：

```
SQL Plus

       SID OWNER      OBJECT                              TYPE
---------- ---------- ----------------------------------- ------------
       980 SYS        DBMS_ADDM                           PACKAGE
       980 SYS        DBA_TAB_COLUMNS                     VIEW
       980 PUBLIC     KU$_STATUS                          SYNONYM
       980 SYS        DBA_USERS                           VIEW
       980 SYS        DBA_DIRECTORIES                     VIEW
       980 SYS        DBMS_STATS                          PACKAGE
       980 SYS        AWR_ROOT_DATABASE_INSTANCE          VIEW
       980 SYS        WRI$_REPT_FORMAT_ID_SEQ             SEQUENCE
       980 SYS        DBA_HIST_SNAPSHOT                   VIEW
       980 SYS        PRVT_AWR_VIEWER                     PACKAGE
       980 SYS        V$SYS_OPTIMIZER_ENV                 VIEW

       SID OWNER      OBJECT                              TYPE
---------- ---------- ----------------------------------- ------------
       980 SYS        ALL_SCHEDULER_JOBS                  VIEW
       980 SYS        CDB_SQL_PLAN_BASELINES              VIEW
       980 SYS        DBA_SQLSET                          VIEW
       980 SYS        DBA_SQLSET_PLANS                    VIEW
       980 SYS        DBA_HIST_BASELINE_TEMPLATE          VIEW
      1105 SYS        V$SPPARAMETER                       VIEW
      1105 SYS        NTAB$                               TABLE
      1105 SYS        DEPENDENCY$                         TABLE
      1105 SYS        OBJAUTH$                            TABLE
      1105 PUBLIC     V$ACCESS                            SYNONYM
```

图 7-12　v$access 查询结果

2. v$session

v$session 视图列出当前会话的详细信息。由于该视图字段较多，这里就不列举详细字段了。如果想了解详细信息，可以直接在 SQL*Plus 命令行下输入“desc v$session”即可。

3. v$active_instance

v$active_instance 视图主要描述当前数据库下的活动实例的信息。依然可以使用 SELECT 语句来观察该信息。

4. v$context

v$context 视图列出当前会话的属性信息，如命名空间、属性值等。

以上是 Oracle 的数据字典方面的基本内容，还有很多有用视图因为篇幅原因这里不能一一讲解，希望大家在平时使用中多留心。总之，运用好数据字典技术，可以让数据库开发人员更好地了解数据库的全貌，这样对于数据库优化、管理等有极大的帮助。

7.6　本 章 小 结

本章首先介绍了数据库的体系结构以及 Oracle 体系结构的基本含义，然后介绍了 Oracle 体系结构的分类方式：按存储结构可分为物理存储结构和逻辑存储结构；按实例结构可分为内存结构和进程结构。接着分别介绍了物理存储结构、逻辑存储结构、内存结构和进程结构的含义、基本组成及其基本功能，最后简要介绍了 Oracle 中数据字典的含义及常用的数据字典所包含的信息。通过学习本章内容，使读者对 Oracle 体系结构有一个整体的认识，从而为后续章节的深入学习打下框架基础。

7.7 习题与实践练习

一、选择题

1. Oracle 数据库最小的存储分配单元是（   ）。

    A．表空间　　　　　　　B．盘区　　　　　　　C．数据块　　　　　　　D．段

2. 在全局存储区 SGA 中，（   ）内存区域是循环使用的？

    A．数据缓冲区　　　　　B．日志缓冲区　　　　C．共享池　　　　　　　D．大池

3. 解析后的 SQL 语句在 SGA 的（   ）区域进行缓存。

    A．数据缓冲区　　　　　B．日志缓冲区　　　　C．共享池　　　　　　　D．大池

4. 如果一个服务进程非正常终止，Oracle 系统将使用（   ）进程来释放它所占用的资源。

    A．DBWR　　　　　　　B．LGWR　　　　　　　C．SMON　　　　　　　D．PMON

5. 如果服务器进程无法在数据缓冲区中找到空闲缓存块，以添加从数据文件中读取的数据块，则将启动（   ）进程。

    A．CKPT　　　　　　　B．SMON　　　　　　　C．LGWR　　　　　　　D．DBWR

6. 下列关于共享服务器模式的叙述不正确的是（   ）。

    A．在共享服务器操作模式下，每一个用户进程必须对应一个服务器进程

    B．一个数据库实例可以启动多个调度进程

    C．在共享服务器操作模式下，Oracle 实例将启动调度进程 Dnnn 为用户进程分配服务进程

    D．共享服务器操作模式可以实现少量服务器进程为大量用户进程提供服务

7. 当数据库运行在归档模式下时，如果发生日志切换，为了保证不覆盖旧的日志信息，系统将启动（   ）进程。

    A．DBWR　　　　　　　B．LGWR　　　　　　　C．SMON　　　　　　　D．ARCH

8. 下列（   ）进程和数据库部件可以保证用户对数据库所做的修改在没有保存的情况下，不会发生丢失修改数据。

    A．DBWR 和数据文件　　　　　　　　　B．LGWR 和日志文件组

    C．CKPT 和控制文件　　　　　　　　　D．ARCH 和归档日志文件

9. 下列（   ）进程用于将修改过的数据从内存保存到磁盘数据文件中。

    A．DBWR　　　　　　　B．LGWR　　　　　　　C．RECO　　　　　　　D．ARCH

10. 如果要查询数据库中所有表的信息，应当使用的数据字典视图是（   ）。

    A．DBA 视图　　　　　　B．ALL 视图　　　　　C．USER 视图　　　　　D．动态性能视图

11. 每个数据库至少有（   ）重做日志文件。

    A．1 个　　　　　　　　B．2 个　　　　　　　C．3 个　　　　　　　　D．任意个

12. 下面正确描述了 Oracle 数据库的逻辑存储结构的是（   ）。

    A．表空间由段组成，段由盘区组成，盘区由数据块组成

    B．段由表空间组成，表空间由盘区组成，盘区由数据块组成

    C．盘区由数据块组成，数据块由段组成，段由表空间组成

D．数据块由段组成，段由盘区组成，盘区由表空间组成

二、填空题

1．Oracle 数据库系统的物理存储结构主要由 3 类文件组成，分别为＿＿＿＿＿＿、＿＿＿＿＿＿和＿＿＿＿＿＿。

2．用户对数据库的操作如果产生日志信息，则该日志信息首先被存储在＿＿＿＿＿＿中，随后由＿＿＿＿＿＿进程保存到＿＿＿＿＿＿。

3．一个表空间物理上对应一个或多个＿＿＿＿文件。

4．在 Oracle 的逻辑存储结构中，根据存储数据的类型，可以将段分为＿＿＿＿＿＿、＿＿＿＿＿＿、＿＿＿＿＿＿、＿＿＿＿＿＿和临时段。

5．在 Oracle 的逻辑存储结构中，＿＿＿＿＿＿是最小的 I/O 单元。

6．在多进程 Oracle 实例系统中，进程分为＿＿＿＿＿＿、＿＿＿＿＿＿和＿＿＿＿＿＿。当一个用户运行应用程序，如 PRO*C 程序或一个 Oracle 工具（如 SQL*Plus），系统将为用户运行的应用程序建立一个＿＿＿＿＿＿。

三、简答题

1．Oracle 数据库从存储结构上可以分为哪两类？从实例结构上又可分为哪两类？

2．简述 Oracle 数据库中数据文件、控制文件和日志文件的基本功能。

3．简述 Oracle 数据库中表空间、段、区和数据块的基本含义和彼此之间的关系。

4．分别介绍 DBWR、PMON、CKRT、LGWR 和 SMON 进程的作用。

5．什么是数据字典？共分为哪两类？

四、实践操作题

1．试显示当前数据库允许启动的 DBWR 进程的数目。

2．试查看当前用户拥有的所有表的信息。

第 8 章　表空间和数据文件管理

在数据库系统中，存储空间是较为重要的资源，合理利用存储空间，不但能节省空间，还可以提高系统的效率和性能。Oracle 可以存放海量数据，所有数据都在数据文件中存储。而数据文件大小受操作系统限制，并且过大的数据文件对数据的存取性能影响非常大。同时 Oracle 是跨平台的数据库，Oracle 数据可以轻松地在不同平台上移植，那么如何才能提供统一存取格式的大容量空间呢？Oracle 采用表空间来解决。表空间是 Oracle 中最大的逻辑存储结构，它与物理上的一个或多个数据文件相对应，每个 Oracle 数据库都至少拥有一个表空间，表空间的大小等于构成该表空间的所有数据文件大小的总和。

本章将主要介绍 Oracle 的永久表空间、临时表空间、撤销表空间、非标准块表空间和大文件表空间的创建方法以及表空间和数据文件的管理，并简要介绍查看表空间和数据文件基本信息的方法。

本章要点：

- ❑ 了解 Oracle 数据库逻辑结构。
- ❑ 了解表空间和数据文件的概念及关系。
- ❑ 了解表空间中的磁盘文件管理。
- ❑ 熟练掌握永久表空间、临时表空间和撤销表空间的创建方法。
- ❑ 掌握非标准块表空间和大文件表空间的创建方法。
- ❑ 熟练掌握表空间和数据文件的重命名方法。
- ❑ 熟练掌握改变表空间和数据文件状态的方法。
- ❑ 掌握设置默认表空间和扩展表空间的方法。
- ❑ 熟练掌握表空间扩展方法。
- ❑ 熟悉表空间和数据文件的删除方法。
- ❑ 综合使用表空间和数据文件解决实际问题。

8.1　Oracle 数据库的逻辑结构

Oracle 数据库管理系统并没有像其他数据库管理系统那样直接地操作数据文件，而是引入一组逻辑结构，如图 8-1 所示。

图 8-1 的虚线左边为逻辑结构，右边为物理结构。与计算机原理或计算机操作系统中所讲的不同，在 Oracle 数据库中，逻辑结构为 Oracle 引入的结构，而物理结构为操作系统所拥有的结构。

其实图 8-1 类似于一个 Oracle 数据库的存储结构之间关系的实体-关系图。下面对 E-R 模型和图 8-1 给出一些简单的解释。

在图 8-1 中，圆角型方框为实体，实线表示关系，单线表示一对一的关系，三爪线（鹰爪）表示一对多的关系。于是可以得到：

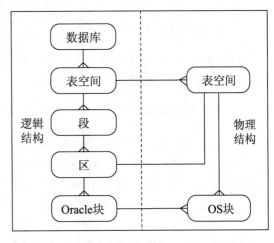

图 8-1　Oracle 数据库的物理结构和逻辑结构

- ❑ 每个数据库由一个或多个表空间组成（至少一个）。
- ❑ 每个表空间基于一个或多个操作系统的数据文件（至少一个）。
- ❑ 每个表空间中可以存放一个或多个段（Segment）。
- ❑ 每个段由一个或多个区（Extent）组成。
- ❑ 每个区由一个或多个连续的 Oracle 数据块组成。
- ❑ 每个 Oracle 数据块由一个或多个连续的操作系统数据块组成。
- ❑ 每个操作系统数据文件由一个或多个区（Extent）组成。
- ❑ 每个操作系统数据文件由一个或多个操作系统数据块组成。

那 Oracle 为什么要引入逻辑结构呢？

首先是为了增加 Oracle 的可移植性。Oracle 公司声称它的 Oracle 数据库是与 IT 平台无关的，即在某一厂家的某个操作系统上开发的 Oracle 数据库（包括应用程序等）可以几乎不加修改地移植到另一厂家的另外的操作系统上。要做到这一点就不能直接操作数据文件，因为数据文件是跟操作系统相关的。

其次是为了减少 Oracle 从业人员学习的难度。因为有了逻辑结构，Oracle 的从业人员就可以只对逻辑结构进行操作，而在所有的 IT 平台上，逻辑结构的操作都几乎完全相同，至于从逻辑结构到物理结构的映射（转换），是由 Oracle 数据库管理系统来完成的。

8.2　表空间和数据文件概述

通过前面的讨论可知，Oracle 将数据逻辑地存放在表空间里，而将数据物理地存放在数据文件里。表空间（Tablespaces）在任何一个时刻只能属于一个数据库，但是反过来并不成立，因为一个数据库一般都有多个表空间。每个表空间都是由一个或多个操作系统的数据文件组成的。表空间具有以下作用：

- ❑ 控制数据库所占用的磁盘空间。
- ❑ 控制用户所占用的空间配额。
- ❑ 通过将不同类型数据部署到不同的位置，可以提高数据库的 I/O 性能，并且有利于备份和恢复等管理操作。
- ❑ 可以将表空间设置成只读状态而保存大量的静态数据。

在安装 Oracle 时，Oracle 数据库系统一般会自动创建 6 个默认的表空间，下面分别进行介绍。

1. SYSTEM表空间

SYSTEM 表空间为系统表空间，用于存放数据字典对象，包括表、视图以及存储过程的定义等，默认的数据文件为 system01.dbf。

2. SYSAUX表空间

SYSAUX 表空间为辅助系统表空间，是在 Oracle 10g 中引入的，作为 SYSTEM 表空间的一个辅助表空间，其主要作用是减少 SYSTEM 表空间的负荷，默认的数据文件是 sysaux01.dbf；这个表空间和 SYSTEM 表空间一样不能被删除、更名、传递或设置为只读。

3. TMEP表空间

TMEP 表空间为临时表空间，用于存储数据库运行过程中由排序和汇总等操作产生的临时数据信息，默认的数据文件为 temp01.dbf。

4. UNDOTBS1表空间

UNDOTBS1 表空间为撤销表空间，用于存储撤销信息，默认的数据文件为 undotbs01.dbf。

5. USERS表空间

USERS 表空间为用户表空间，存储数据库用户创建的数据库对象，默认的数据文件为 user01.dbf。

6. EXAMPLE表空间

EXAMPLE 表空间为示例表空间，用于安装 Oracle 数据库使用的示例数据库。

通过设置表空间的状态属性，可以对表空间的使用进行管理。表空间的状态属性主要有联机、读写、只读和脱机 4 种状态，其中，只读状态与读写状态属于联机状态的特殊情况。

- ❑ 联机状态：表空间通常处于联机状态（ONLINE），以便数据库用户访问其中的数据。
- ❑ 读写状态：读写状态（READWRITE）是表空间的默认状态，当表空间处于读写状态时，用户可以对表空间进行正常的数据查询、更新和删除等各种操作。读写状态实际上为联机状态的一种特殊情况，只有当表空间处于只读状态下才能转换到读写状态。
- ❑ 只读状态：当表空间处于只读状态（READ ONLY）时，任何用户都无法向表空间中写入数据，也无法修改表空间中已有的数据，只能以 SELECT 方式查询只读表空间中的数据。将表空间设置成只读状态可以避免数据库中的静态数据被修改。如果需要更新一个只读表空间，需要将该表空间转换到可读写状态，完成数据更新后再将表空间恢复到只读状态。
- ❑ 脱机状态：当一个表空间处于脱机状态（OFFLINE）时，Oracle 不允许任何访问该表空间中数据的操作。当数据库管理员需要对表空间执行备份或恢复等维护操作时，可以将表空间设置为脱机状态；如果某个表空间暂时不允许用户访问，数据库管理员也可以将这个表空间设置为脱机状态。

【例 8-1】　通过数据字典 dba_tablespaces 查看当前数据库中表空间的状态。

```
SELECT TABLESPACE_NAME,STATUS FROM dba_tablespaces;
```

运行结果如图 8-2 所示。

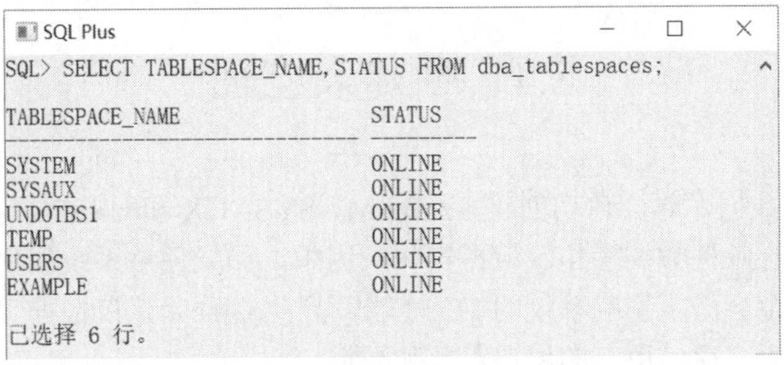

图 8-2　表空间状态查询结果

数据文件是 Oracle 数据库中用来存储各种数据的地方，在创建表空间的同时将为表空间创建相应的数据文件。一个数据文件只能属于一个表空间，一个表空间可以有多个数据文件。在对数据文件进行管理时，数据库管理员可以修改数据文件的大小、名称、增长方式和存放位置，并能够删除数据文件。

8.3　表空间中的磁盘空间管理

在 Oracle 早期的版本中，所有表空间的磁盘空间都是由数据字典来管理的。在这种表空间的管理方法中，所有的空闲区由数据字典来统一管理。每当区段被分配或收回时，Oracle 服务器将修改数据字典中相应的（系统）表。

在数据字典（系统）管理的表空间中，所有 EXTENTS 的管理都是在数据字典中进行的，而且每一个存储在同一个表空间中的段可以具有不同的存储子句。在这种表空间的管理方法中，用户可以根据需要修改存储参数，所以存储管理比较灵活，但系统的效率较低。如果使用这种表空间的管理方法，有时需要合并碎片。由于 Oracle 8.0 对互联网的成功支持和它在其他方面的卓越表现，使得 Oracle 的市场占有率急速地增加，同时，Oracle 数据库的规模也开始变得越来越大。这样，在一个大型和超大型数据库中就可能存在成百乃至上千个表空间。由于每个表空间的管理信息都存在数据字典中，也就是存在系统表空间中，这样，系统表空间就有可能成为一个瓶颈，从而使数据库系统的效率大大地降低。

正是为了克服以上弊端，Oracle 公司从 Oracle 8i 开始引入了另一种表空间的管理方法，叫作本地管理的表空间。

本地管理的表空间中空闲 EXTENTS 是在表空间中管理的，它使用位图（Bitmap）来记录空闲 EXTENTS，位图中的每一位对应一块或一组块，而每位的值指示空闲或分配。当一个 EXTENT 被分配或释放时，Oracle 服务器就会修改位图中相应位的值以反映该 EXTENT 的新状态。位图存放在表空间所对应的数据文件的文件头中。

使用本地管理的表空间减少了数据字典表的竞争，而且当磁盘空间分配或收回时也不会产生回滚（还原），它也不需要合并碎片。在本地管理的表空间中无法按用户需要来随意地修改存储参数，所以存储管理不像数据字典（系统）管理的表空间那样灵活，但系统的效率较高。

　　因为在本地管理的表空间中，表空间的管理，如磁盘空间的分配与释放等已经不再需要操作数据字典了，所以系统表空间的瓶颈问题得到了很好的解决。因此，Oracle 公司建议用户创建的表空间应该尽可能地使用本地管理的表空间。

8.4　创建表空间

　　在创建 Oracle 数据库时会自动创建 SYSTEM、SYSAUX 和 USERS 等表空间，用户可以使用这些表空间进行各种数据操作。但在实际应用中，如果使用系统创建的这些表空间会加重它们的负担，甚至会严重影响系统的 I/O 性能，因此 Oracle 建议根据实际需求来创建不同的非系统表空间，用来存储所有的用户对象和数据。

　　创建表空间需要有 CREATE TABLESPACE 系统权限。在创建表空间时应该事先创建一个文件夹，用来存放新创建表空间的各个数据文件。当通过添加数据文件来创建一个新的表空间或修改一个表空间时，应该给出文件大小和带完整存取路径的文件名。

　　在表空间的创建过程中，Oracle 会完成以下工作：

❑ 在数据字典和控制文件中记录新创建的表空间。

❑ 在操作系统中按指定的位置和文件名创建指定大小的操作系统文件，作为该表空间对应的数据文件。

❑ 在预警文件中记录创建表空间的信息。

　　创建表空间命令的语法格式如下：

```
CREATE[TEMPORARY|UNDO] TABLESPACE tablespace_name
[DATAFILE|TEMPFILE 'file_name'SIZEsize K|M[REUSE]
[AUTOEXTEND OFF|ON
[NEXT number K|M MAXSIZEUNLIMITED|number K|M]]
[…]
]
[MININUM EXTENTnumber K|M]
[BLOCKSIZE numberK]
[ONLINE|OFFLINE]
[LOGGING NOLOGGING]
[FORCE LOGGING]
[DEFAULT STORAGE storage]
[COMPRESS|NOCOMPRESS]
[PERMANENT|TEMPORARY]
[EXTENT MANAGEMENT DICTIONARY|LOCAL
[AUTOALLOCATE|UNIFORM SIZE number K|M]]
[SEGMENT SPACE MANAGEMENT AUTO|MANUAL];
```

　　上述语句部分参数和子句的说明如下：

❑ TEMPORARY | UNDO：表示创建的表空间的用途。其中，TEMPORARY 表空间用于存放排序等操作中产生的数据，即表示创建临时表空间；UNDO 表示创建撤销表空间，用于在撤销删除时能够恢复被删除的数据。

❑ tablespace_name：指定表空间的名字。

❑ DATAFILE | TEMPFILE 'file_name'：指定所创建的表空间中相关联的数据文件。file_name 需要指定数据文件路径和文件名。

❑ SIZE size K |M [REUSE]：指定数据文件的大小，如果要创建的表空间的数据文件在指定的路径中已经存在，可以使用 REUSE 关键字将其删除并重新创建该数据文件。

❑ AUTOEXTEND：指定数据文件是否自动扩展。

❑ NEXT：如果指定数据文件为自动扩展，使用该参数指定数据文件每次扩展的大小。

❑ MAXSIZE：当数据文件为自动扩展时，使用该参数指定数据文件所扩展的最大限度。

❑ BLOCKSIZE：表示如果指定的表空间需要另外设置其数据块的大小，而不是采用参数 DB_BLOCK_SIZE 指定数据块的大小，则可以使用此语句进行设置。

❑ ONLINE | OFFLINE：指定表空间的状态为在线（ONLINE）或离线（OFFLINE）。如果为 ONLINE，则表空间可以使用；如果为 OFFLINE，则表空间不可使用。默认为 ONLINE。

❑ LOGGING NOLOGGING：指定存储在表空间中的数据库对象的任何操作是否产生日志。LOGGING 表示产生日志，NOLOGGING 表示不产生日志。默认为 LOGGING。

❑ FORCE LOGGING：用于强制表空间中的数据库对象的任何操作都产生日志。

❑ DEFAULT STORAGE storage：用来设置保存在表空间中的数据库对象的默认存储参数。数据库对象也可以指定自己的存储参数。

❑ PERMANENT | TEMPORARY：PERMANENT 选项表示将持久保存表空间中的数据库对象，TEMPORARY 选项则表示临时保存数据库对象。

❑ EXTENT MANAGEMENT DICTIONARY | LOCAL：指定表空间的管理方式。LOCAL 选项表示希望本地管理表空间，即通过位图进行管理；DICTIONARY 选项表示希望以数据字典的形式管理表空间。

❑ AUTOALLOCATE | UNIFORM SIZE number：指定表空间盘区大小。UTOALLOCATE 表示盘区大小由 Oracle 自动分配；UNIFORM SIZE number 表示表空间中所有盘区大小统一为 number。

❑ SEGMENT SPACE MANAGEMENT AUTO | MANUAL：指定段空间的管理方式，自动或手动，默认为 AUTO。

8.4.1　创建永久表空间

如果在使用 CREATE TABLESPACE 语句创建表空间时，没有使用关键字 TEMPORARY 或 UNDO，或者使用了关键字 PERMANENT，则表示创建的表空间是永久保存数据库对象数据的永久表空间。

1．创建本地管理方式的永久表空间

根据对盘区的管理方式，表空间可以分为数据字典管理的表空间和本地管理的表空间。本地管理的表空间使用位图的方法来管理表空间中的数据块，从而避免了使用 SQL 语句引起的系统性能下降。Oracle 建议在建立表空间时选择本地管理的方式。

从 Oracle 9i R2 后，系统创建的表空间在默认情况下都是本地管理的表空间。在使用 CREATE TABLESPACE 语句创建表空间时，如果省略了 EXTENTMANAGEMENT 子句，或者显式地使用了 EXTENT MANAGEMENT LOCAL 子句，表示所创建的是本地管理的表空间。

【例 8-2】　创建永久表空间 my_tbs_1，对应的数据文件名为 my_tbs_1_01.dbf，大小为 20MB，存放在 D:\my_tablespace 中，采用本地管理方式。

```
SQL> CREATE TABLESPACE my_tbs_1
  2  DATAFILE 'D:\my_tablespace\my_tbs_1_01.dbf'
```

```
    3  SIZE 20M
    4  EXTENT MANAGEMENT LOCAL;
```

📖说明：如果在数据文件 DATAFILE 子句中没有指定文件路径，Oracle 会在默认的路径中创建这些数据文件，默认路径取决于操作系统。如果在指定的路径中有同名的操作系统文件存在，则需要在数据文件子句中使用 REUSE 选项；如果数据库中已存在同名的表空间，则必须先删除该表空间。

可以通过如下方式查看运行结果：

❑ 检查数据库表空间相关字典。可在数据字典 dba_tablespaces 中查看创建表空间的相关信息，如图 8-3 所示。

❑ 查看产生的数据文件。也可以到数据文件目录下查看，结果如图 8-4 所示，文件大小为 20MB。

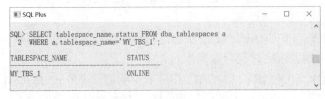

图 8-3　表空间查询结果　　　　　　　　　　图 8-4　数据文件查看结果

2. 创建UNIFORM盘区分配方式的永久表空间

如果在 EXTENT MANAGEMENT 子句中指定了 UNIFORM 关键字，则说明表空间中所有的盘区都具有统一的大小。

【例 8-3】 创建永久表空间 my_tbs_2，对应的数据文件名为 my_tbs_2_01.dbf，大小为 20MB，存放在 D:\my_tablespace 中，采用本地管理方式，表空间中所有分区大小都是 256KB。

```
SQL> CREATE TABLESPACE my_tbs_2
  2  DATAFILE 'D:\my_tablespace\my_tbs_2_01.dbf'
  3  SIZE 20M
  4  EXTENT MANAGEMENT LOCAL UNIFORM SIZE 256K;
```

📖说明：如果在 UNIFORM 关键字后没有指定 SIZE 参数值，则 SIZE 参数值默认为 1MB。

3. 创建AUTOALLOCATE盘区分配方式的表空间

如果在 EXTENT MANAGEMENT 子句中指定了 AUTOALLOCATE 关键字，则说明盘区大小由 Oracle 进行自动分配，不需要指定大小，盘区大小的指定方式默认是 AUTOALLOCATE。

【例 8-4】 创建一个 AUTOALLOCATE 方式的永久表空间 my_tbs_3，对应的数据文件名为 my_tbs_3_01.dbf，初始大小为 20MB，可以自动增长，每次增长 5MB，最大可以达到 100MB，存放在 D:\my_tablespace 中，采用本地管理方式。

```
SQL> CREATE TABLESPACE my_tbs_3
  2  DATAFILE 'D:\my_tablespace\my_tbs_3_01.dbf'
  3  SIZE 20M
  4  AUTOEXTEND ON NEXT 5M
  5  MAXSIZE 100M
  6  EXTENT MANAGEMENT LOCAT
  7  AUTOALLOCATE;
```

8.4.2　创建临时表空间

临时表空间主要用来存储用户在执行 ORDER BY 等语句进行排序或汇总时产生的临时数据信息。通过使用临时表空间，Oracle 能够使带有排序等操作的 SQL 语句获得更高的执行效率。在数据库中创建用户时必须为用户指定一个临时表空间来存储该用户生成的所有临时表数据。

创建临时表空间时需要使用 CREATE TEMPORARY TABLESPACE 命令。如果在数据库运行过程中经常发生大量的并发排序，那么应该创建多个临时表空间来提高排序性能。

【例 8-5】　创建一个名 my_temptbs_1 的临时表空间，对应的临时文件名为 mytemptbs1_01.dbf，大小为 20MB，存放在 D:\my_tablespace 中，并使用 UNIFORM 选项指定盘区大小，统一为 256KB。

```
SQL>CREATE TEMPORARY TABLESPACE my_temptbs_1
 2  TEMPFILE 'D:\my_tablespace\my_temptbs_1_01.dbf'
 3  SIZE 20M
 4  UNIFORM SIZE 256K;
```

📑说明：临时表空间不使用数据文件，而使用临时文件，所以在创建临时表空间时，必须将表示数据文件的关键字 DATAFILE 改为表示临时文件的关键字 TEMPFILE。临时文件只能与临时表空间一起使用，不需要备份，也不会把数据修改记录到重做日志中。

8.4.3　创建撤销表空间

Oracle 使用撤销表空间来管理撤销数据。当用户对数据库中的数据进行 DML 操作时，Oracle 会将修改前的旧数据写入撤销表空间中；当需要进行数据库恢复操作时，用户会根据撤销表空间中存储的这些撤销数据来对数据进行恢复，所以说撤销表空间用于确保数据的一致性。撤销表空间只能使用本地管理方式，在临时表空间、撤销表空间上都不能创建永久方案对象（表、索引和簇）。

可以通过执行 CREATE UNDO TABLESPACE 选项来创建撤销表空间。

【例 8-6】　创建名称为 my_undo_1 的撤销表空间，该表空间的空间管理方式为本地管理，大小为 20MB，盘区的大小由系统自动分配，对应的数据文件名为 my_undo_1_01.dbf，存放在 D:\my_tablespace 中。

```
SQL> CREATE UNDO TABLESPACE my_undo_1
 2  DATAFILE 'D:\my_tablespace\my_undo_1_01.dbf'
 3  SIZE 20MB;
```

📑说明：创建表空间时，表空间盘区大小默认为 AUTOALLOCATE，所以如果在创建表空间的命令中省略了关键字 AUTOALLOCATE，那么盘区的大小就由系统自动分配。

8.4.4　创建非标准块表空间

Oracle 数据块是 Oracle 在数据文件上执行 I/O 操作的最小单位，其大小应该设置为操作系统物理块的整数倍。初始化参数 DB_BLOCK_SIZE 定义了标准数据块的大小，在创建数据库后就不能再修改。当创建表空间时，如果不指定 BLOCKSIZE 选项，那么该表空间将采用由参数 DB_BLOCK_SIZE 决定的标准数据块大小。Oracle 允许用户创建非标准块表空间，在 CREATE TABLESPACE 命令中使用 BLOCKSIZE 选项来指定表空间数据块的大小。创建的非标准块表空间的数据块大小也应该是操作系统物理块的倍数。在建立非标准块表空间之前，必须为非标准块分配非标准数据高速缓冲区参数 db_nk_cache_size，并且数据高速缓存的尺寸可以动态修改。

【例 8-7】 为 4KB 数据块设置 10MB 的高速缓冲区，然后创建数据块大小为 4KB 的非标准数据块表空间 my_tbs_4k，对应的数据文件名为 my_tbs_4k_01.dbf，大小为 2MB，存放在 D:\my_tablespace 中。

（1）查看 db_block_size 参数信息。

```
SQL> SHOW PARAMETER db_block_size;
```

📑说明：如果 db_block_size 的参数值为 8KB，就不能再设置 db_8k_cache_size 的参数值，否则会出现如图 8-5 所示的错误。

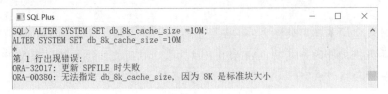

图 8-5　数据块设置错误

（2）为 4KB 的数据块设置 10MB 的高速缓冲区参数 db_4k_cache_size。

```
SQL> ALTER SYSTEM SET db_4k_cache_size=10M;
```

BLOCKSIZE 参数与 db_nk_cache_size 参数值的对应关系如下：如果 BLOCKSIZE 参数的值设置为 4KB，就必须设置 db_4k_cache_size 参数的值；如果 BLOCKSIZE 参数的值设置为 2KB，就必须设置 db_2k_cache_size 参数的值。

（3）为非标准块分配非标准数据高速缓存后，就可以创建非标准块表空间。

```
SQL> CREATE TABLESPACE my_tbs_4k
  2  DATAFILE 'D:\my_tablespace\my_tbs_4k_01.dbf'
  3  SIZE 2M
  4  BLOCKSIZE 4K;
```

8.4.5　创建大文件表空间

从 Oracle 10g 开始，引入了大文件表空间，用于解决存储空间大小不够的问题。这种表空间只能包括一个数据文件或临时文件，其对应的文件可以包含 4GB 数据块。如果数据块大小为 8KB，大文件表空间的数据文件最大可以达到 32TB；如果块的大小是 32KB，那么大文件表空间的数据文件最大可以达到 128TB。因此，大文件表空间能够显著提高 Oracle 数据库的存储能力。

【例 8-8】 创建名称为 my_bigtbs 的大文件表空间，其大小为 20MB，对应的数据文件名为 my_bigtbs.dbf，存放在 D:\my_tablespace 中。

```
SQL> CREATE BIGFILE TABLESPACE my_bigtbs
```

```
2  DATAFILE 'D:\my_tablespace\my_bigtbs.dbf'
3  SIZE 20M;
```

8.5　维护表空间和数据文件

对数据库管理员而言，需要经常维护表空间。维护表空间的操作包括重命名表空间和数据文件，改变表空间和数据文件的状态，设置默认表空间，扩展表空间，删除表空间和数据文件，以及查看表空间和数据文件的信息等。用户可以使用 ALTER TABLESPACE 命令完成维护表空间和数据文件的各种操作，但该用户必须拥有 ALTER TABLESPACE 或 ALTER DATABASE 系统权限。

8.5.1　重命名表空间和数据文件

1. 重命名表空间

通过使用 ALTER TABLESPACE 的 RENAME 选项，就可以修改表空间的名称。需要注意的是，SYSTEM 表空间和 SYSAUX 表空间的名称不能被修改，如果表空间或其中的任何数据文件处于 OFFLINE 状态，该表空间的名称也不能被改变。重命名表空间的一般语法格式为：

```
ALTER TABLESPACE tablespace_name RENAME TO tablespace_new_name;
```

📑说明：tablespace_name 为重命名前表空间的名称，tablespace_new_name 为新的表空间名称。

【例 8-9】 将例 8-8 中创建的表空间 my_tbs_2 改名为 my_tbsnew_2。

```
SQL> ALTER TABLESPACE my_tbs_2 RENAME TO my_tbsnew_2;
```

📑说明：虽然表空间的名称被修改了，但表空间对应的数据文件、数据文件的位置和名称都没有变化，所有的 SQL 语句仍能正常运行。

2. 重命名数据文件

创建数据文件后，可以改变数据文件的名称。下面以例 8-2 中创建的表空间 my_tbs_1 的数据文件为例来详述改变数据文件名称的具体步骤。

（1）使表空间处于 OFFLINE 状态。

```
SQL> ALTER TABLESPACE my_tbs_1 OFFLINE NORMAL;
```

（2）用操作系统命令重命名数据文件。

```
SQL> HOST RENAME D:\my_tablespace\my_tbs_1_01.dbf  my_tbs_1_02.dbf;
```

📑说明：HOST 表示需要在 SQL*Plus 中执行操作系统命令 RENAME。

（3）使用带 RENAME DATAFILE 子句的 ALTER TABLESPACE 语句改变数据文件名称。

```
SQL> ALTER TABLESPACE my_tbs_1
2  RENAME DATAFILE 'D:\my_tablespace\my_tbs_1_01.dbf'
```

```
3  TO
4  'D:\my_tablespace\my_tbs_1_01.dbf';
```

8.5.2 改变表空间和数据文件的状态

表空间主要有联机、读写、只读和脱机 4 种状态，因此修改表空间的状态包括使表空间只读、使表空间可读写，以及使表空间脱机或联机。

1．设置表空间为只读状态

当表空间只用于存放静态数据，或者该表空间需要被迁移到其他数据库时，应该将表空间的状态修改为只读，可以通过在 ALTER TABLESPACE 语句中使用 READ ONLY 子句来完成这一操作。将表空间设置为只读状态时，该表空间必须为 ONLINE，并且该表空间不能包含任何撤销段。系统表空间 SYSTEM 和 SYSAUX 不能设置为只读状态。

【例 8-10】 将已创建的表空间 my_tbs_1 设置为只读状态。
```
SQL> ALTER TABLESPACE my_tbs_1 READ ONLY;
```

说明：当表空间设置为只读状态时，就不能执行 INSERT 操作向其中添加数据了，但仍然可以执行 DROP 操作，删除该表空间上的对象。

2．设置表空间为读写状态

若想将表空间恢复为读写状态，需要在 ALTER TABLESPACE 语句中使用 READ WRITE 子句。

【例 8-11】 将表空间 my_tbs_1 转变为 READ WRITE 状态，使表空间可读写。
```
SQL> ALTER TABLESPACE my_tbs_1 READ WRITE;
```

3．改变表空间的可用性

当创建表空间时，表空间及其所有数据文件都处于 ONLINE 状态，此时表空间是可以被访问的。当表空间或数据文件处于 OFFLINE 状态时，表空间及其数据文件就不可以被访问了。

（1）将表空间设置为脱机状态。下列情况需要将表空间设置为脱机状态：
- 需要对表空间进行备份或恢复等维护操作。
- 某个表空间暂时不允许用户访问。
- 需要移动特定表空间的数据文件，防止其中的数据文件被修改，以确保数据文件的一致性。需要注意的是，SYSTEM 和 SYSAUX 表空间不能被设置为脱机状态。

【例 8-12】 将表空间 my_tbs_1 转变为 OFFLINE 状态，使其脱机。
```
SOL> ALTER TABLESPACE my_tbs_1 OFFLINE;
```

说明：当表空间处于 OFFLINE 状态时，该表空间将无法访问。

（2）使表空间联机。完成了表空间的维护操作后，应该将表空间设置为 ONLINE 状态，这样该表空间就可以被访问了。

【例 8-13】 将表空间 my_tbs_1 转变为 ONLINE 状态。
```
SOL> ALTER TABLESPACE my_tbs_1 ONLINE;
```

4．改变数据文件可用性

修改数据文件可用性的一般语法格式如下：

```
ALTER DATABASE DATAFILE file_name ONLINE|OFFLINE|OFFLINE DROP
```

说明：数据文件的状态有 3 种：ONLINE 表示数据文件可以使用；OFFLINE 表示当数据库运行在存档模式下时，数据文件不可以使用；OFFLINE DROP 表示当数据库运行在非存档模式下时，数据文件不可以使用。

【例 8-14】将已创建表空间 my_tbs_1 中的数据文件 my_tbs_1_02.dbf 设置为脱机状态 OFFLINE。

（1）如果要将数据文件设置为脱机状态，需要将数据库启动到 MOUNT 状态下，设置数据库运行在存档模式下：

```
SQL> SHUTDOWN IMMEDIATE;
SQL> STARTUP MOUNT;
SQL> ALTER DATABASE ARCHIVELOG;
```

（2）使用 ALTER DATABASE 命令将数据文件 my_tbs_1_02.dbf 设置为脱机状态。

```
SQL>ALTER DATABASE
2   DATAFILE 'D:\my_tablespace\my_tbs_1_02.dbf'
3   OFFLINE;
```

说明：将数据文件设置为脱机状态时，不会影响到表空间的状态。将表空间设置为脱机状态时，属于该表空间的数据文件将会全部处于脱机状态。

8.5.3　设置默认的表空间

在 Oracle 中，对于像 SCOTT 这样的普通用户来说，其初始默认表空间为 USERS，默认临时表空间为 TEMP；而对于 SYSTEM 用户来说，其初始默认表空间为 SYSTEM，默认临时表空间为 TEMP。在创建新用户时，如果不为其指定默认表空间，系统会将上述初始的默认表空间作为这个用户的默认表空间，这将导致 TEMP、USERS 或 SYSTEM 等表空间迅速被用户数据占满，严重影响系统的 IO 性能。使用 ALTER DATABASE DEFAULT TABLESPACE 命令可以设置数据库的默认表空间；使用 ALTER DATABASE DEFAULT TEMPORARY TABLESPACE 命令可以改变数据库的默认临时表空间。下面通过两个具体实例来介绍这两个命令的具体用法。

【例 8-15】查看数据字典 database_properties，查看当前用户使用的永久表空间与默认表空间。

```
SQL> COLUMN property_value FORMAT A15
SQL> COLUMN description FORMAT A25
SQL> SELECT property_name,property_value,description
2   FROM database_properties
3   WHERE property_name
4   IN('IDEFAULT_PERMANENT_TABLESPACE','DEFAULT_TEMP_TABLESPACE');
```

运行结果如图 8-6 所示。

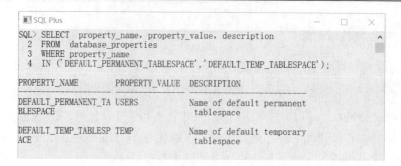

图 8-6　查看永久表空间和默认表空间

【例 8-16】　设置数据库的默认表空间为 my_tbs_1。

```
SQL> ALTER DATABASE DEFAULT TABLESPACE my_tbs_1;
```

【例 8-17】　设置数据库的默认临时表空间为 my_temptbs_1。

```
SQL> ALTER DATABASE DEFAULT TEMPORARY TABLESPACE my_temptbs_1;
```

8.5.4　扩展表空间

数据文件的大小实际上代表了该数据文件在磁盘上的可用空间。表空间的大小实际上就是其对应的数据文件大小之和。如果表空间中所有的数据文件都已经被写满，那么向该表空间上的表中插入数据时，会显示错误信息。这种情况下必须扩展表空间来增加更多的存储空间。通常扩展表空间的方法有添加新的数据文件、改变数据文件的大小以及允许数据文件自动扩展等。

1. 添加新的数据文件

添加新的数据文件的一般语法格式为：

```
ALTER TABLESPACE tablespace_name
ADD DATAFILE 'datafilepath'
SIZE nM;
```

说明：tablespace_name 为表空间名称，datafilepath 为数据文件路径，n 为数据文件大小，单位为 MB。

【例 8-18】　为表空间 my_tbs_1 在 D:\my_tablespace 下增加一个 5MB 的数据文件 my_tbs_1_02.dbf。

```
SQL> ALTER TABLESPACE my_tbs_1
2  ADD DATAFILE 'D:\my_tablespace\my_tbs_1_02.dbf'
3  SIZE 5M;
```

2. 修改数据文件的大小

修改数据文件的大小需要使用 ALTER TABLESPACE 命令。语法格式如下：

```
ALTER TABLESPACE tablespace_name
DATAFILE filename
RESIZE nM;
```

📃说明：tablespace_name 为表空间名称，filename 为要修改的数据文件的名称，n 为数据文件的大小，单位为 MB。

【例 8-19】 将例 8-18 中添加的数据文件 D:\my_tablespace\my_tbs_1_02.dbf 的容量扩展为 100MB。

（1）通过数据字典 DBA_DATA_FILES 查看表空间 my_tbs_1 中的数据文件信息。

```
SQL> SELECT FILE_NAME,TABLESPACE_NAME
2  FROM DBA_DATA_FILES
3  WHERE TABLESPACE_NAME='my_tbs_1';
```

（2）通过 ALTER DATABASE…RESIZE 命令将数据文件 my_tbs_1_02.dbf 扩展为 100MB。

```
SQL> ALTER DATABASE
2  DATAFILE 'D:\ my_tablespace\my_tbs_1_02.dbf'
3  RESIZE 100M;
```

📃说明：可以利用 RESIZE 子句来缩小数据文件的大小，但必须保证缩小后的数据文件能够容纳现有的数据，否则会出现错误提示。

3．允许数据文件自动扩展

在为表空间指定数据文件时，如果没有使用 AUTOEXTEND ON 选项，那么该数据文件将不允许自动扩展。当指定了 AUTOEXTEND ON 选项后，在表空间填满时，数据文件将自动扩展，从而扩展了表空间的存储空间。设置数据文件为自动扩展的一般语法格式如下：

```
ALTER DATABASE
DATAFILE 'datafilepath'
AUTOEXTEND ON NEXT mM MAXSIZE maxM;
```

📃说明：datafilepath 为数据文件路径，NEXT 语句指定数据文件每次增长的大小 mMB。MAXSIZE 表示允许数据文件增长的最大限度 maxMB。

【例 8-20】 将已创建的表空间 my_tbs_1 中的数据文件 my_tbs_1_01.dbf 设置为自动扩展。

```
SQL> ALTER DATABASE
2  DATAFILE 'D:\my_tablespace\my_tbs_1_01.dbf'
3  AUTOEXTEND ON NEXT 2M MAXSIZE 30M;
```

📃说明：执行上述命令后，当该数据文件被填满时会自动扩展，每次增长的大小为 2MB，最大限度可达到 30MB。

【例 8-21】 取消例 8-20 中数据文件 my_tbs_1_01.dbf 的自动扩展性。

```
SQL> ALTER DATABASE
2  DATAFILE 'D:\my_tablespace\ my_tbs_1_01.dbf'
3  AUTOEXTEND OFF;
```

8.5.5　删除表空间和数据文件

1．删除表空间

当表空间中的所有数据都不再被需要时，或者当表空间因损坏而无法恢复时，可以将表空间删除，这要求用户具有 DROP TABLESPACE 系统权限。默认情况下，Oracle 在删除表空间时只是从数据字典和控制文件中删除表空间信息，而不会物理地删除操作系统中相应的数据文件。删除表空间的一般语法格式如下：

```
DROP TABLESPACE tablespace_name
INCLUDING CONTENTS|INCLUDING CONTENTS AND DATAFILES;
```

📋说明：tablespace_name 为要删除的表空间名称，INCLUDING CONTENTS 表示删除表空间的所有对象，INCLUDING CONTENTS AND DATAFILES 表示级联删除所有数据文件。

【例 8-22】 删除表空间 my_tbsnew_2。

```
SQL> DROP TABLESPACE my_tbsnew_2 INCLUDING CONTENTS;
```

📋说明：如果要删除的表空间中有数据库对象，则必须使用 INCLUDING CONTENTS 选项。

【例 8-23】 在删除表空间 my_tbsnew_2 的同时删除它所对应的数据文件。

```
SQL> DROP TABLESPACE my_tbsnew_2
2  INCLUDING CONTENTS AND DATAFILES;
```

📋说明：删除表空间时，如果级联删除其所拥有的所有数据文件，则需要显式地指定 INCLUDING CONTENTS AND DATAFILES。

2．删除数据文件

从表空间中删除数据文件时，当数据文件处于以下 3 种情况时是不能被删除的：
- 数据文件中存在数据。
- 数据文件是表空间中唯一的或第一个数据文件。
- 数据文件或数据文件所在的表空间处于只读状态。

从表空间中删除数据文件，需要使用带 DROP DATAFILE 子句的 ALTER TABLESPACE 命令来完成。其一般语法格式如下：

```
ALTER TABLESPACE tablespace_name
DROP DATAFILE 'datafilepath'
```

📋说明：tablespace_name 为要删除的数据文件所在的表空间名称，datafilepath 为数据文件路径。

【例 8-24】 删除表空间 my_tbs_1 中的数据文件 D:\my_tablespace\my_tbs_1_02.dbf。

```
SQL> ALTER TABLESPACE my_tbs_1
2  DROP DATAFILE 'D:\my_tablespace\my_tbs_1_02.dbf';
```

8.6 查看表空间和数据文件的信息

1．查看表空间信息

为了便于对表空间进行管理，Oracle 提供了一系列与表空间相关的数据字典，如表 8-1 所示，通过这些数据字典，数据库管理员可以了解表空间的相关信息。

表 8-1　与表空间有关的数据字典

表　名	注　释
V$TABLESPACE	从控制文件中获取的表空间名称和编号
DBA_TABLESPACE	所有用户可访问的表空间信息
USER_TABLESPACE	用户可访问的表空间的信息
DBA_SEGMENTS	所有表空间中段的描述信息
USER_SEGMENTS	用户可访问的表空间中段的描述信息
DBA_EXTENTS	所有用户可访问的表空间中数据盘区的信息
USER_EXTENTS	用户可访问的表空间中数据盘区的信息
V$DATAFILE	所有数据文件的信息，包括所属表空间的名称和编号
V$TEMPFILE	所有临时文件的信息，包括所属表空间的名称和编号
DBA_DATA_FILES	所有数据文件及其所属的表空间的信息
DBA_TEMP_FILES	所有临时文件及其所属的临时表空间的信息
V$TEMP_EXTENT_POOL	本地管理的临时表空间的缓存信息，使用的临时表空间的状态信息
V$TEMP_EXTENT_MAP	本地管理的临时表空间中所有盘区的信息
V$SORT_USER	用户使用的临时排序段的信息
V$SORT_SEGMENT	进程的每个排序段的信息

2．查看数据文件信息

可以使用数据字典视图和动态性能视图来查看数据文件的信息，如表 8-2 所示。

表 8-2　与数据文件相关的数据字典视图和动态性能视图

表　名	注　释
DBA_DATA_FILES	包含数据库中所有数据文件的基本信息
DBA_TEMP_FILES	包含数据库中所有临时数据文件信息
DBA_EXTENTS	包含所有表空间中已分配的区的描述信息，如区所属的数据文件的文件号
USER_EXTENTS	包含当前用户所拥有的对象在所有表空间中已分配的区的描述信息
DBA_FREE_SPACE	包含表空间中空闲区的描述信息，如空闲区所属的数据文件的文件号等
USER_FREE_SPACE	包含可被当前用户访问的表空间中空闲区的描述信息
V$DATAFILE	包含从控制文件中获取的数据文件信息，主要用于同步的信息
V$DATAFILE_HEADER	包含从数据文件头部获取的信息

【例 8-25】通过 dba_tablespaces 查看当前数据库的表空间的名称及每个表空间的数据库大小。

```
SQL> SELECT tablespace_name, block_size
  2  FROM dba_tablespaces;
```

运行结果如图 8-7 所示。

【例 8-26】通过 DBA_TEMP_FILES 查看已创建的临时表空间 MY_TEMPTBS_1 的临时文件信息。

```
SQL> SELECT tablespace_name, file_name, bytes
  2  FROM dba_temp_files
  3  WHERE tablespace_name='MY_TEMPTBS_1';
```

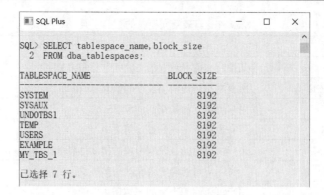

图 8-7　查看数据库表空间名称和大小

运行结果如图 8-8 所示。

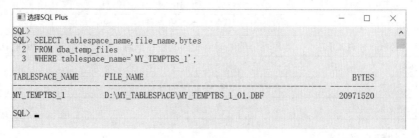

图 8-8　查看临时文件信息

8.7　本　章　小　结

本章介绍了表空间对于 Oracle 数据库的重要性，表空间和数据文件的关系，表空间中的磁盘空间管理方式，重点介绍了创建表空间的方法、表空间和数据文件的维护，最后简要说明了查看表空间和数据文件基本信息的方法。通过本章的学习，使读者了解到表空间在 Oracle 数据库中发挥的重要作用，熟悉几种主要表空间的创建方法以及如何管理表空间及其对应的数据文件，并能借助相关数据字典查看表空间和数据文件的基本信息。

8.8　习题与实践练习

一、选择题

1. 下面选项不属于表空间的状态属性的是（　　　）。

A．READ   B．READ WRITE

C．READ ONLY   D．OFFLINE

2. 下面选项不属于数据文件的状态属性的是（　　　）。

A．OFFLINE DROP   B．OFFLINE

C．READ   D．ONLINE

3. 下面表空间不能切换为脱机状态的是（　　　）。

A. 临时表空间 TEMP

B. 用户表空间 USER

C. 索引表空间 INDEX

D. 系统表空间 SYSTEM

4. 下面将临时表空间 TEMP 设置为默认临时表空间的语句正确的是（　　　）。

A. ALTER DATABASE DEFAULT TABLESPACE temp

B. ALTER DATABASE DEFAULT TEMPORARY TABLESPACE temp

C. ALTER DEFAULT TEMPORARY TABLESPACE TO temp

D. ALTER DEFAULT TABLESPACE TO temp

5. 下面对数据文件的叙述中，正确的是（　　　）。

A. 一个表空间只能对应一个数据文件

B. 一个数据文件可以对应多个表空间

C. 一个表空间可以对应多个数据文件

D. 数据文件存储了数据库的所有日志信息

二、填空题

1. _____是 Oracle 中最大的逻辑存储结构，它与物理上的一个或多个_____相对应，每个 Oracle 数据库都至少拥有一个表空间。

2. 表空间的管理类型可以分为_____和_____。

3. 表空间的状态属性主要有_____、_____、_____和脱机 4 种状态。

4. 在安装 Oracle 时，Oracle 数据库系统一般会自动创建 6 个默认的表空间，分别是_____、_____、_____、_____和 EXAMPLE。

5. 数据文件的状态有 3 种，_____表示数据文件可以使用；_____表示当数据库运行在存档模式下时，数据文件不可以使用；_____表示当数据库运行在非存档模式下时，数据文件不可以使用。

6. 在创建不同类型的表空间时，CREATE 后面使用的关键字不同，创建临时表空间，使用_____关键字；创建撤销表空间，使用_____关键字；创建大文件表空间，使用_____关键字。

三、简答题

1. 简述 Oracle 数据库为什么要引入逻辑结构类。

2. 简述表空间的基本功能。

3. 简述 Oracle 数据库系统自动创建的 6 个默认的表空间的功能。

4. 简述表空间的 4 种状态所代表的含义。

5. 如何设置默认表空间？

6. 哪些表空间的名称不能被修改？

7. 如何在数据库中创建新的数据文件？

8. 数据文件处于哪些情况下不能被删除？

四、实践操作题

1. 表空间的创建。为当前数据库 my_orcl 创建下列表空间。

（1）永久表空间 my_tablespace，数据文件：D:\my_tablespace\my_tablespace_01.dbf，大小为 20MB。

（2）临时表空间 my_tablespace_temp，数据文件：D:\my_tablespace\my_tablespace_temp_01.dbf，大小为 20MB。

（3）撤销表空间 my_tablespace_undo，数据文件：D:\my_tablespace\my_tablespace_undo_01.dbf，大小为 20MB。

（4）大文件表空间 my_tablespace_big，数据文件：D:\my_tablespace\my_tablespace_big_01.dbf，大小为 20MB。

2．数据文件的创建和维护。

（1）为永久表空间 my_tablespace 添加数据文件 D:\my_tablespace\my_tablespace_02.dbf 和 D:\my_tablespace\my_tablespace_03.dbf，将 D:\my_tablespace\my_tablespace_03.dbf 设置为脱机状态。

（2）将临时表空间 my_tablespace_temp 的数据文件 D:\my_tablespace\my_tablespace_temp_01.dbf 的大小在原来的基础上增加 5MB。

（3）将撤销表空间 my_tablespace_undo 的数据文件 D:\my_tablespace\my_tablespace_und_01.dbf 重新命名为 D:\my_tablespace\my_tablespace_undo_01.dbf。

3．查看当前数据库下表空间的名称和大小等信息。

第 9 章　Oracle 模式对象

模式（schema）是数据的逻辑结构或者模式对象的汇总。一个模式对应一个数据库用户，并且名称和数据库用户名相同，每个用户都有一个单独的模式，在 Oracle 中文版软件中，模式又被翻译成"方案"。模式对象是数据的逻辑存储结构，如表、索引、视图、序列和同义词等。数据对象和磁盘上保存其信息的物理文件并不一一对应。Oracle 在数据库的一个表空间上保存模式对象。每个对象的数据物理地保存在表空间的一个或者多个数据文件中。对于某些对象如表、索引等，可以指定在表空间的数据文件上 Oracle 可以分配多大的磁盘空间来存储。

模式和表空间没有什么联系，一个表空间可以包含来自不同模式的对象，模式对象可以包含在不同的表空间上。

本章主要介绍 Oracle 模式对象中的表及表的完整性约束，然后简单介绍索引、视图、序列和同义词的创建及使用方法。

本章要点：

❑　了解模式和模式对象的概念。

❑　熟悉 Oracle 主要模式对象的定义。

❑　熟练掌握表的创建及管理方法。

❑　掌握表的 5 种约束的定义及使用方法。

❑　熟练掌握视图的创建及管理方法。

❑　了解索引的分类。

❑　掌握索引的创建及管理方法。

❑　掌握序列的创建、使用及管理方法。

❑　掌握同义词的创建及删除方法。

❑　综合使用表、表的完整性约束、视图、索引、序列和同义词解决实际问题。

9.1　表

数据库中的数据是以表的形式存储的，每一个表都被一个模式（或用户）所拥有，因此表是一种最基本的数据库模式对象。创建表时，Oracle 在一个指定的表空间中为表分配存储空间。下面将详细介绍创建表及管理表的方法。

9.1.1　创建表

表是常见的一种组织数据的方式，一张表一般都具有多个列，或者称为字段。每个字段都具有特定的属性，包括字段名、字段数据类型、字段长度、约束、默认值等，这些属性在创建表时被确定。从用户角度来看，数据库中数据的逻辑结构是一张二维表，在表中通过行和列来组织数据。在表中的每一行存放一条信息，通常称表中的一行为一条记录，通过 ROWID 来标识。

创建表时需要使用 CREATE TABLE 语句，为了在自己的模式中创建一个新表，用户必须具有 CREATE TABLE 系统权限。如果要在其他用户模式中创建表，则必须具有 CREATE ANY TABLE 的系统权限。此外，用户还必须在指定的表空间中具有一定的配额存储空间。

由于创建表的语法比较长，这里仅列出相对完整的语法（常用选项）及概要解释：

```
CREATE TABLE[schema.]table_name
({column_name1 datatype[DEFAULT expression][[CONSTRAINT constraint_name]
column_constraint]}
[,{column_name 2 datatype[DEFAULT expression][[CONSTRAINT constraint_name]
column_constraint]}]
...
[,CONSTRAINT table_constraint])
[CLUSTER cluster (column1[,column2]...)]
 [PCTFREE integer]
 [PCTUSED integer]
 [INITRANS integer]
 [MAXTRANS integer]
 [STORAGE storage-clause]
 [LOGGING|NOLOGGING]
 [CACHE|NOCACHE]]
[TABLESPACE tablespace_name]
[ENABLE|DISABLE]
[AS QUERY];
```

语法说明如下：

❑ schema：表所属的用户名或所属的用户模式名称。

❑ table_name：表名。

❑ column_name：字段名。

❑ datatype：字段的数据类型。表 9-1 给出了 Oracle 系统提供的常用数据类型及其简要说明。

❑ DEFAULT expression：列的默认值。向表中添加数据时，如果没有指定该列的数据，则该列将取默认值。

❑ CONSTRAINT constraint_name：为约束命名。如果默认，Oracle 将自动为约束设置默认的约束名。如果创建表级约束，则必须使用此子句为约束命名。

❑ column_constraint：定义在列上的约束，如非空约束、唯一约束等。

❑ CONSTRAINT table_constraint：定义在表上的约束，如主键、外键等。

❑ PCTFREE integer：当数据块的剩余自由空间不足 PCTFREE 时，不再向该块中增加新行。

❑ PCTUSED integer：在块剩余空间不足 PCTFREE 后，块已使用空间百分比必须小于 PCTUSED 后，才能向该块中增加新行。

❑ INITRANS integer：在块中预先分配的事务项数，默认值为 1。

❑ MAXTRANS integer：限定可以分配给每个块的最大事务项数，默认值为 255。

❑ STORAGE storage-clause：此标识决定如何将区分配给表的存储子句。

❑ LOGGING：指定表的创建操作将被记录到重做日志文件中。它还指定所有针对该表的后续操作都将被记录下来。为缺省设置。

❑ NOLOGGING：指定表的创建操作将不被记录到重做日志文件中。

❑ CACHE：指定即使在执行全表扫描时，为该表检索的块也将放置在缓冲区高速缓存的 LRU 列表最近使用的一端。

❑ NOCACHE：指定在执行全表扫描时，为该表检索的块将放置在缓冲区高速缓存的 LRU 列表最近未使用的一端。为默认设置。

❑ TABLESPACE　tablespace_name：为表指定存储表空间。如果不使用此子句，则使用默认表空间存储新表。

❑ [ENABLE | DISABLE]：激活或禁用表的完整性约束。ENABLE 表示激活（默认设置），DISABLE 表示禁用。

❑ AS QUERY：可以从 SELECT 查询中创建表。

📑说明：表、列和其他数据库模式对象的名称必须是合法标识符，长度为 1 ~ 30 字节，并且以字母开头，可以包含字母（A ~ Z，a ~ z）、数字（0 ~ 10），下画线（_）、$和#（这两个字符是合法字符，但建议不要使用它们）。

表 9-1　Oracle中常用数据类型

数 据 类 型		说　明
字符类型	CHAR(n)	固定长度的字符串，n的取值范围为1~2000字节
	VARCHAR2(n)	可变长度的字符串，n取值范围为1~4000字节
	NCHAR(n)	用来存储Unicode类型的定长字符串
	NVARCHAR2(n)	用来存储Unicode类型的变长字符串
字符类型	LONG	可变长字符列，最大长度为2GB。用于不需要设置成索引的字符，不常用
数字类型	NUMBER(m,n)	用于存储整数和实数。m表示数值的总位数（精度），取值范围为1~38，默认为38；n表示小数位数，若为负数则表示把数据向小数点左边舍入，默认值为0
	BINARY_FLOAT	定义浮点类型，比NUMBER的效率更高，32位
	BINARY_DOUBLE	定义双精度数字类型，64位
日期类型	DATE	定义日期和时间数据。长度固定（7字节），范围为公元前4712年1月1日到公元9999年12月31日
	TIMESTAMP[(n)]	定义日期和时间数据。显示时，不仅会显示日期，也会显示时间和上/下午等信息
LOB类型	CLOB	用于存储可变长度的字符数据，如文本文件等，最大数据量为4GB
	NCLOB	用于存储可变长度的Unicode字符数据，最大数据量为4GB
	BLOB	用于存储大型的、未被结构化的可变长度的二进制数据（如二进制文件、图片文件、音频和视频等非文本文件），最大数据量为4GB
	BFILE	二进制文件，该二进制文件保存在数据库外部的操作系统中，文件最大为4GB
二进制类型	RAW(n)	用于存储可变长度的二进制数据，n表示数据长度，取值范围为1~2000字节
	LONG RAW	用于存储可变长度的二进制数据，最大存储数据量为2GB

【例 9-1】创建一个学生表（student_1），表中包括学号（sno）、姓名（sname）、性别（ssex）、出生日期（sbirthday）、所在系（sdept）。

```
SQL> CREATE TABLE student_1(
```

```
2    sno CHAR(10),
3    sname VARCHAR2(30),
4    ssex CHAR(2),
5    sbirthday DATE,
6    sdept VARCHAR2(30)
7    );
表已创建。
```

上述 SQL 语句创建了一个学生表 student，因为学生的学号和性别所包含的字符个数固定，所以将这两个字段的数据类型定义为 CHAR。而学生的姓名和所在系名所包含的字符个数是变化的，所以将这两个字段的数据类型定义为 VARCHAR2。此外，创建该表时未指定存储表空间，所以该表将被存放到默认的表空间。

📃说明：同一个模式（或用户）下不允许存在同名的表。

【例 9-2】 利用子查询创建一个表（emp_select），表中包括职工号（emp_no）、职工姓名（emp_name）、职工所在部门号（dept_no），该表用于保存工资高于 2000 的员工的员工号、员工名和部门号。

```
SQL> CREATE TABLE emp_select(
2    emp_no,emp_name,dept_no
3    )
4    AS
5    SELECT empno,ename,deptno FROM emp WHERE sal>2000;
表已创建。
```

9.1.2 管理表

表创建完成以后，根据需要可以对表进行管理，包括管理字段和管理表。管理字段包括增加或删除表中的字段，改变表的存储参数设置，以及对表进行增加、删除和重命名等操作。普通用户只能对自己模式中的表进行修改，如果想要对所有模式中的表进行修改操作，则必须具有 ALTER ANY TABLE 系统权限。

1．管理字段

管理字段包括增加字段、修改字段名称、修改字段的数据类型和删除字段。可以通过执行 ALTER 语句来实现字段管理。ALTER 语句通过与不同的子句组合完成对字段的增加、修改和删除等操作，可以使用的子句包括 ADD、DROP、MODIFY 和 RENAME 等。

1）增加字段

为表增加字段的语法格式如下：

```
ALTER TABLE table_name
ADD(column_name1 datatype
[,column_name2 datatype] …]);
```

【例 9-3】 为已创建的学生表（student_1）增加新字段手机号（stelephone）、邮箱（semail）和通信地址（saddress）。

```
SQL>ALTER TABLE student_1
2    ADD (stelephone CHAR(11),semail VARCHAR2(20),saddress VARCHAR2(50));
表已更改。
```

使用 DESCRIBE 命令查看 student_1 表的结构，观察是否已经为该表成功添加新字段手机号（stelephone）：

```
SQL>DESCRIBE  student_1
名称                          是否空?                  类型
------------------          -------------          -----------------
SNO                                                CHAR(10)
SNAME                                              VARCHAR2(30)
SSEX                                               CHAR(2)
SBIRTHDAY                                          DATE
SDEPT                                              VARCHAR2(30)
STELEPHONE                                         CHAR(11)
SEMAIL                                             VARCHAR2(20)
SADDRESS                                           VARCHAR2(50)
```

2）修改字段名称

修改表中字段名称的语法格式如下：

```
ALTER TABLE table_name
RENAME COLUMN column_name TO new_column_nam;
```

【例 9-4】 将学生表（student_1）中的字段所在系的名称由 SDEPT 改为 SDEPARTMENT。

```
SQL>ALTER TABLE student_1
2   RENAME COLUMN SDEPT TO SDEPARTMENT;
表已更改。
SQL>DESCRIBE student_1
名称                          是否空?                  类型
------------------          -------------          -----------------
SNO                                                CHAR(10)
SNAME                                              VARCHAR2(30)
SSEX                                               CHAR(2)
SBIRTHDAY                                          DATE
SDEPARTMENT                                        VARCHAR2(30)
STELEPHONE                                         CHAR(11)
SEMAIL                                             VARCHAR2(20)
SADDRESS                                           VARCHAR2(50)
```

3）修改字段的数据类型

修改表中字段的数据类型的语法格式如下：

```
ALTER TABLE table_name MODIFY column_name new_datatype;
```

通过 MODIFY 子句可以修改表中字段的数据类型、字段的长度和非空等属性。

【例 9-5】 将学生表（student_1）中的字段学号（sno）的数据类型由 CHAR(10)修改为 NUMBER(10)。

```
SQL>ALTER TABLE student_1 MODIFY sno NUMBER(10);
表已更改。
```

【例 9-6】 将学生表（student_1）中的字段邮箱（semail）的数据类型由 VARCHAR(20)修改为 VARCHAR(30)。

```
SQL>ALTER TABLE student_1 MODIFY semail VARCHAR(30);
表已更改。
```

📄说明：修改表中字段的数据类型时，如果表中目前没有数据，那么可以将一个字段的长度增加或减小，也可以将一个列指定为非空；如果该字段有空值，则不能将该列指定为非空；如果表中已经有数据，应确保新的数据类型与数据能够适配。

4）删除字段

删除表中字段的情形有两种：一次删除一个字段和一次删除多个字段。

一次删除表中一个字段的语法格式如下：

```
ALTER TABLE table_name DROP COLUMN column_name;
```

一次删除表中多个字段的语法格式如下：

```
ALTER TABLE table_name DROP(column_name1, …);
```

对比以上两种语法格式，一次删除一个字段时，必须在待删除的字段名前指定关键字 COLUMN，而删除多列时，需要将待删除的字段名放在一对圆括号中，各字段间以逗号分隔，并且不能在 DROP 后面使用 COLUMN 关键字。

【例 9-7】 删除学生表（student_1）中的字段通信地址（saddress）。

```
SQL>ALTER TABLE student_1 DROP COLUMN saddress;
表已更改。
```

【例 9-8】 删除学生表（student_1）中的手机号（stelephone）和邮箱（semail）。

```
SQL>ALTER TABLE student_1 DROP(stelephone, semail);
表已更改。
```

📓说明：删除表中的字段时，这个字段将从表的结构中消失，而且这个字段的所有数据也将从表中被删除，Oracle 会释放该字段所占用的存储空间。原则上可以删除任何字段，但是一个字段如果作为表的主键，而且另一个表已经通过外键在两个表之间建立了关联关系，这样的字段是不能被删除的。

5）使用 UNUSED 关键字

要删除一个大型表中的字段，由于必须对每条记录进行处理，删除操作可能会执行很长时间。为了避免在数据库使用高峰期由于执行删除字段操作而占用过多的系统资源，可以暂时通过 ALTER TABLE…SET UNUSED 语句将要删除的字段设置为 UNUSED 状态。从用户的角度来看，被设置为 UNUSED 状态的字段与被删除的字段没有区别，都无法通过查询在数据字典中看到，并且可以为表添加与 UNUSED 状态的字段同名的新字段。实际上 UNUSED 状态的字段仍然被保存在表中，它们所占用的存储空间并没有被释放。

【例 9-9】 将例 9-1 中创建的学生表（student_1）中的字段手机号（stelephone）、邮箱（semail）和通信地址（saddress）标记为 UNUSED 状态。

```
SQL>ALTER TABLE student_1 SET UNUSED(stelephone,semail,saddress);
表已更改。
```

使用 DESCRIBE 命令查看学生表（student）的结构，观察是否包含字段手机号（stelephone）、邮箱（semail）和通信地址（saddress）。

```
SQL>DESCRIBE student_1
名称                        是否空?              类型
------------------      --------------      ----------------
SNO                                         CHAR(10)
SNAME                                       VARCHAR2(30)
SSEX                                        CHAR(2)
SBIRTHDAY                                   DATE
SDEPARTMENT                                 VARCHAR2(30)
```

彻底删除 UNUSED 状态的字段的语法格式如下：

```
ALTER TABLE table_name DROP UNUSED COLUMN;
```

使用上述语法格式可以删除表中所有 UNUSED 状态的字段，这样 Oracle 就会释放它们所占用的存储空间。

2. 管理表

管理表包括重命名表、移动表、截断表和删除表这些基本操作，下面对这些操作分别进行介绍。

1）重命名表

如果要修改表的名称，可以通过两种方式来实现：一种是 RENAME 语句；另一种是 ALTER TABLE 语句的 RENAME 子句。

使用 RENAME 语句修改表名称的语法格式如下：

```
RENAME table_name TO new_table_name;
```

【例 9-10】　将例 9-1 中创建的学生表（student_1）重命名为 student_table。

```
SQL>RENAME student_1 TO student_table;
表已重命名。
```

使用 ALTER TABLE 语句的 RENAME 子句修改表名称的语法格式如下：

```
ALTER TABLE table_name RENAME TO new_table_name;
```

【例 9-11】　将学生表（student_table）重命名为 student_1。

```
SQL> ALTER TABLE student_table RENAME TO student_1
表已重命名。
```

2）移动表

移动表是指用户可以根据需要将表从一个表空间移动到另外一个表空间。在对表进行移动时，表中的数据将被重新排列，这样就可以消除表中的存储碎片和数据块的链接。此外，如果两个表空间所使用的数据块大小不同，那么表在两个表空间中移动时，也将使用不同大小的数据块。移动表的语法格式如下：

```
ALTER TABLE table_name MOVE TABLESPACE tablespace_name;
```

在进行移动表操作时，先要确认待移动表所在的表空间，可通过数据字典 user_tables 获得此信息，然后再通过以上语句将表移动到目标表空间中。

【例 9-12】　移动学生表（student_1）。

先确定学生表所在表空间：

```
SQL> select table_name,tablespace_name FROM user_tables
2    WHERE table_name='STUDENT';
table_name                        tablespace_name
---------------------------       ----------------------------
STUDENT_1                         SYSTEM
```

从上面查询结果可以看出学生表（student_1）存储在表空间 SYSTEM 中，下面使用移动表语句将其移动到 USERS 表空间中：

```
SQL> ALTER TABLE student_1 MOVE TABLESPACE users;
表已更改。
SQL> select table_name,tablespace_name FROM user_tables
2    WHERE table_name='STUDENT_1';
table_name                        tablespace_name
```

```
------------------------           ------------------------------
STUDENT_1                          USERS
```

3）截断表

使用 TRUNCATE 语句可以将表截断，即快速删除表中的所有记录，使表为空表，Oracle 会重置表的存储空间，并且不会在撤销表空间中记录任何撤销数据，也即执行截断操作后无法恢复数据，这是与 DELETE 语句删除表中的记录的最大区别。截断操作的语法格式如下：

```
TRUNCATE TABLE table_name;
```

【例 9-13】 截断学生表（student_1）。

```
SQL> TRUNCATE TABLE student_1;
表被截断。
```

4）删除表

若要删除表，则表必须包含在用户自己的模式中，或者用户具有 DROP ANY TABLE 的系统权限。删除表后，表中的所有数据及表名全部被删除。可以使用 DROP TABLE 语句进行删除表的操作，其语法格式如下：

```
DROP TABLE table_name[CASCADE CONSTRAINTS][PURGE];
```

语法说明如下：

❑ CASCADE CONSTRAINTS：指定删除表的同时，删除所有引用这个表的视图、约束、索引和触发器等。

❑ PURGE：表示删除该表后，立即释放该表所占用的存储空间。

【例 9-14】 删除学生表（student_1）。

```
SQL> DROP TABLE student_1;
表被删除。
```

9.2 表 的 约 束

表的约束也叫表的完整性约束，是 Oracle 数据库中应用在表数据上的一系列强制性规则。当向已创建的表中插入数据或修改表中的数据时，必须满足表的完整性约束所规定的条件。例如，学生的性别必须是"男"或"女"，各个学生的学号不能相同等。在设计表的结构时，应该充分考虑在表上需要施加的完整性约束。

表的完整性约束既可以在创建表时指定，也可以在创建表后再指定，但最好在创建表时指定，因为如果在表创建后再指定，可能会发生表中已经存在的一些数据不满足这个条件而导致约束无法施加成功的情况。

按照约束的作用域和约束的用途，可将表的完整性约束进行如下分类。

❑ 按照约束的作用域可将表的完整性约束分为以下两类。

➢ 表级约束：应用于表，对表中的多个字段起作用。按照创建表的语法格式，表级约束只能在所有字段定义后再指定。

➢ 字段级约束：应用于表中的一个字段，只对表中的相应字段起作用。按照创建表的语法格式，字段级约束一般在该字段定义后再指定。

❑ 按照约束的用途可将表的完整性约束分为以下 5 类。

➢ NOT NULL：非空约束。

> ➤ UNIQUE：唯一性约束。
> ➤ PRIMARY KEY：主键约束。
> ➤ FOREIGN KEY：外键约束。
> ➤ CHECK：检查约束。

下面对这 5 类约束分别进行详细介绍，然后简要介绍约束的禁用和激活以及约束的验证状态。

9.2.1　非空约束

在默认情况下，表中所有字段值都允许为空，NULL 为各字段的默认值。非空（NOT NULL）约束规定表中相应字段上的值不能为空。下面通过举例分别介绍定义和删除（NOT NULL）约束的操作方法。

1. 定义非空约束

通过创建表的语法格式来实现向表中字段定义非空约束。

【例 9-15】 创建一个学生表（student_2），表中包括学号（sno）、姓名（sname）、性别（ssex）、出生日期（sbirthday）、邮箱（semail）、所在系（sdept），要求将姓名（sname）定义为非空约束。

```
SQL> CREATE TABLE student_2(
2     sno CHAR(10),
3     sname VARCHAR2(30) CONSTRAINT sname_notnull NOT NULL,
4     ssex CHAR(2),
5     sbirthday DATE,
6     semail VARCHAR2(25),
7     sdept VARCHAR2(30)
8     );
表已创建。
```

使用 DESCRIBE 命令查看 student_2 表的结构，观察该表的字段姓名（sname）是否成功定义非空约束：

```
SQL>DESCRIBE student_2
名称                        是否空?              类型
------------------        -------------      ----------------
SNO                                          CHAR(10)
SNAME                     NOT NULL           VARCHAR2(30)
SSEX                                         CHAR(2)
SBIRTHDAY                                    DATE
SEMAIL                                       VARCHAR2(25)
SDEPT                                        VARCHAR2(30)
```

从"是否空？"列的值可以看出，已经成功将字段姓名（sname）定义为非空约束。这样，用户向学生表（student_2）中添加记录时，如果不为姓名（sname）字段输入数据，也即为 sname 提供 NULL 值，将出现如下错误提示：

```
SQL>INSERT INTO student(sno,sname,ssex,sbirthday,semail)
2     VALUES('2020110112',null,'男',to_date('12-DEC-1995'),zhangsan_
    2020@163.com,'计算机科学与技术');
VALUES('2020110112',null,'男',to_date('1995-12-12'),zhangsan_2020@163.com,
```

```
        '计算机科学与技术');
                      *
第 2 行出现错误：
ORA-01400：无法将 NULL 插入("SYSTEM"."STUDENT"."SNAME")
```

上述 INSERT 语句用于向学生表（student_2）中添加一条记录，由于用户为姓名（sname）字段提供的是 NULL 值，结果 Oracle 系统报错，提示姓名（sname）字段无法接收 NULL 值。

也可以为已创建的表中的字段通过 ALTER TABLE … MODIFY 语句添加非空约束，其语法形式如下：

```
ALTER TABLE table_name
MODIFY column_name[CONSTRAINT constraint_name] NOT NULL;
```

说明：在为表添加约束时，应尽量给相应的约束提供约束名称，如例 9-15 中的学生姓名字段（sname）对应的约束名为 sname_notnull，这样可以方便对表中的约束进行管理，如删除表的约束等。

2．删除非空约束

如果需要删除表中已定义的非空约束，可以使用 ALTER TABLE … MODIFY 语句来实现，语法格式如下：

```
ALTER TABLE table_name MODIFY column_name NULL;
```

9.2.2　唯一性约束

唯一性（UNIQUE）约束要求表中一个字段或一组字段中的每一个值都是唯一的。如果唯一性约束应用于单个字段，则此字段只有唯一的值；如果唯一性约束应用于一组字段，那么这组字段合起来具有唯一的值。唯一性约束允许字段为空值，除非该列使用了非空约束。

1．定义单个字段的唯一性约束

单个字段的唯一性约束定义一般应在该字段定义后再指定。

【例 9-16】　创建一个学生表（student_3），表中包括学号（sno）、姓名（sname）、性别（ssex）、出生日期（sbirthday）、邮箱（semail）、所在系（sdept），要求为邮箱（semail）定义唯一性约束。

```
SQL> CREATE TABLE student_3(
2    sno CHAR(10),
3    sname VARCHAR2(30),
4    ssex CHAR(2),
5    sbirthday DATE,
6    semail VARCHAR2(25) CONSTRAINT semail_unique UNIQUE,
7    sdept VARCHAR2(30)
8    );
表已创建。
```

此时若向学生表（student_3）中插入记录，应确保插入记录在字段邮箱（semail）上的值与表中已存在的记录不同。

2．定义多个字段的唯一性约束

多个字段的唯一性约束定义必须在所有字段定义完后再指定，并且必须明确指定约束名。

【例 9-17】 创建一个学生表（student_4），表中包括学号（sno）、姓名（sname）、性别（ssex）、出生日期（sbirthday）、手机号（stelephone）、邮箱（semail）、所在系（sdept），要求为手机号（stelephone）和邮箱（semail）定义唯一性约束。

```
SQL> CREATE TABLE student_4(
2    sno CHAR(10),
3    sname VARCHAR2(30),
4    ssex CHAR(2),
5    sbirthday DATE,
6    stelephone CHAR(11),
7    semail VARCHAR2(25),
8    sdept VARCHAR2(30),
9    CONSTRAINT table_unique UNIQUE(stelephone,semail)
10   );
表已创建。
```

此时若向学生表（student_4）中插入记录，应确保插入的记录在字段手机号（stelephone）和邮箱（semail）上的值与表中已存在的记录在这两个字段不完全相同（可允许在两个字段中的一个字段的取值相同），即任意两个学生，在此约束下，手机号或邮箱可以相同，但不能两者同时相同。

也可以为已创建的表使用 ALTER TABLE…ADD 语句添加唯一性约束，语法格式如下：

```
ALTER TABLE table_name
ADD column_name[CONSTRAINT constraint_name]
UNIQUE(column_name);
```

📋说明：如果为某个字段定义了唯一性约束，而该字段没有定义非空约束，那么在该字段上允许出现多个 NULL 值，因为 Oracle 认为两个 NULL 值不相等。

3．删除唯一性约束

如果唯一性约束未指定名称，删除时可以使用 ALTER TABLE…DROP 语句，语法格式如下：

```
ALTER TABLE table_name DROP(column_name);
```

如果唯一性约束有指定名称，删除时可以使用 ALTER TABLE…DROP CONSTRAINT 语句，语法格式如下：

```
ALTER TABLE table_name DROP CONSTRAINT constraint_name;
```

9.2.3　主键约束

主键（PRIMARY KEY）约束是用来约束表的一个字段或者几个字段的，其取值是唯一的并且不为 NULL。同一个表中只能定义一个主键约束。Oracle 会自动为具有主键约束的字段（主键字段）建立一个唯一索引（Unique Index）和一个非空约束。

1. 定义单个字段的主键约束

单个字段的主键约束定义一般应在该字段定义后再指定。

【例 9-18】 创建一个学生表（student_5），表中包括学号（sno）、姓名（sname）、性别（ssex）、出生日期（sbirthday）、邮箱（semail）、所在系（sdept），要求为学号（sno）定义主键约束。

```
SQL> CREATE TABLE student_5(
2    sno CHAR(10) PRIMARY KEY,
3    sname VARCHAR2(30),
4    ssex CHAR(2),
5    sbirthday DATE,
6    semail VARCHAR2(25),
7    sdept VARCHAR2(30)
8    );
表已创建。
```

这样，在向学生表（student_5）中插入记录时，要求插入记录的学号（sno）不得为 NULL，并且与表中其他记录的学号（sno）值不得相同。

2. 定义多个字段的主键约束

多个字段的主键约束定义必须在所有字段定义后再指定，并且必须明确指定约束名。

【例 9-19】 创建一个学生表（student_5），表中包括学号（sno）、姓名（sname）、性别（ssex）、出生日期（sbirthday）、邮箱（semail）、所在系（sdept），要求为学号（sno）和姓名（sname）定义主键约束。

```
SQL> CREATE TABLE student_5(
2    sno CHAR(10),
3    sname VARCHAR2(30),
4    ssex CHAR(2),
5    sbirthday DATE,
6    semail VARCHAR2(25),
7    sdept VARCHAR2(30),
8    CONSTRAINT table_primarykey UNIQUE(sno,sname)
9    );
表已创建。
```

此时若向学生表（student_5）中插入记录，应确保插入记录在学号（sno）和姓名（sname）上的值与表中已存在的这两个字段值不完全相同（允许两个字段中的一个字段的取值相同），即任意两个学生，在此约束下，学号和姓名的值不得为 NULL，学号的值或者姓名的值可以相同，但两者不能同时相同。

也可以为已创建的表中使用 ALTER TABLE…ADD 语句添加主键约束，语法格式如下：

```
ALTER TABLE table_name
ADD column_name[CONSTRAINT constraint_name]
PRIMARY KEY(column_name);
```

3. 删除主键约束

删除字段上的主键约束，可以使用 ALTER TABLE…DROP 语句，但删除时需要指定约束名，语法格式如下：

```
ALTER TABLE table_name DROP CONSTRAINT constraint_name;
```

　　如果在定义约束时指定了约束名，则可以直接利用上述语法格式删除约束；如果在定义约束时未指定约束名，如例 9-17 中为 sno 字段定义主键约束就未指定约束名，则约束名由 Oracle 自动创建，由于一个表中只能定义一个主键约束，因而可以先通过数据字典 user_constraints 来查看约束类型及约束名称，这样就可按照以上语法形式删除主键约束了。

　　【例 9-20】　删除学生表（student_5）为学号（sno）定义的主键约束。

　　（1）先从数据字典 user_constraints 找到学生表（student_5）的主键约束名称：

```
SQL>select table_name,constraint_name,constraint_type
2   from user_constraints
3   where table_name='STUDENT_5';
TABLE_NAME            CONSTRAINT_NAME         CONSTRAINT_TYPE
--------------        ----------------        ------------------
STUDENT_5            SYS_C009446             P
```

　　在上述查询结果中，P 代表主键约束，名称为 SYS_C009446（由 Oracle 系统自动创建）。

　　（2）进行删除操作：

```
ALTER TABLE student_5 DROP CONSTRAINT SYS_C009446;
表已更改。
```

　　📋说明：　如果要删除表的主键约束，首先要考虑这个主键是否已经被另一个表的外键关联，如果没有关联，那么这个主键约束可以直接被删除，否则不能直接删除。此时，必须使用 ALTER TABLE table_name DROP CONSTRAINT constraint_name CASCADE 语句将与之关联的外键约束一起删除。

9.2.4　外键约束

　　外键（FOREIGN KEY）用于与另一个表之间建立关联关系。两个表之间的关联关系是通过主键和外键来维持的。外键规定本表中该字段的数据必须是另一个与之关联的表中的主键中的数据或 NULL。外键可以是一个字段，也可以是多个字段的组合。此外，在一个表中只能有唯一的一个主键，但是可以有多个外键。

　　例如，有两个表：学生表（student_7）（包含学号（sno）、姓名（sname）、性别（ssex）和班级号（classid））和班级表（class）（包含班级号（classid）、班级名称（classname）和班级人数（classcount）），表结构分别如表 9-2 和表 9-3 所示。

表 9-2　student_7

字 段 名 称	数 据 类 型
sno	CHAR(10)
sname	VARCHAR2(30)
ssex	CHAR(2)
classid	number

表 9-3　class

字 段 名 称	数 据 类 型
classid	number
classname	VARCHAR2(30)
classcount	number

　　假设两个表的数据分别如表 9-4 和表 9-5 所示。

表 9-4　student_7

sno	sname	ssex	classid
2020110110	张三	男	1
2020110111	李四	女	2
2020110112	王五	男	1

表 9-5　class

classid	classname	classcount
1	计科1班	42
2	计科2班	40
3	计科3班	41

将学生表（student_7）中的字段 classid 设置为外键，班级表（class）中的字段 classid 设置为主键，这样学生表（student_7）和班级表（class）通过主键和外键建立关联关系。这样，在向学生表（student_7）中插入数据时，字段 classid 的数据值只能为 1、2、3 或 NULL。同时，如果学生表（student_7）中的外键 classid 包含班级表（class）中的主键 classid 的某个值，则不允许更新或删除班级表（class）中的主键 classid 的值。例如，学生表（student_7）中的外键 classid 包含班级号 2，那么就不能更新或删除班级表（class）中的主键 classid 的数据值2。基于以上两个表，下面分别介绍外键约束的基本操作。

定义外键约束时，由于外键要与另一个表的主键进行关联，所以不仅要指定约束的类型和有关的字段，还要指定与哪个表的哪个字段进行关联。

创建表时定义外键约束的语法格式如下：

```
CREATE TABLE[schema.]table_name1(
…　//省略创建表的字段部分
[CONSTRAINT constraint_name] FOREIGN KEY(column_name11[,column_name12,…])
REFERENCES [schema.]table_name2(column_name21[,column_name22,…])
[ON DELETE [CASCADE|SET NULL|NO ACTION]]
);
```

语法说明如下：

❑ CONSTRAINT constraint_name：给外键约束命名，如果为空，则 Oracle 会自动给外键约束命名。

❑ FOREIGN KEY：指定外键对应的字段名称，如果是多列，则根据主键字段的顺序来确定。

❑ REFERENCES：被引用的字段名（主键）。由此可以看出主键所在的表应先于外键所在的表创建。

❑ ON DELETE：设定当主键的数据被删除时，外键所对应字段的值是否自动被删除。如果后面跟 CASCADE 选项，则自动被删除；如果后面跟 SET NULL 选项，则会将该外键值设为 NULL；如果后面跟 NO ACTION 选项（默认选项），子表中的外键如果包含该主键数据值，则禁止对主键数据进行操作。

【例 9-21】 分别创建学生表（student_7）（包含学号（sno）、姓名（sname）、性别（ssex）和班级号（classid））和班级表（class）（包含班级号（classid）、班级名称（classname）和班级人数（classcount）），表结构定义见表 9-2 和表 9-3，并使用外键关联这两个表。

```
SQL> CREATE TABLE class(
2    classid NUMBER PRIMARY KEY,
3    classname VARCHAR2(30),
4    classcount NUMBER
5    );
表已创建。
SQL> CREATE TABLE student_7(
2    sno CHAR(10),
3    sname VARCHAR2(30),
4    ssex CHAR(2),
5    classid NUMBER,
6    CONSTRAINT student_7_class FOREIGN KEY(classid)
7    REFERENCE class(classid)
8    );
表已创建。
```

上述示例创建了两个表 student_7 和 class。可以看出主键 classid 所在表 class 先于外键 classid 所在表 student_7 创建，否则，Oracle 系统会给出错误提示。另外，在向表 student_7 插入记录时，必须确保插入记录所对应的外键 classid 的数据值要么在 class 表中的主键 classid 中存在，要么为 NULL，否则系统会提示插入数据失败。

也可以为已创建的表中的字段通过使用 ALTER TABLE…ADD 语句添加外键约束，语法格式如下：

```
ALTER TABLE table_name1 ADD[CONSTRAINT constraint_name]
FOREIGN KEY(column_name11[,column_name12,…])
REFERENCES table_name2(column_name21[,column_name22,…]);
```

说明：通常将引用表称为"子表"，如例 9-21 中的表 student_7；将被引用表称为"父表"，如例 9-21 中的表 class。

【例 9-22】　创建学生表（student_8）（包含学号（sno）、姓名（sname）、性别（ssex）和班级号（classid）），表结构定义见表 9-2，并且指定在主键（classid）中的数据被删除时，外键（classid）所对应的数据也级联删除。

```
SQL> CREATE TABLE student_8(
2    sno CHAR(10),
3    sname VARCHAR2(30),
4    ssex CHAR(2),
5    classid NUMBER,
6    CONSTRAINT student_8_class FOREIGN KEY(classid)
7    REFERENCE class(classid)
8    ON  DELETE CASCADE
9    );
表已创建。
```

9.2.5　检查约束

检查（CHECK）约束是一个关系表达式，它规定了一个字段的数据必须满足的条件。例如，学生的姓名只能是"男"或"女"，学生的成绩必须为 0~100 等。当向表中插入一条记录，或者修改某条记录的值时，都要检查指定字段的数据值是否满足这个条件，如果满足，操作才能成功。

检查约束可以在字段级别或表级别被创建。

创建表时定义检查约束的语法格式如下：

```
CREATE TABLE [schema.]table_name(
… //省略创建表的字段部分
[CONSTRAINT constraint_name] CHECK(check_condition)
[…]
);
```

【例 9-23】 创建学生表（student_9）（包含学号（sno）、姓名（sname）、性别（ssex）和班级号（classid）），表结构定义见表 9-2，并且为性别（ssex）定义检查约束，要求只允许该字段的数据值为"男"或"女"。

```
SQL> CREATE TABLE student_9(
2    sno CHAR(10),
3    sname VARCHAR2(30),
4    ssex CHAR(2),
5    classid NUMBER,
6    CONSTRAINT ssex_check CHECK(ssex IN('男','女'))
7    );
表已创建。
```

此时如果向学生表 student_9 中添加记录时为 ssex 字段输入的值既不为"男"也不为"女"，将会出错，如下：

```
SQL>INSERT INTO  student _9(sno,sname,ssex,classid)
2    VALUES('2020110117','张三','它',1);
INSERT INTO student _9(sno,sname,ssex,classid)
*
第 2 行出现错误:
ORA － 02290: 违反检查约束条件(SYSTEM.SYS_C009442)
```

也可以对已创建的表中的字段通过使用 ALTER TABLE…ADD 语句添加检查约束，语法格式如下：

```
ALTER TABLE table_name ADD [CONSTRAINT constraint_name]
CHECK check_condition;
```

9.2.6 禁用和激活约束

本节主要介绍表的完整性约束的状态及其设置方法。

1. 约束的状态

表的完整性约束有如下两种状态。

❑ 激活状态（ENABLE）：激活状态下，约束将对表的插入或更新操作进行检查，与约束规则发生冲突的操作将被禁止。

❑ 禁用状态（DISABLE）：禁止状态下，约束不再起作用，与约束规则发生冲突的表的插入或更新操作也能够成功执行。

一般情况下，为了保证数据库中的数据完整性，表中的约束应当处于激活状态。但是当执行一些特殊的操作时，出于性能方面的考虑，有时会暂时将约束置于禁用状态。这些特殊操作包括：

❑ 利用 SQL*Loader 从外部数据源提取大量数据到表中时。

❑ 针对表执行一项包含大量操作的批处理工作时（例如，将职工表中的所有职工工资增加 1000）。

❑ 导入或导出表时。

2. 定义方法

在创建表时定义约束的状态的语法格式如下：

```
CREATE TABLE[schema.]table_name(
… //省略创建表的字段部分
[CONSTRAINT constraint_name] constraint_type DISABLE|ENABLE
[, … ]
);
```

其中，constraint_type 表示约束的类型，如主键约束、唯一性约束等。

也可以对已创建的表使用如下语法格式修改表中约束的状态：

```
ALTER TABLE table_name ENABLE|DISABLE CONSTRAINT constraint_name;
```

或：

```
ALTER TABLE table_name MODIFY CONSTRAINT constraint_name
ENABLE|DISABLE;
```

创建主键约束或唯一性约束时，Oracle 将自动创建唯一索引，当禁用这两种类型的约束时，Oracle 会默认删除它们对应的唯一索引，而在重新激活这两类约束时，Oracle 会为它们重建唯一索引。不过，在禁用主键约束或唯一性约束时，可以通过使用 KEEP INDEX 关键字保留约束对应的索引，其语法格式如下：

```
ALTER TABLE table_name DISABLE CONSTRAINT constraint_name
KEEP INDEX;
```

【例 9-24】将例 9-17 创建的学生表（student_4）中为手机号（stelephone）和邮箱（semail）定义的唯一性约束设置为禁用状态，并保留约束对应的索引。

```
SQL> ALTER TABLE student_4 DISABLE CONSTRAINT table_unique
2    KEEP INDEX;
表已更改。
```

📑说明：在禁用主键约束或者唯一性约束时，如果外键约束正在引用相应的字段，则无法禁用。这时，可以先禁用外键约束，然后再禁用主键约束或者唯一性约束；也可以在禁用主键约束或者唯一性约束时，使用 CASCADE 关键字。

9.2.7　约束的验证状态

激活或禁用状态是指在设置之后,对表进行插入或更新操作时是否对约束限制进行检查。与之对应，约束的另外两种状态决定是否对表中已有的数据进行约束限制检查。这两种状态分别如下：

- ❑ 验证状态（VALIDATE）：如果约束处于验证状态，在定义或激活约束时，Oracle 将会检查表中所有已有的记录是否满足约束限制。
- ❑ 非验证状态（NOVALIDATE）：如果约束处于非验证状态，在定义或激活约束时，Oracle 不会检查表中所有已有的记录是否满足约束限制。

将验证、非验证状态与激活、禁用状态结合，可组合成如下 4 种约束状态：

- ❑ 激活验证状态（ENABLE VALIDATE）：如果在 ALTER TABLE … ENABLE 语句中没有指明 NOVALIDATE 关键字，这时约束默认处于激活验证状态。在这种状态下，

Oracle 不但对表中已有的记录进行约束检查，还会对以后的插入或更新操作进行约束检查。这种状态可以保证表中所有的记录都能满足约束限制条件。

- ❑ 激活非验证状态（ENABLE NOVALIDATE）：在这种状态下，Oracle 不会对表中已有的记录进行约束检查，但是会对以后的插入或更新操作进行约束检查。
- ❑ 禁用验证状态（DISABLE VALIDATE）：在这种状态下，约束被禁用，但是 Oracle 仍然会对表中已有的记录进行约束检查，但是不允许对表进行任何插入或更新操作，因为这些操作无法得到约束检查。
- ❑ 禁用非验证状态（DISABLE NOVALIDATE）：如果在 ALTER TABLE…DISABLE 语句中没有指明 VALIDATE 关键字，这时约束默认处于禁用非验证状态。在这种状态下，无论是表中已有的记录，还是以后的插入或更新操作，Oracle 都不进行约束检查。

在激活非验证状态下要比在激活验证状态下节省操作时间。对于经常需要从外部数据源提取大量数据的数据库系统来说，激活非验证状态是非常实用的。

对于已创建的表，使用 ALTER TABLE…MODIFY 语句可以设置约束为上述 4 种状态，语法格式如下：

```
ALTER TABLE table_name MODIFY CONSTRAINT constraint_name
ENABLE|DISABLE
VALIDATE|NOVALIDATE;
```

【例 9-25】 将例 9-16 创建的学生表（student_3）中为邮箱（semail）定义的唯一性约束设置为激活非验证状态。

```
SQL> ALTER TABLE student_3 MODIFY CONSTRAINT semail_unique
2    ENABLE NOVALIDATE;
表已更改。
```

9.3 视　图

视图是从一个或多个表或视图中提取出来的数据的一种表现方式，它并不存储真实的数据，不占用实际的存储空间，只是在数据字典中保存它的定义信息，所以视图被认为是"存储的查询"或"虚拟的表"。实际上，它只包含映射到基表（这里的基表既可以是真正的表也可以是视图）的一组 SQL 语句。采用视图的目的是：一方面可以简化查询所使用的语句；另一方面可以起到安全和保密的作用。

由于视图是基于表创建的，因此视图与表有许多相似之处，用户可以像使用表一样对视图进行创建、查询、修改和删除等操作。其最大特点是可以像普通表一样从视图中查询数据。下面介绍对视图的一些基本操作，包括创建、访问、修改和删除。

9.3.1　创建视图

用户可以在自己的模式中创建视图，只要具有 CREATE VIEW 系统权限即可。如果希望在其他用户的模式中创建视图，则需要具有 CREATE ANY VIEW 系统权限。如果一个视图的基表是其他用户模式中的对象，那么当前用户需要具有对这个基表的 SELECT 权限。

创建视图需要使用 CREATE VIEW 语句，语法格式如下：

```
CREATE [OR REPLACE] [FORCE|NOFORCE] VIEW [schema.] view_name
[alias_name [,…]]
AS SELECT 语句
[WITH {CHECK OPTION|READ ONLY} CONSTRAINT constraint_name];
```

语法说明如下：

- ❏ OR REPLACE：如果视图已存在，替换现有视图。
- ❏ FORCE | NOFORCE：FORCE 表示即使基表不存在，也要创建视图；NOFORCE 表示如果基表不存在，则不创建视图，此为默认选项。
- ❏ view_name：创建的视图名称。与表和字段的命名规则相同。
- ❏ alias_name：子查询中字段（或表达式）的别名。别名的个数与子查询中字段（或表达式）的个数必须一致。
- ❏ SELECT 语句：子查询语句，可以基于一个或多个表（或视图）。
- ❏ CHECK OPTION：除了可以对视图执行 SELECT 子查询以外，还可以对视图进行 DML 操作（包括插入、修改和删除操作），实际上就是对基表的修改操作。默认情况下，可以通过视图对基表中的所有数据进行 DML 操作，包括视图的子查询无法检索的数据。如果使用 WITH CHECK OPTION 选项，表示只能对视图中子查询能够检索到的数据进行 DML 操作。
- ❏ READ ONLY：表示只能通过视图读取基表中的数据，而不能进行 DML 操作。
- ❏ CONSTRAINT constraint_name：为 WITH CHECK OPTION 或 WITH READ ONLY 约束定义约束名称。

下面分别介绍简单视图和复杂视图的创建方法。

1. 创建简单视图

所谓简单视图，指基于单个表，而且不对子查询检索的字段进行函数或数学计算的视图。

【例 9-26】　在 SCOTT 用户下创建基于职工表（emp）的视图 emp_view1。

（1）由于用户必须具有 CREATE VIEW 权限才能创建视图，而 SCOTT 用户默认情况下没有该权限，所以需要先将 CREATE VIEW 权限授予 SCOTT 用户，可以在 SYSTEM 用户模式下为 SCOTT 用户授权（假设对应的口令为 admin）。操作如下：

```
SQL> CONNECT SYSTEM/admin;
已连接。
SQL>GRANT CREATE VIEW TO SCOTT;
授权成功。
```

（2）使用 SCOTT 用户连接数据库（假设对应的口令为 admin），并创建基于 emp 表的视图 emp_view1：

```
SQL> CONNECT SCOTT/admin;
已连接。
SQL>CREATE VIEW emp_view1
2    AS
3    SELECT empno,ename,sal
4    FROM emp WHERE deptno=30;
视图已创建。
```

上述语句创建了一个名为 emp_view 的视图，该视图的子查询检索职工表（emp）中职工所在部门编号（deptno）为 30 的职工的编号（empno）、姓名（ename）和工资（sal）信息。这样，可以像查询表一样查询视图中的数据信息：

```
SQL> SELECT * FROM emp_view1;
EMPNO           ENAME           SAL
----------      --------------  ----------
7499            ALLEN           1600
7521            WARD            1250
7654            MARTIN          1250
7698            BLAKE           2850
已选择 4 行。
```

视图被创建以后，视图的结构是在执行 CREATIVE VIEW 语句创建视图时确定的，在默认情况下，字段的名称与 SELECT 中基表的字段名相同，如上所示，数据类型以及是否空也继承了表中的相应字段的信息，可以像查看表的结构一样通过 DESC 命令查看视图的结构。

2. 创建复杂视图

所谓复杂视图，是指基于多个表，或者对子查询检索的字段进行函数或数学计算的视图，或者对基表进行 DISTINCT 查询。

【例 9-27】 在 SCOTT 用户下创建基于职工表（emp）的视图 emp_view2，并且对子查询中检索的字段 sal 进行数据计算，查询工资上调 15%以后工资大于 2000 的职工编号（empno）、职工姓名（ename）和上调后的职工工资（new_sal）。

```
SQL>CREATE VIEW emp_view2
2    AS
3    SELECT empno,ename,sal*1.15 new_sal
4    FROM emp WHERE sal*1.15>2000;
视图已创建。
```

📖说明：如果对字段进行了函数或数学计算，则必须为该字段定义别名。别名的定义既可以在视图名称后面定义，也可以在子查询中定义，例 9-27 中是在子查询中为进行数学计算的字段 sal 定义别名 new_sal。

例 9-27 是基于对子查询检索的字段进行数学计算定义的视图。接下来再来看看如何基于多个表创建视图。

【例 9-28】 在 SCOTT 用户下创建基于职工表（emp）和部门表（dept）的视图 emp_view3，在该视图的子查询中检索职工的编号（empno）、姓名（ename）、工资（sal）和所在部门名称（dname）。

```
SQL>CREATE VIEW emp_view3
2    AS
3    SELECT empno,ename,sal,dname
4    FROM emp,dept
5    WHERE emp.deptno=detp.deptno;
视图已创建。
```

例 9-28 是基于两个表连接子查询定义的视图。

9.3.2　视图的 DML 操作

视图的 DML 操作是指对视图中的字段进行插入（INSERT）、修改（UPDATE）和删除（DELETE）等操作。对视图进行 DML 操作，实际上就是对视图的基表中的字段执行 DML 操作。一般来说，简单视图的所有字段都支持 DML 操作，但对于复杂视图来说，如果该字段进行了函数或数学计算，或者在表的连接子查询中该字段不属于主表中的字段，则该字段不支持 DML 操作。

📑说明：在多表的连接子查询中，FROM 子句中指定的第一个表属于主表，如例 9-27 中 FROM 语句指定的第一个表 emp 就是主表。

实际上，Oracle 会自动判断哪些视图可以更新，在数据字典 user_updatable_columns、all_updatable_columns 和 dba_updatable 中记载着哪些视图是可以更新的。下面以数据字典 user_updatable_columns 为例详细介绍如何查看哪些视图可以更新。

首先使用 DESCRIBE 命令了解数据字典 user_updatable_columns 的结构信息，如下：

```
SQL>DESCRIBE user_updatable_columns
名称                           是否空?                   类型
OWNER                         NOT  NULL                VARCHAR2(30)
TABLE_NAME                    NOT  NULL                VARCHAR2(30)
COLUMN_NAME                   NOT  NULL                VARCHAR2(30)
UPDATABLE                                              VARCHAR2(3)
INSERTABLE                                             VARCHAR2(3)
DELETABLE                                              VARCHAR2(3)
```

字段说明如下：

❑ OWNER：表或视图的拥有者。

❑ TABLE_NAME：表或视图的名称。

❑ COLUMN_NAME：字段名称。

❑ UPDATABLE、INSERTABLE、DELETABLE：分别表示是否可更新、插入、删除字段的数据，取值为 YES 或 NO，YES 表示可以，NO 表示不可以。

【例 9-29】 查看已创建视图 emp_view2 中的字段是否支持 DML 操作。

```
SQL>SELECT column_name,insertable,updatable,deletable
2    FROM user_updatable_columns
3    WHERE table_name='emp_view2';
COLUMN_NAME        INSERTABLE         UPDATABLE          DELETABLE
EMPNO              YES                YES                YES
ENAME              YES                YES                YES
NEW_SAL            NO                 NO                 NO
```

由上述查询结果可看出，emp_view2 视图中的 new_sal 字段，就是对基表 emp 的 sal 字段执行数学计算的字段，不支持 DML 操作。

可以对视图中支持 DML 操作的所有字段执行 DML 操作，操作结果将会直接反映到基表中。

【例 9-30】 使用 INSERT 语句，向已创建视图 emp_view2 中支持 DML 操作的字段插入数据（7459, 'ERIC', 'CLERK', 20）。

```
SQL>INSERT INTO emp_view2(empno,ename,job,deptno)
2    VALUES(7459,'ERIC','CLERK',20);
已创建 1 行。
```

可在 emp 表中查看是否成功插入记录：

```
SQL>SELECT * FROM emp WHERE empno='7459';
EMPNO    ENAME    JOB     MGR     HIREDATE     SAL COMM     DETPNO
-----    -----    ---     ---     --------     --------     --------
7459     ERIC     CLERK                                     20
已选择 1 行。
```

📑说明：通过视图向基表插入数据时，通常情况下只提供了表中部分字段的数据，而表中其他字段的数据则会使用默认值，如果没有设置默认值则会使用 NULL 值，如果该字段不支持 NULL 值，则 Oracle 会禁止执行插入操作。

【例 9-31】 在 SCOTT 用户下创建基于职工表（emp）和视图 emp_view4，该视图为职工表（emp）中职工工资大于 2000 的职工编号（empno）、姓名（ename）、工作（job）、工资（sal）和部门号（deptno），然后向已创建的视图中分别插入两条记录（7400, 'JACK', 'CLERK', 2400，10），（7490, 'TOM', 'CLERK', 1800，10），要求禁止插入职工工资不满足大于 2000 的条件的职工信息。

```
SQL>CREATE VIEW emp_view4
2    AS
3    SELECT empno,ename,sal,deptno
4    FROM emp
5    WHERE sal>2000
6    WITH CHECK OPTION CONSTRAINT emp_view4_check;
视图已创建。
SQL>INSERT INTO emp_view4(empno,ename,job,sal,deptno)
2    VALUES(7400,'JACK','CLERK',2400,10);
已创建 1 行。
SQL>INSERT INTO emp_view4(empno,ename,job,sal,deptno)
2    VALUES(7490,'TOM','CLERK',1800,10);
INSERT INTO emp_view4(empno,ename,job,sal,deptno)
                 *
第 1 行出现错误:
ORA-01402: 视图 WITH  CHECK OPTION  where 子句违规
```

由上例可以看出，在创建视图时若使用 WITH CHECK OPTION 子句，则可以限定对视图的 DML 操作必须满足视图中子查询的条件，只有满足创建视图时定义的子查询条件的记录才能成功插入。

此外，在创建视图时若使用 WITH READ ONLY 子句，则只能通过视图读取基表中的数据，无法执行 DML 操作。

9.3.3 修改和删除视图

修改视图可直接使用 CREATE OR REPLACE VIEW 语句来完成，执行该语句实际上就是先删除原来的视图，然后再创建一个同名的新视图。

删除视图可使用 DROP VIEW 语句，语法格式如下：

```
DROP VIEW view_name;
```

9.4 索 引

索引是数据库中用于存放表中每一条记录的位置的一种对象，主要用于加快对表的查询操作。简单地说，如果将表看作一本书，索引的作用类似于书中的目录。在没有目录的情况下，要在书中查找指定的内容则必须浏览全书，而有了目录以后，只需要通过目录就可以快速地找到包含所需内容的页。类似地，如果要在表中查找指定的记录，在没有索引的情况下，必须遍历整个表，而有了索引之后，只需要在索引中找到符合查询条件的索引字段值，就可以通过保存在索引中的 ROWID（相当于书的页码）快速找到表中对应的记录。因此，为表建立索引既能够减少查询操作的时间开销，又能够减少 I/O 操作的时间开销，从而加快查询的速度。不过创建索引需要占用许多存储空间，而且在向表中添加和删除记录时，数据库需要花费额外的时间开销来更新索引。因此，在实际应用中应该确保索引能够得到有效利用。一般来说，创建索引要遵循以下原则：

- ❏ 如果每次查询仅选择表中的少量行，应该建立索引。
- ❏ 如果在表上需要进行频繁的 DML 操作，不要建立索引。
- ❏ 尽量不要在有很多重复值的字段上建立索引。
- ❏ 不要在太小的表上建立索引。因为在一个小表中查询数据时，速度可能已经足够快，如果建立索引，对查询速度不仅没有多大帮助，反而需要占用一定的系统资源。

本节主要介绍索引的创建及管理方法。

9.4.1　索引的分类

索引与表一样，不仅需要在数据字典中保存索引的定义，还需要在表空间中为它分配实际的存储空间。当创建索引时，Oracle 会自动在用户的默认表空间中或指定的表空间中创建一个索引段，为索引数据提供存储空间。在创建索引时，Oracle 首先将要建立索引的字段进行排序，例如，要基于职工表（emp）的字段职工编号（empno）创建索引 emp_index（建立索引的字段被称为"索引字段"，如 empno），则需要先对 empno 字段进行排序（默认是升序），然后将排序后的字段值和对应记录的 ROWID 存储在索引中，此时称索引字段与 ROWID 的组合为索引条目。这样，在索引中，不仅存储了索引字段上的数据，而且还存储了一个 ROWID 值，它代表表中某条记录的标识，即表中记录在存储空间的物理位置。在索引创建之后，如果要检索职工编号为 7499 的记录，Oracle 将首先对索引中 empno 字段进行一次快速搜索（因为索引中的 empno 字段已经排序，所以这个搜索是很快的），找到符合条件的 empno 字段值所对应的 ROWID，然后再利用 ROWID 到职工表（emp）中提取相应的记录。这个操作过程要比逐条读取 emp 表中未排序的记录快得多，如图 9-1（a）和图 9-1（b）所示。

EMPNO	ROWID
7369	AAG25ABKTSAAA
7499	AAG25ABKTSAAB
7521	AAG25ABKTSAAC
7566	AAG25ABKTSAAD
7654	AAG25ABKTSAAE
7698	AAG25ABKTSAAF

（a）索引（emp_index）

EMPNO	ENAME	SAL
7566	JONES	2975
7698	BLAKE	2850
7521	WARD	1250
7369	SMITH	800
7654	MARTIN	1250
7499	ALLEN	1600

（b）职工表（emp）

图 9-1　索引与表的关系

在 Oracle 中，可以创建多种类型的索引，以适应各种表的特点，常用的索引类型有 B 树索引、位图索引、函数索引、簇索引、散列簇索引、反序索引和位图连接索引。那么，在创建索引时，该如何选择索引类型呢？这里只介绍 B 树索引和位图索引的选择问题，其他索引的选择读者可查阅相关文献资料。

为了解决如何选择索引的问题，首先引入基数（Cardinality）的概念。基数是指某个字段可能拥有的不重复值的个数。例如，性别（sex）字段的基数为 2（性别只能是"男"或"女"）；

婚姻状况（marital_status）字段的基数为 3（婚姻状况只可能是未婚、已婚或离婚）。

位图索引适用于那些基数比较小的字段。通常如果字段的基数只达到表中记录数的 1%，或者字段中大部分数值都会重复出现 100 次以上，则对该字段应当建立位图索引。此外，某些字段虽然具有比较高的基数，同时也不会出现很多重复数据，但是如果它们经常会被具有复杂查询条件的 WHERE 子句引用，也应当为它们建立位图索引。

B 树索引则适用于那些具有高基数的字段，如姓名和联系电话等字段的重复值会很少，尤其是那些具有主键约束和唯一性约束的数据值不允许有重复字段。

9.4.2　创建索引

用户可以在任何时候为表创建索引，索引的创建不会影响表中实际存储的数据，索引是一种与表独立的模式对象。

索引可以自动创建，也可以手动创建。如果在表的一个字段或几个字段上建立了主键约束或者唯一性约束，那么数据库服务器将自动在这些字段上建立唯一索引，这时索引的名称与约束的名称相同。

手动创建索引是指用户利用相应的语句来完成索引的创建。一个用户可以在自己的模式中创建索引，只要这个用户具有 CREATE INDEX 系统权限。如果希望在其他用户的模式中创建索引，那么需要具有 CREATE ANY INDEX 系统权限。

手动创建索引的语法格式如下：

```
CREATE[UNIQUE][BITMAP]INDEX[schema.]index_name
ON table_name([[column_name[ASC|DESC],…]|
[REVERSE]
[INITRANS integer]
[MAXTRANS integer]
[PCTFREE integer]
[STORAGE storage-clause]
[TABLESPACE tablespace_name];
```

语法说明如下：

❑ UNIQUE：表示创建唯一性索引，默认创建非唯一性索引。
❑ BITMAP：表示创建位图索引。
❑ ASC/DESC：用于指定索引值的排列顺序，ASC 表示按升序排序，DESC 表示按降序排序，默认值为 ASC。
❑ REVERSE：表示创建反序索引。

其他参数说明参见创建表的语法格式说明。

下面主要介绍应用较多的 3 类索引：B 树索引、位图索引、函数索引的创建方法。

1．创建B树索引

B 树索引是 Oracle 中最常用的一种索引。在使用 CREATE INDEX 语句创建索引时，默认创建 B 树索引。

B 树索引使用平衡的 m 路搜索树算法（即 B 树算法）来建立索引结构。在 B 树的叶子节点中存储索引字段的值与 ROWID，如图 9-2 所示。B 树索引具有以下特点：

❑ B 树索引中所有的叶子节点都具有相同的深度，因此无论哪种类型的查询都具有基本上相同的查询速度。

- B 树索引能够适应多种查询条件，包括使用等号运算符的精确匹配与使用 LIKE 等运算符的模糊匹配。
- B 树索引不会影响插入、删除和更新的效率。
- 无论对于大型表还是小型表，B 树索引的效率都是相同的。

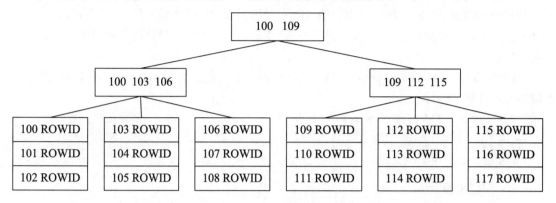

图 9-2 B 树索引的逻辑结构

例如，采用 B 树索引在图 9-2 中检索编号为 111 的节点，其搜索过程如下：

（1）先访问根节点，将 111 与 100 和 109 进行比较。

（2）因为 111 大于 109，所以接下来搜索根节点右边分支。

（3）将 111 分别与 109、112 和 115 比较。

（4）因为 111 大于 109 且小于 112，所以搜索右边分支的第 1 个叶子节点，并找到要查询的索引条目。

正是由于 B 树索引具有以上特点，在一般情况下，创建默认的 B 树索引可以适用于大部分表的查询需求。

【例 9-32】 为已创建的学生表（student_1）的姓名（sname）字段创建名为 sname_index 的 B 树索引。

```
SQL>CREATE INDEX sname_index
2    ON student_1(sname)
3    TABLESPACE myspace;
索引已创建。
```

上述语句创建了一个 B 树索引 sname_index，索引字段为姓名（sname），且允许姓名同名，索引保存在表空间 myspace 中。

B 树索引包括唯一性索引和不唯一性索引。默认情况下，Oracle 创建的索引是不唯一性索引，不唯一性索引的索引字段值可以有重复。如果在 CREATE INDEX 语句中显式地指定了 UNIQUE 关键字，则创建的索引是唯一性索引。唯一性索引的索引字段值不允许重复。

2. 创建基于函数的索引

基于函数的索引存放的是经过函数处理后的数据。如果检索数据时需要对字符大小写或数据类型进行转换，则使用这种检索可以提高检索效率。

说明：当一个表的字段的所有取值数与表的记录数之间的比例小于 1% 时，最好不要在该字段上创建 B 树索引。

【例 9-33】 假设要查找职工表（emp）中姓名为 ALLEN 的职工信息。

通常的查询操作如下：

```
SQL>SELECT * FROM emp WHERE ename='ALLEN';
```

上述方法要求字符串 ALLEN 必须与字段中存储的值的大小写保持一致，否则将无法查找到相应数据信息。在实际应用中，输入大写字母会给用户带来很大的不便。可以通过创建基于函数的索引来解决这个问题，这样用户只要输入小写英文字母就可在视图中完成指定姓名的检索。

【例 9-34】 为职工表（emp）中姓名（sname）字段创建名为 sname_lower_index 的基于 LOWER 函数的索引。

```
SQL>CREATE INDEX sname_lower_index
2    ON student_1(LOWER(sname))
3    TABLESPACE myspace;
索引已创建。
```

3. 创建位图索引

位图索引与 B 树索引不同，使用 B 树索引时，通过在索引中保存排过序的索引字段的值，以及数据行的 ROWID 来实现快速查找。而位图索引不存储 ROWID 值，也不存储键值，一般在包含少量不同值的字段上创建。例如，学生表中的性别（ssex）字段，只有两个取值："男"或"女"，所以不适合创建 B 树索引，B 树索引主要用于对大量不同的数据进行细分。

【例 9-35】 为已创建的学生表（student_1）的性别（ssex）字段创建名为 sname_bitmap 的位图索引。

```
SQL>CREATE BITMAP INDEX sname_bitmap
2    ON student_1(ssex)
3    TABLESPACE myspace;
索引已创建。
```

9.4.3 管理索引

对于已创建的索引可以进行重命名、合并、重建、监视和删除等管理操作，下面分别进行介绍。

1. 重命名索引

重命名索引的语法格式如下：

```
ALTER INDEX index_name RENAME TO new_index_name;
```

【例 9-36】 将例 9-34 已创建的索引名 sname_lower_index 重命名为 name_lower_index。

```
SQL> ALTER INDEX sname_lower_index RENAME TO name_lower_index;
索引已更改。
```

2. 清理索引碎片

随着对表不断地进行更新操作，在表的索引中会产生越来越多的存储碎片，这会影响索引的工作效率，这时可以用两种方式来清理这些存储碎片——合并索引或重建索引。

1）合并索引

合并索引可以清理索引存储碎片，可利用 ALTER INDEX…COALESCE 语句对索引进行合并操作。语法格式如下：

```
ALTER INDEX index_name COALESCE[DEALLOCATE UNUSED];
```

其中，COALESCE 表示合并；DEALLOCATE　UNUSED 表示合并索引的同时，释放合并索引后多余的空间。图 9-3（a）和图 9-3（b）显示了 B 树索引合并前后的效果。

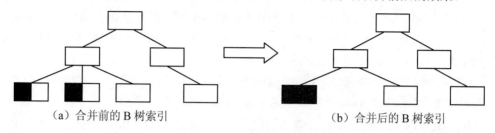

（a）合并前的 B 树索引　　　　　　　　　　（b）合并后的 B 树索引

图 9-3　B 树索引合并过程

📑**说明**：合并索引只是简单地将 B 树索引叶子节点中的存储碎片合并在一起，并不改变索引的物理组织结构（包括存储参数和表空间等）。

2）重建索引

重建索引也可以清理索引存储碎片，不过，它在清理索引存储碎片的同时，还会改变索引的全部存储参数设置，以及改变索引的存储表空间。表 9-6 给出了合并索引与重建索引的对比。

表 9-6　合并索引与重建索引

合并索引	重建索引
不能将索引移动到其他表空间	可以将索引移动到其他表空间
不需要使用额外的存储空间，代价较低	需要使用额外的存储空间，代价较高
只能在B树的同一子树中进行合并，不会改变树的高度	重建整个B树，可能会降低树的高度
可以快速释放叶子节点中未使用的存储空间	可以快速更改索引的存储参数，并且在重建过程中如果指定了ONLINE关键字，不会影响当前对索引的使用

可利用 ALTER INDEX…REBUILD 语句重建索引，语法格式如下：

```
ALTER [UNIQUE] [schema.] INDEX index_name
REBUILD
[INITRANS integer]
[MAXTRANS integer]
[PCTFREE integer]
[STORAGE storage-clause]
[TABLESPACE tablespace_name];
```

其参数的含义参见创建表的语法格式说明。默认情况下会重建 B 树索引。

【例 9-37】 为已创建的学生表（student_1）的姓名（sname）字段上的 B 树索引 sname_index 进行重建。

```
SQL>ALTER INDEX sname_index
2    REBUILD
3    TABLESPACE myspace;
索引已更改。
```

📑说明：重建索引实际上是在指定的表空间中重新建立一个新的索引，然后再删除原来的索引。

3．监视索引

已经建立的索引能否有效工作，取决于在查询的执行过程中是否会使用到这个索引。Oracle 提供了一种比较简便的方法用来监视索引的使用情况，使用用户可以查看已经建立的索引的使用状态，以便决定是否需要重建其他的索引。

要监视某个索引，需要先打开该索引的监视状态，不需要时再关闭，语法格式如下：

```
ALTER INDEX index_name MONITORING|NOMONITORING USAGE;
```

其中，MONITORING 表示打开索引的监视状态，NOMONITORING 表示关闭索引的监视状态。

【例 9-38】 打开学生表（student_1）的姓名（sname）字段上的 B 树索引 sname_index 的监视状态。

```
SQL>ALTER INDEX sname_index MONITORING USAGE;
索引已更改。
```

如果要关闭索引的监视状态，可进行如下操作：

```
SQL>ALTER INDEX sname_index NOMONITORING USAGE;
索引已更改。
```

打开指定索引的监视状态后，可以在数据字典 v$object_usage 中查看它的使用情况。该数据字典中包含有一个 USED 字段，如果在进行监视的过程中索引正在被使用，则 USED 字段值为 YES，否则为 NO。此外，在数据字典 v$object_usage 中还包含监视的起止时间以及当前索引的监视状态等信息。

📑说明：当使用 ALTER INDEX…MONITORING 语句打开索引的监视状态时，Oracle 会自动重置数据字典 v$object_usage 中与指定索引相关的记录，也即上一次监视的结果不会影响当前的监视状态。

4．删除索引

用户只能删除自己模式中的索引，如果要删除其他模式中的索引，必须具有 DROP ANY INDEX 系统权限。通常在如下情况下可考虑删除某个索引：

- ❑ 该索引不再需要使用。
- ❑ 通过一段时间的监视，发现几乎没有查询，或者只有极少数查询会使用这个索引。
- ❑ 由于索引中包含损坏的数据块，或者包含过多的存储碎片，需要首先删除这个索引，然后再重建它。
- ❑ 索引的删除方式与索引创建时采用的方式有关。

如果索引是使用 CREATE INDEX 语句创建的，则可以使用 DROP INDEX 语句将它删除，语法格式如下：

```
DROP INDEX index_name;
```

【例 9-39】删除基于学生表（student_1）的姓名（sname）字段创建的 B 树索引 sname_index。

```
SQL> DROP INDEX sname_index;
```

索引已删除。

如果索引是在定义约束时由 Oracle 自动建立的，可以通过禁用约束（DIABLE）或删除约束的方式来删除对应的索引。另外，在删除一个表时，Oracle 会自动删除所有与该表相关的索引。

9.5　序　　列

序列也称为序列生成器，它能够以串行方式生成一系列顺序整数。

例如一个火车票订票系统，在订票系统中每完成一笔火车票交易都需要向数据库中插入一条记录，而每条记录都要有一个唯一的主键值来进行标识，如一个 11 位或更长的整数。如果只有一个终端向数据库中插入火车票交易记录，则可以通过手动或其他方式来生成下一个可用的主键值。但是现实的情况是会同时存在多个终端，即多个用户并发向数据库中插入记录，在这种并发环境中，必须有一种机制来保证用户所选择的下一个可用的主键值不会与其他用户的选择重复。利用序列就可以很好地处理这个问题。

序列可以在多个用户并发环境中为各个用户生成不会重复的顺序整数，而且不需要任何额外的 I/O 资源或者事务锁资源。每个用户在对序列提出申请时都会得到下一个可用的整数，如果有多个用户同时向序列提出申请，序列将按照串行机制依次处理各个用户的请求，决不会生成两个相同的整数。序列生成下一个整数的速度非常快，即使在并发用户数量很多的联机事务处理环境中，当多个用户同时对序列提出申请时也不会产生明显的延迟。

本节分别介绍序列的创建、使用和管理。

9.5.1　创建序列

序列与视图一样，并不占用实际的存储空间，只是在数据字典中保存它的定义信息。默认情况下，用户可以在自己的模式中创建序列。如果希望在其他用户的模式中创建序列，则必须具有 CREATE ANY SEQUENCE 系统权限。

创建序列的命令为 CREATE SEQUENCE 语句，它的完整语法格式如下：

```
CREATE SEQUENCE [schema.] sequence_name
[START WITH start_number]
[INCREMENT BY increment_number]
[MINVALUE minvalue|NOMINVALUE]
[MAXVALUE maxvalue|NOMAXVALUE]
[CYCLE|NOCYCLE]
[ORDER|NOORDER]
[CACHE cache_number|NOCACHE]
```

语法说明如下：

❑ schema：序列所属的模式。

❑ sequence_name：序列名。命名规则与表名和字段名命名规则相同。

❑ START WITH start_number：指定序列的起始值 num，如果序列是递增的，则其默认值为 MINVALUE；如果序列是递减的，则其默认值为 MAXVALUE。

❑ INCREMENT BY increment_number：增长数。如果 increment_number 是正数则升序生成，如果 increment_number 是负数则降序生成。升序默认值是 1，降序默认值是

-1。increment _number 的绝对值必须小于 MAXVALUE 参数值与 MINVALUE 参数值之差。

- MINVALUE minvalue | NOMINVALUE：指定序列的最小整数值 minvalue，minvalue 必须小于或等于 start_number，并且小于 maxvalue。如果指定为 NOMINVALUE，则表示递增序列的最小值为 1，递减序列的最小值为 -10^{26}。默认为 NOMINVALUE。
- MAXVALUE maxvalue | NOMAXVALUE：指定序列的最大整数值 maxvalue，maxvalue 必须大于或等于 start_number，并且大于 minvalue。如果指定为 NOMAXVALUE，则表示递增序列的最大值为 10^{27}，递减序列的最大值为-1。默认为 NOMAXVALUE。
- CYCLE | NOCYCLE：CYCLE 表示如果升序达到最大值后，从最小值重新开始；如果是降序序列，达到最小值后，从最大值重新开始。NOCYCLE 表示不重新开始，序列升序达到最大值、降序达到最小值后就报错。由于序列通常用于生成主键值，而主键值不允许重复，所以这里一般使用默认值 NOCYCLE。
- ORDER | NOORDER：指定是否按照请求次序生成序列号。ORDER 表示是，NOORDER 表示否。默认为 NOORDER。
- CACHE cache_number | NOCACHE：使用 CACHE 选项时，该序列会根据序列规则预生成一组序列号，保留在内存中，当使用下一个序列号时，可以更快地响应。当内存中的序列号用完时，系统再生成一组新的序列号，并保存在缓存中，这样可以提高生成序列号的效率。Oracle 默认会生成 20 个序列号。使用 NOCACHE 选项时，表示不预先在内存中生成序列号。

说明：如果不指定 CACHE 与 NOCACHE，则数据库默认缓存 20 个序列号。如果数据库突然关闭，则内存中的序列号将全部丢失，下次连接数据库后，内存中的序列号将可能会出现跳号。

【例 9-40】 创建一个名为 student_sequence 的序列，要求序列号的起始值为 2020101100，按升序每次增加 1，不缓存序列号，不循环生成序列号，要求按升序生成序列号。

```
SQL> CREATE SEQUENCE student_sequence
2    START WITH 2020101100
3    INCREMENT BY 1
4    NOCYCLE
5    ORDER
6    NOCACHE;
序列已创建。
```

9.5.2 使用序列

在使用序列前，先介绍序列中的两个伪列 nextval 和 currval。
- nextval：用于获取序列的下一个序号值。在使用序列为表中的字段自动生成序列号时，就是使用此伪列。使用形式为<sequence_name>. nextval。
- currval：用于获取序列的当前序号值。使用形式为<sequence_name>. currval。必须在使用一次 nextval 之后才能使用此伪列。

【例 9-41】 创建一个学生表（student_10），表中包括学号（sno）、姓名（sname）和性别（ssex），并定义以下约束：学号（sno）为主键，姓名（sname）非空，性别（ssex）只能为"男"或"女"。

```
SQL> CREATE TABLE student_10(
2     sno NUMBER(10) CONSTRAINT sno_primary PRIMARY KEY,
3     sname VARCHAR2(30) CONSTRAINT sname_notnull NOT NULL,
4     ssex CHAR(2) CONSTRAINT ssex_check CHECK(ssex IN('男','女'))
5     );
表已创建。
```

然后向学生表（student_10）插入记录，添加记录时应用前面创建的序列为表中的主键学号（sno）自动赋值：

```
SQL> INSERT INTO student_10(sno,sname,ssex)
2     VALUES(student_seq.nextval,'ZHANG SAN','男');
已创建 1 行。
SQL> INSERT INTO student_10(sno,sname,ssex)
2     VALUES(student_seq.nextval,'LI SI','女');
已创建 1 行。
```

上面的语句向表中插入了 2 条记录，查询该表中刚刚添加的 2 条记录：

```
SQL> SELECT * FROM student_10;
SNO                    SNAME              SSEX
---------------        ---------------    -----------
2020101100             ZHANG SAN          男
2020101101             LI SI              女
已选择 2 行。
```

从以上查询结果可以看出，虽然插入的两条记录均未给学号（sno）指定具体的学号值，但是序列已经为该字段自动赋值了，从而减少了数据的输入量，提高了录入数据的工作效率。

在使用了伪列 nextval 之后，可以使用伪列 currval 在表 dual 中查看序列 student_seq 的当前值：

```
SQL> SELECT student_seq.currval FROM dual;
CURRVAL
-------------------
2020101101
已选择 1 行。
```

📖 说明：dual 表是 Oracle 系统提供的表，包含 1 行，一般用于临时显示单行的查询结果。

9.5.3　管理序列

管理序列主要包括序列的修改和删除。用户可以修改自己模式中的序列。如果要修改其他模式中的序列，则必须具有 ALTER ANY SEQUENCE 系统权限。利用 ALTER SEQUENCE 语句可以对序列进行修改，语法格式除了 ALTER SEQUENCE 外，其他方面与序列的创建类似。修改序列时应注意以下事项：

- ❑ 不能修改序列的起始值。
- ❑ 序列的最小值不得大于当前值。
- ❑ 序列的最大值不得小于当前值。

如果要改变序列的起始值，必须删除序列然后再重建它。

类似地，用户可以删除自己模式中的序列。如果要删除其他模式中的序列，则必须具有

DROP ANY SEQUENCE 系统权限。删除序列的语法格式如下：

```
DROP SEQUENCE sequence_name;
```

9.6 同 义 词

同义词是表、索引、视图或者其他模式对象的一个别名。在使用同义词时，Oracle 简单地将它翻译为对应的模式对象的名称。

Oracle 只在数据字典中保存同义词的定义描述，因此同义词并不占用任何实际的存储空间。

在开发数据库应用程序时，应当普遍遵守的规则是尽量避免直接引用表、视图或其他数据库模式对象。否则，当 DBA 对数据库模式对象做出修改和变动之后，如改变表的名称或结构，就必须重新更新并编译应用程序。因此，DBA 应当为开发人员建立数据库模式对象的同义词，这样即使模式对象发生了变动，也只需要在数据库中对同义词进行修改，而不必对应用程序做任何改动。

此外，有时出于安全或使用便捷方面的考虑，DBA 也会创建同义词，例如以下 3 种情况：

❑ 为重要的数据库对象创建同义词，以便隐藏模式对象的实际名称。

❑ 在分布式数据库系统中，为存储在远程数据库中的对象创建同义词，使用户可以像使用本地模式对象一样对远程对象进行操作。

❑ 为名称很长或很复杂的数据库对象创建同义词，以简化 SQL 语句。

在 Oracle 中可以创建以下两种类型的同义词。

❑ 公有同义词：由一个特殊的用户组 PUBLIC 所拥有，数据库中所有的用户都可以使用公有同义词。

❑ 私有同义词：由创建它的用户（或模式）所拥有，用户可以控制其他用户是否有权使用属于自己的私有同义词。

下面简单介绍如何创建和删除同义词。

1. 创建同义词

可以使用 CREATE SYNONYM 语句创建同义词，语法格式如下：

```
CREATE [OR REPLACE] [PUBLIC] SYNONYM synonym_name FOR schema_object;
```

语法说明如下：

❑ OR REPLACE：表示在创建同义词时，如果该同义词已经存在，那么就用新创建的同义词代替旧同义词。

❑ PUBLIC：指定创建的同义词为公有还是私有同义词。如果不使用此选项，则默认为创建私有同义词。

❑ synonym_name：创建的同义词名称。命名规则与表名和字段名命名规则相同。

❑ schema_object：指定同义词所代表的模式对象。

【例 9-42】 假设在 SCOTT 模式中存在一个名为 scores_2015_2020_1 的表，表中存放着学生 2015 - 2020 学年第 1 学期的成绩，这时对于其他用户来说，如果要查询该表的信息，操作如下：

```
SQL> SELECT * FROM scott.scores_2015_2020_1;
```

可以看出，必须使用完整的表名，并且在表名前加上模式名。如果创建同义词，可以大大简化操作。

【例 9-43】为上例中 SCOTT 模式的表 scores_2015_2020_1 创建名为 scores 的公有同义词。

```
SQL> CREATE PUBLIC SYNONYM scores FOR scott.scores_2015_2020_1;
```

那么其他用户再查询学生成绩信息，就可以这样操作：

```
SQL> SELECT * FROM scores;
```

通过使用公有同义词 scores，不仅简化了用户的查询语句，同时也隐藏了 scores_2015_2020_1 表的名称和它所属的 SCOTT 模式。

2．删除同义词

用户如果不希望再使用同义词，可以使用 DROP SYNONYM 语句将其删除，语法格式如下：

```
DROP SYNONYM synonym_name;
```

一个用户可以删除自己创建的同义词，如果要删除其他用户创建的同义词，则要具有 DROP ANY SYNONYM 系统权限。DBA 可以删除所有的公有同义词，普通用户需要具有 DROP PUBLIC SYNONYM 系统权限，才能删除公有同义词。同义词被删除以后，其相关信息也将从数据字典中被删除。

9.7　本 章 小 结

本章介绍了 Oracle 模式和模式对象的概念，常用数据库模式对象（包括表、视图、索引、序列和同义词）的概念、创建及管理方法。通过本章学习，使读者学会利用表的完整性约束来提高表中数据的组织和管理效率，学会根据不同应用情形通过使用视图、索引、序列和同义词来提高表中数据的录入、检索速度，简化对表的操作，提高表中数据的安全性和保密性。

9.8　习题与实践练习

一、选择题

1．关于模式的描述下列选项中不正确的是（　　）。

A．表或索引等模式对象一定属于某一个模式

B．在 Oracle 数据库中，模式与数据库用户是一一对应的

C．一个表可以属于多个模式

D．一个模式可以拥有多个表

2．下列对象属于模式对象的是（　　）。

A．数据段　　　　　　B．盘区　　　　　　C．表　　　　　　D．表空间

3．如果表中某一条记录的一个字段暂时不具有任何值（未设置默认值），在其中将保存为（　　）。

A．空格字符　　　　　　　　　　　B．0

C．NULL   D．不确定的值，有字段类型决定

4．在学生表 student 中将存储所有学生的信息，如果需要确保每个学生都拥有唯一的 email 地址，应当在 email 字段上建立（   ）约束。

A．PRIMARY KEY   B．UNIQUE

C．FOREIGN KEY   D．CHECK

5．下列关于视图的描述，不正确的是（   ）。

A．视图与索引一样，并不占用实际的存储空间

B．在创建视图时必须使用子查询

C．视图的基表既可以是表，也可以是已经创建的视图

D．利用视图可以将复杂的数据永久地保存起来

6．如果要为学生表（student）的 3 个字段姓名（name）、性别（sex）和出生日期（birthday）分别创建索引，则应该（   ）。

A．都创建 B 树索引

B．都创建位图索引

C．分别创建 B 树索引、位图索引和位图索引

D．分别创建 B 树索引、位图索引和 B 树索引

7．如果希望能够自动为学生表（student）的主键学号（sno）生成唯一连续的整数，如 20201101100、20201101101 等，应当使用（   ）模式对象来实现。

A．序列   B．同义词   C．索引   D．视图

8．下列不是伪列 ROWID 的作用的是（   ）。

A．保存记录的物理地址   B．快速查询指定的记录

C．标识各条记录   D．保存记录的头信息

9．下列错误地描述了默认值的作用的是（   ）。

A．为表中某字段定义默认值后，如果向表中添加记录而未为该字段提供值，则使用定义的默认值代替

B．如果向表中添加记录并且为定义默认值的字段提供值，则该字段仍然使用定义的默认值

C．如果向表中添加记录并且为定义默认值的字段提供值，则该列使用提供的值

D．向表中添加记录时，如果定义默认值的字段提供值为 NULL，则该列使用 NULL 值

10．唯一性约束与主键约束的一个区别是（   ）。

A．唯一性约束的字段的值不可以有重复值

B．唯一性约束的字段的值可以不是唯一的

C．唯一性约束的字段不可以为空值

D．唯一性约束的字段可以为空值

二、填空题

1．按照约束的作用域可将表的约束分为两类：_____和_____。

2．按照约束的用途可将表的完整性约束分为 5 类：_____约束、_____约束、_____约束、_____约束和 CHECK 约束。

3．为了在自己的模式中创建一个新表，用户必须具有_____系统权限。如果要在其他用户模式中创建表，则必须具有_____的系统权限。

4. _____约束要求表中一个字段或一组字段中的每一个值都是唯一的。_____约束用来约束表的一个字段或者几个字段的取值是唯一的并且不为 NULL。_____约束是一个关系表达式，它规定了一个字段的数据必须满足的条件。

5. 用来清理索引存储碎片的两种方式分别是_____和_____。

6. 可以通过数据字典_____来了解视图中哪些字段是可以更新的。

7. 同义词是表、索引、视图或者其他模式对象的一个_____。

8. 在使用序列时，可以使用序列中的伪列来获取相应的序列值。_____用于获取序列的下一个序号值，_____用于获取序列的当前序号值。

三、简答题

1. 什么是模式和模式对象？两者有何联系？

2. 简述 UNIQUE 约束和 PRIMARY KEY 约束的含义及区别。

3. 简述视图、索引、序列和同义词的含义。

4. 简述清理索引存储碎片的两种方式以及它们的工作原理。

5. 简述 CHAR 和 VARCHAR2 两种字符数据类型的区别。假设学生表中的姓名字段和性别字段均为字符类型，请问这两个字段在定义其数据类型时应分别选择 CHAR 和 VARCHAR2 中的哪一个？

6. 如果经常执行类似下面的查询语句：

```
SELECT sno,sname,ssex
FROM student
WHERE SUBSTR(sname,1,2)='杨';
```

那么应该为 student 表的 sname 字段创建哪一种类型的索引？如何创建？

四、实践操作题

1. 分别创建职工表 emp 和部门表 dept。职工表包含的字段有职工编号（empno）、职工姓名（ename）、工作（job）、聘用日期（hiredate）、工资（sal）和所在部门编号（deptno），其各字段的数据类型如表 9-7 所示；部门表包含的字段有部门编号（deptno）、部门名称（dname）和部门地址（loc），其各字段的数据类型如表 9-8 所示。要求如下：

（1）创建职工表时：

① 为职工编号定义主键约束。

② 为职工姓名定义非空约束。

③ 为部门编号定义非空约束和外键约束。

④ 指定在主键（deptno）中的数据被删除时，外键（deptno）所对应的数据也级联删除。

⑤ 表所在表空间为 myspace。

（2）创建部门表（dept）时：

① 为部门编号定义主键约束。

② 为部门名称定义非空约束。

③ 表所在表空间为 myspace。

（3）向部门表使用 INSERT INTO 语句插入如表 9-9 所示的数据。

（4）向职工表使用 INSERT INTO 语句分别插入两条记录：（7369,'SMITH', 'CLERK',to_date('17-Dec-80'),2800,20）和（7698, 'BLAKE', 'MANAGER',to_date('01-May-81'),2850,40）。

（5）向职工表使用 INSERT INTO 语句能否插入数据（7499,NULL,'SALESMAN',

to_date('20-Feb-81'),2600,30）？为什么？

（6）向职工表使用 INSERT INTO 语句能否插入数据（7369, 'ALLEN', 'SALESMAN', to_date('20-Feb-81'),2600,30）？为什么？

（7）向职工表使用 INSERT INTO 语句能否插入数据（NULL, 'ALLEN', 'SALESMAN', to_date('20-Feb-81'),2600,30）？为什么？

（8）向职工表使用 INSERT INTO 语句能否插入数据（7499, 'ALLEN', 'SALESMAN', to_date('20-Feb-81'),2600,50）？为什么？

（9）向职工表使用 INSERT INTO 语句能否插入数据（7499, 'ALLEN', 'SALESMAN', to_date('20-Feb-81'),2600,NULL）？为什么？

（10）从部门表中能否删除部门编号为 40 的部门信息？为什么？

表 9-7　emp

Column_Name	Type
empno	NUMBER(4)
ename	VARCHAR2(10)
job	VARCHAR2(10)
hiredate	DATE
sal	NUMBER(7,2)
deptno	NUMBER(2)

表 9-8　dept

Column_Name	Type
deptno	NUMBER (2)
dname	CHAR (14)
loc	CHAR (13)

表 9-9　dept表中数据

deptno	dname	loc
40	OPERATIONS	BOSTON
30	SALSE	CHICAGO
20	RSESARCH	DALLAS
10	ACCOUNTING	NEW YORK

2．先创建一个名为 student_sequence 的序列，要求序列号的起始值为 2020130000，按升序每次增加 1，不缓存序列号，不循环生成序列号，要求按升序生成序列号；再创建学生表（student），表中包含的字段信息如表 9-10 所示。要求如下：

（1）创建表时：

①　为学号定义主键约束，指定约束名为 sno_primarykey。

②　为学生姓名定义非空约束，指定约束名为 sname_notnull。

③　为性别定义检查约束，指定约束名为 ssex_notnull。

④　为所在系名定义非空约束，指定约束名为 sdept_notnull。

（2）对学生表进行插入数据操作：

① 使用伪列方式向学生表中插入数据（2020130000,'李一',to_date('20-Feb-06'), '男', '计科系'）。

② 能否向学生表中插入数据（student_sequence.nextval, '李二',to_date('20-Mar-05'), '南', 0 '计科系'）？为什么？

③ 基于学生表，创建视图 student_view，要求其中的子查询检索学生的学号、姓名和所在系。

④ 为所在系名创建合适的索引，索引名为 sdept_index。

⑤ 为学生表创建名为 stu 的公有同义词。

表 9-10　student

Column_Name	Type
sno	NUMBER(10)
sname	VARCHAR2(20)
sbirthday	DATE
ssex	CHAR(2)
sdept	NUMBER(7,2)
deptno	VARCHAR2(20)

第 10 章　SQL 基础知识

SQL（结构化查询语言）是实现与关系型数据库通信的标准语言，是数据库的核心语言。在 Oracle 数据库的日常管理与应用中，经常要使用 SQL。只有理解和掌握了 SQL 才能真正理解关系型数据库。SQL 不仅具有丰富的查询功能，还具有数据定义和数据控制功能，是集查询、DDL（数据定义语言）、DML（数据操纵语言）和 DCL（数据控制语言）于一体的关系型数据语言。通过 SQL，可以完成对数据表的查询、更新和删除等功能。此外，还可以使用基本函数对数据表中的数据进行统计计算。在数据库访问和操作的过程中，经常使用的 SQL 语句有 SELECT、INSERT、UPDATE 和 DELETE 等。

本章首先介绍 SQL 语句的基本概念，然后介绍 DML、DDL、DCL 和 TCL 语言的作用和使用方法，接着介绍 SQL 中常用数据类型和操作符的使用，并着重讨论 SELECT 语句的使用方法与技巧，还介绍各种常用函数的使用，最后讨论事务的提交和回滚操作，并通过综合应用实例来介绍怎样使用 SQL 来操作数据库。

本章要点：
- ❑ 了解 SQL 的概念。
- ❑ 熟悉 SQL 的特点与种类。
- ❑ 熟练掌握 SELECT 语句的各种子句。
- ❑ 掌握 SELECT 常用数据类型和操作符的使用。
- ❑ 熟练掌握组合使用 WHERE、GROUP BY、HAVING 等子句。
- ❑ 掌握 INSERT、UPDATE 和 DELETE 语句。
- ❑ 了解 MERGE、TRUNCATE 语句。
- ❑ 掌握伪列与伪表的使用。
- ❑ 掌握字符串函数、数值函数、日期时间函数的使用。
- ❑ 熟练掌握转换函数。
- ❑ 熟练掌握事务处理语句。
- ❑ 综合使用 DDL、DML 和 DCL 语言解决实际问题。

10.1　SQL 概述

SQL 是目前最流行的关系查询语言，也是数据库的核心语言。1974 年，最早在 IBM 公司圣约瑟研究实验室研发的大型关系型数据库管理系统 SYSTEM R 中，使用 SEQUEL 语言（由 BOYCE 和 CHAMBERLIN 提出），后来在 SEQUEL 的基础上发展了 SQL。SQL 是一种交互式查询语言，允许用户直接查询存储数据，但它不是完整的程序语言，如它没有类似 DO 或 FOR 的循环语句，但它可以嵌入另一种语言中，也可以借用 VB、C 及 Java 等语言，通过调用级接口（CALL LEVEL INTERFACE）直接发送到数据库管理系统。SQL 基本上是域关系演算，但可以实现关系代数操作。SQL 是 1986 年 10 月由美国国家标准局（ANSI）通过的数据库语言美国标准，接着，国际标准化组织（ISO）颁布了 SQL 正式的国际标准。1979 年，Oracle 公司首先提供商用的 SQL，IBM 在 DB2 数据库系统中也实现了 SQL。

10.1.1　SQL 的特点

SQL 作为应用程序与数据库进行交互操作的接口，被广泛地应用在各类应用系统中，它具有以下特点：

- SQL 是非过程化语言。SQL 采用集合操作方式，对数据的处理是成组进行的，而不是一条条单个记录进行的。通过集合操作方式来操作记录集，可以加快数据处理的速度。执行语句时，用户只需要知道其逻辑含义，而不需要关心 SQL 语句的具体执行步骤。Oracle 会自动优化 SQL 语句，确定最佳访问途径，然后再执行 SQL 语句，返回实际数据集合。SQL 不要求用户指定对数据的存放方法，这种特性使用户更易集中精力于要得到的结果。
- SQL 是统一的语言。SQL 可以用于所有用户的 DB 活动模型，包括系统管理员、数据库管理员、应用程序员、决策支持系统人员及许多其他类型的终端用户。基本的 SQL 语句只需很少时间就能学会，最高级的语句几天内也能掌握。执行 SQL 语句时，每次只能发送并处理一条语句。
- SQL 是所有关系型数据库的公共语言。目前所有关系型数据库管理系统都支持 SQL，用户可以使用 SQL 将一个关系型数据库迁移到另一个关系型数据库中。所有用 SQL 编写的程序都是可以移植的。
- SQL 具有多种执行方式。使用 SQL 语句时，既可以采用交互方式执行（如 SQL*Plus），也可以将 SQL 语句嵌入高级语言（如 C++、Java）中执行。

10.1.2　SQL 的种类

SQL 按照实现的功能不同，主要可以分为数据操纵语言、数据定义语言、数据控制语言和事务控制语言 4 类，下面分别介绍。

1．数据操纵语言

数据操纵语言（Data Manipulation Language，DML）主要用来处理数据库中的数据内容。DML 允许用户对数据库中的数据进行查询、插入、更新和删除等操作。

常用的 DML 语句及其功能如表 10-1 所示。

表 10-1　DML 语句及其功能

DML 语句	功 能 说 明
SELECT	从表或视图中检索数据行
INSERT	插入数据到表或视图
UPDATE	更新
DELETE	删除
CALL	调用过程

续表

DML语句	功 能 说 明
MERGE	合并（插入或修改）
COMMIT	将当前事务所做的更改永久化（写入数据库）
ROLLBACK	取消上次提交以来的所有更改

在表 10-1 中，使用最多且最为关键的语句就是 SELECT，它语法丰富且功能完善。后面详细介绍其使用方法。

2．数据定义语言

数据定义语言（Data Definition Language，DDL）是一组 SQL 命令，用于创建和定义数据库对象，并且将对这些对象的定义保存到数据字典中。通过 DDL 语句可以创建、修改和删除数据库对象等。DDL 是集中负责数据结构定义与数据库对象定义的语言，由 CREATE、ALTER 与 DROP 3 个语句所组成。因第 9 章已经对 DDL 语言做了详细讨论，故本章对 DDL 只略做介绍。

常用的 DDL 语句及其功能如表 10-2 所示。

表 10-2　DDL语句及其功能

DDL语句	功 能 说 明
CREATE	创建数据库结构
ALTER	修改数据库结构
DROP	删除数据库结构
RENAME	更改数据库对象的名称
TRUNCATE	删除表的全部内容

3．数据控制语言

数据控制语言（Data Control Language，DCL）是用来设置或者更改数据库用户或角色权限的，DCL 包括 GRANT、REVOKE 等语句，在默认状态下，只有拥有 SYS、SYSTEM 和 SYSMAN 等角色的成员才有权利执行数据控制语言。

常用的 DCL 语句及其功能如表 10-3 所示。

表 10-3　DCL语句及其功能

DDL语句	功 能 说 明
GRANT	授予其他用户对数据库结构的访问权限
REVOKE	收回用户访问数据库结构的权限

4．事务控制语言

事务控制语言（Transactional Control Language，TCL）主要用于协调对相同数据的多个同步的访问。当一个用户改变了另一个用户正在使用的数据时，Oracle 使用事务控制来维护数据的一致性，包括 COMMIT（提交事务）、ROLLBACK（回滚事务）和 SAVEPOINT（设置保存点）3 条语句。

常用的 TCL 语句及其功能如表 10-4 所示。

表 10-4　TCL 语句及其功能

TCL 语句	功 能 说 明
COMMIT	将当前事务所做的更改永久化（写入数据库）
ROLLBACK	撤销在设置的回滚点以后的操作
SAVEPOINT	设置 ROLLBACK 的回滚点

10.1.3　SQL 规范与操作

为了养成良好的编程习惯，编写 SQL 语句时需要遵循的规则：

❑ SQL 关键字、对象名或列名不区分大小写，既可以使用大写格式，也可以使用小写格式，或者混用大小写格式。建议命令名和关键字用大写，右对齐。

❑ 字符值和日期值区分大小写。当在 SQL 语句中引用字符值和日期值时，必须给出正确的大小写数据，否则不能返回正确信息。

❑ 统一 SQL 语句编写格式，应对表名、栏位名称进行注释，注释符离前面 4 个空格或一个 TAB。让 SQL 语句看起来美观，更容易阅读，增强可维护性，在代码复制时不需要进行比较大的修改。

❑ 在编写 SQL 语句时，如果语句文本很短，可以放在一行；如果 SQL 语句文本很长，可以将语句分布到多行上，以提高代码的可读性。如果有子查询，（）分布在两行，子查询语句在次行独立编写，其他语句需要符合上述规定。

❑ 如果使用 JOIN 语法，JOIN 起始与原表名左对齐，其他语句需要符合上述规定。

❑ SQL*Plus 中的 SQL 语句以分号（;）结尾。

10.1.4　SQL 操作界面

1．SQL*Plus 界面

SQL*Plus 的登录和退出方法如下：

（1）登录。在命令行窗口输入 SQLPLUS 并按回车键；接着输入正确的 Oracle 用户名和密码就会登录到 SQL*Plus 状态，出现 SQL>提示符。

（2）退出。在 SQL>后输入 EXIT 命令按回车键即可退出。

2．SQL 语句的编辑与运行

语句的编辑与运行可以在 SQL>语句提示符后输入 SQL 语句并运行。执行单条语句，以分号结束输入；执行程序块时，以"/"结束输入。也可利用第 8 章所述进行 PL/SQL 块的编辑和运行。

10.2　Oracle 18c 常用数据类型与操作符

前面章节已经介绍了一些 SQL 语句中出现的数据类型，下面对 Oracle 中 SQL 语句常用的数据类型和运算符进行归纳总结。

10.2.1　Oracle 18c 常用数据类型

Oracle 数据库的核心是表，表中的列经常使用到的数据类型如表 10-5 所示。

表 10-5　表中常用数据类型

类　　型	含　　义
CHAR(length)	存储固定长度的字符串。参数length指定了长度，如果存储的字符串长度小于length，则用空格填充。默认长度是1，最长不超过2000字节
VARCHAR2(length)	存储可变长度的字符串。length指定了该字符串的最大长度。默认长度是1，最长不超过4000字符。与CHAR类型相比，使用VARCHAR2可以节省磁盘空间
NUMBER(p,s)	既可以存储浮点数，也可以存储整数，p表示数字的最大位数（如果是小数，则包括整数部分、小数部分和小数点，p默认是38位），s是指小数位数
DATE	存储日期和时间的DATE类型的长度是7，分别表示存储世纪、4位年、月、日、时、分、秒，存储时间从公元前4712年1月1日到公元后4712年12月31日
TIMESTAMP	不但存储日期的年、月、日、时、分、秒，以及秒后6位，同时包含时区
CLOB	存储大的文本，如存储非结构化的XML文档
BLOB	存储二进制对象，如图形、视频、声音等

10.2.2　Oracle 18c 常用操作符

Oracle 开发过程中，依然存在算术运算、关系运算和逻辑运算等。

1．算术运算

Oracle 中的算术运算符只有+、−、*、/共 4 个，其中除号（/）的结果是浮点数。求余运算只能借助函数 MOD（x,y）返回 x 除以 y 的余数。

2．关系运算和逻辑运算

在 Oracle 的 Where 子句中经常见到关系运算和逻辑运算，常见的关系运算符如表 10-6 所示。

表 10-6　Oracle的关系运算符

运　算　符	说　　明	运　算　符	说　　明
=	等于	>	大于
<>或者!=	不等于	<=	小于或等于
<	小于	>=	大于或等于

逻辑运算符有 AND、OR、NOT 共 3 个。

3．字符串连接操作符

在 Oracle 中，字符串的连接用双竖线（||）表示。例如，在职工 emp 表中，查询工资在 2000 元以上的员工的姓名以及工作：

```
select 姓名||工作
```

```
from emp where salary>2000;
```

10.3　数据操纵语言

数据操纵语言（DML）用于对数据库表中的数据进行添加、修改、删除和查询操作。其中 SQL 的主要功能之一是实现数据库查询，筛选出满足特定条件的数据记录。查询语句可以从一个或多个表中，根据指定条件选取特定的行和列。

10.3.1　基本查询语句 SELECT

在 Oracle 中，SELECT 是使用频率最高的语句之一，它具有强大的查询功能。数据查询用 SELECT 命令从数据库的表中提取信息。数据查询语言的基本结构是由 SELECT 子句、FROM 子句和 WHERE 子句等查询块组成的。

1. 语句的格式

SELECT 语句的语法格式如下：

```
SELECT {[DISTINCT|ALL] columns|*|expression}
    FROM {tables|views|other select}
    [WHERE conditions]
    [GROUP BY columns]
    [HAVING conditions]
    [ORDER BY columns]
```

其中，[ ]表示可选项。语法说明如下：
- SELECT：必须要用的语句，查询语句的关键字。
- DISTINCT：当列的值相同时去掉重复的值。
- ALL：全部选取，而不管列的值是否重复。此选项为默认选项。
- columns：指定要查询的列的名称，可以指定一个或者多个要查询的列。各个列名中间用逗号分隔。
- *：表中的所有列。
- FROM：必须要用的语句，后面跟查询所选择的表或视图的名称。
- WHERE：指定查询条件的表达式，表达式可以是列名、函数、常数等组成的表达式。如果不需要指定条件，则可省略 WHERE 子句。
- GROUP BY：指定分组查询子句，后面跟需要分组的列名。要求在查询的结果中排序，默认是升序。
- HAVING：指定分组结果的筛选条件。
- ORDER BY：指定对查询结果进行排序的条件。后面加 ASC 表示升序（默认），DESC 表示降序。

【例 10-1】使用 SELECT 语句查询 SCOTT 用户 emp 表中的员工姓名、薪金及受雇日期。

```
SQL> SELECT ename, sal, hiredate FROM scott.emp;

ENAME          SAL            HIREDATE
---------      ---------      ----------------
KING           5000           17-11 月-81
```

```
TURNER              1500                08-9 月-81
ADAMS               1100                23-5 月-87
JAMES               950                 03-12 月-81
```

☊注意：在检索数据时，数据列按照 SELECT 子句后面指定的列的顺序显示；如果使用星号
（*）检索所有的列，那么数据按照定义表时指定的列的顺序显示数据。不过，无
论按照什么顺序，存储在表中的数据都不会受影响。

2. FROM条件子句

在 SELECT 子句中，FROM 子句是必不可少的，该条件子句用来指定所要查询的表或视图的名称列表。在 FROM 子句中，可以指定多个表或视图，每个表或视图还可以指定子查询和别名。

【例 10-2】 对 SCOTT 用户的 emp 表进行查询。

```
SQL> SELECT empno, ename, hiredate, deptno  FROM  scott.emp;

EMPNO               ENAME               HIREDATE            DEPTNO
---------           ---------           ----------------    ----------------
7369                SMITH               17-12 月-80         20
7499                ALLEN               20-2 月-81          20
7521                WARD                22-2 月-81          20
...
已选择 14 行。
```

3. WHERE条件子句

在执行简单查询语句时，若没有 WHERE 指定条件限制，则 SELECT 语句将会检索表的所有行。但在实际应用中，大部分查询并不是针对表中所有记录，而是要找出满足某些条件的记录。此时就必须使用 WHERE 条件子句来从表中筛选出符合条件的记录。

1）比较运算符的使用

使用 WHERE 子句时，只需要在 WHERE 关键字后面指定检索条件即可。在检索条件中，可以使用多种操作符，具体操作符如表 10-6 所示。

【例 10-3】 查询 SCOTT 用户的 emp 表中薪金大于 2000 的员工信息。

```
SQL> SELECT * FROM scott.emp
  2  WHERE sal>2000;
EMPNO   ENAME   JOB         MGR     HIREDATE        SAL     COMM    DEPTNO
-----   -----   ----        ----    --------        ---     ------  --------
7566    JONES   MANAGER     7839    02-4 月-81      2975            28
7698    BLAKE   MANAGER     7839    01-5 月-81      2850            30
7782    CLARK   MANAGER     7839    09-6 月-81      2450            10
7788    SCOTT   ANALYST     7566    19-4 月-87      3000            20
7839    KING    PRESIDENT           17-11 月-81     5000            10
7902    FORD    ANALYST     7566    03-12 月-81     3000            20
已选择 6 行。
```

2）逻辑运算符的使用

在 WHERE 条件子句中可以使用逻辑运算符把若干个查询条件连接起来，从而实现比较复杂的选择查询。可以使用的逻辑运算符包括逻辑与（AND）、逻辑或（OR）和逻辑非（NOT）。

【例 10-4】　查询 SCOTT 用户的 emp 表中薪金在 2000～3000 元之间的员工信息。

```
SQL> SELECT empno,ename,job,sal FROM scott.emp
  2  WHERE sal>2000 AND sal<3000;
EMPNO               ENAME               JOB            SAL
-------             ---------           ------         ---------
7566                JONES               MANAGER        2975
7698                BLAKE               MANAGER        2850
7782                CLARK               MANAGER        2450
```

3）BETWEEN…AND 范围比较

在 WHERE 子句中可以使用 BETWEEN…AND 关键字对表中某一范围的数据进行查询，系统将逐行检查表中数据是否在 BETWEEN…AND 区间内，这个指定范围为一个连续的闭区间，包含区间的左右两个边界值。

【例 10-5】　查询 SCOTT 用户的 emp 表中雇佣日期为 1987 年的员工信息。

```
SQL> SELECT * FROM scott.emp
  2  WHERE hiredate BETWEEN '1-1 月-1987' AND '31-12 月-1987';
EMPNO   ENAME   JOB       MGR    HIREDATE    SAL    COMM   DEPTNO
-----   ----    ---       ----   --------    ---    ----   -------
7788    SCOTT   ANALYST   7566   19-4 月-87  3000          20
7876    ADAMS   CLERK     7788   23-5 月-87  1100          20
```

4）IN 操作符

在 WHERE 子句中可以使用 IN 操作符，用来查询某列的值在某个列表中的数据行。

【例 10-6】　对 SCOTT 用户的 emp 表进行检索。在 WHERE 子句中使用 IN 操作符，要求检索出 empno 列的值为 7788、7800 或 7900 的员工记录。

```
SQL> SELECT * FROM scott.emp
  2  WHERE empno IN('7788', '7800', '7900');
EMPNO   ENAME   JOB       MGR    HIREDATE    SAL    COMM   DEPTNO
-----   -----   ---       ---    --------    ---    ----   -------
7788    SCOTT   ANALYST   7566   19-4 月-87  3000          20
7900    JAMES   CLERK     7898   03-12 月-87 950           30
```

5）LIKE 字符串匹配

前述的 SELECT 语句，查询条件都是确定的。但在实际应用中，并不是所有的查询条件都是确定的。在 WHERE 中可以使用 LIKE 关键字进行模糊查询，用来查看某一列中的字符串是否匹配指定的模式，有以下两种使用方法。

❏ 下画线字符_：匹配指定位置的任意一个字符。

❏ 百分号字符%：匹配从指定位置开始的任意多个字符。

如果匹配的字符串中有下画线和百分号本身，则需要用 ESCAPE 选项标识这些字符，即类似 C、Java 语言中的转义符号，如 "%\%%'ESCAPE'\"。

【例 10-7】　查询 SCOTT 用户的 emp 表中的姓名以 A 开头的员工信息。

```
SQL> SELECT * FROM scott.emp
  2  WHERE ename LIKE 'A%';
EMPNO   ENAME   JOB        MGR    HIREDATE    SAL    COMM   DEPTNO
-----   -----   ---        ---    --------    ---    ----   -------
7499    ALLEN   SALESMAN   7698   20-2 月-81  1600   300    20
7876    ADAMS   CLERK      7588   23-5 月-87  1100          20
```

【例 10-8】　对 SCOTT 用户的 emp 表进行检索。在 WHERE 子句的 LIKE 操作符中，指定 ename 列的匹配模式为 "%\%%"，表示查询 ename 列中包含一个%字符的数据。

```
SQL> SELECT * FROM scott.emp
  2   WHERE ename LIKE 'A%';
EMPNO   ENAME    JOB        MGR     HIREDATE    SAL     COMM    DEPTNO
-----   -----    ---        ---     --------    ---     ----    -------
7499    ALLEN    SALESMAN   7698    20-2月-81   1600    300     20
7876    ADAMS    CLERK      7588    23-5月-87   1100            20
```

4．DISTINCT 关键字

DISTINCT 关键字可以从查询结果集中消除重复的行，使结果更简洁。该关键字在 SELECT 子句中所查询的列前面使用。若不指定该关键字，则 SELECT 语句默认显示所有列，即 ALL 属性。

【例 10-9】 查询 SCOTT 用户的 emp 表中 deptno 字段，比较使用 DISTINCT 关键字的结果。

```
SQL> SELECT deptno FROM scott.emp;
DEPTNO
----------
    20
    30
    30
    ...
    20
    10
已选择 14 行。
SQL> SELECT DISTINCT deptno FROM scott.emp;
DEPTNO
----------
    30
    20
    10

已选择 13 行。
```

从以上结果可以看出，使用 DISTINCT 关键字去掉了重复的值，查询结果从 14 条变成 3 条具有不同值的记录。

5．ORDER BY 条件子句

实际查询过程中，经常需要对查询结果进行排序输出，如对员工工资由高到低排列等，这时就需要使用 ORDER BY 子句。

使用 ORDER BY 子句，可以根据表中列进行排序，ASC 表示升序排列，为默认值，可省略；使用 DESC 表示按降序排列。

【例 10-10】 将 SCOTT 用户的 emp 表中工作是 MANAGER 的记录按薪金降序排列。

```
SQL> SELECT * FROM scott.emp
  2   WHERE job='MANAGER'
  3   ORDER BY sal DESC;

EMPNO   ENAME    JOB        MGR     HIREDATE    SAL     COMM    DEPTNO
-----   -----    ---        ---     --------    ---     ----    -------
7566    JONES    MANAGER    7839    02-4月-81   2975            28
7698    BLAKE    MANAGER    7839    01-5月-81   2850            30
7782    CLARK    MANAGER    7839    09-6月-81   2450            10
```

🔔注意：在默认情况下，ORDER BY 子句按升序进行排序，如果要按降序排列，则必须使用 DESC 关键字。在一般情况下，不要对查询结果进行排序，因为服务完成这项工作需要有额外的开销，这样在数据量比较大的情况下会很耗费系统资源。也就是说，带有 ORDER BY 子句的 SELECT 语句执行起来比一般的 SELECT 语句需要更多的时间。

6. GROUP BY条件子句

前面的操作中，都是对表中每一行数据进行单独操作。在某些情况下，需要把一个表中的行分为多个组，然后将这个组作为一个整体，以获得该组的一些信息。如获取部门编号为 10 的员工人数，或某个部门员工的平均工资等，此时必须使用 GROUP BY 子句。该子句的功能是根据指定的列将表中数据分成多个组后进行汇总。

使用 GROUP BY 子句，可以根据表中某一列或某几列对表中的数据行进行分组，多个列之间使用逗号（,）隔开。如果根据多个列进行分组，Oracle 会首先根据第一列进行分组，然后在分出来的组中再按照第二列进行分组，以此类推。对数据分组后，主要是使用一些聚合函数对分组后的数据进行统计。

【例 10-11】 查询 SCOTT 用户的 emp 表中各种工作的员工人数。

```
SQL> SELECT job, COUNT(*) AS 人数 FROM scott.emp
  2   GROUP BY job;
   JOB            人数
   ---------      --------
   ANALYST        2
   CLERK          4
   MANAGER        3
   PRESIDENT      1
   SALESMAN       4
```

🔔注意：
- 使用 GROUP BY 子句时，将分组字段相同的行作为一组，而且每组只产生一个汇总，每个组只返回一行，不返回详细信息。
- 如果在该查询条件中使用了 WHERE 子句，那么先在表中查询满足 WHERE 条件的记录，再将这些记录按照 GROUP BY 子句分组，也就是说 WHERE 子句先生效。
- 如果在 SELECT 子句中使用了 GROUP BY 子句，那么在 SELECT 子句中就不能出现表示单个结果的列，否则会出错。

7. HAVING条件子句

HAVING 子句通常与 GROUP BY 子句一起使用，在完成分组结果的统计后，可以使用 HAVING 子句对分组的结果进行进一步的筛选。

一个 HAVING 子句最多可以包含 40 个表达式，HAVING 子句的表达式之间使用关键字 AND 和 OR 分隔。

在 SELECT 语句中，当同时存在 GROUP BY 子句、HAVING 子句和 WHERE 子句时，其执行顺序为：先 WHERE 子句，后 GROUP BY 子句，再 HAVING 子句。也就是说，先用 WHERE 子句从数据源中筛选出符合条件的记录，接着用 GROUP BY 子句对选出的记录按指定字段分组、汇总，最后再用 HAVING 子句筛选出符合条件的组。

【例 10-12】 查询 SCOTT 用户的 emp 表中每个部门的员工人数，添加 HAVING 条件，指定条件为员工人数大于 3。

```
SQL> SELECT deptno AS 部门编号,COUNT(*) AS 人数 FROM scott.emp
2   GROUP BY deptno;
3   HAVING COUNT（*）>3;

 部门编号              人数
 ------------        ------------
30                  6
20                  5
```

⚲注意：如果不使用 GROUP BY 子句，那么 HAVING 子句的功能与 WHERE 子句一样，都是定义搜索条件。但是 HAVING 子句的搜索条件与组有关，而不与单行有关。

8．伪列及伪表

Oracle 系统为了实现完整的关系型数据库功能，专门提供了一组称为伪列（Pseudo-column）的数据库列，这些列不是在建立对象（如建表）时由用户完成的，而是自动由 Oracle 完成的。Oracle 目前有以下的伪列。

❑ CURRVAL and NEXTVAL：使用序列号的保留字。

❑ LEVEL：查询数据所对应的级。

❑ ROWID：记录的唯一标识。

❑ ROWNUM：限制查询结果集的数量。

Oracle 还提供了一个叫 DUAL 的伪表，该表的主要目的是保证在使用 SELECT 语句时的完整性，例如，要查询当前的系统日期及时间，而系统的日期和时间不是放在一个指定的表里，所以在 FROM 语句后就没有表名给出。为了让 FROM 后有表名，就用 DUAL 代替。

【例 10-13】 查询 Oracle 系统日期及时间。

```
SQL> select to_char(sysdate,'yyyy.mm.dd hh24:mi:ss') FROM DUAL;

TO_CHAR(SYSDATE)
-------------------
2021.08.02 11:28:06
```

在 SELECT 语句中，不但可以对表和视图进行查询，也可以执行数学运算（如+、-、*、/）及日期运算，还可以执行与列关联的运算。在执行数学和日期运算时，会经常使用系统提供的 DUAL 伪表。

【例 10-14】 计算 5000+5000×0.1 的结果。

```
SQL> select 5000+5000*0.1 FROM DUAL;

5000+5000*0.1
-------------------
5500
```

10.3.2 添加数据语句 INSERT

创建表的目的是利用表来存储和管理数据。实现数据存储的前提是向表中插入数据，没有数据的表只是一个空的表结构，没有任何实际意义。用 DML 的 INSERT 命令可以完成对数据的添加操作。

INSERT 语句的语法格式如下：

```
INSERT INTO table_name [(column1_name [,column2_name]…)]
VALUES {(value1, value2, …)|SELECT query…};
```

语法说明如下：

❑ table_name：要插入数据的表名。

❑ column_name：要插入数据的列名。

❑ value1,value2：表示对应列所添加的数据。

❑ SELECT query：表示一个 SELECT 子查询语句，通过该语句可以实现把子查询语句返回的结果添加到表中。

在使用 INSERT 语句向表中插入数据时，需要注意以下几点：

❑ 列名可以省略。当省略列名时，默认是表中的所有列名，列名顺序为表定义中列的顺序。

❑ 值的数量和顺序要与列名的数量和顺序一致。值的类型与列名的类型一致。

❑ 如果在 INSERT 语句中使用 SELECT 语句，则 INSERT INTO 子句中指定的列名必须与 SELECT 子句中指定的列相匹配。

❑ 当某列的数据类型为字符型和日期型常量时，其值应该使用单引号括起来。

在 INSERT INTO 子句中可以指定表中的某些或全部列，然后在 VALUES 子句中对这些列分别指定对应值。也可以省略列表清单，那么 VALUES 子句中的值必须与表结构中的列一一对应。

【例 10-15】 在 SCOTT 用户的 emp 表中采用指定表列和省略表列各插入一条新记录。

```
SQL> INSERT INTO scott.emp(
  2    empno, ename, job,mgr,hiredate,sal)
  3    VALUES(
  4    7955,'Tom','manager',8500,'12-9 月-92',8600);

SQL> INSERT INTO scott.emp
  2    VALUES(
  3    7956,'Mike','manager',8700,'16-9 月-92',8600,NULL,NULL);
```

📖注意：用该命令时，如果省略了表名后面的字段名，则在 VALUES 子句中必须给出所有字段的值或 NULL 值或 DEFAULT 默认值，而且值的顺序要和表中字段的顺序一致。

在 Oracle 中，一个 INSERT 命令可以把一个结果集一次性插入一张表中。例如，创建一个 my_emp 表，其结构与 scott.emp 表完全一致，操作如下：

```
SQL> INSERT INTO my_emp
  2  SELECT * FROM scott.emp;
```

在这种语法下，要求结果集中每一列的数据类型必须与表中每一列的数据类型一致，结果集中列的数量与表中列的数量一致。如表 my_emp，该表的结构与 scott.emp 表一样，那么可以把 scott.emp 表中的所有记录一次性插入 my_emp 表中。

10.3.3　修改数据语句 UPDATE

使用 INSERT 语句向数据库中插入记录后，如果需要对已经添加的数据进行修改，可以使用 UPDATE 语句。SQL 使用 UPDATE 语句更新或修改满足条件的现有记录。Oracle 在表中更新数据的语法格式如下：

```
UPDATE table_name
SET column1_name=expression1[,column2_name=expression2]…|
(column1_name [,column2_name]…)=SELECT query
[WHERE condition];
```

语法说明如下：
- table_name：表示要更新数据的表名。
- column_name：要修改数据的列名（字段名）。
- expression：更新后的数据值。
- SELECT query：与 INSERT 语句中的 SELECT 子查询一样，将 SELECT 子查询作为列的更新值。
- WHERE condition：限定更新条件，只对表中满足该条件的记录进行更新。省略该项时，将更新表中所有的行。

【例 10-16】　将 SCOTT 用户的 emp 表中员工的 sal 薪水值增加 200。

```
SQL> UPDATE scott.emp
 2   SET sal=sal+200;
 已更新 17 行。
```

在 UPDATE 语句的 SET 子句中，可以使用 SELECT 子查询语句。

【例 10-17】　将 scott.emp 表中编号为 7369 的员工工作类型改为与编号 7902 员工的工作相同。

```
SQL> UPDATE scott.emp
 2   SET job=(SELECT job FROM scott.emp WHERE empno=7902)
 3   WHERE empno=7369;
 已更新 1 行。
```

10.3.4　删除数据语句 DELETE 或 TRUNCATE

当表中部分或全部数据无用时，可以使用删除命令将它们从表中删除，以释放该数据所占用的空间。常用的删除命令包括 DELETE 和 TRUNCATE，二者的区别如下：
- DELETE 命令是逻辑删除，只是将要删除的行加上删除标记，被删除后可以使用 ROLLBACK 命令回滚，删除操作时间较长；TRUNCATE 命令是物理删除，将表中数据永久删除，不能回滚，是删除操作块操作。
- DELETE 命令包含 WHERE 子句，可以删除表中的部分行；TRUNCATE 命令只能删除表中所有行。
- 如果一个表中数据记录很多，TRUNCATE 比 DELETE 速度快。

1. DELETE语句

使用 DELETE 语句删除数据的语法格式如下：

```
DELETE[FROM]table_name[WHERE conditions]
```

语法说明如下：

❑ table_name：要删除记录的表名。

❑ WHERE conditions：用来指定将删除的数据所要满足的条件，可以是表达式或子查询。默认 WHERE 条件时，则删除该表中所有的行。

【例 10-18】　删除 SCOTT 用户的 emp 表中 empno 的值为 7369 的员工记录。

```
SQL> DELETE FROM scott.emp
 2   WHERE empno=7369;
 已删除 1 行。
```

2. TRUNCATE语句

在数据库日常管理操作中，经常需要将某个表中所有记录删除而只保留表结构。如果使用 DELETE 语句进行删除，Oracle 就会自动为该操作分配回滚段，则删除操作需要花费较长时间完成。

为了加快删除操作，可以使用 DDL 中 TRUNCATE 语句，该语句可以把表中的所有数据一次性全部删除，该语句所做的修改是不能回滚的，对于已经删除的记录不能恢复，语法格式如下：

```
TRUNCATE table_name
```

【例 10-19】　永久删除已创建的 student 表中的所有记录。

```
SQL> TRUNCATE student;
```

10.3.5　其他数据操纵语句

除了上述常用的 DML 语句外，还有一些其他的 DML 语句，如 CALL 过程调用语句和 MERGE 合并操作等。CALL 过程调用语句将在后续章节进行介绍。

使用 MERGE 语句可以对指定的两个表执行合并操作，语法格式如下：

```
MERGE INTO table1_name
USING table2_name ON join_condition
WHEN MATCHED THEN UPDATE SET…
WHEN NOT MATCHED THEN INSERT…VALUES…
```

语法说明如下：

❑ table1_name：表示需要合并的目标表。

❑ table2_name：表示需要合并的源表。

❑ join_condition：表示合并条件。

❑ WHEN MATCHED THEN UPDATE：表示如果符合合并条件，则执行更新操作。

❑ WHEN NOT MATCHED THEN INSERT：表示如果不符合合并条件，则执行插入。

提示：在使用 INSERT、DELETE 和 UPDATE 语句前最好估算一下可能操作的记录范围，应该把它限定在较小的（一万条记录）范围内，否则 Oracle 处理这个事务将用到很大的回滚段，会导致程序响应慢甚至失去响应。如果记录数在十万条以上，则可以把这些语句分段分次进行这些操作。

10.4　数据控制语言

数据控制语言（DCL）的作用是：授予或回收访问数据库的某种特权；控制数据库操纵事务发生的时间及效果；对数据库实行监视等。本书第 14 章中将详细进行介绍。

10.4.1　GRANT 语句

GRANT 语句的作用是赋予用户权限。

常用的系统权限有很多，如 CONNECT（连接数据库）、DBA（数据库管理）等。

常用数据对象的权限有 ALL ON、SELECT ON、UPDATE ON、DELETE ON、INSERT ON、ALTER ON 等。

【例 10-20】赋予用户 USER1 连接数据库的权限。

```
SQL> GRANT CONNECT TO USER1;
```

10.4.2　REVOKE 语句

REVOKE 语句的作用是回收权限语句。

【例 10-21】回收例 10-20 所赋的权限。

```
REVOKE CONNECT FROM USER1;
```

10.5　事务控制语言

事务（Transaction）是由一系列相关的 SQL 语句组成的最小逻辑工作单元，事务控制语言（TCL）在程序更新数据库时事务至关重要，因为必须维护数据的完整性。Oracle 系统以事务为单位来处理数据，用来保证数据的一致性。

10.5.1　COMMIT 语句

COMMIT 是事务提交语句，表明该事务对数据库所做的修改操作将永久记录到数据库中，不能被回滚。因此，数据库操作人员应该养成良好的习惯，在修改操作完成后应当显式地执行 COMMIT 命令或 ROLLBACK 命令结束事务，否则当会话结束时系统将选择某种默认方式结束当前事务，可能对数据库造成重大的损失。

COMMIT 语句的语法格式如下：

```
COMMIT[WORK]
```

其中，WORK 为关键字。使用 WORK 关键字是为了与 ANSI 标准 SQL 兼容，但这并不是 Oracle SQL 必须具备的。一般直接用 COMMIT 语句即可。

在进行数据库的插入、删除和修改时，只有当事务提交到数据库才算完成。执行 COMMIT 语句提交事务时，Oracle 会执行如下操作：

（1）在回退段内的事务表中记录这个事务已经提交，并且为此事务分配一个唯一的系统变化号（SYSTEM CHANGE NUMBER，SCN），并将该 SCN 保存到事务表中，用来唯一标识这个事务。SCN 被称为 Oracle 内部时钟，用来对事务处理进行排序或编号。

（2）启动重做日志（LGWR）后台进程，将 SGA 区中缓存的重做记录写入联机重做日志文件中，并将该事务的 SCN 也写入重做日志文件。由以上两个操作构成的原子事件标志着一个事务成功地提交。

（3）Oracle 服务器进程释放事务处理所使用的资源，即解除添加到表或数据行上的各种事务锁。

（4）通知用户事务已经提交成功。

10.5.2　ROLLBACK 语句

ROLLBACK 语句用于事务出错时回滚数据。表示撤销未提交的事务所做的各种修改操作。对事务执行回滚操作时使用 ROLLBACK 语句，表示将事务回滚到事务的起点或事务内的某个保存点。

ROLLBACK 语句的语法格式如下：

```
ROLLBACK[work]To[SAVEPOINT]
```

回滚语句使数据库状态回到最后事务的状态或回退到某一个保存点状态。

当事务被回滚时，Oracle 将执行以下操作：

（1）Oracle 通过回退段中的数据撤销事务中所有 SQL 语句对数据库所做的任何操作。

（2）释放事务中所占用的资源，即解除该事务对表或行施加的各种锁。

（3）通知用户事务回滚操作成功。

10.6　使　用　函　数

Oracle 数据库中提供了大量的函数，用户可以利用这些函数完成特定的运算和操作，极大地提高了计算机语言的运算和解决问题的能力。常用的函数包括：字符串函数、数值函数、日期时间函数、转换函数和正则表达式函数，另外，还有一些聚合函数，如 SUM 函数和 AVG 函数等，通过使用这些函数，可以大大增强 SELECT 语句操作数据库的能力。

10.6.1　字符串函数

字符串函数主要用于对字符串数据的处理，是 Oracle 系统中比较常用的一个函数。常用的字符串函数如表 10-7 所示。

表 10-7　常用的字符串函数

函　　数	含　　义
ASCII(String)	返回给定ASCII字符string的十进制值
CHAR(integer)	返回给定整数integer所对应的ASCII字符
COUNT(string)	获得字符串string的个数
CONCAT(string1, string2)	连接字符串string1和字符串string2
INITCAP(string)	将给定字符串string的首字母变成大写，其余字母不变
INSTR(string, value)	查询字符value在字符串string中出现的位置
LOWER(string)	将字符串string的全部字母转换成小写
LPAD(string,length[,padding])	在string左侧填充padding指定的字符串直到达到length指定的长度，padding为可选项，表示要填充的字符，默认为空格
RPAD(string,length[,padding])	在string右侧填充padding指定的字符串直到达到length指定的长度，padding为可选项，表示要填充的字符，默认为空格
LTRIM(string [,char])	删除字符串string中左边出现的字符char，char的默认值为空格
RTRIM(string [,char])	删除字符串string中右边出现的字符char，char的默认值为空格
UPPER(string)	将字符串string的全部字母转换为大写
REPLACE(string, string1[,string2])	替换字符串。在string中查找string1，并用string2替换。如果没有指定string2，则查找到指定的字符串时，删除该字符串
SUBSTR((string, start [,count])	获取字符串string的子串，其中string为源字符串；返回string中从start位置开始长度为count的子串
LENGTH(string)	返回字符串string的长度

【例 10-22】　转换字符的大小写。

```
SQL> SELECT UPPER('oracle'),LOWER('ORACLE'),INITCAP('oracle')
2  FROM DUAL;

UPPER('oracle')    LOWER('ORACLE')          INITCAP('oracle')
----------------   ------------------------  --------------------
ORACLE             oracle                    Oracle
```

【例 10-23】　使用 ASCII 函数，获取指定字符的十进制值；使用 CHAR 函数，获取数字的对应字符。

```
SQL> SELECT ASCII('A'),CHAR(65)
2  FROM DUAL;

ASCII('A')         CHAR(65)
--------------     ----------------
65                 A
```

【例 10-24】　截取 scott.emp 员工表中姓名的前两位字母。

```
SQL> SELECT SUBSTR(ename,1,2)
  2  FROM scott.emp;
```

10.6.2　数值函数

当检索的数据为数值数据类型时，可以使用数值函数进行数学计算。Oracle 系统支持的数值函数如表 10-8 所示。

表 10-8　常用的数值函数

函　数	含　义
ABS(value)	返回给定value数值的绝对值
CEIL(value)	返回大于或等于value的最小整数值
FLOOR(value)	返回小于或等于value的最大整数值
COS(value)	求value的余弦值
ACOS(value)	求value的反余弦值
SIN(value)	求value的正弦值
ASIN(value)	求value的反正弦值
SINH(value)	求value的双曲正弦值
COSH(value)	求value的双曲余弦值
EXP(value)	返回以e为底的指数值
LN(value)	返回value的自然对数
POWER(value, exponent)	返回value的exponent的指数值
ROUND(value, precision)	将value按precision精度四舍五入
MOD(value, divisor)	返回value除以divisor的余数
SQRT(value)	返回value的平方根
TRUNC(value1, precision)	将value按precision精度进行截取，不进行四舍五入

【例 10-25】　比较 ROUND 函数和 TRUNC 函数。

```
SQL> SELECT ROUND(3.456,2), TRUNC(3.456,2)
  2  FROM DUAL;

ROUND(3.456,2)          TRUNC(3.456,2)
-------------------     -------------------
3.46                    3.45
```

10.6.3　日期时间函数

Oracle 提供了丰富的日期时间函数来处理日期型数据，日期时间类型数据也是数据库中使用比较多的一种数据。在 Oracle 系统中，默认的日期格式为 DD-MM-YY（日-月-年）。

常用的日期时间函数如表 10-9 所示。

表 10-9　常用的日期时间函数

函　数	含　义
ADD_MONTHS(date, number)	在指定的日期date上增加number个月
SYSDATE	获取系统当前的日期值
LAST_DAY(date)	返回日期date所在月的最后一天
CURRENT_TIMESTAMP	获取当前的日期和时间值
MONTHS_BETWEEN(date1,date2)	返回date1和date2间隔多少个月
NEW_TIME(date, 'this', ' other')	将时间从this时区转变为other时区
NEXT_DAY(date, 'day')	返回指定日期之后下一个星期几的日期。这里的day表示星期几
GREATEST(date1,date2,…)	从日期列表中选出最早的日期
EXTRACT(c1 from d1)	从日期d1中抽取c1指定的年、月、日、时、分、秒

【例 10-26】使用 SYSDATE 和 CURRENT_TIMESTAMP 函数，分别获取系统当前日期，以及系统当前日期和时间值。

```
SQL> SELECT SYSDATE, CURRENT_TIMESTAMP
  2  FROM DUAL;

SYSDATE                         CURRENT_TIMESTAMP
-------------------             -------------------------
29-12 月-21                      29-12 月-21 05.48.18.921000 下午 +8:00
```

注意：由于 SYSDATE 和 CURRENT_TIMESTAMP 函数都不带有任何参数，所以在使用时省略其括号。如果带有括号，则会出现错误。

【例 10-27】求两日期之间相隔的月数。

```
SQL> SELECT MONTHS_BETWEEN(SYSDATE, '28-12 月-2021')
  2  FROM DUAL;

MONTHS_BETWEEN(SYSDATE, '28-12 月-2021')
------------------------------------------------------------------------
                 12.00000
```

提示：要获得两个日期之间相差的天数，可以通过两个日期的差值来获得。例如，SELECT SYSDATE- TODATE('28-12 月-2021')FROM DUAL。

10.6.4 转换函数

在执行运算过程中，经常需要把一种类型的数据转换为另一种类型的数据，这种转换既可以是隐式转换，也可以是显式转换。隐式转换是在运算过程中系统自动完成的，不需要用户考虑，而显式转换则需要调用相应的转换函数来实现。常用的转换函数如表 10-10 所示。

表 10-10 常用的转换函数

函　　数	含　　义
TO_CHAR(value [,format])	将value转换为一个VARCHAR2字符串。可以指定一个可选参数format来说明value的格式
TO_NUMBER(value [,format])	将数字字符串value转换成数值型数据
TO_DATE(string, 'format')	按照指定的format格式将string字符串数据转换成日期型数据
TO_NCHAR(value)	将数据库字符集中的value转换为NVARCHAR2字符串
TO_TIMESTAMP(value)	将字符串value转换为一个TIMESTAMP类型
CAST(value AS type)	将value转换为type所指定的兼容数据类型
CONVERT(value, source_char_set, dest_char_set)	将value从源字符集source_char_set转换为结果字符集dest_char_set
DECODE(value, if1, then1, if2,then2, if3,then3, …else)	value代表某个表的任意列或一个通过计算所得的任何结果。如果value的值为if1，DECODE函数的结果是then1；如果value等于if2，DECODE函数结果是then2，以此类推
BIN_TO_NUM(value)	将二进制数value转换为NUMBER类型
CHARTOROWID(char)	将字符串转换为ROWID类型
ROWIDTOCHAR(x)	将ROWID类型转换为字符串类型

【例 10-28】　使用 TO_CHAR 和 TO_DATE 函数分别对指定的日期和字符串进行互相转换。

```
SQL> SELECT TO_CHAR(SYSDATE,'YYYY-MM-DD DAY HH24:MI:SS')to_char,
  2  TO_DATE('2020.12.29', 'YYYY.MM.DD')to_date
3  FROM DUAL;

TO_CHAR                                TO_DATE
-----------------------------------    ------------------------
 2020-12-29 星期日  21:22:28            29-12 月-20
```

【例 10-29】　使用 CAST 函数，将字符串类型转换为 NUMBER 类型，对获得的两个转换结果进行求和运算。

```
SQL> SELECT CAST('12.345' AS NUMBER(10,2))+
  2  CAST('12.345' AS NUMBER(10,2))
3  FROM DUAL;

CAST('12.345' AS NUMBER(10,2))+ CAST('12.345' AS NUMBER(10,2))
--------------------------------------------------------------
 24.7
```

10.6.5　聚合函数

检索数据不仅仅是把现有的数据简单地从表中取出来，很多情况下，还需要对数据执行各种统计计算。在 Oracle 数据库中，执行统计计算需要使用聚合函数。聚合函数用于实现数据的统计计算，用于计算表中的数据，返回单个计算结果。聚合函数忽略空值，经常与 SELECT 语句的 GROUP BY 子句一同使用，所以有时也把其称为分组函数。常用的聚合函数如表 10-11 所示。

表 10-11　常用的聚合函数

函　　数	含　　义
AVG(x)	返回对一个数字列或计算列求取的平均值
SUM(x)	返回一个对数字列或计算列的汇总和
MAX(x)	返回一个数字列或计算列中的最大值
MIN(x)	返回一个数字列或计算列中的最小值
COUNT(x)	返回记录的统计数量
MEDIA(x)	返回x的中间值
VARIANCE(x)	返回x的方差
STDDEV(x)	返回x的标准差

提示：SELECT 语句的执行有特定的次序，首先执行 FROM 子句，然后是 WHERE 子句，最后才是 SELECT 子句。所以在 SELECT 子句中使用 COUNT 等聚合函数时，统计的数据将是满足 WHERE 子句的记录。

【例 10-30】　统计表 scott.emp 中 1982 年后参加工作且员工人数超过 2 人的部门编号。

```
SQL> SELECT deptno, COUNT(*) AS 人数 FROM scott.emp
2   WHERE hiredate> '1-1 月-1982'
3   GROUP BY deptno
4   HAVING COUNT(*)>2;
```

```
DEPT NO              人数
-------------        --------------
10                   5
30                   3
```

【例 10-31】 对 scott.emp 表进行操作，根据 deptno 列进行分组，使用聚合函数，对每组分别执行统计计算。

```
SQL> SELECT deptno,COUNT(*),COUNT(mgr),SUM(sal)
2    AVG(sal),MAX(sal),MIN(sal)
3    FROM scott.emp GROUP BY deptno;

DEPTNO   COUNT(*)   COUNT(mgr)   SUM(sal)   AVG(sal)     MAX(sal)   MIN(sal)
------   --------   ----------   --------   ------       ----       -------
30       6          6            9400       1566.66667   2850       950
20       5          5            15875      2645.83333   5000       800
10       3          2            8750       2916.66667   5000       1300
```

在输出的结果中，当 deptno 值为 10 时，COUNT(*)的值为 3，而 COUNT(mgr)的值为 2，这是因为当某一行的 mgr 列的值为 NULL 时，COUNT(*)统计所有的行，包括 NULL 值；而 COUNT(mgr)不对包含 NULL 值的数据行进行统计。

10.7　高　级　查　询

10.7.1　简单连接查询

在关系型数据库管理系统中，经常把一个实体的信息存储在一个表里，当查询相关数据时，通过连接运算就可以查询存放在多个表中不同实体的信息，把多个表按照一定的关系连接起来，在用户看来好像是查询一个表一样。连接是关系型数据库模型的主要特征，也是区别于其他类型数据库管理系统的一个标志。

1. 使用等号（=）实现多个表的简单连接

在连接查询中，如果仅通过 SELECT 子句和 FROM 子句连接多个表，那么查询的结果将是一个通过笛卡儿积所生成的表。所谓笛卡儿积是指用第一个表中的每一行与第二个表中的每一行进行连接。因此，结果集中的行数是两表行数的乘积，列数是两表列数的和，但笛卡儿积的结果集中包含大量的无用信息。

1）两表的笛卡儿积运算

当两表仅通过 SELECT 子句和 FROM 子句建立连接，而不加连接条件时，查询结果为两表的笛卡儿积。

【例 10-32】 从 emp 和 dept 两张表中检索数据。

```
SELECT * FROM emp,dept;
```
查询结果：

```
EMPNO   ENAME    SAL    DEPTNO   DEPTNO   DNAME
-----   -----    ----   ------   ------   -----
7369    ANDY     800    20       10       ACCOUNTING
7369    ANDY     800    20       20       RESEARCH
```

```
7369        ANDY        800         20          30          SALES
...
已选 56 行。
```

由于 emp 表中有 14 行记录，dept 表中有 4 行记录，所以笛卡儿积所生成的表中一共有 56 行记录。

2）使用 WHERE 子句的简单连接查询

在笛卡儿积所生成的表中包含大量的冗余信息。在检索信息时，为了避免冗余信息的出现，可以使用 WHERE 子句限定检索条件。在 WHERE 子句中使用等号（=）可以实现表的简单连接，表示第一个表中的列和第二个表中相应的列匹配后才会在结果集中出现。

【例 10-33】 为例 10-32 添加 WHERE 子句指定检索条件。

```
SELECT * FROM emp,dept
WHERE emp.deptno=dept.deptno;
```

查询结果：

```
EMPNO       ENAME       SAL         DEPTNO      DNAME
-------     -----       ---         ------      ----------------
7369        ANDY        800         10          ACCOUNTING
7499        JACK        1600        20          RESEARCH
7782        JOHN        1800        30          SALES
...
已选 14 行。
```

表 emp 和 dept 都包含 DEPTNO 列，根据这个共同的列，在 WHERE 子句中使用等号（=）进行连接，从而大大减少了重复记录。

2．使用表的别名

在多表查询时，如果多个表之间存在同名的列，则必须使用表名来进行限定。另外，随着查询变得越来越复杂，语句会由于每次使用表名限定列而变得冗长。为了增强可读性，可以使用表的别名，同时还能提高 SELECT 语句的执行效率。

设置表的别名，只需要在 FROM 子句中引用该表时，将表的别名跟在表的实际名称后面即可。表的别名和表的实际名称之间使用空格进行分隔。

【例 10-34】 使用表的别名的方式，重写例 10-33 中的语句。emp 的别名为 e，dept 的别名为 d。

```
SELECT * FROM emp e, dept d
WHERE e.deptno=d.deptno;
```

10.7.2　使用 JOIN 关键字的连接查询

在连接查询的 FROM 子句中，多个表之间可以使用英文逗号进行分隔。除了这种形式的简单连接外，SQL 还支持使用关键字 JOIN 的连接。

在 FROM 子句中，使用 JOIN 连接的语法格式如下：

```
SELECT colum_list
FROM table_name1 join_type table_name2[ON(join_condition)]
    [join_type … ON join_condition,…]
```

语法说明如下：

❑ table_name1、table_name2：参与连接操作的表名。

- join_type：连接类型，有 INNER JOIN（内连接）、OUTER JOIN（外连接）和 CROSS JOIN（交叉连接）。
- join_condition：连接条件，由被连接表中的列和比较运算符、逻辑运算符等构成。可以使用多组 join_type…ON join_condition…子句，实现多个表的连接。

1. 内连接查询

内连接把两个表中的数据连接生成第 3 个表，第 3 个表中仅包含那些满足连接条件的数据行。在内连接中，使用 INNER JOIN 连接运算符，并且使用 ON 关键字指定连接条件。

内连接是最常用的连接查询方式，如果在 JOIN 关键字前面没有明确地指定连接类型，那么默认的连接类型是内连接。内连接又分为等值连接，不等值连接和自然连接 3 类，下面分别进行介绍。

1）等值连接

等值连接是在 ON 后面给出的连接条件中，使用等于（=）运算符比较被连接的两张表的公共字段，也就是通过相等的列值连接起来的查询。其查询结果中只包含两表的公共字段值相等的行，列可以是两表中的任意列。

【例 10-35】 查询部门为 ACCOUNTING 的员工信息。

```
SELECT e.empno, e.ename, e.sal, d.deptno, dname
FROM emp e INNER JOIN dept d ON e.deptno=d.deptno
WHERE d.dname='ACCOUNTING';
```

查询结果：

```
EMPNO     ENAME      SAL        DEPTNO    DNAME
------    ------     ----       ------    ------------
7782      CLERK      2450       10        ACCOUNTING
7839      KING       5000       10        ACCOUNTING
7782      MILLER     1300       10        ACCOUNTING
已选 3 行。
```

2）不等值连接

所谓不等值连接，就是在连接条件中使用除等号（=）之外的其他比较运算符，构成非等值连接查询。可以使用的比较运算符包括<（小于）、<=（小于或等于）、>（大于）、>=（大于或等于）、!=（不等于）、<>（不等于）、!<（不小于）、!>（不大于）、LIKE、IN 和 BETWEEN 等。不等值连接查询没有多大实际应用价值，一般使用较少。

3）自然连接

自然连接（NATURAL JOIN）是在两个表中寻找列名和数据类型都相同的字段，通过相同的字段将两个表连接在一起，并返回所有符合条件的结果。

【例 10-36】 使用自然连接，重写例 10-35 中的语句。

```
SELECT e.empno, e.ename, e.sal, d.deptno, dname
FROM emp e NATURAL JOIN dept d
WHERE d.dname='ACCOUNTING';
```

查询结果：

```
EMPNO     ENAME      SAL        DEPTNO    DNAME
------    ------     ----       ------    ------------
7782      CLERK      2450       10        ACCOUNTING
7839      KING       5000       10        ACCOUNTING
7782      MILLER     1300       10        ACCOUNTING
已选 3 行。
```

🔔注意：

- ❏ 如果自然连接的两个表中有多个字段都满足名称和数据类型相同的条件，那么它们都会被作为自然连接的条件。
- ❏ 如果自然连接的两个表中仅字段名称相同，而字段的数据类型不同，那么使用该字段进行连接将会返回一个错误提示。
- ❏ 由于 Oracle 支持自然连接，因此在设计表时应该尽量在不同的表中将具有相同含义的字段使用相同的名称和数据类型。

2．外连接查询

在外连接查询中不仅包括不满足条件的数据，它返回的查询结果集中还包含连接运算符左边的表（简称左表，左外连接时）或右边的表（简称右表，右外连接时），或两个连接表中不符合连接条件的行。也就是说，外连接一般只限制其中一个表的数据行，而不限制另一个表中的数据。这种连接形式在许多情况下是非常有用的，例如，在连锁超市统计报表时，不仅要统计有销售量的超市和商品，还要统计没有销售量的超市和商品。

对于外连接，Oracle 可以使用加号（+）来表示，也可以使用 LEFT、RIGHT 和 FULL OUTER JOIN 关键字。外连接可分为左外连接（LEFT OUTER JOIN 或 LEFT JOIN）、右外连接（RIGHT OUTER JOIN 或 RIGHT JOIN）、完全外连接（FULL OUTER JOIN 或 FULL JOIN）3 类，下面分别进行介绍。

1）左外连接

左外连接的结果集中包括两表连接后满足 ON 后面指定的连接条件的行，还显示 JOIN 关键字左侧表中所有满足检索条件的行。如果左表的某行在右表中没有匹配行（即不满足比较条件的行），则在这些相关联的结果集中，右表的所有选择列均为 NULL。

【例 10-37】　使用左外连接查询 emp 表和 dept 表中部门名称、员工姓名等信息。

```
SELECT dname, ename
FROM dept LEFT OUTER JOIN emp
ON dept.deptno=emp.deptno;
```

查询结果：

```
DNAME           ENAME
------------    -----------------
SALES           CLARK
SALES           ALLEN
SALES           WARD
RESEARCHJONES
...
已选16行。
```

本例中，要求显示所有部门的名称，如果使用左外连接，那么部门信息表（dept 表）就应放在关键字 LEFT JOIN 左边。

如果使用加号（+）建立连接，左连接中（+）号要在等号的左边，此时会将等号左边表中的所有行都显示出来，等号右边表中只显示满足连接条件的行。那么上例中左外连接语句等价于下面语句：

```
SELECT dname, ename
FROM dept, emp
ON dept.deptno=emp.deptno(+);
```

2）右外连接

右外连接是左外连接的反向连接，在结果中除了显示满足条件的行外，还显示 JOIN 关键字右侧表中所有满足检索条件的行。也就是说，返回 RIGHT OUTER JOIN 关键字右边表中的所有行。如果右表的某行在左表中没有匹配行，则将左表返回为 NULL。

【例 10-38】 使用右外连接查询 emp 表和 dept 表中所包含的部门编号。

```
SELECT DISTINCT e.deptno, d.deptno
FROM emp e RIGHT OUTER JOIN dept d
ON e.deptno=d.deptno;
```

查询结果：

```
DEPTNO            DEPTNO
-------------     -----------------
10                10
                  40
20                20
30                30
```

从输出结果可知，使用了右连接查询，则显示右边表 dept 的所有行。如果要显示 emp 表所有的行，则应将 emp 表放到 RIGHT OUTER JOIN 关键字的右边。

如果使用右外连接加号（+）实现右外连接，则可将例 10-38 改写为如下语句：

```
SELECT DISTINCT e.deptno, d.deptno
FROM emp e, dept d
ON e.deptno(+)=d.deptno;
```

3）完全外连接

完全外连接查询的结果集包括两表内连接的结果集和左表与右表中不满足条件的行。也就是除了显示满足连接条件的行外，还显示 JOIN 关键字两侧表中所有满足查询条件的行。当某行在另一个表中没有匹配行时，则另一个表的选择列为 NULL。

【例 10-39】 使用完全外连接查询 emp 表和 dept 表中所包含的部门名称和员工名称。

```
SELECT e.ename, d.dname
FROM emp e FULL OUTER JOIN dept d
ON e.deptno=d.deptno;
```

提示：如果 3 个及更多表执行外连接查询，和两表之间执行外连接查询的原理是一样的，先将前面两个表执行外连接查询，把查询结果再和第 3 个表执行外连接查询，以此类推。

3. 交叉连接

交叉连接也称为笛卡儿积，返回两个表的乘积。在检索结果集中包含所连接的两个表中所有行的全部组合。

例如，如果对 A 表和 B 表执行交叉连接，A 表有 5 行数据，B 表中有 12 行数据，那么结果集中可以有 60 行数据。

交叉连接使用 CROSS JOIN 关键字创建。实际上，交叉连接的使用是比较少的，但是交叉连接是理解外连接和内连接的基础。

【例 10-40】 使用交叉连接查询 emp 表和 dept 表中部门编号为 10 的员工信息和部门信息。

```
SELECT e.empno, e.ename, e.sal, d.deptno, d.dname
FROM emp e CROSS JOIN dept d
WHERE e.deptno=10 AND d.dname='ACCOUNTING';
```

查询结果：

```
EMPNO     ENAME      SAL          DEPTNO      DNAME
------    ------     ------       --------    ------- ---------
7782      CLERK      2450         10          ACCOUNTING
7839      KING       5000         10          ACCOUNTING
7782      MILLER     1300         10          ACCOUNTING
已选 3 行。
```

10.7.3　集合查询

集合查询就是将两个或多个 SQL 查询返回的行组合起来，以完成复杂的查询任务。集合查询主要由集合运算符实现，集合运算符主要包括 UNION、INTERSECT 和 MINUS。

1. 使用UNION操作符

UNION 运算符可以将多个查询结果集合并，形成一个结果集。多个查询的列的数量必须相同，数据类型必须兼容，且顺序必须一致，语法格式如下：

```
select_statement1 UNION [ALL] select_statement2
[UNION [ALL] select_statement3] [···n]
```

其中，select_statement 等都是 SELECT 查询语句；ALL 选项表示将所有行合并到结果集中，如果不指定该项，则只保留重复行中的一行。UNION 运算符含义如图 10-1 所示。

【例 10-41】　使用 UNION 操作符，查询工资大于 2000 或者所属部门编号为 10 的员工编号。

```
SELECT empno FROM emp WHERE sal>2000
UNION
SELECT empno FROM emp WHERE deptno=10;
```

2. 使用INTERSECT操作符

使用 INTERSECT 操作符，可以获取结果集的公共行，也称为获取结果集的交集。INTERSECT 操作符的使用语法同 UNION，只是操作符不再是 UNION，而是 INTERSECT。

使用 INTERSECT 操作符得到的集合如图 10-2 所示。

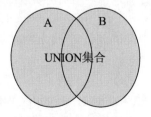
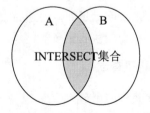

图 10-1　使用 UNION 操作符得到的集合　　　图 10-2　使用 INTERSECT 操作符得到的集合

【例 10-42】　使用 INTERSECT 操作符，查询工资大于 2000 且所属部门编号为 10 的员工编号。

```
SELECT empno FROM emp WHERE sal>2000
INTERSECT
```

```
SELECT empno FROM emp WHERE deptno=10;
```

3．使用MINUS操作符

SQL 中的 MINUS 运算表示获得给定集合之间的差异，也就是说所得到的结果集中，其中的元素仅存在于前一个集合中，而不存在于后一个集合中。

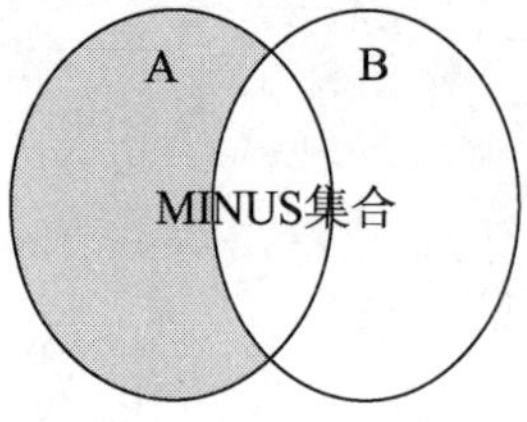

使用 MINUS 操作符得到的集合如图 10-3 所示。

【例 10-43】 使用 MINUS 操作符，查询工资大于 2000 但所属部门编号不为 10 的员工编号。

```
SELECT empno FROM emp WHERE sal>2000
MINUS
SELECT empno FROM emp WHERE deptno=10;
```

图 10-3　使用 MINUS 操作符得到的集合

10.7.4　子查询

一个 SELECT…FROM…WHERE 语句称为一个查询块，将一个查询块嵌套在另一个查询块的 WHERE 子句或 HAVING 子句的条件中的查询叫嵌套查询或子查询。

```
SELECT empno,ename                    -----外层查询（父查询）
    FROM emp
    WHERE deptno=
        (SELECT deptno                -----内层查询（子查询）
            FROM emp
            WHERE empno=7782);
```

1．子查询的类型

在子查询中可以使用单行操作符和多行操作符两种比较操作符。

❑ 单行操作符：=、>、>=、<、<=、!=。

❑ 多行操作符：ALL、ANY、IN、EXISTS。

根据子查询返回为一行或多行查询结果，可将子查询分为以下 3 种子类型。

❑ 单行子查询：指子查询只返回单列单行数据，即只返回一个值，也称单值子查询。

❑ 多行子查询：指子查询返回单列多行数据，即一组数据。

❑ 多列子查询：指多列子查询获得的是多列任意行数据。

使用子查询，可以通过执行一条语句，实现需要执行多条普通语句所实现的功能，提高了应用程序的效率。另外，普通查询只能对一个表进行操作，而使用子查询，可以连接到多个其他表，从而能获取更多的信息，在实际数据库应用中经常会用到子查询操作。

2．单行子查询

单行子查询应用最为广泛，经常在 SELECT、UPDATE 和 DELETE 语句的 WHERE 子句中充当查询、修改或删除的条件。在 WHERE 子句中使用子查询的语法格式如下：

```
SELECT column_list FROM table_name WHERE expression operator
    (SELECT column_name FROM table_name WHERE condition
    GROUP BY exp HACING having);
```

其中，在外部 SELECT 语句的 WHERE 子句中，expression 用来指定一个表达式，也可以是表中的一列；operator 可以是单行或多行操作符；括号中的内容表示子查询内容。

【例 10-44】　查询 emp 表和 dept 表中在 SALES 部门工作的员工姓名。

```
SELECT ename FROM emp
WHERE deptno=
      (SELECT deptno FROM dept WHERE dname='SALES');
```

查询结果：

```
ENAME
-----------------
ALLEN
WARD
MARTIN
BLAKE
TURNER
JAMES
已选择 6 行。
```

该查询语句的执行过程为：首先对子查询求值，求出 SALES 的部门编号，然后把子查询的结果代入外部查询，并执行外部查询。外部查询依赖于子查询的结果。

注意：在子查询的 SELECT 语句中，可以使用 FROM 子句、WHERE 子句、GROUP BY子句和 HAVING 子句等，但是有些情况下不能使用 ORDER BY 子句，例如，在WHERE 子句中使用子查询时，子查询语句中就不能使用 ORDER BY 子句。

3．多行子查询

单行子查询指子查询只返回单行单列数据；多行子查询是指子查询返回多行单列数据，即一组数据。当子查询是单列多行子查询时，必须使用多行比较运算符，包括 IN、NOT IN、ANY、ALL 和 SOME。IN 和 NOT IN 可以独立使用，用来比较表达式的值是否在子查询的结果集中。但是 ANY 和 ALL 必须与单行比较运算符组合起来使用。

1）使用 IN 操作符

IN 操作符用来检查一个值列表是否包含指定的值，这个值列表可以是子查询的返回结果。

【例 10-45】　查询 emp 表中每个部门工资最低的员工信息。

```
SELECT ename, sal, deptno FROM emp
WHERE sal IN
      (SELECT MIN(sal) FROM emp GROUP BY deptno);
```

查询结果：

```
ENAME             SAL               DEPTNO
-----------------  ---------------   --------------
MILLER            1300              10
ADAMS             1100              20
JAMES             950               30
已选择 3 行。
```

2）使用 NOT IN 操作符

NOT IN 操作符用来检查一个值列表是否不包含指定的值，NOT IN 执行的操作与 IN 在逻辑上正好相反。

```
SELECT ename, sal, deptno FROM emp
WHERE sal NOT IN
      (SELECT MIN(sal) FROM emp GROUP BY deptno);
```

🔲**注意：** 多行子查询可以返回多行记录，如果接收子查询结果的操作符是单行操作符，那么在执行语句时，可能会出现错误提示。

3）使用 ANY 操作符实现任意匹配查询

在进行多行子查询时，使用 ANY 操作符，用来将一个值与一个列表中的所有值进行比较，这个值只需要匹配列表中的一个值即可，然后将满足条件的数据返回。

在使用 ANY 操作符之前，必须使用一个单行操作符，包括=、>、<、<=和>=等。

【例 10-46】 对 emp 表进行操作，获得工资大于任意一个部门的平均工资的员工信息。

```
SELECT empno, ename, sal, deptno FROM emp
WHERE sal > ANY
    (SELECT AVG(sal) FROM emp GROUP BY deptno);
```

查询结果：

```
EMPNO               ENAME                  SAL              DEPTNO
-----------         -----------            ----------       --------------
7839                KING                   5000             10
7902                FORD                   3000             20
7788                SCOTT                  3000             20
7566                JONES                  2975             20
7698                BLAKE                  2850             30
7782                CLARK                  2450             10
7499                ALLEN                  1600             30
已选择 7 行。
```

4）使用 ALL 操作符实现全部匹配查询

在进行子查询时，还可使用 ALL 操作符，用来将一个值与一个列表中的所有值进行比较，这个值需要匹配列表中的所有值，然后将满足条件的数据返回。

在使用 ALL 操作符之前，必须使用一个单行操作符，包括=、>、<、<=和>=等。

【例 10-47】 在 emp 表中查询工作时间早于工作是 SALESMAN 的所有员工的信息。

```
SELECT empno, ename, job, mgr, hiredate, sal FROM emp
WHERE hiredate <ALL
    (SELECT hiredate FROM emp WHERE job='SALESMAN');
```

查询结果：

```
EMPNO     ENAME     JOB      MGR      HIREDATE       SAL
-------   -----     ----     -----    --------       -----------
7369      SMITH     CKERK    7902     19-12 月-00    1500
已选择 1 行。
```

4．多列子查询

单行子查询和多行子查询获得的结果都是单列数据，但是多列子查询获得的是多列任意行数据。多列子查询是指返回多列数据的子查询。当多列子查询返回单行数据时，在 WHERE 子句中可以使用单行操作符（=、>、<、>=、<=和<>）；当多列子查询返回多行数据时，在 WHERE 子句中必须使用多行操作符（IN、ANYALL 和 SOME）。

使用子查询比较多个列的数据时，可以使用以下两种方式：

❑ 成对比较：要求多个列的数据必须同时匹配。

❑ 非成对比较：通过指定连接关键字，如 AND 或 OR 等，指定多个列的数据是否必须同时匹配。如果使用 AND 关键字，表示同时匹配，这样就可以实现与成对比较同样的结果；如果使用 OR 关键字，表示不必同时匹配。

【例 10-48】 在 emp 表中查询工资和奖金与部门编号为 30 的员工工资和奖金完全相同的员工信息。

```
SELECT ename, sal, comm, deptno FROM emp
WHERE (sal, NVL(comm,-1)) IN
        (SELECT sal, NVL(comm,-1) FROM emp
         WHERE deptno=30);
```

查询结果：

```
ENAME                 SAL           COMM          DEPTNO
-----------------     ----------    ----------    ----------
TURNER                500           0             30
SMITH                 1500                        30
ALLEN                 1600          300           30
MARTIN                1250          1450          30
WARD                  1250          500           30
BLAKE                 2850                        30
JAMES                 950                         30
```

此例还使用了 NVL 函数，用于从两个表达式返回一个非 NULL 值。此查询为成对比较。

5. 关联子查询

关联子查询是指需要引用外查询表的一列或多列的子查询语句，这种子查询与外部语句相关，主要是通过 EXISTS 运算符实现的查询。EXISTS 用于测试子查询的结果集是否为空，如子查询的结果集不为空，则 EXISTS 返回 TRUE，否则返回 FALSE。EXISTS 还可以与 NOT 合用，即 NOT EXISTS，其返回值与 EXISTS 相反。

1）使用 EXISTS 操作符

在关联子查询中可以使用 EXISTS 或 NOT EXISTS 操作符。其中，EXISTS 用于检查子查询所返回的行是否存在，它可以在非关联子查询中使用，但是更常用于关联子查询。

【例 10-49】 检索 emp 表和 dept 表中在 NEW YORK 工作的所有员工信息。

```
SELECT ename, job, sal, deptno FROM emp
WHERE EXISTS
        (SELECT * FROM dept WHERE deptno=emp.deptno
         AND loc='NEW YORK');
```

查询结果：

```
ENAME                 JOB           SAL           DEPTNO
-----------------     ----------    ----------    ----------
MILLER                CLERK         1300          10
KING                  PRESIDENT     4000          10
CLARK                 MANAGER       2450          10
已选择 3 行。
```

该查询语句中，外层 SELECT 语句返回的每一行数据都要根据子查询来评估，如果 EXISTS 关键字中指定的条件为真，查询结果就包含这一行，否则不包含这一行。使用 EXISTS 只检索子查询返回的数据是否存在，因此，在子查询语句中可以不返回一列，而返回一个常量值，这样可以提高查询的性能。如果使用常量 1 替代上述子查询语句中*列，查询结果虽然是一样的，但性能却大大提高了。

```
SELECT ename, job, sal, deptno FROM emp
WHERE EXISTS
        (SELECT 1 FROM dept WHERE deptno=emp.deptno
         AND loc='NEW YORK');
```

查询结果：

```
ENAME                 JOB            SAL            DEPTNO
-----------------     -----------    -----------    -----------
MILLER                CLERK          1300           10
KING                  PRESIDENT      4000           10
CLARK                 MANAGER        2450           10
已选择 3 行。
```

2）使用 NOT EXISTS 操作符

在执行的操作逻辑上，NOT EXISTS 操作符的作用与 EXISTS 操作符相反。在需要检查数据行中是否不存在子查询返回的结果时，就可以使用 NOT EXISTS。

【例 10-50】 使用 NOT EXISTS 操作符，检索是否不存在工作地点在 NEW YORK 的员工信息。

```
SELECT ename, job, sal, deptno FROM emp
WHERE NOT EXISTS
    (SELECT 1 FROM dept WHERE deptno=emp.deptno
    AND loc='NEW YORK');
```

3）EXISTS 与 IN 的比较

前面介绍的 IN 操作符实现指定匹配查询，检索特定的值是否包含在值列表中，该操作符是针对特定的值的。而 EXISTS 操作符只是检查行是否存在。

在使用 NOT EXISTS 和 NOT IN 时，如果一个值列表中包含空值，NOT EXISTS 返回 TRUE；而 NOT IN 则返回 FALSE。

10.8 案 例 分 析

给定 Oracle 数据库中的 SCOTT.EMP 表和 SCOTT.DEPT 表，完成以下操作。

1．SCOTT.EMP员工表

SCOTT.EMP 员工表结构如下：

```
SQL> DESC SCOTT.EMP;

Name        Type            Nullable    Default Comments
--------    ------------    ---------   ----------------
EMPNO       NUMBER(4)                   员工编号
ENAME       VARCHAR2(10)    Y           员工姓名
JOB         VARCHAR2(9)     Y           职位
MGR         NUMBER(4)       Y           上级编号
HIREDATE    DATE            Y           雇佣日期
SAL         NUMBER(7,2)     Y           薪金
COMM        NUMBER(7,2)     Y           佣金
DEPTNO      NUMBER(2)       Y           所在部门编号
```

提示：工资=薪金+佣金，即 WAGE=SAL+COMM。

2. SCOTT.DEPT部门表

SCOTT.DEPT 部门表结构如下：

```
SQL> DESC SCOTT.DEPT;

Name                 Type               Nullable       Default Comments
------               -----------        ---------      ----------------
DEPTNO               NUMBER(3)                                 部门编号
DNAME                VARCHAR2(14)       Y                      部门名称
LOC                  VARCHAR2(13)       Y                      地点
```

3. SCOTT.EMP表的现有数据

SCOTT.EMP 表的现有数据如下：

```
SQL> SELECT * FROM SCOTT.EMP;

EMPNO    ENAME     JOB         MGR     HIREDATE     SAL       COMM      DEPTNO
-----    ------    ----        -----   --------     ----      ----      ------
 7369    SMITH     CLERK       7902    1980-12-17   800.00              20
 7499    ALLEN     SALESMAN    7698    1981-2-20    1600.00   300.00    30
 7521    WARD      SALESMAN    7698    1981-2-22    1250.00   500.00    30
 7566    JONES     MANAGER     7839    1981-4-2     2975.00             20
 7654    MARTIN    SALESMAN    7698    1981-9-28    1250.00   1400.00   30
 7698    BLAKE     MANAGER     7839    1981-5-1     2850.00             30
 7782    CLARK     MANAGER     7839    1981-6-9     2450.00             10
 7788    SCOTT     ANALYST     7566    1987-4-19    4000.00             20
 7839    KING      PRESIDENT           1981-11-17   5000.00             10
 7844    TURNER    SALESMAN    7698    1981-9-8     1500.00   0.00      30
 7876    ADAMS     CLERK       7788    1987-5-23    1100.00             20
 7900    JAMES     CLERK       7698    1981-12-3    950.00              30
 7902    FORD      ANALYST     7566    1981-12-3    3000.00             20
 7934    MILLER    CLERK       7782    1982-1-23    1300.00             10
  102    EricHu    Developer   1455    2020-9-18    5500.00   14.00     10
  104    Funson    PM          1455    2020-9-18    5500.00   14.00     10
  105    FLORA     Developer   1455    2020-9-18    5500.00   14.00     10
已选择 17 行。
```

4. SCOTT.DEPT表的现有数据

SCOTT.DEPT 表的现有数据如下：

```
SQL> SELECT * FROM SCOTT.DEPT;

DEPTNO           DNAME             LOC
------------     ---------------   --------------
     80          信息部            南京
     10          ACCOUNTING        NEW YORK
     20          RESEARCH          DALLAS
     30          SALES             CHICAGO
     40          OPERATIONS        BOSTON
     50          CS                NUIST
     60          Developer         BEIJING
已选择 7 行。
```

5. 用SQL语句完成问题

用 SQL 语句完成以下问题：

（1）找出 EMP 表中的姓名（ENAME）第 3 个字母是 A 的员工姓名。

（2）找出 EMP 表员工名字中含有 A 和 N 的员工姓名。

（3）找出所有有佣金的员工，列出姓名、工资、佣金，显示结果按工资从低到高、佣金从高到低的顺序排列。

（4）列出部门编号为 20 的所有职位。

（5）列出不属于 SALES 的部门。

（6）显示工资不在 1000～1500 的员工信息：名字、工资，按工资从高到低排序。

（7）显示职位为 MANAGER 和 SALESMAN，年薪在 15000～20000 的员工的息：姓名、职位、年薪。

（8）说明以下两条 SQL 语句的输出结果：

```
SELECT EMPNO,COMM FROM EMP WHERE COMM IS NULL;
SELECT EMPNO,COMM FROM EMP WHERE COMM = NULL;
```

（9）使用 SELECT 语句的输出结果为：

```
SELECT * FROM SALGRADE;
SELECT * FROM BONUS;
SELECT * FROM EMP;
SELECT * FROM DEPT;
...
```

列出当前用户有多少张数据表，结果集中存在多少条记录。

（10）判断 SELECT ENAME,SAL FROM EMP WHERE SAL > '1500'是否报错，为什么？

6. 参考解答

（1）找出 EMP 表中的姓名（ENAME）第 3 个字母是 A 的员工姓名。

```
SQL> SELECT ENAME FROM SCOTT.EMP WHERE ENAME LIKE '__A%';

ENAME
----------
ADAMS
BLAKE
CLARK
```

（2）找出 EMP 表员工名字中含有 A 和 N 的员工姓名。

```
SQL> SELECT ENAME FROM SCOTT.EMP
2    WHERE ENAME LIKE '%A%' AND ENAME LIKE '%N%';

ENAME
----------
ALLEN
MARTIN
WANGJING
FLORA
--------或---------
SQL> SELECT ENAME FROM SCOTT.EMP WHERE ENAME LIKE '%A%N%';

ENAME
----------
ALLEN
MARTIN
WANGJING
FLORA
```

（3）找出所有佣金的员工，列出姓名、工资、佣金，显示结果按工资从低到高、佣金从高到低的顺序排列。

```
SQL> SELECT ENAME,SAL + COMM AS WAGE,COMM
  2  FROM SCOTT.EMP
  3  ORDER BY WAGE,COMM DESC;

ENAME              WAGE              COMM
----------         ----------        ----------
TURNER             1500              0.00
WARD               1750              500.00
ALLEN              1900              300.00
MARTIN             2650              1400.00
EricHu             5514              14.00
FLORA              5514              14.00
Funson             5514              14.00
SMITH
JONES
JAMES
MILLER
FORD
ADAMS
BLAKE
CLARK
SCOTT
KING
已选择 17 行。
```

（4）列出部门编号为 20 的所有职位。

```
SQL> SELECT DISTINCT JOB FROM EMP WHERE DEPTNO = 20;

JOB
---------
ANALYST
CLERK
MANAGER
```

（5）列出不属于 SALES 的部门。

```
SQL> SELECT DISTINCT * FROM SCOTT.DEPT WHERE DNAME <> 'SALES';

DEPTNO        DNAME                      LOC
------        ----------------           ------------
    10        ACCOUNTING                 NEW YORK
    20        RESEARCH                   DALLAS
    40        OPERATIONS                 BOSTON
    50        CS                         NUIST
    60        Developer                  BEIJING
    80        信息部                      南京
已选择 6 行。

--或者:
SQL> SELECT DISTINCT * FROM SCOTT.DEPT WHERE DNAME != 'SALES';
SQL> SELECT DISTINCT * FROM SCOTT.DEPT WHERE DNAME NOT IN('SALES');
SQL> SELECT DISTINCT * FROM SCOTT.DEPT WHERE DNAME NOT LIKE 'SALES';
```

（6）显示工资不在 1000～1500 的员工信息：名字、工资，按工资从高到低排序。

```
SQL> SELECT ENAME,SAL + COMM AS WAGE FROM SCOTT.EMP
  2     WHERE SAL + COMM NOT BETWEEN 1000 AND 1500
  3     ORDER BY WAGE DESC;
```

```
ENAME                WAGE
----------           ----------
EricHu               5514
Funson               5514
WANGJING             5514
MARTIN               2650
ALLEN                1900
WARD                 1750
```

已选择 6 行。

```
--或者---
SQL> SELECT ENAME,SAL + COMM AS WAGE FROM SCOTT.EMP
  2    WHERE SAL + COMM < 1000 OR SAL + COMM > 1500
  3    ORDER BY WAGE DESC;
ENAME                WAGE
----------           ----------
EricHu               5514
Funson               5514
WANGJING             5514
MARTIN               2650
ALLEN                1900
WARD                 1750
```

已选择 6 行。

（7）显示职位为 MANAGER 和 SALESMAN，年薪在 15000～20000 的员工信息：姓名、职位、年薪。

```
SQL> SELECT ENAME 姓名,JOB 职位,(SAL + COMM) * 12 AS 年薪
  2    FROM SCOTT.EMP
  3    WHERE (SAL + COMM) * 12 BETWEEN 15000 AND 20000
  4    AND JOB IN('MANAGER','SALESMAN');

姓名                 职位             年薪
----------           ----------  -    ----------
TURNER               SALESMAN         18000
```

（8）说明以下两条 SQL 语句的输出结果：

```
SELECT EMPNO,COMM FROM EMP WHERE  COMM IS NULL;
SELECT EMPNO,COMM FROM EMP WHERE  COMM=NULL;
SQL> SELECT EMPNO,COMM FROM EMP WHERE COMM IS NULL;

EMPNO                COMM
-----                ----------
 7369
 7566
 7698
 7782
 7788
 7839
 7876
 7900
 7902
 7934
```

已选择 10 行。
```
------------------------------------------------------------
SQL> SELECT EMPNO,COMM FROM EMP WHERE COMM = NULL;

EMPNO                COMM
-----                ----------
```

```
--说明:IS NULL 是判断某个字段是否空,为空并不等价于为空字符串或为数字 0;
--而 =NULL 是判断某个值是否等于 NULL,NULL = NULL 和 NULL <> NULL 都为 FALSE。
```

（9）使用 SELECT 语句的输出结果为：

```
SELECT * FROM SALGRADE;
SELECT * FROM BONUS;
SELECT * FROM EMP;
SELECT * FROM DEPT;
...
```

列出当前用户有多少张数据表，结果集中存在多少条记录。

```
SQL> SELECT 'SELECT * FROM '||TABLE_NAME||';' FROM USER_TABLES;

'SELECT*FROM'||TABLE_NAME||';'
-----------------------------------------------
SELECT * FROM BONUS;
SELECT * FROM EMP;
SELECT * FROM DEPT;
...
```

（10）判断语句 SELECT ENAME, SAL FROM EMP WHERE SAL>'1500'是否报错，为什么？

```
SQL> SELECT ENAME,SAL FROM EMP WHERE SAL > '1500';

ENAME           SAL
----------      ---------
ALLEN           1600.00
JONES           2975.00
BLAKE           2850.00
CLARK           2450.00
SCOTT           4000.00
KING            5000.00
FORD            3000.00
EricHu          5500.00
Funson          5500.00
FLORA           5500.00

已选择 10 行。

SQL> SELECT ENAME,SAL FROM EMP WHERE SAL > 1500;

ENAME           SAL
----------      ---------
ALLEN           1600.00
JONES           2975.00
BLAKE           2850.00
CLARK           2450.00
SCOTT           4000.00
KING            5000.00
FORD            3000.00
EricHu          5500.00
Funson          5500.00
FLORA           5500.00
```

已选择 10 行。

结论：运行结果表示不会报错，语句中存在隐式数据类型。

10.9　本章小结

本章首先对 SQL 进行简单介绍，然后介绍了 DML、DCL、TCL 语句的作用和使用方法，并详细介绍了 SELECT 语句的语法结构及 WHERE、GROUP BY、HAVING、ORDER BY 子句的使用；接着介绍 INSERT、UPDATE、DELETE、MERGE 等语句的使用和注意事项；还讨论了事务控制语句，如 COMMIT、SAVEPOINT、ROLLBACK 等语句的操作；最后进一步介绍了各种常用函数，如字符串函数、数值函数、日期时间函数和聚合函数等，并通过在 SELECT 语句中的应用实例来介绍常用函数的使用。

10.10　习题与实践练习

一、选择题

1. 查询 SCOTT 用户的 emp 表中的总记录数，可以使用下列（　　）语句。

A. SELECT MAX(empno) FROM scott.emp;

B. SELECT COUNT(empno) FROM scott.emp;

C. SELECT COUNT(comm) FROM scott.emp;

D. SELECT COUNT(*) FROM scott.emp;

2. 为了去除结果集中的重复行，可以在 SELECT 语句中使用下列（　　）关键字。

A. ALL　　　　　　B. DISTINCT　　　　C. UPDATE　　　　D. MERGE

3. 在 SELECT 语句中，HAVING 子句的作用是（　　）。

A. 查询结果的分组条件　　　　　　　　B. 组的筛选条件

C. 限定返回的行的判断条件　　　　　　D. 对结果集进行排序

4. 下列（　　）聚合函数可以把一个列中的所有值相加求和。

A. MAX　　　　　　B. MIN　　　　　　　C. COUNT　　　　　D. SUM

5. 如果要统计表中有多少行记录，应该使用下列（　　）聚合函数。

A. SUM　　　　　　B. AVG　　　　　　　C. COUNT　　　　　D. MAX

6. 假设产品表中包括价格 NUMBER(7,2)列，对于下列语句

```
SELECT NVL(10/价格,'0') FROM 产品;
```

如果"价格"列中包含空值，将会出现的情况是（　　）。

A. 该语句将失败，因为值不能被 0 除　　B. 将显示值 0

C. 将显示值 10　　　　　　　　　　　　D. 该语句将失败，因为值不能被空值除

7. 下面说法准确地解释了无法执行 SQL 语句的原因的是（　　）。

```
SELECT 部门标识部门,AVG(工资) 平均值 FROM 员工 GROUP BY 部门
```

A. 无法对工资求平均值，因为并不是所有的数值都能被平分

B. 不能在 GROUP BY 子句中使用列别名

C. GROUP BY 子句中必须要有分组内容

D. 部门表中没有列出部门标识

8. 应使用（　　）统计函数来显示雇员表中的最高工资值。

A. AVG　　　　　　　B. COUNT　　　　C. MAX　　　　　　　D. MIN

9. 统计函数将针对（　　）返回一个值，并在计算过程中（　　）空值。

A. 行集，忽略　　　　B. 每行，忽略　　C. 行集，包括　　　　D. 每行，包括

10. 可对数据类型为 DATE 的列使用（　　）统计函数。

A. AVG　　　　　　　B. MAX　　　　　C. STDDEV　　　　　D. SUM

二、填空题

1. 如果需要在 SELECT 子句中包括一个表的所有列，可以使用_____符号。

2. WHERE 子句可以接收 FROM 子句输出的数据；而 HAVING 子句可以接收来自 FROM、_____或_____子句的输出的数据。

3. 在 SELECT 语句中，分组条件的子句是_____，对显示的数据进行排序的子句是_____。

4. 在 DML 语句中，INSERT 语句可以实现插入记录，_____语句可以实现更新记录，_____语句和_____语句可以实现删除记录。

5. _____函数可以返回某个数值的 ASCII 值，_____函数可以返回某个 ASCII 值对应的十进制数。

6. 使用_____函数，可以把数字或是日期类型的数据转换成字符串；使用 TO_DATE 函数，可以把_____转换成_____，默认的日期格式为_____。

三、简答题

1. 标准的 SQL 的语句类型可以分成哪 3 类，每种语句类型分别用来操作哪些语句？

2. 列举几个在 WHERE 条件下可以使用的操作符。

3. 为什么在使用 UPDATE 语句时提供一个 WHERE 子句很重要？

4. 下面这些 SELECT 语句能否输出查询结果？如果不能，该怎么修改？

```
SELECT empno,ename,deptno,COUNT(*)
FROM scott.emp
GROUP BY deptno;
```

5. 指定一个日期值，如 08-8 月-2020，求这个日期与系统当前日期之间相隔的月份数和天数。

6. 什么语句可以用来创建一个基于查询结果集的新表？

四、实践操作题

1. 完成本章中 SELECT、INSERT 和 UPDATE 等语句示例操作。

2. 完成 10.8 节案例分析操作。

第 11 章　PL/SQL 编程基础

PL/SQL 中的 PL 是 Procedural Language 的英文缩写，表示过程化编程语言。PL/SQL 是 Oracle 对标准数据库语言的扩展，是一种高性能的基于事务处理的语言，能运行在任何 Oracle 环境中，支持所有数据处理命令、SQL 数据类型及 SQL 函数，同时支持所有 Oracle 对象类型。PL/SQL 块可以被命名，并存储在 Oracle 服务器中，同时也能被其他的 PL/SQL 程序或 SQL 命令调用，任何客户端、服务器工具都能访问 PL/SQL 程序，所以它具有很好的可重用性。

本章首先简单介绍 PL/SQL 程序块的基本结构及编写规范，然后详细讲述 PL/SQL 的条件选择语句和循环语句的应用，最后介绍游标的使用和异常处理。通过本章的学习，读者可以对 PL/SQL 编程有初步的认识。

本章要点：
- ❑ 掌握 PL/SQL 程序块结构。
- ❑ 熟悉 PL/SQL 中常量与变量的使用。
- ❑ 掌握%TYPE、%ROWTYPE 以及记录类型与表类型的使用。
- ❑ 掌握 PL/SQL 中数据类型与流程控制语句。
- ❑ 理解并掌握游标的创建与应用。
- ❑ 熟练程序块的异常处理。

11.1　PL/SQL 简介

PL/SQL 是 Oracle 对 SQL 工业标准的过程化扩展，其最主要的功能是提供一种服务器端存储过程语言，具有安全、可靠、易于使用等特点，与 SQL 无缝连接并可移植。因此，PL/SQL 为健壮的高性能企业应用程序提供了一个最佳应用平台。在后续章节将要学习的存储过程、数据库触发器、包和函数等都要用 PL/SQL 编写代码。因此，如果不了解 PL/SQL 编程就不可能深入掌握 Oracle。PL/SQL 是许多 Oracle 工具编程应用的基础，如果用户想熟练掌握 Oracle 产品，就必须掌握 PL/SQL。

11.1.1　PL/SQL 体系结构

PL/SQL 主要由 PL/SQL 程序块组成，编写 PL/SQL 程序实际上就是编写 PL/SQL 程序块。PL/SQL 体系结构如图 11-1 所示。PL/SQL 块发送给服务器后，先被编译然后执行，对于有名称的 PL/SQL 块（如子程序）可以单独编译，并永久地存储在数据库中，随时准备执行。

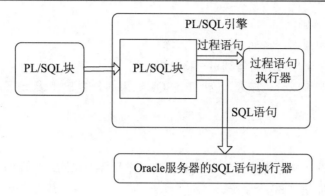

图 11-1　PL/SQL 体系结构

11.1.2　PL/SQL 的特点

PL/SQL 的主要特点如下：

❑ 高性能事务处理语言。PL/SQL 是一种高性能的基于事务处理的语言，能运行在任何
Oracle 环境中，支持所有数据处理命令。通过使用 PL/SQL 程序单元处理 SQL 的数
据定义和数据控制元素。

❑ 支持所有 SQL。PL/SQL 支持所有的数据操纵命令、游标控制命令、事务控制命令、
SQL 函数、运算符和伪列。同时 PL/SQL 和 SQL 紧密集成，PL/SQL 支持所有的 SQL
数据类型和 NULL 值。

❑ 支持面向对象编程。PL/SQL 支持面向对象的编程，在 PL/SQL 中可以创建类型，也
可以对类型进行继承，还可以在子程序中重载方法等。

❑ 快速而高效的性能。SQL 是非过程语言，只能一条一条地执行，而 PL/SQL 把一个
PL/SQL 块统一进行编译后执行，同时还可以把编译好的 PL/SQL 块存储起来，以备
重用，减少了应用程序和服务器之间的通信时间，因此 PL/SQL 是快速而高效的。

❑ 可移植性和可重用性。使用 PL/SQL 编写的应用程序，可以移植到任何操作系统平
台上的 Oracle 服务器，同时也能被其他的 PL/SQL 程序或 SQL 语句调用，任何客户
/服务器工具都能访问 PL/SQL 程序，具有很好的可移植性和可重用性。

❑ 安全性。可以通过存储过程对客户机和服务器之间的应用程序逻辑进行分隔，这样
可以限制对 Oracle 数据库的访问，数据库还可以授权和撤销其他用户访问的能力。

11.1.3　PL/SQL 代码编写规则

为了编写正确、高效的 PL/SQL 块，PL/SQL 应用开发人员必须遵守特定的 PL/SQL 代码
编写规则，否则会导致编译或运行错误。下面介绍 PL/SQL 语句、变量、注释在编写时应遵
循的规则。

1. PL/SQL 语句

PL/SQL 是 Oracle 系统的核心语言，在 PL/SQL 中可以使用的 SQL 语句有 INSERT、
UPDATE、DELETE、SELECT INTO、COMMIT、ROLLBACK 和 SACEPOINT。在编写 PL/SQL

语句时应遵循以下规则：

- 语句可以写成多行，如 SQL 语句一样。
- 各个关键字、字段名称等通过空格分隔。
- 每条语句必须以分号结束，包括 PL/SQL 结束部分的 END 关键字后面也需要使用分号结束。

2．变量

PL/SQL 程序设计中的变量定义与 SQL 的变量定义要求相同，具体如下：

- 变量名不能超过 30 个字符。
- 第 1 个字符必须为字母。
- 不区分大小写。
- 不能用减号（-）。
- 不能是 SQL 关键字。

3．注释

注释用于解释单行代码或多行代码，从而提高 PL/SQL 程序的可读性。当编译并执行 PL/SQL 代码时，PL/SQL 编译器会忽略注释。注释包括单行注释和多行注释。

- 单行注释。是指放置在一行的注释文本，主要用于说明单行代码的作用。在 PL/SQL 中使用 "--" 符号编写单行注释。
- 多行注释。是指分布到多行的注释文本，其主要作用是说明一段代码的作用。在 PL/SQL 中使用 "/*…*/" 来编写多行注释。

11.1.4　PL/SQL 的开发和运行环境

开发和调试 PL/SQL 程序可以使用多种不同的开发工具，每种开发工具都有其优点与不足。常用的 PL/SQL 开发工具有 SQL*Plus、Rapid SQL、SQL Navigator、PL/SQL Developer、TOAD 和 SQL-Programmer 等。目前使用较多的是 Oracle 自带的 SQL*Plus 和 PL/SQL Developer，本书主要以使用 SQL*Plus 为主。

1．SQL*Plus

SQL*Plus 可能是最简单的 PL/SQL 开发工具。该工具允许用户交互式地从输入提示符中输入 SQL 语句和 PL/SQL 块，最后输入符号 "/" 直接送到数据库执行。在命令行窗口运行 SQL*Plus 是使用 SQL PLUS 命令来完成的。前面章节已经详细介绍其语法和使用。

通过在 SQL*Plus 中执行 SHOW ERRORS 命令，可以检测 PL/SQL 错误所在行以及错误的原因。示例如下：

```
SQL>CREATE PROCEDURE insert_dept(no NUMBER, name VARCHAR2)
2      IS
3      BEGIN
4        INSERT INTO DEPT(DEPTNO, dname) VALUES(no, name)
5      END;
6      /
警告：创建的过程带有编译错误。
```

```
SQL>show errors
PROCEDURE INSERT_DEPT 出现错误:
LINE/COL ERROR
_____
错误信息内容。
```

2. PL/SQL Developer

PL/SQL Developer 是用于开发 PL/SQL 子程序的集成开发环境（IDE），它是一个独立的产品，而不是 Oracle 附带的产品。

PL/SQL Developer 不仅实现了 SQL*Plus 的所有功能，还可以用于跟踪和调试 PL/SQL 程序，监视和调整 SQL 语句的性能，通过图形化界面完成 PL/SQL 的编写与调试。

使用上述工具时应注意以下问题：

若需在开发工具中调试 PL/SQL，需具有 debug connect session 权限。

```
grant debug any procedure, debug connect session to user;
```

PL/SQL 中编写的 SELECT 语句通常结合 INTO 使用，将查询结果填充至变量中。语法格式如下：

```
SELECT 列1,列2 INTO 变量1,变量2 FROM 表名 WHERE 条件
```

其中，接收结果的变量在类型、个数、顺序上要与 SELECT 查询字段一致，且 SELECT 语句必须返回一行，否则会引发系统错误。对于多行结果，应使用游标获取。

在 PL/SQL 中执行 INSERT、UPDATE 和 DELETE 语句时，应进行事务控制。

11.2　PL/SQL 程序块结构

PL/SQL 是一种块结构的语言，它将一组语句放在一个块中，一次性发送给服务器，PL/SQL 引擎分析收到 PL/SQL 语句块中的内容，把其中的过程控制语句交给 PL/SQL 引擎自身去执行，SQL 语句交给服务器的 SQL 语句执行器执行。

PL/SQL 程序块主要由 3 部分组成：声明部分、执行部分和异常处理部分。其中，声明部分由 DECLARE 关键字引出，用于定义常量、变量、游标、异常和复杂数据类型等；执行部分是 PL/SQL 程序块的主体，由关键字 BEGIN 开始，至关键字 END 结束，其中包含所有的可执行 PL/SQL 语句，该部分执行命令并操作变量，也可以嵌套其他 PL/SQL 程序块；异常处理部分由 EXCEPTION 关键字引出，用于捕获执行过程中发生的错误，并进行相应的处理。该部分是可选的。PL/SQL 程序块的基本结构如下：

```
[DECLARE
/*
declaration_statements;
declarative section(声明部分可选)
*/]
BEGIN
/*
executable section(执行部分必须)
*/
[EXCEPTION
```

```
/*
exception section(异常处理部分可选)
*/ ]
END;
/
```

其中，声明部分和异常处理部分是可选的，而执行部分是必需的。执行部分由 BEGIN 和 END 关键字组成，其中包含一条或多条 SQL 语句。另外，END 关键字后面还需加分号（;）结束。PL/SQL 程序块使用正斜杠（/）结尾，才能被执行。

【例 11-1】 一个只包含执行部分输出"Hello,World!"的 PL/SQL 程序块。

```
SQL>SET SERVEROUTPUT ON
SQL> BEGIN
  2    dbms_output.put_line('Hello,World!');
  3    END;
```

其中，SET SERVEROUTPUT ON 是指将当前会话的环境变量 SERVEROUTPUT 的值设置为 ON，这样可以保证 PL/SQL 程序块能够在 SQL*Plus 中输出结果。该命令不需要重复书写，它会在当前会话结束前一直有效。也就是说，在用户没有关闭 SQL*Plus 工具，或者没有重新执行 CONNECT 命令之前，该命令都不需要重新执行。

而 dbms_output 则是 Oracle 所提供的系统包，属于 SYS 方案，但在创建时已将 EXECUTE 执行权授予 PUBLIC，所以任何用户都可以直接使用而不用加 SYS 方案名。put_line 是该包所包含的一个过程，用于输出字符串信息。

🔔注意：PL/SQL 程序块可以只有执行部分，从 BEGIN 开始到 END 结束，但在 BEGIN 和 END 之间至少要包含一条语句，即使程序块不需要执行命令，也要用 NULL 关键字代替。

【例 11-2】 一个包含声明部分、执行部分和异常处理部分的 PL/SQL 程序块。

```
SQL>DECLARE
  2      i NUMBER(20);
  3  BEGIN
  4      i:=1/0;
  5  EXCEPTION
  6    WHEN zero_divide THEN
  7    dbms_output.put_line('被零除！');
  8  END;
```

11.3 常量和变量

在 PL/SQL 程序块中，经常会使用常量和变量。常量用于声明一个不可更改的值，变量则表示在程序运行过程中根据需要可以改变的值。PL/SQL 允许声明常量和变量，但是常量和变量必须在声明后才可以使用，向前引用（forward reference）是不允许的。在 PL/SQL 程序中，所有的变量和常量都必须定义在程序块的 DECLARE 部分，而且每个常量和变量都要有合法的标识符。

11.3.1　PL/SQL 标识符

定义常量与变量时，名称必须符合 Oracle 标识符的规定。标识符用于指定 PL/SQL 程序单元和程序项的名称。可以通过使用合法的标识符来定义常量、变量、异常、显式游标、游标变量、参数、子程序以及包的名称。当使用 PL/SQL 标识符时，必须满足以下规则：

- ❑ 名称必须以字母开头，长度不能超过 30 个字符。
- ❑ 标识符中不能包含减号（-）和空格。
- ❑ 标识符不能是 SQL 保留字。
- ❑ Oracle 标识符不区分大小写。

PL/SQL 是一种编程语言，与 Java 和 C#一样，除了自身独有的数据类型、变量声明和赋值以及流程控制语句外，还有自身的语言特性。PL/SQL 对大小写不敏感，为了拥有良好的程序风格，开发团队都会选择一个合适的编码标准，如有的团队规定：关键字全部大写，其余的部分小写。

PL/SQL 中的特殊符号和运算符如表 11-1 所示。

表 11-1　PL/SQL中的特殊符号和运算符

类　　型	符　　号	说　　明
赋值运算符	:=	Java和C#中都是等号，PL/SQL的赋值是:=
特殊字符	||	字符串连接操作符
	--	PL/SQL中的单行注释
	/*、*/	PL/SQL中的多行注释，多行注释不能嵌套
	<<、>>	标签分隔符。只为了标识程序特殊位置
	..	范围操作符，如1..5 标识从1到5
算术运算符	+、-、*、/	基本算术运算符
	**	求幂操作，如2**4=16
关系运算符	>、<、>=、<=、=	基本关系运算符，=表示相等关系，不是赋值
	<>、!=	不等关系
逻辑运算符	AND、OR、NOT	逻辑运算符

11.3.2　数据类型

PL/SQL 支持 SQL 中的数据类型，只是在长度上有所不同，如 NUMBER、VARCHAR2 及 DATE 等，还有一些 SQL 命令中不能使用的数据类型，例如 BOOLEAN、BINARY_INTEGER 和 NATURAL 等。PL/SQL 的常用数据类型包括标量数据类型、大对象数据类型、属性类型和引用类型 4 种，下面分别进行介绍。

1．标量数据类型

标量数据类型又称基本数据类型，它的变量只有一个值，且内部没有分量。标量数据类型主要包括数值型、字符型、日期时间型和布尔型。这些类型有的是 Oracle SQL 中定义的数据类型，有的是 PL/SQL 自身附加的数据类型。字符型和数字型又有子类型，子类型只与限定的范围有关，如 NUMBER 类型可以表示整数，也可以表示小数，而其子类型 POSITIVE 只表示正整数。除了第 6 章介绍的可以使用与 SQL 相同的数据类型以外，PL/SQL 中还有其特定的数据类型，如表 11-2 所示。

表 11-2　PL/SQL 中标量数据类型

类　　型	说　　明
BOOLEAN	PL/SQL 附加的数据类型，逻辑值为 TRUE、FALSE、NULL
BINARY_INTEGER	PL/SQL 附加的数据类型，介于 -231~231 之间的整数
PLS_INTEGER	PL/SQL 附加的数据类型，介于 -231~231 之间的整数。类似于 BINARY_INTEGER，只是 PLS_INTEGER 值上的运行速度更快
NATURAL	PL/SQL 附加的数据类型，BINARY_INTEGER 子类型，表示从 0 开始的自然数
NATURALN	与 NATURAL 一样，只是要求 NATURALN 类型变量值不能为 NULL
POSITIVE	PL/SQL 附加的数据类型，BINARY_INTEGER 子类型，正整数
POSITIVEN	与 POSITIVE 一样，只是要求 POSITIVE 的变量值不能为 NULL
RECORD	一组其他类型的组合
REF CURSOR	指向一个行集的指针
SIGNTYPE	PL/SQL 附加的数据类型，BINARY_INTEGER 子类型。值有 1、-1、0
STRING	与 VARCHAR2 相同

2. 大对象数据类型

在 Oracle 数据库中为了更好地管理大容量的数据，专门开发了一些对应的大对象数据类型。大对象数据类型（LOB）用于存储非结构化数据，如文本、图形图像、视频和声音，最大长度是 4GB。LOB 由数据（值）和指向数据的指针（定位器）两部分组成。尽管值与表自身一起存储，但是一个 LOB 列并不包含值，仅有它的定位指针。更进一步，为了使用大对象，程序必须声明定位器类型的本地变量。LOB 数据类型的数据库列用于存储定位器，而定位器指向大型对象的存储位置。这些大对象可以存储在数据库中，也可以存储在外部文件中。PL/SQL 通过这些定位器对 LOB 数据类型进行操作。DBMS_LOB 程序包用于操纵 LOB 数据。

3. 属性类型

当声明一个变量的值是数据库中的一行或者一列时，可以直接使用属性类型来声明。属性用于引用变量或数据库列的数据类型，以及引用表中一行的记录类型。Oracle 的 PL/SQL 支持 %TYPE 和 %ROWTYPE 两种属性类型。

- ❑ %TYPE：引用某个变量或者数据库列的数据类型作为该变量的数据类型。
- ❑ %ROWTYPE：引用数据库表中的一行作为数据类型，即 RECORD 类型（记录类型），是 PL/SQL 附加的数据类型。表示一条记录，相当于 Java 中的一个对象。可以使用 "." 来访问记录中的属性。

4. 引用类型

PL/SQL 提供的引用类型包括 REF CURSOR（动态游标）和 REF 操作符。REF 操作符允许引用现有的行对象。

11.3.3　声明常量与变量

当编写 PL/SQL 程序块时，如果要使用常量与变量，则必须先声明，然后才能在执行部分或异常处理部分使用。

1．声明常量

常量在声明时赋予初值，并且在运行时不允许重新赋值。需使用 CONSTANT 关键字声明常量。

定义常量的语法格式如下：

```
constant_name CONSTANT data_type [[:=expr]|[DEFAULT expr]];
```

语法说明如下：

- ❑ constant_name：表示常量名。
- ❑ CONSTANT：用于指定常量。常量在声明时必须赋初值，并且其值不能改变。
- ❑ data_type：表示常量的数据类型。
- ❑ :=expr：使用赋值运算符为常量赋初始值，其中，expr 表示初始值的 PL/SQL 表达式，可以是常量、其他变量或函数等。
- ❑ DEFAULT expr：使用 DEFAULT 关键字为常量设置默认值。

【例 11-3】　使用 PL/SQL 程序块求圆的面积，掌握声明常量的方法。

```
SQL> DECLARE
  2       pi CONSTANT number :=3.14;          --声明圆周率 pi 的常量值
  3       r number DEFAULT 3;                 --圆的半径，默认值为 3
  4       area number;                        --面积
  5  BEGIN
  6       area:=pi*r*r;                       --计算面积
  7       dbms_output.put_line(area);         --输出圆的面积
  8  END;
  9  /
28.26
PL/SQL 过程已成功完成。
```

声明常量时使用关键字 CONSTANT，常量初值可以使用赋值运算符（:=）赋值，也可以使用 DEFAULT 关键字赋值。

2．声明变量

声明变量时不需要使用 CONSTANT 关键字，而且可以不为其赋初始值，但必须指明变量的数据类型，变量声明必须在声明部分。

定义变量的语法格式如下：

```
variable_name data_type [NOT NULL][[:=expr]|[DEFAULT expr]];
```

语法说明如下：

- ❑ variable_name：表示变量名。
- ❑ data_type：数据类型。如果需要长度，可以用括号指明长度，如 varchar2(20)。
- ❑ NOT NULL：表示可以对变量定义非空约束。如果使用了此选项，则必须为变量赋非空的初始值，而且不允许在程序其他部分将其值修改为 NULL。

❑ :=expr：使用赋值运算符为变量赋初始值，其中，expr 表示初始值的 PL/SQL 表达式，可以是常量、其他变量或函数等。

❑ DEFAULT expr：使用 DEFAULT 关键字为变量设置默认值。

【例 11-4】 使用 PL/SQL 程序块，输出 scott.emp 表中员工号为 7900 的员工姓名。

```
SQL> DECLARE
  2      sname VARCHAR2(20) DEFAULT 'jerry';
  3 BEGIN
  4      SELECT ename INTO sname FROM emp WHERE empno=7900;
  5      DBMS_OUTPUT.PUT_LINE(sname);
  6 END;
  7 /

JAMES

PL/SQL 过程已成功完成。
```

上述示例中，变量初始化时，在 DECLARE 声明部分使用 DEFAULT 关键字对变量 sname 进行初始化，并赋默认值为 jerry。使用 SELECT…INTO 语句对变量 sname 赋值，值为 emp 表中 empno 为 7900 的员工 ename 列的值。要求查询的结果必须是一行，不能是多行或者没有记录。最后调用 DBMS_OUTPUT.PUT_LINE 系统过程输出 sname 变量值。

在 SQL*Plus 中还可以声明 Session（会话，也就是一个客户端从连接到退出的过程，称为当前用户的会话）。全局级变量在整个会话过程中均起作用，类似的这种变量称为宿主变量。宿主变量在 PL/SQL 引用时要用 "：变量名" 引用。

【例 11-5】 使用 PL/SQL 程序块演示宿主变量的使用。

```
SQL> var emp_name varchar2(30);
SQL> BEGIN
  2  SELECT ename INTO :emp_name FROM emp WHERE empno=7499;
  3  END;
  4  /
PL/SQL 过程已成功完成。
SQL> print emp_name;
emp_name
---------
ALLEN
```

上述示例中，可以使用 var 声明宿主变量。PL/SQL 中访问宿主变量时要在变量前加 "："。在 SQL*Plus 中，使用 print 可以输出变量中的结果。

11.3.4 使用%TYPE 和%ROWTYPE 定义变量

在 PL/SQL 程序中，除了可以使用 SQL 数据类型以及 PL/SQL 特定的数据类型以外，还可以在声明变量时使用%TYPE 和%ROWTYPE。使用 Oracle 提供的%TYPE 属性类型，可以很方便地将变量定义为和某个字段的数据类型一致，这样变量就能准确地接收从该字段检索出来的数据；使用 Oracle 提供的%ROWTYPE 属性类型可以将变量定义为和某个表中记录的结构一致，这样该变量就可以接收从该表中检索出来的整条数据。

1. %TYPE类型

当定义的 PL/SQL 变量用于存储某个字段的值时，必须确保变量使用合适的数据类型和宽度，否则无法从字段中检索出所需要的数据，这时就可以使用%TYPE 属性定义变量。

使用%TYPE 定义变量的格式如下：

```
variable_name table_name.cloumn_name|old_variable%TYPE;
```

语法说明如下：

❑ table_name.cloumn_name：表示使用表中字段的类型来定义变量。

❑ old_variable：表示使用已有变量的类型来定义新变量。

【例 11-6】　演示 PL/SQL 中使用%TYPE 定义变量的数据类型。

```
SQL> DECLARE
  2      sal emp.sal%TYPE;
  3      mysal number(4):=3000;
  4      totalsal mysal%TYPE;
  5  BEGIN
  6      SELECT SAL INTO sal FROM emp WHERE empno=7934;
  7      totalsal:=sal+mysal;
  8      dbms_output.put_line(totalsal);
  9  END;
```

上述示例中，定义变量 sal 为 emp 表中 sal 列的类型，定义 totalsal 是变量 mysal 的类型。这样，当数据库 emp 表中 sal 列的类型和长度发生改变时，该 PL/SQL 块不需要进行任何修改。

2．%ROWTYPE类型

在 PL/SQL 中，记录用于将逻辑相关数据组织起来。一个记录是许多相关域的组合。%ROWTYPE 属性返回一个记录类型，其数据类型和数据表的数据结构相一致。这样的记录类型可以完整保存从数据表中查询到的一行记录。

使用%ROWTYPE 定义记录变量的格式如下：

```
variable_name table_name|old_record_variable%ROWTYPE;
```

语法说明如下：

❑ table_name：表示使用表结构或视图结构定义记录变量。

❑ old_record_variable：表示使用已有记录变量定义新的记录变量。

【例 11-7】　使用%ROWTYPE 定义记录变量。

```
SQL> DECLARE
  2      myemp EMP%ROWTYPE;
  3  BEGIN
  4      SELECT * INTO myemp FROM emp WHERE empno=7934;
  5      dbms_output.put_line(myemp.ename);
  6  END;
  7  /
MILLER
```

PL/SQL 过程已成功完成。

上述示例中，声明一个 myemp 记录变量，该变量表示 emp 表中的一行，它拥有的成员数、成员名及各成员的数据类型和宽度与 scott.emp 表拥有的字段数、字段名及各字段的数据类型和宽度一一对应。上述示例的作用是从 emp 表中查询一条记录放入 myemp 变量中。访问该记录变量的属性可以使用 "."。

11.4 PL/SQL 控制结构

控制结构控制 PL/SQL 程序流程的代码行，是 PL/SQL 对 SQL 的最重要的扩展。流程控制 PL/SQL 不仅能让用户操作 Oracle 数据，还能让用户使用条件、循环和顺序控制语句来处理数据。和标准 SQL 语句程序、其他计算机语言（如 C、Java）相同，PL/SQL 的基本控制结构包括顺序结构、条件结构（IF-THEN-ELSE）、循环结构（LOOP、FOR、WHILE）3 类。

除了顺序结构语句外，PL/SQL 程序块主要通过条件语句和循环语句来控制和改变程序的执行逻辑顺序，从而实现复杂的运算或控制功能。

11.4.1 条件结构

Oracle 中条件逻辑结构又分为 IF 条件语句和 CASE 表达式两种。条件结构用于依据特定情况选择要执行的操作。

1. IF条件语句

用户经常需要根据环境来采取可选择的行动。IF-THEN-ELSE 语句能让用户按照条件来执行一系列语句。IF 用于检查条件；THEN 在条件值为 TRUE 的情况下执行；ELSE 在条件值为 FALSE 或 NULL 的情况才执行。

在 PL/SQL 块中，IF 条件选择语句包含 IF-THEN、IF-THEN-ELSE、IF-THEN-ELSEIF 语句，语法格式如下：

```
IF condition1 THEN
    statements1;
[ELSEIF condition2 THEN
    statements2] [, …]
[ELSE
    Statements3]
END IF;
```

语法说明如下：

❑ condition<n>：布尔表达式，其值为 TRUE 或 FALSE。

❑ statements<n>：PL/SQL 语句，在对应的条件为 TRUE 时被执行。

❑ 用 IF 关键字开始，END IF 关键字结束，注意 END IF 后面有一个分号。

❑ 条件部分可以不使用括号，但是必须以关键字 THEN 来标识条件结束。如果条件成立，则执行 THEN 后到对应 END IF 之间的语句块内容；如果条件不成立，则不执行条件语句块的内容。

【例 11-8】 PL/SQL 中使用 IF-THEN 条件语句判断当前日期是周末还是工作日。

```
SQL> SET SERVEROUTPUT ON
SQL> DECLARE
2      v_date DATE := TO_DATE('&sv_date', 'DD-MM-YYYY');
3      v_day VARCHAR2(15);
4  BEGIN
5      v_day := TRIM(TO_CHAR(v_date, 'DAY'));
6      IF v_day IN('星期六', '星期日')THEN
7          DBMS_OUTPUT.PUT_LINE(v_date||' 周末休假!');
```

```
8      END IF;
9         DBMS_OUTPUT.PUT_LINE ('工作…');
10  END;
```

提示：要在 SQL*Plus 中显示 DBMS_OUTPUT.PUT_LINE 过程的输出内容，需要使用 SET SERVEROUTPUT ON 命令打开服务器输出，一般只运行一次即可。另外，在 Oracle 中可以使用双竖线（||）来连接两个字符串。

【例 11-9】　使用 IF-THEN-ELSE 条件语句改写例 11-8。

```
SQL> DECLARE
2      v_date DATE := TO_DATE('&sv_date', 'DD-MM-YYYY');
3      v_day VARCHAR2(15);
4  BEGIN
5      v_day := TRIM(TO_CHAR(v_date, 'DAY'));
6      IF v_day IN('星期六', '星期日')THEN
7         DBMS_OUTPUT.PUT_LINE(v_date||' 周末休假!');
8      ELSE
9         DBMS_OUTPUT.PUT_LINE(v_date||' 不是周末!');
10   END IF;
11      DBMS_OUTPUT.PUT_LINE('工作…');
12  END;
```

【例 11-10】　使用 IF-THEN-ELSIF 语句查询 scott.emp 表中 JAMES 的工资，如果工资高于 1500 元，则发放奖金 1000 元；如果工资高于 900 元，则发放奖金 800 元，否则发放奖金 400 元。

```
SQL>DECLARE
2      newSal emp.sal % TYPE;
3  BEGIN
4      SELECT sal INTO newSal FROM emp
5      WHERE ename='JAMES';
6      IF newSal>1500 THEN
7         UPDATE emp
8         SET comm=1000
9         WHERE ename='JAMES';
10    ELSIF newSal>900 THEN
11         UPDATE emp
12         SET comm=800
13         WHERE ename='JAMES';
14    ELSE
15         UPDATE emp
16         SET comm=400
17         WHERE ename='JAMES';
18   END IF;
19   END;
```

2. CASE表达式

从功能上来说，CASE 表达式基本上可以实现 IF 条件语句能实现的所有功能；而从代码结构上来讲，CASE 表达式具有更好的阅读性。因此对于多条件判断情况，建议使用 CASE 表达式代替 IF 语句。CASE 作为一种选择结构的控制语句，可以根据条件从多个执行分支中选择相应的执行动作；也可以作为表达式使用，返回一个值，类似于 C 语言中的 switch 多分支语句。

Oracle 中 CASE 表达式有简单 CASE 表达式和搜索 CASE 表达式两种，下面分别介绍。

1）简单 CASE 表达式

简单 CASE 表达式使用嵌入式的方式来确定返回值，语法格式如下：

```
CASE [selector]
WHEN expression1 THEN statements1;
WHEN expression2 THEN statements2;
WHEN expression3 THEN statements3;
...
[ELSE statements N;]
END CASE;
```

语法说明如下：

❏ selector：待求值的表达式，即选择器。

❏ WHEN expression1 THEN statements1：其中，expression1 表示要与 selector 进行比较的表达式。如果二者的值相等，则执行 THEN 后面 statements1 的操作。如果所有表达式都与 selector 不匹配，则执行 ELSE 后面的语句。

【例 11-11】 输入字母 A、B、C，分别输出对应的级别信息。

```
SQL>DECLARE
2      v_grade CHAR(1):=UPPER('&p_grade');
3  BEGIN
4      CASE v_grade
5         WHEN 'A' THEN
6            dbms_output.put_line('优秀');
7         WHEN 'B' THEN
8            dbms_output.put_line('良好');
9         WHEN 'C' THEN
10           dbms_output.put_line('及格');
11        ELSE
12           dbms_output.put_line('无成绩!');
13     END CASE;
14  END;
```

上述例子中，grade 表示在运行时由键盘输入字符串到 grade 变量中。v_grade 分别与 WHEN 后面的值匹配，如果成功就执行 THEN 后的程序。

【例 11-12】 CASE 语句还可以作为表达式使用，返回一个值。

```
SQL>DECLARE
2      v_grade CHAR(1):=UPPER('&grade');
3      p_grade VARCHAR(20);
4  BEGIN
5      p_grade :=
6      CASE v_grade
7         WHEN 'A' THEN
8              '优秀'
9         WHEN 'B' THEN
10             '良好'
11        WHEN 'C' THEN
12             '及格'
13        ELSE
14             '无成绩'
15     END;
16     dbms_output.put_line('Grade:'||v_grade||',the result is '||p_grade);
17  END;
```

上例中，CASE 语句可以返回一个结果给变量 p_grade。

2）搜索 CASE 表达式

PL/SQL 还提供了搜索 CASE 语句。也就是说，不使用 CASE 中的选择器，直接在 WHEN 后面判断条件，第 1 个条件为真时，执行对应 THEN 后面的语句。

搜索 CASE 表达式使用条件来确定返回值，语法格式如下：

```
CASE
WHEN condition1 THEN statements1;
WHEN condition2 THEN statements2;
WHEN condition3 THEN statements3;
…
[ELSE default_statements;]
END CASE;
```

与简单 CASE 表达式相比较，可以发现 CASE 关键字后面不再跟随待求表达式，而 WHEN 子句中的表达式也换成了条件语句（condition），其实搜索 CASE 表达式就是将待求表达式放在条件语句中进行范围比较，而不再像简单 CASE 表达式那样只能与单个值进行比较。

【例 11-13】　在 PL/SQL 中，使用搜索 CASE 表达式示例。

```
SQL>DECLARE
2    sal       NUMBER := 2000;
3    sal_desc VARCHAR2(20);
4  BEGIN
5   sal_desc := CASE
6               WHEN sal
7               WHEN sal BETWEEN 1000 AND 3000 THEN 'Medium'
8               WHEN sal > 3000 THEN 'High'
9               ELSE 'N/A'
10              END;
11   DBMS_OUTPUT.PUT_LINE(sal_desc);
12  END;
13  /

Medium
PL/SQL 过程已成功完成。
```

11.4.2　循环结构

为了执行有规律性的重复操作，PL/SQL 提供了丰富的循环结构。循环结构一般由循环体和循环结束条件组成，循环体是指被重复执行的语句集，而循环结束条件则用于终止循环。Oracle 提供的循环类型有 LOOP 循环语句、WHILE 循环语句和 FOR 循环语句 3 种，可用 EXIT 来强制结束循环。

1. LOOP循环

LOOP 循环是最简单的循环，也称为无限循环，LOOP 和 END LOOP 是关键字，语法格式如下：

```
LOOP
 statements;
END LOOP;
```

其中，statements 是 LOOP 循环体中的语句块。要想退出 LOOP 循环，必须在语句块中显式地使用 EXIT 或者[EXIT WHEN 条件]，否则循环会一直执行，也就是陷入死循环。

循环体在 LOOP 和 END LOOP 之间，在每个 LOOP 循环体中，首先执行循环体中的语句序列，执行完后再重新开始执行。

【例 11-14】 使用简单 LOOP 循环语句，输出 1+2+3+…+100 的值。

```
SQL>DECLARE
  2   counter number(3):=0;
  3   sumResult number:=0;
  4  BEGIN
  5  LOOP
  6   counter := counter+1;
  7    sumResult := sumResult+counter;
  8  IF counter>=100 THEN
  9     EXIT;
 10  END IF;
 11  -- EXIT WHEN counter>=100;
 12  END LOOP;
 13    dbms_output.put_line('result is :'||to_char(sumResult));
 14  END;
```

上述例子中，LOOP 循环中可以使用 IF 结构嵌套 EXIT 关键字退出循环。注释行可以代替第 8 行中的循环结构，WHEN 后面的条件成立时跳出循环。

2．WHILE循环

WHILE 循环是在 LOOP 循环的基础上添加循环条件，也就是说，只有满足 WHILE 条件后，才会执行循环体中的内容。即先判断条件，条件成立再执行循环体，语法格式如下：

```
WHILE condition
LOOP
statements;
END LOOP;
```

如上所示，condition 是 WHILE 循环的循环条件，只有当 condition 为 TRUE 时，WHILE 循环才被执行；若 condition 为 FALSE 或 NULL 时，会退出循环，继续执行 END LOOP 后面的其他语句。在 WHILE 循环中，通常也会使用循环变量来控制循环是否执行。

【例 11-15】 用 WHILE 循环，输出 1+2+3+…+100 的值。

```
SQL>DECLARE
  2   counter number(3):=0;
  3   sumResult number:=0;
  4   BEGIN
  5   WHILE counter<100 LOOP
  6      counter := counter+1;
  7      sumResult := sumResult+counter;
  8   END LOOP;
  9    dbms_output.put_line('result is :'||sumResult);
 10  END;
```

3．FOR循环

FOR 循环需要预先确定循环的次数，可通过给循环变量指定下限和上限来确定循环运行的次数，然后循环变量在每次循环中递增（或者递减），语法格式如下：

```
FOR counter IN [REVERSE] lower_bound..upper_bound
LOOP
statements;
END LOOP;
```

语法说明如下：

- ❑ counter：指定循环变量，该变量的值根据上下限的 REVERSE 关键字进行加 1 或者减 1。
- ❑ IN：为 loop_variable 指定取值范围。
- ❑ REVERSE：指明循环从上限向下限依次循环。
- ❑ lower_bound..upper_bound：表示取值范围。其中，lower_bound 为循环下限值；upper_bound 为循环上限值；双点号（..）为 PL/SQL 中的范围符号。如果没有使用 REVERSE 关键字，则 loop_variable 的初始值默认为 lower_bound，每循环一次，loop_variable 的值加 1；如果使用了 REVERSE 关键字，则 loop_variable 的初始值默认为 upper_bound，每循环一次，loop_variable 的值减 1。

【例 11-16】　用 FOR 循环，输出 1+2+3+…+100 的值。

```
SQL>DECLARE
  2    counter number(3):=0;
  3    sumResult number:=0;
  4  BEGIN
  5    FOR counter IN 1..100 LOOP
  6        sumResult := sumResult+counter;
  7    END LOOP;
  8    dbms_output.put_line('result is :'||sumResult);
  9  END;
```

由于 FOR 循环中的循环变量可以由循环语句自动创建并赋值，并且循环变量的值在循环过程中会自动递增或递减，所以以使用 FOR 循环语句时，不需要再使用 DECLARE 语句定义循环变量，也不需要在循环体中手动控制循环变量的值。

11.5　游标的创建与使用

在 PL/SQL 程序块中使用 SELECT 语句时，要求查询结果集中只能包含一条记录，若查询出来的数据为一个结果集（多于一行），则执行出错。因此，SQL 提供了游标机制来解决这个问题。游标是指向查询结果集的一个指针，通过游标可以将查询结果集中的记录逐一取出，并在 PL/SQL 程序块中进行处理。

Oracle 使用工作区（work area）来执行 SQL 语句，并保存处理信息。PL/SQL 可以让用户使用游标来为工作区命名，并访问存储的信息。游标的类型有两种：隐式游标和显式游标。隐式游标是由系统自动创建并管理的游标，用户可以访问隐式游标的属性。PL/SQL 会为所有的 SQL 数据操作声明一个隐式的游标，包括只返回一条记录的查询操作。对于返回多条记录的查询，可以显式地声明一个游标来处理每一条记录。显式游标是用户自己创建并操作的游标。

Oracle 显式游标可以用来逐行获取 SELECT 语句中返回的多行数据，其使用主要遵循 4 个步骤：声明游标、打开游标、检索游标和关闭游标。如同打开一个文件一样，一个 PL/SQL 程序打开一个游标，处理查询出来的行，然后关闭游标。就像文件指针能标记打开文件中的当前位置一样，游标能标记出结果集的当前位置。

具体使用 OPEN、FETCH 和 CLOSE 语句来控制游标，OPEN 用于打开游标并使游标指向结果集的第 1 行，FETCH 会检索当前行的信息并把游标移向下一行，当最后一行也被处理完后，CLOSE 就会关闭游标。

11.5.1　声明游标

声明游标就是在使用显式游标之前，必须先在程序块的定义部分对其进行定义。定义一个游标名称来对应一条查询语句，从而可以利用该游标对此查询语句返回的结果集进行单行操作，语法格式如下：

```
CURSOR cursor_name
  [(
   parameter_name [IN] data_type [{:=|DEFAULT} value]
     [,…]
    )]
IS select_statement
[ FOR UPDATE [OF column [,…]] [NOWAIT]];
```

语法说明如下：

❑ cursor_name：定义新游标的名称。

❑ parameter_name[IN]：为游标定义输入参数，IN 关键字可以省略。使用输入参数可以使游标的应用变得更灵活。用户需要在打开游标时为输入参数赋值，也可使用参数的默认值。输入参数可以有多个，多个参数的设置之间使用逗号（,）分隔。

❑ select_statement：查询语句。

❑ FOR UPDATE：用于在使用游标中的数据时，锁定游标结果集与表中对应数据行的所有或部分列。

❑ NOWAIT：如果表中数据行被某用户锁定，那么其他用户的 FOR UPDATE 操作将会一直等到用户释放这些数据行的锁定后才会执行。而使用了该关键字后，其他用户在使用 OPEN 命令打开游标时会立即返回错误信息。

【例 11-17】 在 PL/SQL 中，声明一个游标 emp_cursor 对应 scott.emp 表中的查询操作，此查询操作检索员工号为 20 的员工的部分信息。

```
SQL> DECLARE
  2    CURSOR emp_cursor IS
  3    SELECT empno, ename, job
  4    FROM scott.emp
  5    WHERE deptno = 20;
```

由多行查询返回的行集合称为结果集（result set），它的大小就是满足查询条件的行的个数。如图 11-2 所示，显式游标"指向"当前行的记录，这可以让程序每次处理一条记录。

图 11-2　显式游标指向当前记录

💭注意：游标的声明与使用等都需要在 PL/SQL 块中进行，其中，声明游标需要在 DECLARE 声明部分进行。

11.5.2　打开游标

游标定义完成后，下一步就是打开游标。只有打开游标后，Oracle 才会执行相应的 SELECT 查询语句，并将游标作为指针指向 SELECT 语句结果集的第 1 行。在打开游标时，如果游标有输入参数，用户还需为这些参数传值，否则将会出错（参数值有默认值的除外）。
打开游标需要使用 OPEN 语句，语法格式如下：

```
OPEN cursor_name [ (value [,…] ) ];
```

【例 11-18】　使用 OPEN 语句打开例 11-17 中定义的游标 emp_cursor。

```
OPEN emp_cursor;
```

11.5.3　检索游标

游标被打开后，可以使用 FETCH 语句获取游标正在指向的查询结果集中的记录，该语
句执行后游标的指针自动向下移动，指向下一条记录。因此，每执行一次 FETCH 语句，游
标只获取一行记录，如果要处理查询结果集中的所有数据，那么需要多次执行 FETCH 语句，
通常使用循环实现。其语法格式如下：

```
FETCH cursor_name INTO variable [,…];
```

其中，variable 是用来存储结果集中当前单行记录的变量。这些变量的个数、数据类型、宽度
应和游标指向的查询结果集中的结构保持一致。

【例 11-19】　使用 FETCH 语句检索上述例子中的当前行的记录变量值。

```
FETCH emp_cursor INTO emp_rec;
--可用%ROWTYPE 事先定义好与表 scott.emp 结构相同的记录变量 emp_rec
dbms_output.put_line('员工号是：'||emp_rec.empno,|| '姓名是：'||emp_rec.ename
'工作是：'|| emp_rec.job);
--输出从游标中获取到的记录值
```

11.5.4　关闭游标

在检索游标结果集中所有数据之后，就可以关闭游标并释放其结果集。关闭游标需要使
用 CLOSE 语句。游标被关闭后，Oracle 将释放游标中 SELECT 语句的查询结果所占用的系
统资源。其语法格式如下：

```
CLOSE cursor_name;
```

【例 11-20】　关闭例 11-19 中打开的游标 emp_cursor。

```
CLOSE emp_cursor;
```

11.5.5　游标的常用属性

在游标使用过程中，经常需要用到游标的 4 个属性，分别为%FOUND 属性、
%NOTFOUND 属性、%ROWCOUNT 属性和%ISOPEN 属性，以确定游标的当前和总体状态。
下面介绍游标的 4 个属性的引用格式。

1．%FOUND属性

%FOUND 属性用于判定游标是否从结果集中提取到数据，返回布尔类型的值。如果提
取到数据，则返回值为 TRUE，否则返回值为 FALSE，语法格式如下：

```
FETCH cursor1 INTO var1,var2;
IF cursor1 %FOUND THEN
```

```
...
ENDIF;
```

2．%NOTFOUND属性

%NOTFOUND 属性与%FOUND 相反，如果提取到数据则返回为 FALSE；如果没有提取到数据则返回值为 TRUE，语法格式如下：

```
FETCH cursor2 INTO var1,var2;
IF cursor2 %NOTFOUND THEN
...
ENDIF;
```

3．%ROWCOUNT属性

%ROWCOUNT 属性表示游标从查询结果集中已经获取到的记录总数，返回数字类型的值，语法格式如下：

```
FETCH cursor3 INTO var1,var2;
IF cursor1 %ROWCOUNT>10 THEN
...
ENDIF;
```

4．%ISOPEN属性

%ISOPEN 属性用于判断游标是否已经打开，返回布尔类型值，如果游标打开则返回TRUE，否则返回 FALSE，语法格式如下：

```
IF emp_cursor%ISOPEN THEN
...
ELSE                             --如果游标 emp_cursor 未打开,则打开游标
OPEN emp_cursor;
ENDIF;
```

11.5.6　简单的游标循环

用户在使用 FETCH 语句检索游标指向的查询结果集时，每次只能读取一条记录数据。如果想获取结果集中所有的记录，就需要使用循环重复执行 FETCH 语句。下面介绍如何使用 LOOP 简单游标循环。

【例 11-21】　使用 LOOP 循环语句循环读取 emp_cursor 游标中的记录内容。

```
SQL> DECLARE
2     CURSOR emp_cursor
3     IS
4     SELECT * from scott.emp order by empno desc;   --声明游标 emp_cursor
5     emprow emp%rowtype;                            --定义记录型变量
6   BEGIN
7     open emp_cursor;                              --打开游标
8     LOOP
9         FETCH emp_cursor INTO emprow;             --检索游标
10        EXIT WHEN emp_cursor %notfound;           --判断结束语句
11    dbms_output.put_line('empno is '||emprow.empno);
12    END LOOP;
13    dbms_output.put_line(emp_cursor %rowcount);
14    close emp_cursor;
15  END;
SQL> /
```

11.5.7　游标 FOR 循环

在大多需要使用显式游标的情况下，都可以用一个简单的游标 FOR 循环来代替 OPEN、FETCH 和 CLOSE 语句。首先，游标 FOR 循环会隐式地声明一个代表当前行的循环索引（loop index）变量；然后，它会打开游标，反复从结果集中读取数据并放到循环索引的各个域（field）中。当所有行都被处理过后，FOR 循环就会关闭游标。下面的例子中，游标 FOR 循环隐式地声明了一个 emp_rec 记录。

【例 11-22】 使用 FOR 循环改写例 11-21 中的操作。

```
SQL> DECLARE
2     CURSOR emp_cursor
3     IS
4     SELECT  * from scott.emp order by empno desc; --不需要显式地打开或关闭游标
5     BEGIN
6     FOR emprow IN emp_cursor                      --隐式地定义行级变量 emprow
7     LOOP
8       dbms_output.put_line('empno is '||emprow.empno);
9     END LOOP;
10    END;
```

对比例 11-21 的循环语句，可以发现：

❑ 用 FOR 循环可大大简化游标的循环操作。

❑ 在 FOR 循环中不需要事先定义循环控制变量。

❑ 在游标的 FOR 循环之前，系统会自动打开游标；在 FOR 循环结束后，系统会自动关闭游标，不需要人为操作。

❑ 在游标的 FOR 循环过程中，系统会自动执行 FETCH 语句，不需要人为执行 FETCH 语句。

11.5.8　带参数的游标

参数游标是指带有参数的游标，在定义了参数游标之后，当使用不同参数值打开游标时，可以产生不同的结果集。定义参数游标的语法格式如下：

```
CURSOR cursor_name(parameter_name) IS select_statement;
```

当定义参数游标时，需要指定参数名及其数据类型。

【例 11-23】 定义参数游标，查询指定部门的员工姓名。

```
SQL> DECLARE
2     CURSOR emp_cursor(no NUMBER)                  --定义游标参数 no,参数类型为 NUMBER
3     IS
4     SELECT  ename from scott.emp
5         WHERE  deptno=no;                         --不需要显式地打开或关闭游标
6   BEGIN
7     FOR emp_record IN emp_cursor(&no)             --隐式地定义行级变量 emp_record
8     LOOP
9       dbms_output.put_line('姓名是: '|| emp_record.ename);
10     END LOOP;
11  END;
```

11.5.9　使用游标更新数据

使用游标还可以更新表中的数据，其更新操作针对当前游标所定位的数据行。要想实现使用游标更新数据，首先需要在声明游标时使用 FOR UPDATE 子句，然后就可以在 UPDATE 和 DELETE 语句中使用 WHERE CURRENT OF 子句，修改或删除游标结果集中当前行对应的数据行。

【例 11-24】 使用 FOR UPDATE 子句的 CURSOR 检索 scott.emp 表中的数据。

```
SQL> DECLARE
2    CURSOR emp_cursor
3    IS
4    SELECT  ename,ename,job,sal from scott.emp
5        WHERE  deptno=80;
6    FOR UPDATE OF sal NOWAIT;              --使用 OF 子句锁定 sal 列
7    ...
```

此时，更新时只能针对 sal 列进行更新。例如，要将游标结果集中当前行对应的 emp 表中数据行的 sal 列的值修改为 2000，语句如下：

```
UPDATE scott.emp SET sal=2000 WHERE CURRENT OF emp_cursor;
```

11.6　PL/SQL 异常处理

在 PL/SQL 程序块运行时出现的错误或警告，称为异常。在实际应用中，导致 PL/SQL 出现异常的原因有很多，如程序本身出现的逻辑错误，或者程序人员根据业务需要，自定义部分异常错误等。一旦 PL/SQL 程序块发生异常后，语句将停止执行，PL/SQL 引擎立即将控制权转到 PL/SQL 块的异常处理部分。异常处理机制简化了代码中的错误检测。PL/SQL 中任何异常出现时，每一个异常都对应一个异常码和异常信息，如图 11-3 所示。

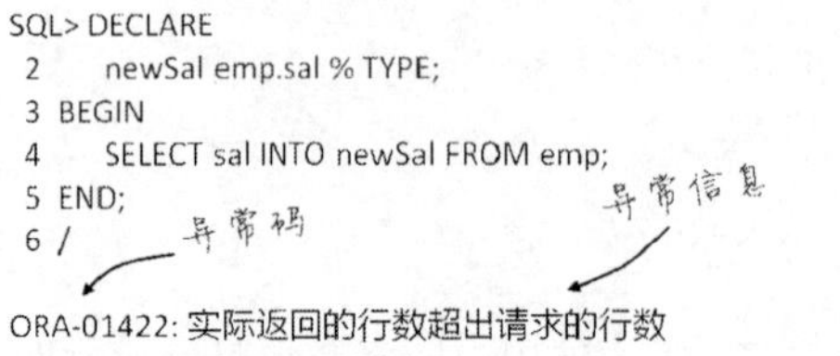

```
SQL> DECLARE
2    newSal emp.sal % TYPE;
3 BEGIN
4    SELECT sal INTO newSal FROM emp;
5 END;
6 /
ORA-01422: 实际返回的行数超出请求的行数
```

图 11-3　PL/SQL 的异常

11.6.1　异常处理简介

编写 PL/SQL 程序时，为提高程序的健壮性，开发人员应该捕捉可能出现的各种异常，并进行适当处理。当产生异常时，如果程序中没有对该异常进行处理的语句，则整个程序将停止执行；如果捕捉到异常，Oracle 会在 PL/SQL 块内处理异常，也就是进行异常处理。通常根据异常的定义方式可将异常分为两类：系统异常和用户自定义异常，其中，系统异常又可分为系统预定义异常和非预定义异常。

处理异常需要使用 EXCEPTION 语句块，语法格式如下：

```
EXCEPTION                           --异常处理开始
  WHEN exception1 THEN
    statements1;                    --对应异常处理
  WHEN exception2 THEN
```

```
      statements2;                        --对应异常处理
      [...]
  WHEN OTHERS THEN
      statementsN;
```

语法说明如下：

❑ exception<n>：表示可能出现的异常名称。

❑ WHEN OTHERS：表示任何其他情况，类似 ELSE，该子句需要放在 EXCEPTION 语句块的最后。

11.6.2　系统异常

1．系统预定义异常

系统预定义异常是由系统根据发生的错误事先定义好的异常，它们有错误编号和异常名称，用来处理 Oracle 常见错误。为了 Oracle 开发和维护的方便，在 Oracle 异常中，为常见的异常码定义了对应的异常名称，称为系统预定义异常。常见的预定义异常如表 11-3 所示。

表 11-3　PL/SQL 中常见的预定义异常

异常名称	异 常 码	描　　述
DUP_VAL_ON_INDEX	ORA-00001	试图向唯一索引列插入重复值
INVALID_CURSOR	ORA-01001	试图进行非法游标操作
INVALID_NUMBER	ORA-01722	试图将字符串转换为数字
NO_DATA_FOUND	ORA-01403	SELECT INTO语句中没有返回任何记录
TOO_MANY_ROWS	ORA-01422	SELECT INTO语句中返回多于1条记录
ZERO_DIVIDE	ORA-01476	试图用0作为除数
CURSOR_ALREADY_OPEN	ORA-06511	试图打开一个已经打开的游标
ACCESS_INTO_NULL	ORA-06530	试图给未初始化对象的属性赋值
CASE_NOT_FOUND	ORA-06592	CASE语句中未找到匹配的WHEN子句，也没有默认的ELSE子句
LOGIN_DENIED	ORA-01017	试图将一个无法代表有效数字的字符串转换成数字
PROGRAM_ERROR	ORA-06501	PL/SQL内部错误
STORAGE_ERROR	ORA-06500	内存出现错误，或已用完
VALUE_ERROR	ORA-06502	发生算术、转换、截断或大小约束错误

【例 11-25】　在 PL/SQL 中"返回的记录太多了"的异常处理示例。

```
SQL> DECLARE
  2      newSal emp.sal % TYPE;
  3  BEGIN
  4      SELECT sal INTO newSal FROM emp;
  5  EXCEPTION
  6      WHEN TOO_MANY_ROWS THEN
  7          dbms_output.put_line('返回的记录太多了');
  8      WHEN OTHERS THEN
  9          dbms_output.put_line('未知异常');
 10  END;
 11  /
```

返回的记录太多了
PL/SQL 过程已成功完成。

2. 非预定义异常

除了 Oracle 系统预定义异常外，还有一些其他异常也属于程序本身的逻辑错误，如违反表的外键约束及检查约束等，Oracle 只为这些异常定义了错误代码，但没有定义异常名称。用户在使用这类异常时必须先为它声明一个异常名称，然后通过伪过程 PRAGMA EXCEPTION_INIT 语句为该异常设置名称。使用该类异常包括 3 步：

（1）在程序块的声明部分定义一个异常名称。

（2）在声明部分使用伪过程将异常名称和错误编号关联。

（3）在异常处理部分捕获异常并对异常情况做出相应的处理。

语法格式如下：

```
PRAGMA EXCEPTION_INIT(exception_name,oracle_error_number);
```

语法说明如下：

❑ exception_name：设置异常名称，该名称需要事先使用 EXCEPTION 类型进行定义。如 exception_name EXCEPTION。

❑ oracle_error_number：Oracle 错误号，该错误号与错误代码相关联。

PRAGMA 由编译器控制，在编译时处理，而不是在运行时处理。EXCEPTION_INIT 告诉编译器将异常名与 Oracle 错误码绑定起来，这样可以通过异常名称引用任意的内部异常，并且可以通过异常名为异常编写适当的异常处理器。

【例 11-26】为系统错误 ORA-02292 定义一个异常，该错误当删除被子表引用的父表中的相关记录时发生。

```
SQL> DECLARE
  2    my_delete EXCEPTION;
  3    PRAGMA EXCEPTION_INIT(my_delete, -02292);
  4  BEGIN
  5    DELETE FROM scott.dept WHERE deptno=10;
  6  EXCEPTION
  7  WHEN my_delete THEN
  8    dbms_output.put_line('要删除的记录被子表引用，删除失败!');
  9  END;
```

上述例子中，把异常名称 my_delete 与异常码-02292 关联，该语句由于是预编译语句，必须放在声明部分。也就是说-20102 的异常名称就是 my_delete。在内部 PL/SQL 语句块中引发应用系统异常-02292。在外部的 PL/SQL 语句块中就可以用异常名 my_delete 进行捕获。

11.6.3 自定义异常

除了预定义异常外，用户还可以在实际程序开发中，为了实施具体的业务逻辑规则，自定义一些异常，当用户违反操作规则时，由用户通过 RAISE 命令触发异常，并在程序块的异常处理部分捕获、处理该异常。

1. 用户自定义异常

自定义异常可以让用户采用与 PL/SQL 引擎处理错误相同的方式进行处理，用户自定义异常的两个关键点如下。

异常定义：在 PL/SQL 块的声明部分采用 EXCEPTION 关键字声明异常，定义方法与定义变量相同。如声明一个 myexception 异常方法如下：

```
myexception EXCEPTION;
```

异常引发：在程序可执行区域，使用 RAISE 关键字进行引发。引发自定义异常的方法如下：

```
RAISE myexception;
```

【例 11-27】　在 scott.emp 表中查询 JAMES 的薪金情况，如果薪金低于 5000 则引发自定义异常。

```
SQL> DECLARE
  2      sal emp.sal%TYPE;
  3      myexp EXCEPTION;
  4  BEGIN
  5      SELECT sal INTO sal FROM emp WHERE ename='JAMES';
  6      IF sal<5000 THEN
  7          RAISE myexp;
  8      END IF;
  9  EXCEPTION
 10      WHEN NO_DATA_FOUND THEN
 11          dbms_output.put_line('没有找到记录!');
 12      WHEN MYEXP THEN
 13          dbms_output.put_line('薪金比较少!');
 14  END;
 15  /
薪金比较少!
PL/SQL 过程已成功完成。
```

上述例子中，用 EXCEPTION 定义一个异常变量 myexp。在一定条件下用 RAISE 引发异常 myexp。在异常处理部分捕获异常，如果不处理异常，该异常就抛给程序执行者。

2. 引发应用程序异常

在 Oracle 开发中，遇到的系统异常都有对应的异常码，用户自定义的异常也可以指定一个异常码和异常信息。Oracle 系统为用户预留了自定义异常码，引发应用程序异常的语法格式是：

```
RAISE_APPLICATION_ERROR(error_number, error_message);
```

语法说明如下：

❑ error_number：错误号。可以使用−20000～−20999 的负整数。

❑ error_message：自定义错误提示信息。信息的字符串长度要小于 512 字节。

【例 11-28】　用引发应用程序异常实现例 11-27。

```
SQL> DECLARE
  2      sal emp.sal%TYPE;
  3      myexp EXCEPTION;
  4  BEGIN
  5      SELECT sal INTO sal FROM emp WHERE ename='JAMES';
  6      IF sal<5000 THEN
  7          RAISE myexp;
  8      END IF;
  9  EXCEPTION
 10      WHEN NO_DATA_FOUND THEN
```

```
11          dbms_output.put_line('没有找到记录!');
12   WHEN MYEXP THEN
13          RAISE_APPLICATION_ERROR(-20001,'薪金比较少!');
14 END;
15 /

ORA-20001: 薪金比较少!
ORA-06512: 在 14 行
```

上述例子中，引发应用程序异常，指明异常码和异常信息，在控制台上显示异常码和异常信息。

11.7 PL/SQL 应用程序性能调优

前面介绍了 PL/SQL 程序块的编写，只是实现了解决问题的 PL/SQL 程序，而在实际 Oracle 开发过程中还要考虑 PL/SQL 程序块的运行效率问题，否则，当数据库中数据量大时，低质量的 PL/SQL 程序将造成系统运行性能下降、大量系统资源耗费等问题。为此，我们需要掌握 PL/SQL 应用程序的性能调优方法，编写出高质量的 PL/SQL 应用程序。后续章节还将进一步详细介绍 SQL 语句的优化技巧。

11.7.1 PL/SQL 性能问题的由来

基于 PL/SQL 的应用程序执行效率低下，通常是由于糟糕的 SQL 语句和编程方法，对 PL/SQL 基础掌握不好或滥用共享内存造成的。

PL/SQL 编程看起来相对比较简单，因为它们的复杂内容都隐藏在 SQL 语句中，SQL 语句常常分担大量的工作。这就是为什么糟糕的 SQL 语句是执行效率低下的主要原因了。如果一个程序中包含很多糟糕的 SQL 语句，那么，无论 PL/SQL 语句写得有多么好都是无济于事的。对于 SQL 语句的优化问题，将在本书第 12 章中详细阐述。

如果 SQL 语句降低了程序速度的话，就要分析一下它们的执行计划和性能，然后重新编写 SQL 语句。例如，查询优化器的提示就可能会排除掉问题，如没有必要的全表扫描。

通常，不好的编程习惯也会给程序带来负面影响。这种情况下，即使是有经验的程序员写出的代码也可能妨碍性能发挥。

对于给定的一项任务，无论所选的程序语言有多么合适，编写质量较差的子程序（例如，一个很慢的分类或检索函数）都可能毁掉整个程序的性能。假设有一个需要被应用程序频繁调用的查询函数，这个函数不使用哈希或二分法，而直接使用线性查找，就会大大影响效率。不好的程序往往含有从未使用过的变量，传递没必要使用的参数，而且会把初始化或计算放到不必要的循环中的执行等。

滥用 PL/SQL 程序中的共享内存。第一次调用打包子程序时，整个包会被加载到共享内存池。所以，以后调用包内相关子程序时，就不再需要读取磁盘了，这样会加快代码的执行速度。但是，如果包从内存中清除之后，在重新引用它时，就必须重新加载它。

可以通过正确设置共享内存池的大小来改善 PL/SQL 程序的性能，一定要确保共享内存池有足够的空间来存放频繁使用的包，但其空间也不要过大，以免浪费内存。

11.7.2　确定 PL/SQL 的性能问题

实际上，当要开发越来越大的 PL/SQL 应用程序时，就难免要碰到性能问题。所以，PL/SQL 为用户提供了 Profiler API 来剖析运行时的行为并帮助用户辨识性能瓶颈。PL/SQL 也提供了一个 Trace API 用来跟踪服务器端的程序执行，可以使用 Trace 来跟踪子程序或异常的执行。

1．Profiler API：包DBMS_PROFILER

Profiler API 由 PL/SQL 包 DBMS_PROFILER 实现，它收集并保存运行时的统计信息。这些信息会被保存在数据表中，供用户查询。例如，用户可以知道 PL/SQL 每行和每个子程序执行所花费的时间。

要使用 Profiler，会先开启一个性能评测会话，然后充分地运行应用程序以便达到足够的代码覆盖率，接着把收集到的信息保存在数据库中，最后停止性能评测会话。具体步骤如下：

（1）调用 DBMS_PROFILER 包中的 start_profiler 过程，把一个注释与性能评测会话关联。

（2）运行要被评测的应用程序。

（3）反复调用过程 flush_data，把收集到的数据保存并释放内存。

（4）调用 stop_profiler 过程停止会话。

Profiler API 能跟踪程序的执行，计算每行和每个子程序所花费的时间，可以用收集到的数据帮助改善性能。例如，可以集中处理那些运行慢的子程序。

2．Trace API：包DBMS_TRACE

在大而复杂的应用程序中，很难跟踪子程序的调用。如果使用 Trace API，就能看到子程序的执行顺序。Trace API 是由包 DBMS_TRACE 实现的，并提供了跟踪子程序或异常的服务。

要使用跟踪，先要开启一个跟踪会话，然后运行程序，最后停止跟踪会话。当程序执行时，跟踪数据就会被收集并保存到数据库中。在一个会话中，可以采用如下步骤来执行跟踪操作：

（1）可选步骤，选择要跟踪的某个特定的子程序。

（2）调用 DBMS_TRACE 包中的 set_plsql_trace 开启跟踪。

（3）运行要跟踪的应用程序。

（4）调用过程 clear_plsql_trace 来停止跟踪。

跟踪大型应用程序可能会制造出大量的难以管理的数据。在开启跟踪之前，可以选择是否限制要收集的数据量。

此外，还可以选择跟踪级别。例如，如果可以选择跟踪全部的子程序和异常或是只跟踪选定的子程序和异常。

11.7.3　PL/SQL 性能优化的特性

可以使用下面的 PL/SQL 特性和方法来优化应用程序：

❑　使用本地动态 SQL 优化 PL/SQL。

❑　使用批量绑定优化 PL/SQL。

❑　使用 NOCOPY 编译器提示优化 PL/SQL。

❑ 使用 RETURNING 子句优化 PL/SQL。

❑ 使用外部程序优化 PL/SQL。

❑ 使用对象类型和集合优化 PL/SQL。

这些简单易用的特性可以显著地提高应用程序的执行速度。

1．使用本地动态SQL优化PL/SQL

有些程序必须要执行一些只有在运行时才能确定下来的 SQL 语句，这些语句被称为动态 SQL 语句。以前，要执行动态 SQL 语句就必须使用包 DBMS_SQL。现在，可以在 PL/SQL 中直接使用被称为本地动态 SQL 的接口来执行各种动态 SQL 语句。

本地动态 SQL 更容易使用，并且执行速度也要比 DBMS_SQL 包快。

【例 11-29】声明一个游标变量，然后把它与一个能返回数据表 scott.emp 记录的动态 SELECT 语句关联起来。

```
DECLARE
  TYPE empcurtyp IS REF CURSOR;
  emp_cv  empcurtyp;
  my_ename VARCHAR2(15);
  my_sal   NUMBER := 1000;
BEGIN
OPEN emp_cv FOR  'SELECT ename, sal FROM scott.emp WHERE sal > :s'
USING my_sal;
 ...
END;
```

2．使用批量绑定优化PL/SQL

当 SQL 在集合的循环内执行时，PL/SQL 和 SQL 引擎间的频繁切换就会影响执行速度。

【例 11-30】 UPDATE 语句在 FOR 语句中不断发送到 SQL 引擎的示例。

```
DECLARE
TYPE numlist IS VARRAY(20) OF NUMBER;
depts numlist := numlist(10, 30, 70, ...);   --department numbers
BEGIN
  ...
  FOR i IN depts.FIRST .. depts.LAST LOOP
  ...
  UPDATE emp SET sal = sal * 1.10 WHERE deptno = depts(i);
  END LOOP;
END;
```

在这样的情况下，如果 SQL 语句影响到 4 行或更多行数据时，使用批量绑定就会显著地提高性能。

3．使用NOCOPY编译器提示优化PL/SQL

默认情况下，OUT 和 IN OUT 模式的参数都是按值传递的。也就是说，一个 IN OUT 实参会把它的副本复制到对应的形参中。如果程序执行正确，这个值又会重新赋给 OUT 和 IN OUT 的实参。

但实参是集合、记录和对象实例这样的大的数据结构时，生成一个副本会极大地降低执行效率并消耗大量内存。为了解决这个问题，可以使用编译器提示 NOCOPY，它能让编译器把 OUT 和 IN OUT 参数按引用传递。

【例 11-31】　让编译器按引用传递 IN OUT 参数 my_unit。

```
DECLARE
    TYPE platoon IS VARRAY(200) OF soldier;
    PROCEDURE reorganize(my_unit IN OUT NOCOPY platoon)
IS  …
    BEGIN
        …
    END;
END;
```

4. 使用RETURNING子句优化PL/SQL

通常，应用程序需要得到 SQL 操作所影响到的行信息。INSERT、UPDATE 和 DELETE 语句都可以包含一个 RETURNING 子句，这样就能返回处理过的字段信息。也就是说，不用在 INSERT、UPDATE 之后或 DELETE 之前使用 SELECT 来查询影响到的数据，这样也能够减少网络流量，缩短 CPU 时间，需要更少量的游标和服务器内存需求。

【例 11-32】　在更新雇员工资的同时，把当前雇员的姓名和新的工资赋给 PL/SQL 变量。

```
Cretae PROCEDURE update_salary(emp_id NUMBER) IS
    "name"      VARCHAR2(15);
    new_sal     NUMBER;
BEGIN
    UPDATE emp
        SET sal = sal * 1.1
    WHERE empno = emp_id RETURNING ename, sal INTO "name", new_sal;
END;
```

5. 使用外部程序优化PL/SQL

PL/SQL 提供了调用其他语言编写的程序的接口，可以从程序中调用其他语言所编写的标准库，这就能够提高程序的可重用性。

PL/SQL 是专门用来进行 SQL 事务处理的。有些任务在像 C 这样的低阶语言中处理起来会更加有效。

为了提高执行速度，可以用 C 语言重新编写受计算量限制的程序。此外，还可以把这样的程序从客户端移植到服务器端，这样可以减少网络流量，更有效地利用资源。

例如，用 C 语言写一个使用图形对象类型的方法，把它封装到动态链接库（DLL）中，并在 PL/SQL 中注册，然后就能从应用程序中调用它。运行时，库会被动态地加载，安全起见，它会在一个单独的地址空间运行。

6. 使用对象类型和集合优化PL/SQL

集合类型和对象类型在对真实世界中的实体进行数据建模时能帮助用户提高效率。复杂的实体和关系会被直接映射到对象类型中。并且，一个构建良好的对象模型能够消除多表连接，从而改善应用程序的性能。

客户端程序，包括 PL/SQL 程序，可以声明对象和集合，把它们作为参数传递，存放在数据库中，用于检索等。同样，对象类型还可以把数据操作进行封装，把数据维护代码从 SQL 脚本中移出，把 PL/SQL 块放入方法中。

对象和集合在存储和检索方面更加高效，因为它们是作为一个整体进行操作的。同样，对象类型还能和数据库整合在一起，利用 Oracle 提供的易扩缩性和性能改善等优点。

7. 编译本地执行的PL/SQL代码

可以把PL/SQL过程编译成本地代码放到共享库中,这样就能提高它的执行效率。PL/SQL过程还可以被转换成 C 代码,然后用普通的 C 编译器编译,连接到 Oracle 进程中。可以在Oracle 提供的包和编写的过程中使用这项技术,这样编译出来的过程可以在各种服务器环境中工作。因为这项技术对从 PL/SQL 中调用的 SQL 语句提高效率并不明显,所以通常应用在计算度高而执行 SQL 时间不多的 PL/SQL 过程上。

要提高一个或多个过程的执行效率,可以这样使用这项技术:更新 makefile 并为系统输入适当的路径和其他值。makefile 路径是$ORACLE_HOME/plsql/spnc_makefile.mk。

通过使用 ALTER SYSTEM 或 ALTER SESSION 命令,或更新初始化文件,设置参数PLSQL_COMPILER_FLAGS 来包含值 NATIVE。默认设置包含的值是 INTERPRETED,必须把它从参数值中删除。

可以使用下面的方法编译一个或多个过程:

（1）使用 ALTER PROCEDURE 或 ALTER PACKAGE 命令重新编译过程或整个包。

（2）删除过程并重新创建。

（3）使用 CREATE OR REPLACE 重新编译过程。

（4）运行 SQL*Plus 脚本建立一组 Oracle 系统包。

（5）用含有 PLSQL_COMPILER_FLAGS=NATIVE 的初始化文件创建数据库。在创建数据库时,用 UTLIRP 脚本运行并编译 Oracle 系统包。

要确定所做的步骤是否有效,可以通过查询数据字典来查看过程是否被编译为本地执行,查询用的视图是 USER_STORED_SETTINGS、DBA_STORED_SETTINGS 和 ALL_STORED_SETTINGS。例如,要查看 MY_PROC 的状态,可以输入:

```
SELECT param_value
    FROM user_stored_settings
    WHERE param_name = 'PLSQL_COMPILER_FLAGS'
        AND object_name = 'MY_PROC';
```

param_value 字段值为 NATIVE 时,代表过程是被编译本地执行的,否则就是 INTERPRETED。

过程编译后就会被转到共享库,它们会被自动地连接到 Oracle 的进程中。用户不需要重新启动数据库,或者把共享库放到另外一个地方。可以在存储过程中反复调用它们,无论它们是以默认方式（interpreted）编译或本地执行方式编译,还是采用两种混合的方式进行编译。

【例 11-33】 编译本地执行的 PL/SQL 过程示例。

```
SQL> CONNECT SCOTT/tiger;
SQL> SET serveroutput ON;
SQL> ALTER SESSION SET plsql_native_library_dir='/home/orauser/lib';
SQL> ALTER SESSION SET plsql_native_make_utility='gmake';
SQL> ALTER SESSION SET plsql_native_make_file_name='/home/orauser/
    spnc_makefile.mk';
SQL> ALTER SESSION SET plsql_compiler_flags='NATIVE';
SQL> CREATE OR REPLACE PROCEDURE hello_native_compilation AS
2   BEGIN
3     dbms_output.put_line('hello world');
4   SELECT SYSDATE FROM dual;
5   END;
```

过程编译时，可以看到各种被执行的编译和连接命令，然后过程就马上可以被调用，直接在 Oracle 进程中被作为共享库直接运行。

11.8　本 章 小 结

本章首先介绍了 PL/SQL 程序块结构，主要由 DECLARE 部分、BEGIN…END 部分和 EXCEPTION 部分组成；介绍了常量、变量和常用数据类型的使用，以及声明变量时使用的 %TYPE 和%ROWTYPE 类型；详细介绍了流程控制语句，包括条件选择语句、循环语句的使用，具体有 IF 条件选择语句、CASE 条件选择语句、LOOP 简单循环语句、FOR 循环语句及 WHILE 循环语句等；然后，讨论了游标的创建与应用，游标包括显式游标和隐式游标两种。最后，介绍了异常处理，Oracle 异常处理分为系统异常和用户自定义异常两类，其中系统异常又分为系统预定义异常和非预定义异常。

11.9　习题与实践练习

一、选择题

1．下列属于 Oracle 伪列的是（　　）。

A．ROWID　　　　　B．ROW_NUMBER()　　　　　C．LEVEL

D．ROWNUM　　　　E．COLUMN

2．当表的重复行数据很多时，应该创建的索引类型是（　　）。

A．B 树　　　　　B．reverse　　　　C．bitmap　　　　D．函数索引

3．在创建表时如果希望某列的值在一定的范围内，应设置（　　）约束。

A．primary key　　　B．unique　　　C．check　　　D．not null

4．利用游标来修改数据时，所用的 FOR 和 UPDATE 语句充分利用了事务的（　　）特性。

A．原子性　　　　B．一致性　　　　C．永久性　　　D．隔离性

5．下面是合法变量名的是（　　）。

A．_number01　　　B．number01　　　C．number-01　　　D．number

6．使用（　　）语句可以正确地声明一个常量。

A．name CONSTANT VARCHAR2(8);

B．name VARCHAR2(8)：='CANDY';

C．name VARCHAR2(8) DEFAULT 'CANDY'

D．name CONSTANT VARCHAR2(8)：='CANDY';

7．有如下 PL/SQL 程序块：

```
SQL> DECLARE
2    a NUMBER :=10;
3    b NUMBER :=0;
4    BEGIN
5      IF s>2 THEN
```

```
6        b:=1;
7    ELSIF a>4 THEN
8        b:=2;
9    ELSE
10       b:=3;
11   END IF;
12   DBMS_OUTPUT,PUT_LINE(B);
13   END;
```

执行以上 PL/SQL 程序块后的输出结果为（　　　）。

A．0 　　　　　　　　B．1 　　　　　　　　C．2 　　　　　　　　D．3

8．有如下的 PL/SQL 程序块：

```
 SQL>DECLARE
I BINARY_INTEGER :=1;
BEGIN
  WHERE i  >=1
  LOOP
      i:=i+1;
      DBMS_OUTPUT,PUT_LINE(i);
  END LOOP;
END;
```

执行以上 PL/SQL 程序块后的输出结果为（　　　）。

A．输出从 1 开始，每次递增 1 的数 　　　B．输出从 2 开始，每次递增 1 的数

C．输出 2 　　　　　　　　　　　　　　　D．该循环将陷入死循环

9．使用游标的（　　　）属性可以获得 SELECT 语句当前检索到的行数。

A．%FOUND 　　　　　　　　　　　　　B．%NOTFOUND

C．%ISOPEN 　　　　　　　　　　　　　D．%POWCOUNT

10．下列不属于 IF 条件语句中的关键字的是（　　　）。

A．ELSEIF 　　　　　B．ELSE IF 　　　　　C．OTHERS 　　　　　D．THEN

二、填空题

1．PL/SQL 程序块一般包括 DECLARE 部分、BEGIN…END 部分和_____部分。

2．PL/SQL 程序块中的赋值符号为_____。

3．在声明常量时需要使用_____关键字，并且必须为常量赋值。

4．使用游标一般分为声明游标、_____、_____和关闭游标这几个步骤。

5．如果程序的执行部分出现异常，那么程序将跳转到_____部分对异常进行处理。

6．自定义异常必须使用_____语句引发。

7．异常根据定义方式可分为_____和_____两类。

8．游标分为_____和_____两种。

三、简答题

1．简述使用常量与变量在创建时的区别。

2．自定义异常主要用于实现业务逻辑规范，请举例在实际应用中需要创建自定义异常的情况，并思考如何在 PL/SQL 中处理该异常。

3．使用%ROWTYPE 与自定义记录类型，都可以定义存储一行数据的变量，请比较它们的区别。

四、编程题

1. 用 PL/SQL 实现计算并输出 1～100 的和。

2. 查找当前用户模式下每张表的记录数，以 SCOTT 用户为例，结果应如下：

```
DEPT.........................4
EMP...........................14
BONUS.......................0
SALGRADE................5
```

3. 某 cc 表数据如下：

```
c1   c2
--------------
1    西
1    安
1    的
2    天
2    气
3    好
...
转换为
1 西安的
2 天气
3 好
```

要求：不能改变表的结构及数据内容，仅在最后通过 SELECT 语句显示出这个查询结果。

4. 请用一条 SQL 语句查询 scott.emp 表中每个部门工资前 3 位的数据，显示结果如下：

DEPTNO	SAL1	SAL2	SAL3
10	5000	2450	1300
20	3000	2975	1100
30	2850	1600	1500

5. 表 nba 记录了 nba(team VARCHAR2(10),y NUMBER(4)) 夺冠球队的名称及年份：

TEAM	Y
活塞	1990
公牛	1991
公牛	1992
公牛	1993
火箭	1994
火箭	1995
公牛	1996
公牛	1997
公牛	1998
马刺	1999
湖人	2000
湖人	2001
湖人	2002
马刺	2003
活塞	2004
马刺	2005
热火	2006
马刺	2007

凯尔特人	2008	
湖人	2009	
湖人	2010	

请写出一条 SQL 语句，查询在此期间连续获得冠军的有哪些球队，其连续的年份的起止时间是多少，结果如下：

TEAM	B	E
公牛	1991	1993
火箭	1994	1995
公牛	1996	1998
湖人	2000	2002
湖人	2009	2010

五、实践操作题

1. 完成本章 PL/SQL 语句示例操作。

2. 完成本章综合实例操作。

第 12 章　存储过程、触发器、函数和包

在第 11 章介绍了 PL/SQL 程序块的使用，涉及的 PL/SQL 都是匿名块，也就是说它们没有名字，当需要再次使用这些程序块时，只能再次编写程序，然后由 Oracle 重新编译并执行。为了提高系统的应用性能，Oracle 提供了一系列"命名程序块"，也可以称为"子程序"，主要包括存储过程、触发器、函数和包。这些命名程序在创建时由 Oracle 系统编译并保存，需要时可以通过名字调用它们，并且不需要编译。

本章将详细介绍存储过程、触发器、函数和包的创建与使用。

本章要点：

- ❑ 掌握存储过程的作用及创建方法。
- ❑ 熟练掌握带参数的存储过程的创建与使用。
- ❑ 掌握存储过程的管理。
- ❑ 掌握函数的创建与使用。
- ❑ 理解触发器的作用。
- ❑ 了解触发器的类型。
- ❑ 熟练掌握各种类型的触发器。
- ❑ 了解程序包的创建与使用。

12.1　存　储　过　程

存储过程（Procedure）是一种命名的 PL/SQL 程序块，经编译后存储在数据库中，可以被客户应用程序调用，也可以从另一个过程或触发器调用。它的参数可以被传递和返回。存储过程可以通过名字来调用，而且它们同样有输入参数和输出参数。

相对于直接使用 SQL 语句或 PL/SQL 语句块，在应用程序中直接调用存储过程有以下好处：

- ❑ 减少网络通信量。调用一个行数不多的存储过程与直接调用 SQL 语句的网络通信量可能不会有很大的差别，但是如果存储过程包含上百行 SQL 语句，那么其性能绝对比一条条调用 SQL 语句要高得多。
- ❑ 执行速度更快。首先，在存储过程创建时，数据库已经对其进行了一次解析和优化；其次，存储过程一旦执行，在内存中就会保留一份这个存储过程，这样下次再执行同样的存储过程时可以从内存中直接调用。一般的 SQL 语句每执行一次就编译一次，存储过程每次执行都不需要再重新编译，所以使用存储过程可以提高数据库执行速度。

❑ 有更强的适应性。由于存储过程对数据库的访问是通过存储过程来进行的，因此数据库开发人员可以在不改动存储过程接口的情况下对数据库进行任何改动，而这些改动不会对应用程序造成影响。另外，存储过程可以重复使用，可减少数据库开发人员的工作量。

❑ 分布式工作。应用程序和数据库的编码工作可以分别独立进行，而不会相互抑制。

❑ 安全性高。就管理用户对信息的访问而言，通过向用户授予对存储过程（而不是基础表）的访问权限，可以提供对特定数据的访问。

存储过程还可以帮助解决代码安全问题，它们可以防止某些类型的 SQL 插入攻击——主要是一些使用运算符（如 AND 或 OR）将命令附加到有效输入参数值的攻击。在应用程序受到攻击时，存储过程还可以隐藏业务规则的实现，这对于将此类信息视为知识产权的公司非常重要。另外，用户使用存储过程时，可以指定存储过程参数的数据类型，这为验证用户提供的值类型（作为深层次防御性策略的一部分）提供了一个简单方法。在缩小可接收用户输入的范围方面，参数在内联查询中与在存储过程中一样有用。使用存储过程增强安全性时值得注意的是，糟糕的安全性或编码做法仍然会受到攻击；同时，如果认为使用存储过程就可防止所有 SQL 插入代码攻击（例如，将数据操作语言 DML 附加到输入参数），后果将是一样的。另外，无论 SQL 位于代码还是存储过程中，使用参数进行数据类型验证都不是万无一失的。所有用户提供的数据（尤其是文本数据）在传递到数据库之前都应接受附加的验证。

存储过程存储在数据库内，可由应用程序通过一个调用执行，而且具有允许用户声明变量、有条件执行以及其他强大的编程功能。但同时，存储过程也存在以下缺点：

❑ 如果更改范围大到需要对输入存储过程的参数进行更改，或者要更改由其返回的数据，则用户仍需要更新程序集中的代码以添加参数、更新 GetValue 调用。

❑ 可移植性差。由于存储过程将应用程序绑定到不同的数据库系统，因此使用存储过程封装业务逻辑将限制应用程序的可移植性。

因此，存储过程也应根据系统的需要来设计和使用。

与其他的数据库系统一样，Oracle 的存储过程是用 PL/SQL 语言编写的能完成一定处理功能的存储在数据库字典中的程序。与存储过程相关的数据字典有如下两种。

❑ USER_SOURCE：用户的存储过程、函数的源代码字典。

❑ USER_ERRORS：用户的存储过程、函数的源代码存在错误的信息字典。

12.1.1　无参数存储过程的创建与调用

创建存储过程需要使用 CREATE PROCEDURE，语法格式如下：

```
CREATE [OR REPLACE] PROCEDURE procedure_name
[(parameter [IN|OUT|IN OUT] data_type) [,…]]
{IS|AS}
    [declaration_section;]
<类型.变量的说明>
(注:不用declare语句)
BEGIN
procedure_body;
<执行部分>
EXCEPTION
<可选的异常处理说明>
END [procedure_name];
```

对以上存储过程的创建语法做以下说明：

❑ 这里的 IN 表示向存储过程传递参数，OUT 表示从存储过程返回参数，而 IN OUT
表示传递参数和返回参数。

❑ 在存储过程内参数的类型只能指定变量类型，不能指定长度。

❑ 在 AS 或 IS 后声明要用到的变量名称和变量类型及长度。

❑ 在 AS 或 IS 后声明变量不要加 declare 语句。

【例 12-1】 创建一个最简单的存储过程，输出"Hello，world!"。

```
CREATE OR REPLACE PROCEDURE hello
IS
BEGIN
    dbms_output.put_line('Hello,world!');
END hello;
```

存储过程创建好后，其过程体内的内容并没有被执行，仅是被编译，要想执行存储过程
中的内容还需要调用该过程。在 SQL*Plus 环境中调用存储过程有以下 3 种方式：

（1）使用 EXECUE（简写 EXEC）命令调用。

（2）使用 CALL 命令调用。

（3）在匿名的程序块中直接以过程名调用。

12.1.2　带参数存储过程的创建与调用

1．IN参数的使用

IN 参数是指输入参数，由存储过程的调用者为其赋值（也可以使用默认值）。如果不为
参数指定模式，则默认 IN。

【例 12-2】 创建一个带输入 IN 参数的存储过程 upemp_in，为该过程设置两个参数，分
别用于接收用户提供的 empno 与 ename 值。

```
CREATE OR REPLACE PROCEDURE upemp_in
(emp_num IN NUMBER, emp_name IN VARCHAR2)
IS
BEGIN
  UPDATE emp SET ename=emp_name
  WHERE empno=emp_num;
END upemp_in;
```

在调用上述过程 upemp_in 时，就需要为该过程的两个输入参数赋值，赋值的形式主要有
按位置传递和按名称传递两种，下面分别介绍。

1）按位置传递

按位置传递是指将实参的值按照形参定义时的顺序从左至右一一列出，执行时实参逐个
传递给形参，又称不指定参数名传递。Oracle 会自动按过程中参数的先后顺序为参数赋值，
如果值的个数（或数据类型）与参数的个数（或数据类型）不匹配，则会返回错误。

【例 12-3】调用上例创建的 upemp_in 过程，通过该过程将 empno 为 6500 的员工的 ename
修改为 FLORA。

```
EXEC upemp_in(6500, "FLORA");
```

🔔注意：在这种方式下，实参值必须按照形参定义的顺序给出，也就是说如果左边的形参没
　　　有给出实参值，那么右边的形参不能赋值。

2）按名称传递

按名称传递是指在调用存储过程的参数列表中不仅提供参数名，还指定给它传递的参数值。使用这种方式，可以不按参数顺序赋值。指定参数名的赋值形式为：

```
parameter_name=>value
```

【例 12-4】 使用按名称传递的形式调用 upemp_in 过程。

```
EXEC upemp_in(emp_name=>"FLORA",emp_num=>6500);
```

注意：在这种方式下，要求用户了解过程的参数名称。形参名与实参值之间对应关系的表达形式为"形参变量=>实参值的表达式"。这种传递方式的好处是增加了程序的可读性，但同时也增加了赋值语句的长度。

2. OUT参数的使用

OUT 参数是指输出参数，由存储过程中的语句为其赋值，并返回给用户。使用这种模式的参数，必须在参数后面添加 OUT 关键字。

【例 12-5】 从 emp 表中查询给定员工的姓名和薪金，并利用 OUT 模式参数值传给调用者。

```
CREATE OR REPLACE PROCEDURE select_empout
(no IN emp.empno%TYPE,
name OUT emp.ename%TYPE,
salary OUT emp.sal%TYPE)
IS
BEGIN
  SELECT ename, sal into name, salary FORM emp
  WHERE empno=no;
EXCEPTION
WHEN NO_DATA_FOUND THEN
  dbms_output.put_line('该员工不存在!')
END select_empout;
```

如上例，no 是输入参数，name 和 salary 是输出参数。用户调用具有 OUT 参数的存储过程，还需要事先定义好变量来接收 OUT 参数输出的值。即事先用 VARIABLE（简写 VAR）语句声明对应的变量接收返回值，并在调用过程时绑定该变量，形式如下：

```
VARIABLE emp_name VARCHAR2(10);              --定义绑定变量
VAR emp_salary NUMBER;                       --定义绑定变量 NUMBER 类型时,不能加长度
EXEC select_empout(7369,:emp_name,:emp_salary); --使用绑定变量调用存储过程
```

注意：在 EXECUTE 语句中绑定变量时，需要在变量名前添加冒号（：）。使用 PRINT 命令可以查看变量的值，也可用 SELECT 语句查看变量的值。输出两个绑定的变量的值，中间用空格隔开。

3. IN OUT参数的使用

IN OUT 参数同时拥有 IN 与 OUT 参数的特性，它既接收用户的传值，也允许在过程体中修改其值，并可以将值返回。定义存储过程时，可以使用 IN OUT 来标识参数是输入输出型。使用这种参数时，在调用过程之前需将实参变量的值传递给形参变量，在调用变量结束后，再将形参的值传递给实参变量。在参数后必须添加 IN OUT 关键字。

【例 12-6】 编写程序，交换两个变量的值并输出。

```
CREATE OR REPLACE PROCEDURE swap
(x IN OUT NUMBER, y IN OUT NUMBER)
IS
  z NUMBER;
BEGIN
  z:=x;
  x:=y;
  y:=z;
END swap;
```

【例 12-7】 使用匿名块方式调用例 12-6 创建的存储过程 swap。

```
DECLARE
  a NUMBER:=10;
  b NUMBER:=20;
BEGIN
  dbms_output.put_line('交换前a和b的值是'||a||' '||b);
  swap(a,b);
  dbms_output.put_line('交换后a和b的值是'||a||' '||b);
END;
```

12.1.3 管理存储过程

修改存储过程是在 CREATE PROCEDURE 语句中添加 OR REPLACE 关键字，其他内容与创建存储过程一样，其实质是删除原有过程，然后创建一个全新的过程，只不过前后两个过程的名称相同而已。

删除存储过程需要使用 Drop Procedure 语句，语法格式如下：

```
DROP PROCEDURE procedure_name
```

12.1.4 存储过程中的异常处理

为了提高存储过程的健壮性，避免运行错误，建立存储过程时应包含异常处理部分。在存储过程中使用异常的必要性在于：

❑ 一旦出现意外的情况，Oracle 就自动终止程序的运行。

❑ 避免当程序出错时用户无法得到提示，调试者也无法修改程序。

一般无论多简单的程序最好都要给出异常处理的要求。当异常被抛出时，一个异常陷阱就自动发生，程序控制离开执行部分转入异常部分，一旦程序进入异常部分就不能再回到同一语句块的执行部分。异常处理的语法及使用方法同第 11 章 PL/SQL 的异常处理。

异常（EXCEPTION）是一种 PL/SQL 标识符，包括预定义异常、非预定义异常和自定义异常。预定义异常是指由 PL/SQL 提供的系统异常；非预定义异常用于处理与预定义异常无关的 Oracle 错误（如完整性约束等）；自定义异常用于处理 Oracle 错误的其他异常情况。RAISE_APPLICATION_ERROR 用于自定义错误消息，并且消息号范围必须为-20999～-20000 之间。

【例 12-8】 创建满足下列条件的 select_byno 存储过程：根据员工号，输出该员工的姓名、所在部门名称、部门经理姓名，若查找不到该员工，则显示"无此员工"。

```
CREATE OR REPLACE PROCEDURE select_byno
(no IN NUMBER)
```

```
AS
  name emp.ename%TYPE;
BEGIN
  SELECT ename INTO name FROM emp WHERE empno=no;
  dbms_output.put_line(name1);
EXCEPTION
  WHEN NO_DATA_FOUND THEN
  dbms_output.put_line('无此员工!');
  WHEN OTHERS THEN
  dbms_output.put_line('其他错误!');
END
```

当执行部分出现运行错误时，会根据异常的不同类型，转入不同的处理并输出结果。select_byno 存储过程中当根据用户提供的用户编码无法查找到相应数据时，会抛出 no_data_found 异常，中断操作，并执行 dbms_output.put_line（无此员工！）；如果抛出其他类型的异常则执行 dbms_output.put_line（'其他错误！）。

12.2 触 发 器

12.2.1 触发器概述

触发器（Trigger）是一种特殊的存储过程，它在发生某种数据库事件时由 Oracle 系统自动触发。在 Oracle 系统里，触发器在数据库里以独立的对象存储，它与存储过程不同的是，存储过程通过其他程序来启动运行或直接启动运行，而触发器是由一个事件来启动运行的，即触发器在某个事件发生时自动地隐式运行，并且，触发器不能接收参数。所以运行触发器就叫触发或点火（Firing）。

根据触发器创建的语句及其所影响的对象的不同，可以将触发器分为以下 4 大类。

❑ DML 触发器：对数据库表进行 DML 语句操作时所触发的触发器。

❑ INSTEAD OF 触发器：又称替代触发器，用于执行一个替代操作来代替触发事件的操作。

❑ 系统事件触发器：当发生如数据库启动或关闭等系统事件时触发的触发器。

❑ DDL 触发器：由 DDL 语句触发，如 CREATE、ALTER 和 DROP 语句。

其中，一般用户大多用到 DML、INSTEAD OF 触发器，而 DBA 管理数据库时用 DDL、系统事件触发器较多。本节主要介绍 DML 触发器和 INSTEAD OF 触发器。

12.2.2 创建触发器

尽管在 Oracle 中触发器分为多种类型，但是这些触发器的创建语法格式是相同的：

```
CREATE [OR REPLACE] TRIGGER trigger_name
[BEFORE|AFTER|INSTEAD OF] trigger_event
  ON [table_name|view_name]
[FOR EACH ROW]
[ENABLE|DISABLE]
[WHEN trigger_condition]
[DECLARE
```

```
          declaration_statements;]
BEGIN
execution_statements;
END [trigger_name];
```

语法说明如下：

- ❑ trigger_name：指定触发器的名称。
- ❑ BEFORE|AFTER|INSTEAD OF：BEFORE 表示触发器在触发事件执行之前被触发，该类触发器被称作事前触发器；AFTER 表示触发器在触发事件执行之后被触发，该类触发器被称作事后触发器。INSTEAD OF 表示用触发器中的事件代替触发事件执行。
- ❑ trigger_event：指定引发触发器的事件，如在一个表或视图上触发的增、删、改操作等。
- ❑ ON table_name|view_name：表示触发对象，它是 DML 命令操作的对象，又称为触发表或触发视图。可以选择是否指定表或视图的方案名称。
- ❑ FOR EACH ROW：表示对每一行记录执行 DML 命令之前或之后，触发器就被触发一次，又称行级触发器。不具有该选项的触发器被称为语句级触发器。用于 DML 触发器与 INSTEAD OF 触发器。
- ❑ WHEN trigger_condition：表示触发器被触发的条件。只有当触发语句和触发条件都满足时触发器才能被触发。
- ❑ ENABLE|DISABLE：此选项表示指定触发器创建之后的初始状态为启用状态（ENABLE）还是禁用状态（DISABLE）。默认为 ENABLE 状态。
- ❑ declaration_statements：表示被定义的变量，可以在触发器的操作部分使用该变量。
- ❑ execution_statements：表示触发器中执行的内容，是触发器的主体部分。

📖注意：触发器名与过程名和包的名称不一样，它是单独的名字空间，因而触发器可以和表或过程有相同的名称，但在一个模式中触发器名不能相同。

1. 触发器触发次序

Oracle 对时间的触发共有 16 种，但是它们的触发是有次序的，基本触发次序如下：

（1）执行 BEFORE 语句级触发器。

（2）记录受该语句影响的每一行：

- ❑ 执行 BEFORE 语句行级触发器——如果存在这种触发器。
- ❑ 执行 DML 语句本身。
- ❑ 执行 AFTER 行级触发器——如果存在这种触发器。

（3）执行 AFTER 语句级触发器——如果存在这种触发器。

2. 创建DML触发器

DML 触发器是由用户对表或视图执行 DML 语句时触发的触发器。创建 DML 触发器的 CREATE TRIGGER 语句中 trigger_event 参数的具体内容如下：

```
{ [INSERT | UPDATE | DELETE [OF column [,…]]]}
```

语法说明如下：

- ❑ DML 操作主要包括 INSERT、UPDATE 和 DELETE 操作，通常根据触发器所针对的具体事件将 DML 触发器分为 INSERT 触发器、UPDATE 触发器和 DELETE 触发器。

- 当使用 UPDATE 命令时，还可以将触发器应用到一个或多个列。
- 任何 DML 触发器都可以按触发时间分为 BEFORE 触发器和 AFTER 触发器。
- 在行级触发器中，为了获取某列在 DML 操作前后的数据，Oracle 提供了:OLD 和:NEW 这两种特殊的标识符。通过:OLD.column_name 的形式可以获取该列的旧数据，而通过:NEW.column_name 则可以获取该列的新数据。INSERT 触发器只能使用:NEW，DELETE 触发器只能使用:OLD，而 UPDATE 触发器则两种都可使用。

【例 12-9】 创建一个事前行级触发器，当职工表 emp 被删除一条记录时，把被删除的记录写到职工表删除日志表 emp_his 中去。

```
CREATE VIEW emp_his AS SELECT FROM emp;
CREATE OR REPLACE TRIGGER del_emp
BEFORE DELETE
ON emp
FOR EACH ROW
BEGIN
  INSERT INTO emp_his(deptno,empno,ename,job,mgr,sal,comm,hiredate)
  VALUES(:old.deptno, :old.empno, :old.ename, :old.job, :old,mgr, :old.sal,
:old,comm, old.hiredate);
END del_emp;
```

【例 12-10】 创建一个事后句级触发器。当用户向 emp 表中插入新数据后，该触发器将统计 emp 表中的新行数并输出。

```
CREATE OR REPLACE TRIGGER insert_emp
AFTER INSERT
ON emp
DECLARE
rows NUMBER;
BEGIN
SELECT count(*) INTO rows FROM emp;
dbms_output.put_line('emp 表中当前包含'||rows||'条新记录');
END insert_emp;
```

3. 创建INSTEAD OF触发器

INSTEAD OF（替代）触发器用于执行一个替代操作来代替触发事件的操作，而触发事件本身最终不会被执行。替代触发器只能建立在视图上，不能建立在表上。用户在视图上执行的 DML 操作将被替代触发器的操作所代替。但并不是视图中所有列都支持，例如，对列进行了数学或函数计算，则不能对该列进行 DML 操作，这时可以使用 INSTEAD OF 触发器。

【例 12-11】 首先利用 emp 表和 dept 表创建一个视图，然后在视图上创建一个替代触发器，允许用户利用视图修改基础表中的数据。

（1）创建视图。

```
CREATE VIEW emp_dept_view
AS SELECT empno, ename, sal, dname FROM emp e, dept d
WHERE e.deptno=d.deptno;
```

（2）创建触发器。

```
CREATE OR REPLACE TRIGGER update_view
INSTEAD OF UPDATE ON emp_dept_view
DECLARE
  id dept.deptno%type;
```

```
BEGIN
  SELECT deptno INTO id FROM dept WHERE dname:=:new.dname;
  UPDATE emp SET deptno=id WHERE empno=:old.empno;
END update_view;
```

4．创建系统触发器

Oracle 提供的系统触发器可以在 DDL 或数据库系统上被触发。而数据库系统事件包括数据库服务器的启动或关闭、用户的登录与退出、数据库服务错误等。

下面给出系统触发器的种类和事件出现的时机（前或后），如表 12-1 所示。

表 12-1　系统事件触发器所支持的系统事件

事　　件	允许的时机	说　　明
启动STARTUP	之后	实例启动时激活
关闭SHUTDOWN	之前	实例正常关闭时激活
服务器错误SERVERERROR	之后	只要有错误就激活
登录LOGON	之后	成功登录后激活
注销LOGOFF	之前	开始注销时激活
创建CREATE	之前，之后	在创建之前或之后激活
撤销DROP	之前，之后	在撤销之前或之后激活
变更ALTER	之前，之后	在变更之前或之后激活

系统触发器可以在数据库（database）级或模式（schema）级进行定义。数据库级触发器在任何事件都激活触发器，而模式级触发器只有在指定模式的触发事件发生时才触发。另外，创建系统事件触发器需要用户具有 DBA 权限。

【例 12-12】　建立一个当用户 USER1 登录时，自动记录一些信息的触发器。

```
CREATE OR REPLACE TRIGGER loguser1_trigger
AFTER LOGON ON SCHEMA
BEGIN
INSERT INTO tem_table
VALUES(1,'LogUser1Connect fired!');
END loguser1_trigger;
```

【例 12-13】　建立一个当所有用户登录时，自动记录一些信息的触发器。

```
CREATE OR REPLACE TRIGGER logALLConnects
AFTER LOGON ON SCHEMA
BEGIN
INSERT INTO tem_table
VALUES(3,' logALLConnects fired!');
END logALLConnects;
```

【例 12-14】　建立一个当所有用户登录时，自动记录一些信息的触发器。

```
CREATE OR REPLACE TRIGGER logALLconnects
AFTER LOGON ON SCHEMA
BEGIN
INSERT INTO tem_table
VALUes(3,'logallconnect fired!');
END logALLconnects;
```

5．DDL触发器

DDL 触发器由 DDL 语句触发，按触发时间可分为 BEFORE 触发器和 AFTER 触发器，其所针对的事件包括 CREATE、ALTER、DROP、ANALYZE、GRANT、COMMENT、REVOKE、RENAME、TRUNCATE、AUDIT、NOTAUDIT、ASSOCIATE STATISTICS 和 DISASSOCIATE STATISTICS。

创建 DDL 触发器需要用户具有 DBA 权限。

【例 12-15】 在 SYSTEM 用户下创建一个基于 CREATE 命令的 DDL 事后触发器。

（1）以 SYSTEM 用户连接数据库。

```
CONNECT SYSTEM/system;
```

（2）创建触发器。

```
CREATE OR REPLACE TRIGGER ddl_create_schema
AFTER CREATE ON SCHEMA
BEGIN
  dbms_output.put_line('新对象被创建了!')
END ddl_create_schema;
```

创建触发器后，SYSTEM 用户执行了 CREATE 命令，上述创建的 ddl_create_schema 触发器被触发，其执行结果如下：

```
SQL> SET SERVEROUTPUT ON
SQL> CREATE table table1(id number);
  新对象被创建!
  表已创建。
```

（3）验证其他用户连接数据库并执行 CREATE 命令的效果，验证创建的 ddl_create_schema 触发器是否被触发，其执行结果如下：

```
SQL> CONNECT SCOTT/tiger;
  已连接。
SQL> SET SERVEROUTPUT ON
SQL> CREATE table table2(id number);
  表已创建。
```

从上述运行结果可知，创建的 CREATE 触发器没有被触发。

12.2.3　管理触发器

当触发器创建完成后，程序员和 DBA 要经常关心数据库实例中触发器的情况。可以对触发器中的内容、状态进行修改，也可以对不需要的触发器进行删除或使触发器无效，从而使系统的性能有所提高。

1. 修改触发器

修改触发器时可以使用 CREATE OR REPLACE TRIGGER trigger_name 命令将原来的触发器替换。可以对 DML 触发器重新命名，但不能对系统触发器执行操作。修改触发器名称的语法格式如下：

```
ALTER TRIGGER trigger_name TO new_name;
```

2. 删除触发器

删除触发器的命令的语法格式如下：

```
DROP TRIGGER trigger_name;
```

3．启动和禁用触发器

触发器的状态有如下两种。

- ❏ 有效状态（ENABLE）：当触发事件发生时，处于有效状态的数据库触发器 TRIGGER 将被触发。
- ❏ 无效状态（DISABLE）：当触发事件发生时，处于无效状态的数据库触发器 TRIGGER 将不会被触发，此时就和没有这个数据库触发器（TRIGGER）一样。

让触发器无效的命令是 ALTER TRIGGER，语法格式如下：

```
ALTER TRIGGER trigger_name[DISABLE|ENABLE];
```

ALTER TRIGGER 语句一次只能改变一个触发器的状态，而 ALTER TABLE 语句一次能够改变与指定表相关的所有触发器的使用状态，语法格式如下：

```
ALTER TABLE [schema.]table_name (ENABLEDISABLE) ALL TRIGGERS;
```

【例 12-16】　使 emp 表上的所有触发器失效。

```
ALTER TABLE emp DISABLE ALL TRIGGERS;
```

12.2.4　触发器相关数据字典

触发器相关数据字典有 USER_TRIGGERS、ALL_TRIGGERS 和 DBA_TRIGGERS。

【例 12-17】　查询用户的所有的触发器信息。

```
SELECT TRIGGER_NAME, TRIGGER_TYPE, TRIGGERING_EVENT,
TABLE_OWNER, BASE_OBJECT_TYPE, REFERENCING_NAMES,
  STATUS,ACTION_TYPE
FROM user_triggers;
```

12.3　函　　数

Oracle 的自定义函数与存储过程很相似，它也是由 PL/SQL 语句编写而成的，同样可以接收用户的传递值，也可以向用户返回值，它与存储过程的不同之处在于，函数必须返回一个值，而存储过程可以不返回任何值。创建函数与创建存储过程类似。

12.3.1　创建和调用函数

创建和调用函数需要的权限和存储过程类似，都需要 CREATE PROCEDURE 系统权限和 EXECUTE 对象权限，只是在语法上稍有不同，创建函数的 CREATE FUNCTION 语法格式如下：

```
CREATE[OR REPLACE] FUNCTION function_name
   [(argument[{in|in out}]TYPE,
    argument[{in|out|in out}]type]
RETURN return_type
{is|as}
   [declaration_section;]
BEGIN
   function_body
```

```
EXCEPTION
...
END [function_name];
```

语法说明如下：

❑ function_name：表示新建函数的名称。

❑ argument：表示函数的参数，定义格式与存储过程中的参数相同。

❑ RETURN return_type：用于指定函数返回值的数据类型。

从语法上可以看出，函数与存储过程大致相同，不同的是需要有 RETURN 子句，该子句指定返回值的数据类型，而在函数体中也需要使用 RETURN 语句返回对应数据类型的值，该值可以是一个常量，也可以是一个变量。

【例 12-18】 创建一个函数 get_ename，该函数按 empno 获取 ename 值。

```
CREATE OR REPLACE FUNCTION get_ename
RETURN VARCHAR2 IS
emp_num in number
emp_name emp.ename%TYPE;
BEGIN
  SELECT ename into emp_name FROM emp WHERE empno=emp_num;
RETURN emp_name;
END get_ename;
```

因为函数具有返回值，所以调用函数作为一个表达式的一部分使用，与前面介绍的系统函数用法类似。调用主要有以下 3 种方式。

使用变量接收返回值。

```
VAR ename VARCHAR2(255);
EXEC :ename:=get_ename(6500);
PRINT ename;
```

在 SQL 语句中直接调用函数。

```
SELECT get_ename(6500)FROM dual;
```

使用 DBMS_OUTPUT 调用函数。

```
dbms_output.put_line('员工姓名:'|| get_ename(6500));
```

12.3.2 修改和删除函数

不再使用某个用户定义的函数时，使用 DROP 命令将其删除。

【例 12-19】 删除例 12-18 中创建的函数 get_ename。

```
DROP FUNCTION get_ename;
```

12.4 程 序 包

为了实现程序模块化，Oracle 中可以使用包来提高程序的执行效率。包就是把相关的存储过程、函数、变量、常量和游标等 PL/SQL 程序组合在一起，并赋予一定的管理功能的程序块。把相关的模块归类成包，可以方便开发人员利用面向对象的方法进行内嵌过程的开发，从而提高系统性能。另外，当首次调用程序包中的存储过程或函数等元素时，Oracle 会将整个程序包调入内存，在下次调用包中的元素时，就可以直接从内存中读取，而不需要进行磁盘的 I/O 操作，从而提高系统的运行效率。

包类似于 C++或 Java 程序中的类，而变量相当于类中的成员变量，过程和函数相当于方法，与类相同，包中的程序元素也分为公用元素和私有元素两种，这两种元素的区别是它们允许访问的程序范围不同，即它们的作用域不同。公用元素不仅可以被包中的函数和过程调用，也可以被包外的 PL/SQL 块调用。而私有元素只能被该包内部的函数或过程调用。

12.4.1 创建程序包

一个程序包由包头和包体两个部分组成。其中包头部分声明包内数据类型、变量、常量、游标子程序和函数等元素，这些元素为包的共有元素；包体则定义了包头部分的具体实现，在包体中还可以声明和实现私有元素。

1．包头

创建包头使用 CREATE PACKAGE 语句，语法格式如下：

```
CREATE[OR REPLACE]PACKAGE package_name.
[IS|AS]
[package_specification;]
END[package_name];
```

语法说明如下：

❑ package_name：表示创建的包名。

❑ package_specification：用于列出用户可以使用的公共存储过程、函数、类型和对象。

【例 12-20】 创建包 t_package，在创建包头的过程中，列出一个存储过程 append_proc 和一个函数 append_fun。

```
CREATE OR REPLACE PACKAGE t_package
IS
PROCEDURE append_proc(t carchar2, a out varchar2);
PROCEDURE append_proc(t number, a out varchar2);
FUNCTION append_fun(t varchar2) return varchar2;
END;
```

上述例子中，在创建包 t_package 时，只列出存储过程 append_proc 和函数 append_fun 的声明部分，而不包含它们的实际代码，其实际代码应该在包体中给出。

2．创建包体

包体是独立于包的数据库对象。也就是说，在编写存储包时，虽然将包头和包体写在一个文件（程序）中并在 SQL 下进行解释后生成包程序，但是经过 PL/SQL 解释的程序会被分成包头、包体、存储过程和函数几个部分。当查询数据字典时，可以看到 Oracle 数据库是将包头和包体分开的。包体的创建语法如下：

```
CREATE[OR REPLACE]PACKAGE BODY package_name
  {IS|AS}
package_body;
END[package_name];
```

【例12-21】创建例12-20中包t_package的包体,在该包体中需实现存储过程append_proc 和函数 append_fun 的实际代码，还可以包含其他私有项目。

```
CREATE OR REPLACE PACKAGE BODY t_package
```

```
IS
 v_t varchar2(30);
FUNCTION private_fun(t varchar2) RETURN carchar2 IS
 BEGIN
   v_t:=t||'hello';
   RETURN v_t;
 END;
 PROCEDURE append_proc(t number, a out varchar2) is
 BEGIN
   a:=t||'hello';
 END;
 PROCEDURE append_proc(t number, a out varchar2) is
 BEGIN
   a:=t||'hello';
 END;
 FUNCTION append_fun(t varchar2)
   RETURN varchar2 is
 BEGIN
 v_t:=t||'hello';
   RETURN v_t;
 END;
END;
```

12.4.2　包的开发步骤

与开发存储过程类似，包的开发步骤如下：
（1）将每个存储过程调试正确。
（2）用文本编辑软件将各个存储过程和函数集成在一起。
（3）按照包的定义要求将集成的文本的前面加上包头。
（4）按照包的定义要求将集成的文本的前面加上包体。
（5）使用 SQL*Plus 或开发工具进行调试。

12.4.3　删除程序包

对那些不再需要的包，只要具有 **DROP ANYPROCEDURE** 权限，就可以删除，语法格式如下：

```
DROP PACKAGE package_name;
```

12.4.4　包的管理

当开发人员将包创建在数据库中后，就面临对包的管理。由于包的源代码是存放在 Oracle 的数据字典里的，不像在文件系统下直接可以浏览和复制，所以包的管理对 DBA 来说更具挑战性。

1. DBA_SOURCE数据字典

DBA_SOURCE 数据字典存放有整个 Oracle 系统的所有包、存储过程和函数的源代码，它的列名及说明如表 12-2 所示。

表 12-2 DBA_SOURCE数据字典

列　　名	数据类型	是　否　空	说　　明
Owner	Varchar2(30)	Not null	对象的主人
Name	Varchar2(30)	Not null	对象名称
Type	Varchar2(12)		对象类型，可以是PROCEDURE、FUNCTION、PACKAGE、TYPE、TYPE BODY或PACKAGE BODY
Line	Number	Not null	行号
Text	Varchar2(4000)		源代码

2. DBA_ERRORS数据字典

DBA_ERRORS 数据字典存放所有对象的错误列表。编程人员和 DBA 可以从中查看错误的对象名及错误内容，它的列名及说明如表 12-3 所示。

表 12-3 DBA_ERRORS数据字典

列　　名	数据类型	是　否　空	说　　明
Owner	Varchar2(30)	Not null	对象的主人
Name	Varchar2(30)	Not null	对象名称
Type	Varchar2(12)		对象类型，可以是PROCEDURE、FUNCTION、PACKAGE、TYPE、TYPE BODY或PACKAGE BODY
Sequence	Number	Not null	顺序号
Line	Number	Not null	行号
Position	Number	Not null	错误在行中的位置（列）
Text	Varchar2(4000)		错误代码

12.5　本　章　小　结

本章首先介绍了存储过程的创建和管理，以及带参数的存储过程的使用；进一步介绍了不带返回值的函数的创建与使用；然后，介绍了触发器的类型、作用以及创建和管理；最后，对程序包的创建和使用也进行了阐述。另外，结合应用实例分析了高级 PL/SQL 程序块的实践应用知识，以提高解决实际问题的能力。

12.6　习题与实践练习

一、选择题

1．创建存储过程的主要作用是（　　）。

A．实现复杂的业务规则　　　　　　B．维护数据的一致性

C．提高数据操作效率　　　　　　　D．增强引用完成性

2．下列关于存储过程的描述不正确的是（　　）。

A．存储过程独立于数据库而存在　　　B．存储过程实际上是一组 PL/SQL 语句

C．存储过程预先被编译存放在服务器端　　D．存储过程可以完成某一特定的业务逻辑

3．关于存储过程的参数，正确的说法是（　　　）。

A．存储过程的输出参数可以是标量类型，也可以是表类型

B．可以指定字符参数的字符长度

C．存储过程的输入参数，可以不输入信息而调用过程

D．以上说法都不对

4．假设创建一个包含一个输入参数和两个输出参数的存储过程，各参数都是字符型，下列创建存储过程的语句中，正确的是（　　　）。

A．CREATE OR REPLACE PROCEDURE prc1(x1 IN,x2 OUT,x3 OUT) AS…

B．CREATE OR REPLACE PROCEDURE prc1(x1 CHAR, x2 CHAR, x3 CHAR) AS…

C．CREATE OR REPLACE PROCEDURE prc1(x1 CHAR, x2 CHAR,x3 OUT) AS…

D．CREATE OR REPLACE PROCEDURE prc1(x1 IN CHAR,x2 OUT CHAR,x3 OUT CHAR) AS…

5．定义触发器的主要作用是（　　　）。

A．提高数据查询效率　　　　　　　　B．加强数据的保密性

C．增强数据的安全性　　　　　　　　D．实现复杂的约束

6．下列关于触发器的描述正确的是（　　　）。

A．可以在表上创建 INSTEAD OF 触发器

B．语句级触发器不能使用 ":OLD.列名" 和 ":NEW.列名"

C．行级触发器不能用于审计功能

D．触发器可以显示调用

7．下列关于触发器的说法中，不正确的是（　　　）。

A．它是一种特殊的存储过程　　　　　B．可以实现复杂的逻辑

C．可以用来实现数据的完整性　　　　D．数据库管理员可以通过语句执行触发器

8．在创建触发器时，下列语句决定触发器是针对每一行执行一次，还是每一个语句执行一次的是（　　　）。

A．FOR EACH ROW　　　　　　　　B．ON

C．REFERENCES　　　　　　　　　　D．NEW

9．函数头部的 RETURN 语句的作用是（　　　）。

A．声明返回类型的数据　　　　　　　B．调用函数

C．调用过程　　　　　　　　　　　　D．函数头部不能使用 RETURN 语句

10．修改触发器应该使用下列（　　　）语句。

A．ALTER TRIGGER　　　　　　　　B．DROP TRIGGER

C．CREATE TRIGGER　　　　　　　　D．CREATE OR REPLACE TRIGGER

二、填空题

1．在 PL/SQL 中，创建存储过程的语句是_____。

2．在创建存储过程时，可以为_____设置默认值；在调用存储过程时，如果未指定对应的实参值，则自动用对应的默认值代替。

3．存储过程的参数有 IN、OUT 和_____ 3 种模式。

4．Oracle 的触发器有 DML 触发器、INSTEAD OF 触发器和_____三类。

5. 在_____触发器的执行过程中，PL/SQL 语句可以访问受触发器语句影响的每行的列值。

6. INSTEAD OF 触发器一般用于对_____的触发。

7. 创建包定义需要使用 CREATE PACKAGE 语句，创建包体需要使用_____语句。

三、简答题

1. 什么是存储过程，什么命令可以用来创建一个存储过程？

2. 什么是触发器？简述触发器的作用。

3. 简述 INSTEAD OF 触发器的作用。

4. 简述程序包的概念和创建语句。

四、实践操作题

1. 根据以下要求编写存储过程：输入部门编号，输出 scott.emp 表中该部门的所有员工的编号、姓名和岗位信息。

2. 创建一个触发器，在更新 scott.emp 表之前触发，目的是不允许周末修改表。

第 13 章　事 务 和 锁

在数据库系统设计过程中，与商业事务相关的数据必须保证可靠性、一致性和完整性，以符合实际的商业过程。在数据库中通常由事务来完成相关操作，以确保多个数据的修改作为一个单元来处理。事务是由用户定义的一组不可分割的 SQL 语句序列，这些操作要么全做要么全不做，从而保证数据操作的一致性、有效性和完整性。当多个用户或应用程序同时访问同一数据时，锁可以防止这些用户或应用程序同时对数据进行修改，锁定机制用于多个用户进行并发控制。本章主要介绍事务的基本概念、事务的处理过程、并发控制和锁的相关内容。

本章要点：
- ❑ 了解事务的基本概念。
- ❑ 熟悉事务处理过程：提交事务、回退全部事务、回退部分事务。
- ❑ 掌握并发控制。
- ❑ 熟悉锁的类型。
- ❑ 掌握死锁的原理及概念。

13.1　事 务 概 述

13.1.1　事务的概念

事务（Transaction）是 Oracle 中一个逻辑工作单元（Logical Unit of work），由一组 SQL 语句组成。事务是一组不可分割的 SQL 语句，其结果是作为整体永久性地修改数据库的内容，或者作为整体取消对数据库的修改。

事务是数据库程序的基本单位，通常一个程序包含多个事务，数据存储的逻辑单位是数据块，数据操作的逻辑单位是事务。

现实生活中的银行转账、网上购物、库存控制和股票交易等都是事务的例子。例如，将资金从一个银行账户转到另一个银行账户，第一个操作从一个银行账户中减少一定的资金，第二个操作向另一个银行账户中增加相应的资金，减少和增加这两个操作必须作为一个整体永久性地记录到数据库中，否则资金会丢失。如果转账发生问题，必须同时取消这两个操作。一个事务可以包括多条 INSERT、UPDATE 和 DELETE 语句。

13.1.2　事务的特性

事务定义为一个逻辑工作单元，即一组不可分割的 SQL 语句。数据库理论对事务有更严格的定义，指明事务有 4 个基本特性，称为 ACID 特性，即原子性（Atomicity）、一致性（Consistency）、隔离性（Isolation）和持久性（Durability）。

- ❑ 原子性：事务必须是原子工作单元，即一个事务中包含的所有 SQL 语句组成一个工作单元。
- ❑ 一致性：事务必须确保数据库的状态保持一致。事务开始时，数据库的状态是一致的；当事务结束时，也必须让数据库的状态保持一致。例如，在事务开始时，数据库的所有数据都满足已设置的各种约束条件和业务规则；在事务结束时，数据虽然不同，必须仍然满足先前设置的各种约束条件和业务规则。事务把数据库从一个一致性状态带入另一个一致性状态。
- ❑ 隔离性：多个事务可以独立运行，彼此不会影响。这表明事务必须是独立的，它不应以任何方式依赖于或影响其他事务。
- ❑ 持久性：一个事务一旦提交，它对数据库中数据的改变永久有效，即使以后系统崩溃也是如此。

13.2 事 务 处 理

Oracle 提供的事务控制是隐式自动开始的，它不需要用户显式地使用语句开始事务处理。事务处理包括使用 COMMIT 语句提交事务、使用 ROLLBACK 语句回退全部事务和设置保存点回退部分事务。

13.2.1 事务的开始与结束

事务是用来分割数据库操作的逻辑单元，它既有起点，也有终点。Oracle 的特点是没有"开始事务处理"语句，但有"结束事务处理"语句。

当发生如下事件时，事务自动开始：

（1）连接到数据库，并开始执行第一条 DML 语句（INSERT、UPDATE 或 DELETE）。

（2）前一个事务结束，又输入另一条 DML 语句。

当发生如下事件时，事务结束：

（1）用户执行 COMMIT 语句提交事务，或者执行 ROLLBACK 语句撤销事务。

（2）用户执行了一条 DDL 语句，如 CREATE、DROP 或 ALTER 语句。

（3）用户执行了一条 DCL 语句，如 GRANT、REVOKE、AUDIT 或 NOAUDIT 等。

（4）用户断开与数据库的连接，这时用户当前的事务会被自动提交。

（5）执行 DML 语句失败，这时当前的事务会被自动回退。

另外，可在 SL*Plus 中设置自动提交功能。

语法格式如下：

```
SET AUTOCOMMIT ON OFF
```

其中，ON 表示设置为自动提交事务；OFF 为不自动提交事务。一旦设置了自动提交，用户每次执行 INSERT、UPDATE 或 DELETE 语句后，系统会自动进行提交，不需要使用 COMMIT 语句提交。但这种设置不利于实现多语句组成的逻辑单元，所以默认是不自动提交事务。

🔔注意：不显示提交或回滚事务是不好的编程习惯。因此，确保在每个事务后面都要执行 COMMIT 语句或 ROLLBACK 语句。

13.2.2　使用 COMMIT 语句提交事务

使用 COMMIT 语句提交事务后，Oracle 将 DML 语句对数据库所做的修改永久性地保存在数据库中。

使用 COMMIT 提交事务时，Oracle 将执行如下操作：

（1）在回退段的事务表内记录这个事务已经提交，并且生成一个唯一的系统改变号（SCN）保存到事务表中，用于唯一标识这个事务。

（2）启动 LGWR 后台进程，将 SGA 区重做日志缓冲区的重做记录写入联机重做日志文件，并且将该事务的 SCN 也保存到联机重做日志文件中。

（3）释放该事务中各个 SQL 语句所占用的系统资源。

（4）通知用户事务已经成功提交。

【例 13-1】 使用 UPDATE 语句将 emp 表中 empno 值为 7901 的员工工资增加 200，使用 COMMIT 语句提交事务，永久性地保存对数据库的修改。

（1）启动 SQL*Plus，在窗口中，使用 UPDATE 语句对指定员工的工资进行修改。

```
UPDATE emp SET sal =sal+200 WHERE empno=7901;
```

（2）使用 COMMIT 语句提交事务。

```
COMMIT;
```

使用 COMMIT 语句提交事务后，员工号为 7901 的员工的工资已永久地增加了 200。

13.2.3　使用 ROLLBACK 语句回退全部事务

要取消事务对数据所做的修改，需要执行 ROLLBACK 语句回退全部事务，将数据库的状态回退到原始状态。

语法格式如下：

```
ROLLBACK;
```

Oracle 通过回退段（或撤销表空间）存储数据修改前的数据，通过重做日志记录对数据库所做的修改。如果回退整个事务，Oracle 将执行以下操作：

（1）Oracle 通过使用回退段中的数据，撤销事务中所有 SQL 语句对数据库所做的修改。

（2）Oracle 服务进程释放事务所使用的资源。

（3）通知用户事务回退成功。

【例 13-2】使用 UPDATE 语句将 emp 表中 empno 值为 7901 的员工的 deptno 修改为 20，再使用 ROLLBACK 语句回退整个事务，取消修改。

启动 SQL*Plus，在窗口中，使用 UPDATE 语句对指定员工的 deptno 进行修改。

```
UPDATE emp SET deptno=20 WHERE empno=7901;
```

此时未提交事务，查询 UPDATE 语句执行情况。

```
SELECT * FROM emp WHERE empno=7901;
```

使用 ROLLBACK 语句回退整个事务，取消修改。

```
ROLLBACK;
```

查询执行 ROLLBACK 语句后的 emp 表。

```
SELECT * FROM emp WHERE empno=7901;
```

由于 ROLLBACK 语句的执行，7901 员工的 deptno 回滚到初始值。

13.2.4 设置保存点回退部分事务

在事务中的任何位置都可以设置保存点，可以将修改回滚到保存点，设置保存点使用 SAVEPOINT 语句实现。

语法格式如下：

```
SAVEPOINT <保存点名称>;
```

如果要回退到事务的某个保存点，则使用 ROLLBACK TO 语句。

语法格式如下：

```
ROLLBACK TO [SAVEPOINT] <保存点名称>;
```

如果回退部分事务，Oracle 将执行以下操作：

（1）Oracle 通过使用回退段中的数据，撤销事务中保存点之后的所有更改，但保存保存点之前的更改。

（2）Oracle 服务进程释放保存点之后各个 SQL 语句所占用的系统资源，但保存保存点之前各个 SQL 语句所占用的系统资源。

（3）通知用户回退到保存点的操作成功。

（4）用户可以继续执行当前的事务。

【例 13-3】使用 UPDATE 语句对 emp 表员工编号为 7901 的工资进行修改，设置保存点，再对员工编号为 7902 的员工的工资进行修改，使用 ROLLBACK 语句回退部分事务到保存点。

启动 SQL*Plus，连接数据库，在窗口中，使用 UPDATE 语句对 emp 表员工编号为 7901 的员工的工资进行修改。

```
UPDATE emp SET sal=4000 WHERE empno=7901;
```

对该语句设置保存点 point1。

```
SAVEPOINT point1
```

再对员工编号为 7902 的员工的工资进行修改。

```
UPDATE emp SET sal=4000 WHERE empno=7902;
```

此时未提交事务，查询 UPDATE 语句执行情况。

```
SELECT * FROM emp;
```

回退部分事务到设置保存点处。

```
ROLLBACK TO SAVEPOINT point1;
```

查询回退部分事务后的 course 表。

```
SELECT * FROM course;
```

提交事务。

```
COMMIT;
```

在编号为 7901 的员工的工资由 3500 修改为 4000 后，设置保存点 point1，再将编号为 7902 的员工的工资由 3500 修改为 4000；通过 ROLLBACK TO 语句将事务退回到保存点 point1，编号为 7901 员工的工资为修改后的值 4000，保留了修改，编号为 7902 的员工的工资仍为原来的值 3500，取消了修改；使用 COMMIT 语句完成该事务的提交。

13.3 并发事务和锁

Oracle 数据库支持多个用户同时对数据库进行并发访问，每个用户都可以同时运行自己的事务，这种事务称为并发事务（Concurrent Transaction）。为支持并发事务，必须保持表中数据的一致性和有效性，可以通过锁（Lock）实现。

13.3.1 并发事务

【例 13-4】 并发事务 T1 和 T2 都对 emp 表按以下步骤进行访问。

（1）事务 T1 执行 INSERT 语句向 emp 表插入一行，但未执行 COMMIT 语句。

（2）事务 T2 执行一条 SELECT 语句，但 T2 并未看到 T1 在步骤（1）中插入的新行。

（3）事务 T1 执行 COMMIT 语句，永久性地保存在步骤（1）中插入的新行。

（4）事务 T2 执行一条 SELECT 语句，此时看到 T1 在步骤（1）中插入的新行。

上述并发事务执行过程描述如下：

（1）事务 T1 执行 INSERT 语句向 emp 表插入一行，但未执行 COMMIT 语句。启动 SQL*Plus，用 SYSTEM 身份连接数据库，在第一个窗口，事务 T1 使用 INSERT 语句向 emp 表插入一行。

```
INSERT INTO student VALUES(7920,'Lily',20,'SALESMAN',4000)
```

此时未提交事务，查询插入一行后的 student 表。

```
SELECT * FROM emp;
```

（2）事务 T2 执行一条 SELECT 语句，但 T2 并未看到 T1 在步骤（1）中插入的新行。保持第一个窗口不关闭，再启动 SQL*Plus，用 SYSTEM 身份连接数据库，在第二个窗口中，事务 T2 使用相同的账户连接数据库，执行同样的查询。

```
SELECT * FROM emp;
```

（3）事务 T1 执行 COMMIT 语句，永久性地保存在步骤（1）中插入的新行。

在第一个窗口中，使用 COMMIT 语句提交事务。

```
COMMIT;
```

（4）事务 T2 执行一条 SELECT 语句，此时看到 T1 在步骤（1）中插入的新行。

在第二个窗口中，查询 emp 表。

```
SELECT * FROM emp;
```

当并发事务访问相同行时，事务处理可能存在幻想读、不可重复读、脏读 3 个问题，下面分别进行介绍。

❑ 幻想读（Phantom Read）：事务 T1 用指定 WHERE 子句的查询语句进行查询，得到返回的结果集，随后事务 T2 新插入一行，恰好满足 T1 查询中 WHERE 子句的条件，然后 T1 再次用相同的查询进行检索，看到了 T2 刚插入的新行；这个新行就称为"幻想"，意思是像变魔术似地突然出现。

❑ 不可重复读（Unrepeatable Read）：事务 T1 读取一行，紧接着事务 T2 修改了该行。事务 T1 再次读取该行时，发现与刚才读取的结果不同，此时发生原始读取不可重复。

❑ 脏读（Dirty Read）：事务 T1 修改了一行的内容，但未提交；事务 T2 读取该行，所得的数据是该行修改前的结果。然后事务 T1 提交了该行的修改，现在事务 T2 读取的数据无效了，因为所读的数据可能是"脏"（不正确）数据引起错误。

13.3.2　事务隔离级别

事务隔离级别（Transaction Isolation Level）是一个事务对数据库的修改和并行的另一个事务的隔离程度。

为了处理并发事务中可能出现的幻想读、不可重复读以及脏读等问题，数据库设置了不同级别的事务隔离，以防止事务之间的相互影响。

1. SQL标准支持的事务隔离级别

SQL 标准定义了以下 4 种事务隔离级别，隔离级别从低到高依次如下：
❑ READ UNCOMMITTED：幻想读、不可重复读和脏读都允许。
❑ READ COMMITTED：允许幻想读、不可重复读，但是不允许脏读。
❑ REPEATABLE READ：允许幻想读，但是不允许不可重复读和脏读。
❑ SERIALIZABLE：幻想读、不可重复读和脏读都不允许。
SQL 标准定义的默认事务隔离级别是 SERIALIZABLE。

2. Oracle数据库支持的事务隔离级别

Oracle 数据库支持下面两种事务隔离级别：
❑ READ COMMITTED：允许幻想读、不可重复读，但是不允许脏读。
❑ SERIALIZABLE：幻想读、不可重复读和脏读都不允许。
Oracle 数据库默认事务隔离级别是 READ COMMITTED，这几乎对所有应用程序都是可以接受的。

Oracle 数据库也可以使用 SERIALIZABLE 事务隔离级别，但要增加 SQL 语句执行需要的时间，只有在必须使用的情况下才使用 SERIALIZABLE 事务隔离级别。

设置 SERIALIZABLE 事务隔离级别的语句如下。

```
SET TRANSACTION ISOLATION LEVEL SERIALIZABLE;
```

13.3.3　锁机制

在 Oracle 中，提供了排他锁和共享锁两种锁机制，下面分别进行介绍。

1. 排他锁

排他锁（Exclusive Lock，X 锁）又称写锁，如果事务 T 给数据对象 A 加上排他锁，则只允许 T 对数据对象 A 进行插入、修改和删除等更新操作，其他事务将不能对 A 加上任何类型的锁。

排他锁用于对数据的修改，以防止共同改变相同的数据对象。

2．共享锁

共享锁（Share Lock，S 锁）又称读锁，如果事务 T 给数据对象 A 加上共享锁，该事务 T 可对数据对象 A 进行读操作，其他事务也只能对 A 加上共享锁进行读取。

共享锁下的数据只能被读取，不能被修改。

13.3.4　锁的类型

根据保护的对象不同，Oracle 数据库锁可以分为 DML 锁、DDL 锁及内部锁和闩 3 类，下面分别进行介绍。

1．DML锁

DML 锁（Data Locks，数据锁）的目的在于保证并发情况下的数据完整性。例如，DML 锁保证表的特定行能够被一个事务更新，同时保证在事务提交之前，不能删除表。

在 Oracle 数据库中，DML 锁主要包括 TM 锁和 TX 锁，其中 TM 锁称为表级锁，TX 锁称为事务锁或行级锁。

当 Oracle 执行 DML 语句时，系统自动在所要操作的表上申请 TM 类型的锁。当 TM 锁获得后，系统再自动申请 TX 类型的，并将实际锁定的数据行的锁标志位进行置位。这样在事务加锁前检查 TX 锁相容性时就不用再逐行检查锁标志了，而只需检查 TM 锁模式的相容性即可，从而提高了系统的效率。TM 锁包括 SS、SX、S 及 X 等多种模式，在数据库中用 0～6 表示。

2．DDL锁

DDL 锁（Dictionary Locks，字典锁）有独占 DDL 锁、共享 DDL 锁及可破的分析 DDL 锁，用于保护数据库对象的结构，如表、索引等的结构定义，下面分别进行介绍。

- ❑ 独占 DDL 锁：当 CREATE、ALTER 和 DROP 等语句用于一个对象时使用该锁。
- ❑ 共享 DDL 锁：当 GRANT 与 CREATE PACKAGE 等语句用于一个对象时使用此锁。
- ❑ 可破的分析 DDL 锁：库高速缓存区中语句或 PL/SQL 对象有一个用于它所引用的每一个对象的锁。

3．内部锁和闩

内部锁和闩（Internal Locks and Latches）用于保护数据库的内部结构。对用户来说，它们是不可访问的，因为用户不需要控制它们的发生。

13.3.5　死锁

当两个事务并发执行时，各对一个资源加锁，并等待对方释放资源而又不释放自己加锁的资源，就会造成死锁。如果不进行外部干涉，死锁将一直进行下去。死锁会造成资源的大量浪费，其至会使系统崩溃。

　　Oracle 对死锁自动进行定期搜索，通过回滚死锁中包含的其中一个语句解决死锁问题，也就是释放其中一个冲突锁，同时返回一个消息给对应的事务。

　　防止死锁的发生是解决死锁最好的方法，用户需要遵循如下原则：

- ❑ 尽量避免并发地执行修改数据的语句。
- ❑ 要求每个事务一次就将所有要使用的数据全部加锁，否则就不予执行。
- ❑ 可以预先规定一个加锁顺序，所有的事务都按该顺序对数据进行加锁。例如，不同的过程在事物内部对对象的更新执行顺序应尽量保持一致。
- ❑ 每个事务的执行时间不可太长，尽量缩短事务的逻辑处理过程，及早地提交或回滚事务。对程序段长的事务可以考虑将其分割为几个事务。
- ❑ 一般不建议强行加锁。

13.4　本 章 小 结

　　本章主要介绍了事务的概念、基本特性、提交和回退，还介绍了并发事务的处理和锁的使用。通过本章学习可以使读者学习到使用事务和锁来保证数据的可靠性、一致性和完整性。

13.5　习题与实践练习

一、选择题

　　1. 下列结束事务的语句是（　　）。

A. SAVEPOINT
B. COMMIT
C. END TRANSACTION
D. ROLLBACK TO SAVEPOINT

　　2. 下列关键字与事务控制无关的是（　　）。

A. COMMIT
B. SAVEPOINT
C. DECLARE
D. ROLLBACK

　　3. Oracle 中的锁不包括（　　）。

A. 插入锁　　　　B. 排他锁　　　　C. 共享锁　　　　D. 行级排他锁

　　4. SQL 标准定义了 4 种事务隔离级别，隔离级别从低到高依次为（　　）。

（1）READ UNCOMMITTED
（2）READ COMMITTED
（3）REPETABLE READ
（4）SERIALLIZABLE

　　5. Oracle 数据库支持其中两种事务隔离级别是（　　）。

A.（1）和（2）　　B.（3）和（4）　　C.（1）和（3）　　D.（1）和（4）

二、填空题

　　1. 事务的特性有原子性、一致性、隔离性和_____。

2．锁机制有_____和共享锁两类。

3．事务处理可能存在 3 种问题，分别是_____、不可重复读和脏读。

4．在 Oracle 中使用_____命令提交事务。

5．在 Oracle 中使用_____命令回滚事务。

6．在 Oracle 中使用_____命令设置保存点。

三、简答题

1．什么是事务？简述事务的基本特性。

2．COMMIT 语句和 ROLLBACK 语句各有何功能？

3．保存点的作用是什么？怎么设置？

4．什么是并发事务？什么是锁机制？

5．什么是死锁？怎么样防止死锁？

第 14 章　Oracle 安全性管理

安全管理是数据库系统管理的重要环节，Oracle 的安全管理体系是维系其安全控制的重要组成部分。Oracle 是多用户系统，它允许多用户共享系统资源。为了保证数据库系统的安全，数据库管理系统配置了良好的安全机制。安全管理也是评价一个数据库管理系统的重要指标，Oracle 数据库安全管理指拥有相应权限的用户才可以访问数据库中的相应对象，执行相应的合法操作。在建立应用系统的各种对象（包括表、视图及索引等）前，需要确定各个对象与用户的关系，即确定建立哪些用户、创建哪些角色、赋予哪些权限等。

本章将全面地介绍 Oracle 数据库的安全管理，主要包括数据库用户的创建与管理、Oracle 中系统权限和对象权限的授权和撤销、角色的创建与赋予以及审计等内容。

本章要点：

❑ 理解 Oracle 数据库安全性管理的基本概念。
❑ 掌握用户的创建与管理。
❑ 了解用户配置文件的作用。
❑ 掌握系统权限和对象权限的应用。
❑ 理解用户自定义角色的创建与管理。
❑ 理解数据库概要文件的应用。

14.1　用　　户

Oracle 18c 和 Oracle 12c 一样继续沿用了数据库容器（Container Database，CDB）与可插拔数据库（Pluggable Database，PDB）的特性。在多租户环境（Multitenant Environment）中，允许一个数据库容器承载多个可插拔数据库。

Oracle 18c 将用户分为两种：本地用户（LOCAL USER）和公共用户（COMMON USER）。公共用户可以在 CDB 和 PDB 中同时存在，而本地用户则只在特定的 PDB 中存在，也只能在特定的 PDF 中执行操作。怎么理解公共用户呢？可以简单地把它当作容器用户，可以在各个通用与所有可插拔数据库中使用。这个用户就像是小区的物业管理员，由小区物业来任命并且可以管理小区的所有用户。公共用户必须以"C##"或"c##"开头，而本地用户则不需要以"C##"或"c##"开头。

如果在安装 Oracle 18c 时没有选中"创建为容器数据库"复选框，或"可插入数据库名"为空，则意味着关闭 PDB，如图 14-1 所示。

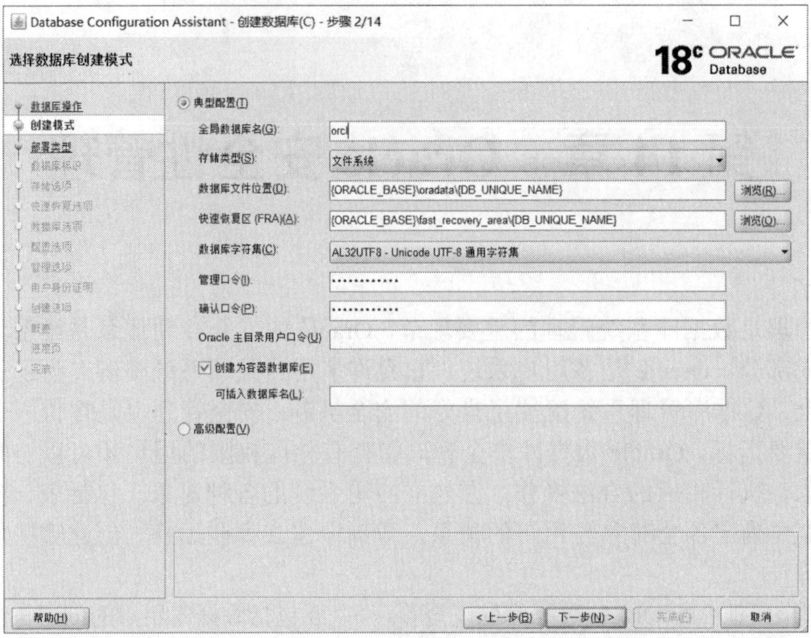

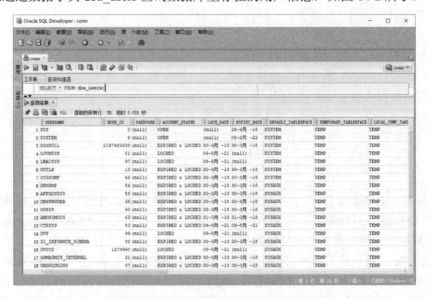

图 14-1　未选择 PDB

可以通过数据字典 dba_users 查询数据库里存在的用户信息，如图 14-2 所示。

图 14-2　Oracle 数据库里存在的用户信息

14.1.1　创建用户

Oracle 数据库自带了许多用户，如 SYSTEM、SCOTT 和 SYS 等，也允许数据库管理员创建新的用户。合理的用户和权限管理对于数据库系统的高效性、安全性及可靠性非常关键。Oracle 在用户及权限管理上有许多新的概念和特性。

📖说明：对用户及权限的管理需要进入 SQL*Plus 交互工具。每一个 SQL 语句后要以分号";"结束。退出交互工具命令为 quit。SQL 命令语句及可选项不区分大小写，本文中出现大写的地方是强调作用。需要在 SYSTEM 用户模式下进行用户创建和管理操作。

使用 OEM 企业管理器方式创建用户比较简单，下面主要介绍通过 SQL*Plus 交互方式创建和管理用户。

创建用户需要使用 CREATE USER 语句，语法格式如下：

```
CREATE USER username IDENTIFIED BY password
  Or IDENTIFIED EXETERNALLY
  Or IDENTIFIED GLOBALLY AS 'CN=user'
[DEAFULT TABLESPACE tablespace]
[TEMPORARY TABLESPACE tablespace]
[QUOTA [integer K[M]][UNLIMITED] ON tablespace
[,QUOTA [integer K[M]][UNLIMITED] ON tablespace
[PROFILES profile_name]
[PASSWORD EXPIRE]
[ACCOUNT LOCK or ACCOUNT UNLOCK];
```

语法说明如下：

❑ username：创建的用户名。

❑ IDENTIFIED BY password：为用户指定口令。

❑ IDENTIFIED BY EXETERNALLY：用户名在操作系统下验证，这个用户名必须与操作系统中所定义的用户相同。

❑ IDENTIFIED GLOBALLY AS 'CN=user'：用户名由 Oracle 安全域中心服务器来验证，CN 名字标识用户的外部名。

❑ [DEAFULT TABLESPACE tablespace]：设定默认的表空间。

❑ [TEMPORARY TABLESPACE tablespace]：设置默认的临时表空间。

❑ [QUOTA [integer K[M]][UNLIMITED] ON tablespace：为用户设置在某表空间上允许使用 K[M]字节数。

❑ [PROFILES profile_name]：为用户指定概要文件的名字，用于限制用户对系统资源的使用和执行口令的管理等。不使用此语句则采用默认概要文件 DEFAULT。

❑ [PASSWORD EXPIRE]：立即将口令设置为过期状态，用户在登录进入前必须修改口令。

❑ [ACCOUNT LOCK or ACCOUNT UNLOCK]：用户的初始状态为锁定（LOCK）或解锁（UNLOCK），默认为 UNLOCK 状态，即不加锁。

【例 14-1】通过 SQL*Plus 方式创建用户 funson，注意创建用户需要具有 CREATE USER 权限，需以特权用户 SYSTEM 账号登录创建。创建过程如下：

```
SQL> CONNECT SYSTEM/system
已连接。
SQL>CREATE USER funson
2  identified by 123456
3  default tablespace users
4  temporary tablespace temp
5  quota 10M on users
6  profile newprofile;
用户已创建。
```

14.1.2　管理用户

对创建好的用户，还可以进行修改、删除和管理用户会话等操作。

1．修改用户

对创建好的用户可以使用 ALTER USER 语句进行修改，包括口令、默认表空间、临时表空间、表空间限量、概要文件名、默认角色等。

ALTER USER 语句的语法格式如下：

```
ALTER USER username IDENTIFIED BY password
  Or IDENTIFIED EXETERNALLY
  Or IDENTIFIED GLOBALLY AS 'CN=user'
[DEAFULT TABLESPACE tablespace]
[TEMPORARY TABLESPACE tablespace]
[QUOTA [integer K[M]][UNLIMITED] ON tablespace
[,QUOTA [integer K[M]][UNLIMITED] ON tablespace
[PROFILES profile_name]
[PASSWORD EXPIRE]
[ACCOUNT LOCK or ACCOUNT UNLOCK]
[DEFAULT ROLE role[, role]
  or [DEFAULT ROLE ALL [EXEPT role[, role]]]or[DEFAULT ROLE NOTE];
```

【例 14-2】 用户 funson 使用的资源超出限额的话，就出现如下提示：

```
ORA-01536:SPACE QUOTA EXCEEDED FOR TABLESPACE 'USERS'
```

这时需要对该用户增加资源限额，需要在 SYSTEM 用户模式下操作：

```
SQL> ALTER USER funson QUOTA 20M ON SYSTEM;
```

【例 14-3】 在 SYSTEM 用户模式下修改用户 SCOTT 的状态为 LOCK 状态，然后尝试用 SCOTT 账户连接数据库，代码如下：

```
SQL> ALTER USER SCOTT  ACCOUNT LOCK;
用户已更改。
SQL> CONNECT SCOTT/tiger;
ERROR:
ORA-28000: the account is locked
```

2．删除用户

对于不再需要的用户，可以用 DROP USER 语句从数据库系统中进行删除。以释放出磁盘空间。DROP USER 语句的语法格式如下：

```
DROP USER user [CASCADE]
```

如果加 CASCADE 则连同用户的对象一起删除。若不使用 CASCADE 选项，则必须在该用户的所有实体都删除之后，才能删除该用户。使用 CASCADE 后，则不论用户实体有多大，都一并删除。

【例 14-4】 在 SYSTEM 用户模式下删除 zhao 用户，代码如下：

```
SQL>drop user zhao cascade;
```

提示：不要轻易使用 DROP USER 命令。只有在确认不再需要某个用户时才使用该命令。

3. 管理用户会话

为了了解当前数据库中的用户会话信息，保证数据库的安全运行，Oracle 提供了一系列相关的数据字典对用户会话进行监视。在需要时，数据库管理员可以即时终止用户的会话。

1）监视用户会话信息

通过 V$SESSION 动态视图，可以查询 Oracle 所有的用户会话信息。

【例 14-5】　查询动态视图 V$SESSION 中的部分信息。

```
SQL> select sid, serial#,username, machine, status,logon_time
2    from v$session where username username is not null;
     SID      SERIAL#   USERNAME   MACHINE       STATUS      LOGON_TIME
     --------  --------  --------   ----------    ---------   ---------
     166      1508      SYSTEM     FUNSON        INACTIVE    02-8 月-21
```

其中，SID 与 SERIAL#用于唯一标识一个会话信息；USERNAME 表示用户；MACHINE 表示用户登录时所使用的计算机名；STATUS 表示该用户的活动状态；LOGON_TIME 表示用户上次连接数据库的时间。

2）终止用户会话

数据库管理员可以在需要时使用 ALTER SYSTEM 语句终止用户的会话。下面通过分组统计每个不同的用户或主机打开的 Oracle 用户会话总数。

```
SQL> select username,machine,count(*) from v$session group by username,
machine;
```

然后，根据 SID 和 SERIAL#可以选择需要终止的用户会话。

【例 14-6】　终止 SID 128，SERIAL#为 1366 的会话，语句如下：

```
SQL> ALTER SYSTEM KILL SESSION '128, 1366' immediate;
```

14.2　权　限　管　理

用户创建一个新用户后，该用户还无法操作数据库，还需要为该用户授予相应的权限。权限是用户对数据库某项功能的执行权力。Oracle 的权限包括系统权限和数据库对象权限两种，采用非集中的授权机制进行管理，即数据库管理员负责授予与回收系统权限，每个用户授予与回收自己创建的数据库对象权限。

14.2.1　权限概述

为了管理复杂系统的不同用户，Oracle 系统提供了角色和权限。权限可以让用户访问对象或执行程序；而角色是一组权限的集合，同样角色被授予用户后，用户也具有某些权限。Oracle 允许重复授权，即将某一权限多次授予同一用户。Oracle 也允许无效回收，即用户没有某种权限，但回收此权限的操作仍可以成功。

Oracle 的安全机制是由系统权限、对象权限和角色权限这三级体系结构组成的，如表 14-1 所示。

表 14-1　Oracle安全机制

权限类型	说　明
系统权限	是指对数据库系统及数据结构的操作权，如创建/删除用户、表、同义词及索引等
对象权限	是指用户对数据的操作权，如查询、更新、插入、删除及完整性约束等
角色权限	是把几个相关的权限组成角色，角色之间可以进一步组合成一棵层次树，以对应现实世界中的行政职位。角色权限除了限制操作权、控制权外，还能限制执行某些应用程序的权限

系统权限是指用户在整个数据库中执行某种操作时需要获得的权限，如连接数据库、创建用户等系统权限。而对象权限是指用户对数据库中某个对象操作时需要的权限，主要针对数据库中的表、视图和存储过程等数据对象。这样的安全控制体系，使得整个系统的管理人员及程序开发人员能控制系统命令的运行、数据的操作及应用程序的执行。

在 Oracle 中，与权限有关的另一个概念是角色，使用角色为用户分配权限则比较简单、快捷。角色本质上就是一个或多个权限的集合体，将具有相同权限的用户归为同一个角色，这些用户就拥有该角色中所有权限，这样可以大大简化权限的分配操作。

14.2.2　系统权限管理

系统权限是指对整个 Oracle 系统的操作权限，如连接数据库、创建与管理表或视图等。系统权限一般由数据库管理员授予用户，并允许用户将被授予的系统权限再授予其他用户。

1．Oracle中的系统权限分类

Oracle 提供了 80 多种系统权限，其中包括创建会话、创建表、创建视图、创建用户、删除表、删除用户、授予任何角色、锁定任何表、限制会话、修改任何索引、修改系统、修改表空间、备份任何表及审计任何数据库对象等。DBA 在创建一个用户时需要将其中的一些权限授予该用户。通过数据字典 SYSTEM_PRIVILEGE_MAP 可以查看 Oracle 中的系统权限，其中常用的系统权限如表 14-2 所示。

表 14-2　Oracle中常用的系统权限

类型/系统权限	说　明
CREATE [ANY] CLUSTER	群集权限：在自己的方案中创建、更改和删除群集
ALTER DATABASE	运行ALTER DATABASE语句，更改数据库的配置
AUDIT ANY	运行AUDIT和NOAUDIT语句，对任何方案的对象进行审计
ALTER ANY INDEX	在任何方案中更改索引
CREATE [ANY] PROCEDURE	在任何方案中创建过程、函数和包
CREATE PROFILE	创建概要文件
ALTER PROFILE	更改概要文件
DROP PROFILE	删除概要文件
CREATE ROLE	创建角色
ALTER ANY ROLE	更改任何角色
DROP ANY ROLE	删除任何角色
GRANT ANY ROLE	将用户授予任何角色。注意：没有对应的REVOKE ANY ROLE权限
CREATE ROLLBACK SEGMENT	创建回退段。注意：没有对撤销段的权限

续表

类型/系统权限	说　明
CREATE[ANY] SEQUENCE	在任何方案中创建序列
CREATE SESSION	创建会话，登录进入（连接到）数据库
CREATE [ANY] SYNONYM	在任何方案中创建专用同义词
CREATE[ANY] TABLE	在任何方案中创建表
ALTER ANY-TABLE	在任何方案中更改表
DROP ANY TABLE	在任何方案中删除表
COMMENT ANY TABLE	在任何方案中为任何表、视图或者列添加注释
SELECT ANY TABLE	在任何方案中选择任何表中的记录
INSERT ANY TABLE	在任何方案中向任何表插入新记录
UPDATE ANY TABLE	在任何方案中更改任何表中的记录
DELETE ANY TABLE	在任何方案中删除任何表中的记录
LOCK ANY TABLE	在任何方案中锁定任何表
CREATE TABLESPACE	创建表空间
ALTER TABLESPACE	更改表空间
CREATE USER	创建用户
CREATE [ANY] VIEW	在任何方案中创建视图
CREATE [ANY] TRIGGER	在任何方案中创建触发器
GRANT ANY PRIVILEGE	授予任何系统权限 注意：没有对应的REVOKE ANY PRIVILEGE
SELECT ANY DICTIONARY	允许从SYS用户所拥有的数据字典表中进行选择

说明：大多数权限相似，例如创建与管理过程等，这里不一一列举。

2. 系统权限的授权

可以使用 GRANT 语句将权限或角色授予某个用户或角色。GRANT 语句的语法格式如下：

```
GRANT system_privilege [,system_privilege]  TO user[, …] | role[,…] | PUBLIC
[WITH ADMIN OPTION];
```

语法说明如下：

❑ system_privilege：表示系统权限，如 CREATE TABLE，多个权限间用逗号隔开。

❑ role：表示将权限授予某些角色。

❑ user：被授予的用户，可以是多个用户。

❑ PUBLIC：表示 Oracle 系统的所有用户。

❑ WITH ADMIN OPTION：如果指定此选项，则被授予权限的用户可以将该权限再授予其他用户。

【例 14-7】 为用户 SCOTT 创建并使用系统权限 Create TableSpace。

```
SQL> CONNECT SYSTEM/system
已连接。
SQL> Grant Create TableSpace To SCOTT WITH ADMIN OPTION;
授权成功。
```

现在，SCOTT 用户就可以创建表空间了：

```
SQL> conn SCOTT/tiger;
已连接。
SQL> Select*From USER_SYS_PRIVS;
SQL> Create TableSpace test10
2  DataFile 'E:\OracleTableSpace\test10.DBF'
3  Size 2M;
表空间已创建。
```

现在，可以查看创建的表空间 TEST10：

```
SQL> conn SYSTEM/welcome;
已连接。
SQL> Select*From V$TableSpace;
 TS#             NAME              INC      BIG      LA
------------    -----             ----     ----     -----
                0 SYSTEM          YES      NO       YES
                1 UNDOTBS         YES      NO       YES
                2 SYSAUX          YES      NO       YES
                4 USERS           YES      NO       YES
                3 TEMP            YES      NO       YES
                5 EXAMPLE         YES      NO       YES
                6 TEST10          YES      NO       YES
```

3．系统权限的回收

当某个用户不再需要某些系统权限时可以使用 REVOKE 语句从用户或角色中回收。另外，系统权限无级联关系。例如，用户 A 授予用户 B 权限，用户 B 授予用户 C 权限，如果用户 A 收回了用户 B 的权限，用户 C 的权限则不受影响。系统权限可以跨用户回收，即用户 A 可以直接收回用户 C 的权限。

REVOKE 语句的语法格式如下：

```
REVOKE system_privilege [,system_privilege] | role user[,…] | role[,…] |
PUBLIC;
```

该命令可以同时回收多个用户的多个系统权限。

【例 14-8】 以 SYSTEM 用户连接数据库，回收 wang 和 sun 的 CREATE SESSION 系统权限。

```
b> CONNECT SYSTEM/system
已连接。
SQL> revoke create session from wang,sun;
```

14.2.3　对象权限管理

Oracle 对象权限是指用户在某个方案（schema）上进行操作的权限，如对某个表或视图对象执行 INSERT、DELETE、UPDATE 或 SELECT 操作时，都需要获得相应的权限，Oracle 才允许用户执行。Oracle 对象权限是 Oracle 数据库权限管理的重要组成部分。

1．对象权限分类

Oracle 对象权限是指在表、视图、序列、过程、函数或包等对象上执行特殊动作的权利。有 11 种不同类型的权限可以授予给用户或角色，如表 14-3 所示。

表 14-3　Oracle常见对象权限

权限	ALTER	DELETE	EXECUTE	INDEX	INSERT	READ	REFERENCE	SELECT	UPDATE
Directory						√			
Function			√						
Procedure			√						
Package			√						
DB Object			√						
Library			√						
Operation			√						
Sequence	√								
Table	√	√		√	√		√	√	√
Type			√						
View		√			√			√	√

在 Oracle 中，可以授权的数据库对象包括表、视图、序列、索引和函数等，其中用得最多，也是最重要的就是创建数据库基本表。

对于基本表，Oracle 支持 3 个级别的安全性：表级、行级和列级。

1）表级安全性

表的创建者或 DBA 可以把表级的权限授予其他用户，表级的权限如下：

- ❑ INSERT：插入数据记录。
- ❑ ALTER：修改表的定义。
- ❑ DELETE：删除数据记录。
- ❑ INDEX：在表上建立索引。
- ❑ SELECT：查找表中的数据。
- ❑ UPDATE：修改表中的数据。
- ❑ ALL：包括以上所有的操作。

表级的授权是使用 GRANT 和 REVOKE 语句来实现的。

2）行级安全性

Oracle 行级的安全性由视图实现。用视图来定义表的水平子集，限定用户在视图上的操作，从而为表的行级提供保护。视图上的授权与回收和表级的授权与回收完全相同。

例如，只允许用户 USER_6 查看 STUDENT 表中计软院学生的数据，则首先创建计软院学生视图 CS_STU，然后将视图的 SELECT 权限授予 USER_6 用户。

3）列级安全性

Oracle 列级的安全性可以像行级一样由视图实现，实现方法和行级的相同，也可以直接在基本表上定义。

直接在基本表上定义和回收列级权限也是使用 GRANT 和 REVOKE 语句实现的。

在 Oracle 中，表、行、列三级对象是一个自上而下的层次结构，其上一级对象的授权制约下一级对象的授权。例如，当某一个用户拥有了对某个表的 UPDATE 权限，则对于该表的所有列都拥有了 UPDATE 权限。

Oracle 对数据库对象的权限采用分散控制方法，允许具有 WITH GRANT OPTION 的用户把相应权限或其子集传递授予其他用户，但不允许循环授权，即被授权者不能把权限再授

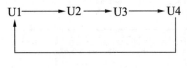

图 14-3　权限传递图

回给授权者或其祖先，如图 14-3 所示。

　　Oracle 把所有权限的信息记录在数据字典中。当用户进行数据库操作时，数据库首先根据字典中的权限信息检查操作的合法性。在 Oracle 中，安全性检查是所有数据库操作的第一步。

2. 对象权限的授予

对象权限的授予同样要使用 GRANT 语句，语法格式如下：

```
GRANT object_privilege[,…]|ALL column ON schema.object
TO user[,…]|role[,…]|PUBLIC [WITH GRANT OPTION];
```

语法说明如下：

- ❑ object_privilege：对象的权限，可以是 ALTER、DELETE、EXECUTE、INDEX、INSERT、REFERENCES、SELECT 和 UPDATE。
- ❑ ALL：使用该关键字，可以授予对象上的所有权限。
- ❑ schema：用户模式。
- ❑ object：对象名称。
- ❑ WITH GRANT OPTION：允许用户将该对象权限授予其他用户。与授予系统权限的 WITH ADMIN OPTION 子句类似。

【例 14-9】　将 scott.emp 表的 SELECT 和 UPDATE 权限授予新用户 fang 和 wang。

方式 1：以 SYSTEM 用户登录执行授权操作。

```
SQL> conn SYSTEM/system;
SQL> CONNECT SYSTEM/system
已连接。
SQL> grant select,update on scott.emp To fang,wang;
授权成功。
```

方式 2：以 SCOTT 用户登录进行授权操作。

```
SQL> conn SCOTT/tiger;
已连接。
SQL> grant select,update on emp To fang,wang;
授权成功。
```

方式 3：先将权限授予 fang，再由 fang 用户转授 wang。

```
SQL> conn wang/wang123;
已连接。
SQL> select * from scott.emp;
错误:表或视图不存在。
SQL> conn scott/tiger;
已连接。
SQL> Grant Select,update On emp To fang WITH GRANT OPTION;
授权成功。
SQL> conn fang/fang123;
已连接。
SQL> Grant Select,update On scott.emp To wang;
授权成功。
SQL>select * from scott.emp;
```

3．对象权限的回收

若不再允许用户操作某个数据库对象，那么应该将分配给该用户的权限回收，语法格式如下：

```
REREVOKE object_privilege[,…] | ALL ON schema.object FROM user[,…] | role[,…]
PUBLIC;
```

🔔注意：

❑ 与回收系统权限不同的是，在回收某用户的对象权限时，如果该用户将权限授予了其他用户，则其他用户的相应权限也将被回收。

❑ 回收权限的用户不一定必须是授予权限的用户，可以是任一具有 DBA 角色的用户；也可以是该数据库对象的所有者；还可以是对该权限具有 WITH GRANT OPTION 选项的用户。

【例 14-10】　按照上述例 14-9 中的第 3 种方式先给用户 fang 授权，然后 fang 再给 wang 继续授权，那么如果将 fang 的权限回收，根据对象权限的级联特性，wang 的权限也将一同被回收。

```
SQL> conn SYSTEM/system;
已连接。
SQL> revoke select on scott.emp from fang;
回收成功。
SQL> conn wang/wang123;
已连接。
SQL> select * from scott.emp;
第 1 行出现错误：
ORA-01031:权限不足。
```

从上述语句的执行结果可以看出，在回收 fang 的 SELECT 权限后，由它分配给 wang 的 SELECT 权限也一并被回收，从而验证了对象权限在回收时的级联特性。

14.3　角色管理

数据库中的权限较多，为了方便对用户权限的管理，Oracle 数据库允许将一组相关权限授予某个角色，然后再将这个角色授予需要的用户，拥有该角色的用户将拥有该角色包含的所有权限。

14.3.1　角色概述

Oracle 支持角色的概念。所谓角色就是一组系统权限的集合，目的在于简化对权限的管理。Oracle 除允许 DBA 定义角色以外，还提供了预定义的角色，系统预定义角色是在数据库系统安装后系统自动创建的一些常用角色，如 CONNECT、RESOURCE 和 DBA。

❑ 具有 CONNECT 角色的用户可以登录数据库，执行查询语句等操作，即可以执行 ALTER TABLE、CREATE VIEW、CREATE INDEX、DROP TABLE、GRANT、REVOKE、INSERT、SELECT、UPDATE 和 DELECT 等操作。

❑ 具有 RESOURCE 角色的用户可以创建表，即执行 CREAT TABLE 操作。创建表的用户将拥有对该表所有的权限。

❑ DBA 角色可以执行某些授权命令，如创建表，对任何表的数据进行操作。它包括前面两种角色的操作，还有一些管理操作，DBA 角色拥有最高级别的权限。

📑说明：一般情况下，普通用户应该授予 CONNECT 和 RESOURCE 角色。对于 DBA 管理用户可以授予 CONNECT、RESOURCE 和 DBA 角色。

【例 14-11】 DBA 建立了一个 USER_1 用户以后，要将 CONNECT 角色所能执行的操作授予 USER_1，则可以通过下面这条语句实现。

```
SQL> GRANT CONNECT TO USER_1;
```

这样就更加简洁地实现了对用户的授权。

14.3.2　用户自定义角色

当系统预定义角色不能满足实际要求时，用户可以根据业务需要自己创建具有某些权限的角色，然后为角色授权，最后再将角色分配给用户。通过 GRANT 语句可以对角色授予各种权限，如用户对象的访问权、系统权限等。如果用户具有 DBA 权限，则用户有 GRANT ANY PRIVILEGE 系统权限，可以对角色授予各种权限。

1．创建角色

创建角色的语法格式如下：

```
CREATE ROLE role_name [NOT IDENTIFIED|IDENTIFIED BY password];
```

语法说明如下：

❑ role_name：创建的角色名。

❑ NOT IDENTIFIED | IDENTIFIED BY password：可以为角色设置口令。在默认情况下创建的角色没有 password 或者其他识别。

【例 14-12】 创建用户角色 testrole，并为该角色设置口令 test123。

```
SQL>conn system/system
已连接。
SQL> Create Role testrole Identified By test123
角色已创建。
```

2．为角色授权和回收权限

新创建的角色还不具有任何权限，可以使用 GRANT 语句向该角色授予权限，使用 REVOKE 语句回收该角色的权限。其语法格式与向用户授予权限基本相同，具体语法参见第 14.2 节内容，这里不再赘述。

【例 14-13】 为例 14-12 中创建的角色 testrole 授予 scott.emp 表的 SELECT、UPDATE 和 INSERT 对象权限。

```
SQL>conn SCOTT/tiger
已连接。
SQL> grant select, update, insert on emp To testrole;
授权成功。
```

3．为用户授予角色

如果角色创建完毕并且已经给角色授予了相应的权限，用户就可以将角色授权给用户了，这样的操作完成后，被授予角色的用户就有了相应的权限。要完成这样的操作，只要操作者具有 GRANT ANY PRIVILEGE 系统权限就可通过 GRANT 语句对用户授予各种权限。

【例 14-14】　创建新用户 tom，并将连接数据库必须拥有的 CREATE SESSION 权限和例 14-13 自定义的角色 testrole 授予该用户。

```
SQL> conn SYSTEM/system
已连接。
SQL> create user tom identified by 123456;
用户已创建。
SQL> grant CREATE SESSION, testrole To tom;
授权成功。
```

14.3.3　管理用户角色

对角色的管理主要包括设置角色的口令、为角色添加或减少权限、禁用与启用角色、删除角色。为角色添加或减少权限可以分别用前面介绍的 GRANT 和 REVOKE 语句。

1．设置角色的口令

使用 ALTER USER 语句可以重新设置角色口令，包括删除口令、添加口令和修改口令，语法格式如下：

```
ALTER ROLE role_name Not Identified | IDENTIFIED BY newPassword;
```

2．禁用与启用角色

数据库 DBA 可以通过禁用与启用角色，来控制所有拥有该角色的用户的相关权限的使用。角色被禁用后，拥有该角色的用户不再具有该角色的权限。不过用户也可以自己启用该角色，此时，如果该角色设置有口令，则需要提供用户口令。

禁用与启用角色需要使用 SET ROLE 语句，语法格式如下：

```
SET ROLE {
  role_name [IDENTIFIED BY Password] [,…]
 |All [Except role_name [,…]]|NONE} ;
```

语法说明如下：

- ❑ IDENTIFIED BY：启用角色时，为角色提供口令。
- ❑ ALL：启用所有角色。要求所有角色都不能有口令。
- ❑ EXCEPT：启用除某些角色以外的所有角色。
- ❑ NONE：禁用所有角色。

【例 14-15】　在 SYSTEM 用户模式下禁用 testrole 角色。

```
SQL> conn SYSTEM/system
已连接。
SQL> set role all except testrole;
角色集
```

3．删除角色

删除角色需要使用 DROP ROLE 语句，语法格式如下：

```
DROP ROLE role_name;
```

【例 14-16】 综合示例：创建新用户 Test_10 和表空间 Tablespace_10，熟练掌握上述权限和角色相关语句操作。

```
SQL> Drop user Test_10;
SQL> Drop tablespace Tablespace_10;
SQL> Drop Role roleA, roleB;

--连接管理员用户
SQL> conn system/system;

--创建表空间 Tablespace_10
SQL> Create TableSpace Tablespace_10
  2   DataFile 'E:\OracleTableSpace\ Tablespace_10.dbf'
  3   Size 2M;

--创建用户 test_1 和 test_2
SQL> Create User test_1
  2   Identified by  "123"
  3   Default TableSpace Tablespace_10;

SQL> Create User test_2
  2   Identified by  "abc"
  3   Default TableSpace Tablespace_10;

--连接用户 test_1
SQL> conn test_1/123;
/*ERROR: user QFStest_1 lacks CREATE SESSION privilege; logon denied*/

--创建角色
SQL> Create Role roleA;
--授权给角色 Create Session
SQL> Grant Create Session To roleA;
--授予角色给用户 test_1
SQL> Grant roleA To test_1;
--连接用户 test_1 和 test_2
SQL> conn test_1/123;
/*Connected.*/
SQL> conn test_2/abc;
/*ERROR: user QFStest_2 lacks CREATE SESSION privilege; logon denied*/
--授予角色给用户 test_2
SQL> conn SYSTEM/system;
SQL> Grant roleA TO test_2;
--连接用户 test_2
SQL> conn test_2/abc;
/*Connected.*/
--创建角色 roleB
SQL> conn SYSTEM/welcome;
SQL> Create Role roleB;
--授予角色 roleB scott.emp 表对象的 SELECT 权限
SQL> Grant Select On scott.emp To roleB;
--授予 roleB 角色给用户 test_1
SQL> Grant roleB To test_1;
```

```
--连接用户 test_1 查询 scott.emp 表数据
SQL> conn test_1/123;
SQL> select * from scott.emp;
--连接用户 test_2 查询 scott.emp 表数据
SQL> conn test_2/abc;
SQL> select * from scott.emp;
/* EROOR: table or view does not exist*/
--授予 roleB 角色给用户 test_2
SQL> conn SYSTEM/system;
SQL> Grant roleB To test_2;
--连接用户 test_2 查询 scott.emp 表数据
SQL> conn test_2/abc;
SQL> select * from scott.emp;

--删除角色 roleB
SQL> Drop Role roleB;
--查询 scott.emp 表数据
SQL> conn test_1/123;
SQL> select * from scott.emp;
/*ERROR: table or view does not exist*/
SQL> conn test_2/abc;
SQL> select * from scott.emp;
/* ERROR: table or view does not exist*/

--删除角色 roleA
SQL> Drop Role roleA;
--连接用户 test_1 和 test_2
SQL> conn test_1/123;
/*ERROR: user QFStest_1 lacks CREATE SESSION privilege; logon denied*/
SQL> conn test_2/abc;
/*ERROR: user QFStest_2 lacks CREATE SESSION privilege; logon denied*/

--删除用户 test_1 和 test_2
SQL> Drop User test_1;
SQL> Drop User test_2;
--删除表空间 Tablespace_10;
SQL> Drop tableSpace Tablespace_10;
```

14.4　概要文件和数据字典视图

概要文件（PROFILE）又被称为资源文件或配置文件，它是 Oracle 为了对用户合理地分配和使用系统资源进行限制的文件。当 DBA 在创建一个用户时，Oracle 会自动地为该用户创建一个相关联的默认概要文件。概要文件中包含一组约束条件和配置项，它可以限制用户使用的资源。在安装数据库时，如果在创建用户时没有为用户指定配置文件，Oracle 自动创建名为 DEFAULT 的资源配置文件。

1. 概要文件内容

概要文件内容如下：

❑ 密码的管理：密码有效期、密码复杂度验证、密码使用历史、账号锁定。

❑ 资源的管理：CPU 时间、空闲时间、连接时间、可以使用的内存空间、允许并发会话数。

2．概要文件作用

概要文件作用如下：

❑ 限制用户进行一些过于消耗资源的操作。

❑ 当用户长时间没有操作，确保用户能释放数据库资源，断开连接。

❑ 使同一类用户都使用相同的资源限制。

❑ 能够很容易地给用户定义资源限制。

❑ 对用户密码进行管理。

3．概要文件特点

概要文件特点如下：

❑ 概要文件的指定不会影响当前的会话，即当前会话仍然可以使用旧的资源限制。

❑ 概要文件只能指定给用户，而不能指定给角色。

❑ 如果创建用户时没有指定概要文件，Oracle 将自动为它指定这个默认概要文件。

Oracle 可以在两个层次上限制用户对系统资源的使用，一种是在会话级上，另一种是在调用级上。在会话级上，如果用户在一个会话时间段内超过了资源限制参数的最大值，Oracle 将停止当前的操作，回退未提交的事务，并断开连接；若在调用级上，如果用户在一条 SQL 语句执行中超过了资源参数的限制，Oracle 将终止并回退该语句的执行，但当前事务中已执行的所有语句不受影响，且用户会话仍然连接。

14.4.1 创建概要文件

使用 CREATE PROFILE 语句在数据库中创建概要文件，语法格式如下：

```
CREATE PROFILE profile_name LIMIT
resource_parameters|password_parameters;
```

语法说明如下：

❑ profile_name：创建的概要文件名称。

❑ resource_parameters：对一个用户指定资源限制的参数。

❑ password_parameters：口令参数。

1．resource_parameters参数

会话级资源限制参数主要如下：

❑ CPU_PER_SESSION：该参数限制每个会话所能使用的 CPU 时间，参数是一个整数，单位为百分之一秒。

❑ SESSIONS_PER_USER：该参数限制每个用户所允许建立的最大并发会话数，达到这个数后，用户不能再建立任何连接。

❑ CONNECT_TIME：该参数限制每个会话能连接到数据库的最长时间，达到这个时间限制后会话将自动断开，以分钟为单位。

❑ IDLE_TIME：该参数限制每个会话所允许的最大连续空闲时间。

❑ LOGICAL_READS_PER_SESSION：该参数限制每个会话能读取的数据块数目，包括从内存和硬盘中读取的数据块数目。

❑ PRIVATE_SGA：在共享服务器操作模式下，Oracle 为每个会话分配的私有 SQL 区的大小。

调用级资源限制参数主要如下：

❑ CPU_PER_CALL：该参数限制每条 SQL 语句所能使用的 CPU 时间，单位为 0.01 秒。

❑ LOGICAL_READS_PER_CALL：该参数限制每条 SQL 语句能读取的数据块数目。

2．password_parameters参数

❑ FAILED_LOGIN_ATTEMPTS：指定允许的输入错误密码的次数，如果超过该次数，用户账号被自动锁定。

❑ PASSWORD_LOCK_TIME：指定由于密码输入错误而被锁定后，持续保持锁定状态的时间（以天为单位）。

❑ PASSWORD_LIFE_TIME：指定同一个密码可以持续使用的时间，如果过期没有修改密码将失效。

❑ PASSWORD_GRACE_TIME：指定用户密码过期时间的提示时间，如果在这个限制之前用户没有修改密码，则 Oracle 将提出警告。在 PASSWORD_LIFE_TIME 时间之前，用户有机会修改密码。

❑ PASSWORD_REUSE_TIME：指定用户在能够重复使用一个密码之前必须经过的天数。

❑ PASSWORD_REUSE_MAX：指定用户在能够重复使用一个密码之前必须对密码进行修改的次数。

❑ PASSWORD_VERIFY_FUNCTION：该参数指定用于验证用户密码复杂度的函数。Oracle 的一个内置脚本中提供了一个默认函数可以用于验证用户密码的复杂度。

以上参数，除了 PASSWORD_VERIFY_FUNCTION 外，其他参数的取值都为数值、UNLIMITED（无限制）或 DEFAULT（系统默认值）。

【例 14-17】 使用 DBA 身份创建一个 TEST 概要文件。

```
SQL>CREATE PROFILE TEST
2      LIMIT
3      CPU_PER_SESSION 1000
4      CPU_PER_CALL 6000
5      CONNECT_TIME 60
6      IDLE_TIME 15
7      SESSIONS_PER_USER 1
8      LOGICAL_READS_PER_SESSION 1000
9      LOGICAL_READS_PER_CALL 1000
10  PRIVATE_SGA 4K
11  COMPOSITE_LIMIT 1000000
12  FAILED_LOGIN_ATTEMPTS 3
13  PASSWORD_LOCK_TIME 10
14  PASSWORD_GRACE_TIME 30
15  PASSWORD_LIFE_TIME 30
概要文件创建。
```

对以上创建的概要文件解释如下：

❑ 创建一个名为 TEST 的概要文件。

❑ LIMIT：关键字（限制）。

❑ CPU_PER_SESSION：表示占用 CPU 时间（以会话为基准），这里是任意一个会话

所消耗的 CPU 时间量（时间量为 1/100 秒）。

- ❏ CPU_PER_CALL：表示占用 CPU 时间（以调用 SQL 语句为基准），这里是任意一个会话中的任意一个单独数据库调用所消耗的 CPU 时间量（时间量为 0.01 秒）。
- ❏ CONNECT_TIME：表示允许连接时间，任意一个会话连接时间限定在指定的时间内（单位为分钟）。
- ❏ IDLE_TIME：表示允许空闲时间，任意一个会话被允许的空闲时间（单位为分钟）。
- ❏ SESSIONS_PER_USER：表示用户最大并行会话数（指定用户的会话数量）。
- ❏ LOGICAL_READS_PER_SESSION：读取数/会话，一个会话允许读写的逻辑块的数量限制（单位为块）。
- ❏ LOGICAL_READS_PER_CALL：读取数/调用，一次调用的 SQL 期间允许读写的逻辑块的数量限制（单位为块）。
- ❏ PRIVATE_SGA：表示专用 sga（单位可以指定为 K 或 M）。
- ❏ COMPOSITE_LIMIT：表示组合限制，一个基于前面的限制的复合限制，包括 CPU_PER_SESSION、CONNECT_TIME、LOGICAL_READS_PER_SESSION 和 PRIVATE_SGA（单位为服务单元）。
- ❏ FAILED_LOGIN_ATTEMPTS：表示登录失败几次后将用户锁定（单位为次）。
- ❏ PASSWORD_LOCK_TIME：表示如果超过 FAILED_LOGIN_ATTEMPTS 的设置值，一个账号将被锁定的时间（单位为天）。
- ❏ PASSWORD_GRACE_TIME：表示密码超过有效期后多少天账户被锁定，在这个期间，允许修改密码（单位为天）。
- ❏ PASSWORD_LIFE_TIME：表示一个用户密码的有效期（单位为天）。

14.4.2 管理概要文件

数据库概要文件创建完成后，可以将其分配给用户使用，也可以对其执行查看、修改或删除操作。

1. 分配概要文件

分配概要文件的两种方法如下：

（1）在创建用户时指定概要文件：

```
CREATE USER username PROFILE profile_name IDENTIFIED by password;
```

（2）在修改用户时指定概要文件：

```
ALTER USER username PROFILE profile_name;
```

2. 修改概要文件

修改概要文件的语法格式如下：

```
ALTER PROFILE profile_name limit…
```

参数与分配概要文件的一样，某个参数没有写时，会为该参数分配默认值，即 DEFAULT。

3. 删除概要文件

删除概要文件的语法格式如下：

```
DROP PROFILE profile_name[cascade];
```

其中，cascade 表示在删除该概要文件的同时，从用户中收回该概要文件，并且 Oracle 会自动把默认的概要文件 DEFAULT 分配给该用户。如果已经将概要文件分配给用户，但在删除时如果没有使用 cascade 参数，则删除失败。

4．查看概要文件的信息

管理员通过 OEM 图形化工具查看概要文件的信息，也可以从以下视图中查看：

❑ dba_profiles：描述所有概要文件的基本信息。

❑ user-password-limits：描述在概要文件中的密码管理策略（主要对分配该概要文件的用户而言）。

❑ user-resource-limits：描述资源限制参数信息。

❑ dba_users：描述数据库中用户的信息，包括为用户分配的概要文件。

【例 14-18】　从 dba_profiles 视图中查看概要文件的信息。

```
SQL> select * from dba_profiles;
PROFILE        RESOURCE_NAME                       RESOURCE LIMIT
----------     -----------------------             -------------------------
DEFAULT        COMPOSITE_LIMIT                      KERNEL    UNLIMITED
TEST           COMPOSITE_LIMIT                      KERNEL    DEFAULT
DEFAULT        FAILED_LOGIN_ATTEMPTS               PASSWORD UNLIMITED
TEST           FAILED_LOGIN_ATTEMPTS               PASSWORD DEFAULT
DEFAULT        SESSIONS_PER_USER                   KERNEL    UNLIMITED
TEST           SESSIONS_PER_USER                   KERNEL    3
DEFAULT        PASSWORD_LIFE_TIME                  PASSWORD UNLIMITED
...
```

【例 14-19】　查询当前用户的密码管理参数。

```
SQL>select * from user_password_limits;
RESOURCE_NAME                      LIMIT
-------------------------          ----------------------------------------
FAILED_LOGIN_ATTEMPTS              UNLIMITED
PASSWORD_LIFE_TIME                 UNLIMITED
PASSWORD_REUSE_TIME                UNLIMITED
...
```

【例 14-20】　通过 dba_users 数据字典获取某个用户的概要文件。

```
SQL> select profile from dba_users where username='SCOTT';
PROFILE
------------------------------
DEFAULT
已选择 1 行
```

14.4.3　数据字典视图

无论是数据库管理员还是一般用户，对 Oracle 有关数据字典的了解程度是衡量是否真正掌握 Oracle 核心的关键。如果了解基本的 Oracle 数据字典，对于各种系统的信息查询将大有好处。下面对与安全管理有关的数据字典进行简单介绍。

当 Oracle 数据库系统启动后，数据字典总是可用，它驻留在 SYSTEM 表空间中。数据字典包含视图集，在许多情况下，每一个视图集有 3 种视图包含类似信息，彼此以前缀相区别，前缀为 USER、ALL 和 DBA。

与用户、角色、权限有关的数据字典主要如下。

❏ USER_ROLE_PRIVS：用户角色及相关信息。

❏ DBA_USERS：实例中有效的用户及相应信息。

❏ V$SESSION：实例中会话的信息。

❏ DBA_ROLES：实例中已经创建的角色的信息。

❏ ROLE_TAB_PRIVS：授予角色的对象权限。

❏ ROLE_ROLE_PRIVS：授予另一角色的角色。

❏ ROLE_SYS_PRIVS：授予角色的系统权限。

❏ DBA_ROLE_PRIVS：授予用户和角色的角色。

❏ SESSION_ROLES：用户可用的角色的信息。

【例 14-21】 查看当前已经创建了多少用户和用户默认的表空间。

```
SQL> set line 120
SQL> col username for a26
SQL> col default_tablespace for a20
SQL> select username,DEFAULT_TABLESPACE,created from dba_users;
USERNAME                    DEFAULT_TABLESPACE    CREATED
--------------------------  --------------------  ----------
SYS                         SYSTEM                05-12 月-12
SYSTEM                      TOOLS                 05-12 月-12
OUTLN                       SYSTEM                05-12 月-12
DBSNMP                      SYSTEM                05-12 月-12
AURORA$JIS$UTILITY$         SYSTEM                05-12 月-12
OSE$HTTP$ADMIN              SYSTEM                05-12 月-12
AURORA$ORB$UNAUTHENTICATED  SYSTEM                05-12 月-12
ORDSYS                      SYSTEM                05-12 月-12
ORDPLUGINS                  SYSTEM                05-12 月-12
MDSYS                       SYSTEM                05-12 月-12
ZHAO                        USERS                 07-12 月-12
SCOTT                       USERS                 08-2 月 -13
已选择 12 行。
```

【例 14-22】 查看当前已经创建了多少角色。

```
SQL> select * from dba_roles;
ROLE                              PASSWORD
------------------------------    ---------
CONNECT
RESOURCE
DBA
SELECT_CATALOG_ROLE
EXECUTE_CATALOG_ROLE
DELETE_CATALOG_ROLE
EXP_FULL_DATABASE
IMP_FULL_DATABASE
RECOVERY_CATALOG_OWNER
AQ_ADMINISTRATOR_ROLE
AQ_USER_ROLE

ROLE                              PASSWORD
------------------------------    ---------
SNMPAGENT
OEM_MONITOR
HS_ADMIN_ROLE
JAVAUSERPRIV
```

```
JAVAIDPRIV
JAVASYSPRIV
JAVADEBUGPRIV
JAVA_ADMIN
JAVA_DEPLOY
TIMESERIES_DEVELOPER
TIMESERIES_DBA
已选择 22 行。
```

14.5   审　　计

为了能够跟踪对数据库的访问，及时发现对数据库的非法访问和修改，需要对访问数据库的一些重要事件进行记录，利用这些记录可以协助维护数据库的完整性，还可以帮助事后发现是哪一个用户在什么时间影响过哪些值。如果这个用户是一个黑客，审计日志可以记录黑客访问数据库敏感数据的踪迹和攻击敏感数据的步骤。

审计（Audit）用于监视用户所执行的数据库操作，并且 Oracle 会将审计跟踪结果存放到 OS 文件（默认位置为$ORACLE_BASE/admin/$ORACLE_SID/adump/）或数据库（存储在 SYSTEM 表空间中的 SYS.AUD$表中，可通过视图 dba_audit_trail 查看）中。在 Oracle 中，审计分为用户级审计和系统级审计。用户级审计是任何 Oracle 用户可设置的审计，主要是用户针对自己创建的数据库表或视图进行审计，记录所有用户对这些表或视图的一切成功或不成功的访问要求以及各种类型的 SQL 操作。系统级的审计职能由 DBA 设置，用以监控成功或失败的登录请求、检测 GRANT 和 REVOKE 操作以及其他数据库级权限下的操作。

下面介绍一些审计相关的主要参数。

```
SQL>show parameter audit
audit_file_dest
audit_sys_operations
audit_trail
```

参数说明如下：

- audit_sys_operations：默认为 FALSE，当设置为 TRUE 时，所有的 SYS 用户（包括以 sysdba、sysoper 身份登录的用户）的操作都会被记录，audit trail 不会写在 aud$表中，这个很好理解，如果数据库还未启动，aud$不可用，那么像 conn/as sysdba 这样的连接信息，只能记录在其他地方。如果是 Windows 平台，audti trail 会记录在 Windows 的事件管理中，如果是 Linux/UNIX 平台则会记录在 audit_file_dest 参数指定的文件中。

- audit_trail：为 None 时，表示不做审计；DB 是默认值，将 audit trail 记录在数据库审计的相关表中，如 aud$，其审计的结果只有连接信息；当为 DB,Extended 时，审计结果中除了连接信息外，还包含当时执行的具体语句；当为 OS 时，将 audit trail 记录在操作系统文件中，文件名由 audit_file_dest 参数指定。

14.5.1 审计启用与关闭

（1）开启数据库审计的语法格式如下：

```
SQL> ALTER SYSTEM SET audit_trail=db,extended SCOP=SPFILE;
```

（2）开启管理用户的审计的语法格式如下：

```
SQL> Alter system set audit_sys_operations=TRUE scope=spfile;
```

（3）关闭审计的语法格式如下：

```
SQL> Alter SYSTEM set audit_trail='none';
```

14.5.2 登录审计

Oracle 中可以按照如下方式对用户登录失败进行审计。

（1）确认 sys.aud$ 是否存在。

```
SQL> desc sys.aud$
```

（2）观察 user$ 表中 lcount 为非 0 的用户，如果包含被锁账户，则可以判定很有可能是该用户登录尝试失败过多造成了账户被锁。

```
SQL> select name,lcount from sys.user$;
```

（3）修改 audit 参数。

```
SQL> ALTER SYSTEM set audit_trail=db scope=spfile;
```

重启数据库，参数生效。

（4）开启登录失败审计。

```
SQL> AUDIT SESSION WHENEVER NOT SUCCESSFUL;
```

（5）登录失败尝试。

```
SQL> sqlplus w/错误密码
```

（6）检查审计记录。

```
SQL> select * from sys.aud$;
```

里面有会话基本信息、机器名、用户名等。

（7）解锁用户。

```
SQL> alter user atest account unlock;
```

解除由于密码连续错误而锁定用户。

```
SQL> alter profile default limit failed_login_attempts unlimited;
```

14.5.3 语句审计

所有类型的审计都使用 audit 命令来打开审计，使用 noaudit 命令来关闭审计。对于语句审计，audit 命令的语法格式如下：

```
AUDIT sql_statement_clause BY {SESSION | ACCESS}
WHENEVER [NOT] SUCCESSFUL;
```

其中，sql_statement_clause 包含多条不同的信息，例如，希望审计 SQL 语句类型以及审计某个用户。此外，希望在每次动作发生时都对其进行审计（by access）或者只审计一次（by session），默认是 by session。有时希望审计成功的动作，没有生成错误消息的语句，对于这些语句，添加 whenever successful。而有时只关心使用审计语句的命令是否失败，失败原因是权限不够、表空间溢出还是语法错误。对于这些情况，使用 whenever not successful。

对于大多数类别的审计方法，如果确实希望审计所有类型的表访问或某个用户的任何权限，则可以指定 all 而不是单个的语句类型或对象。

【例 14-23】　按常规方式审计成功的和不成功的登录。

```
SQL> audit session whenever successful;
审计成功。
SQL> audit session whenever not successful;
审计成功。
```

14.5.4　对象审计

审计对各种模式对象的访问看起来类似于语句审计，语法格式如下：

```
AUDIT schema_object_clause BY {SESSION | ACCESS}
WHENEVER [NOT] SUCCESSFUL;
```

其中，schema_object_clause 指定对象访问的类型以及访问的对象。可以审计特定对象上 14 种不同的操作类型，表 14-4 中列出了这些操作。

表 14-4　对象审计选项

对 象 选 项	说　　明
ALTER	改变表、序列或物化视图
AUDIT	审计任何对象上的命令
COMMENT	添加注释到表、视图或物化视图
DELETE	从表、视图或物化视图中删除行
EXECUTE	执行过程、函数或程序包
FLASHBACK	执行表或视图上的闪回操作
GRANT	授予任何类型对象上的权限
INDEX	创建表或物化视图上的索引
INSERT	将行插入表、视图或物化视图中
LOCK	锁定表、视图或物化视图
READ	对 DIRECTORY 对象的内容执行读操作
RENAME	重命名表、视图或过程
SELECT	从表、视图、序列或物化视图中选择行
UPDATE	更新表、视图或物化视图

14.5.5　权限审计

审计系统权限具有与语句审计相同的基本语法，但审计系统权限是在 sql_statement_ clause 中，而不是在语句中，指定系统权限。

例如，可能希望将 ALTER TABLESPACE 权限授予所有的 DBA，但希望在发生这种情况时生成审计记录。启用对这种权限的审计命令看起来类似于语句审计：

```
SQL> audit alter tablespace by access whenever successful;
审计成功。
```

每次成功使用 ALTER TABLESPACE 权限时，都会将一行内容添加到 SYS.AUD$。

使用 SYSDBA 和 SYSOPER 权限或者以 SYS 用户连接到数据库的系统管理员可以利用特殊的审计。为了启用这种额外的审计级别，可以设置初始参数 AUDIT_SYS_OPERATIONS 为 TRUE。这种审计记录发送到与操作系统审计记录相同的位置。因此，这个位置是和操作系统相关的。当使用其中一种权限时执行的所有 SQL 语句，以及作为用户 SYS 执行的任何 SQL 语句，都会发送到操作系统审计位置。

14.6 本 章 小 结

本章介绍了用户的创建与管理，用户概要文件的定义、权限，以及角色的创建与管理，最后还介绍了审计功能。通过本章学习，我们了解到 Oracle 的安全措施主要有 3 个方面，一是用户标识和鉴定；二是授权和检查机制；三是审计技术（是否使用审计技术可由用户灵活选择）。

14.7 习题与实践练习

一、选择题

1. 如果某个用户具有 scott.emp 表上的 SELECT 与 UPDATE 权限，那么下面对该用户所能执行的操作叙述正确的是（   ）。

A. 该用户能查询 scott.emp 表中的记录

B. 该用户能修改 scott.emp 表中的记录

C. 该用户能删除 scott.emp 表中的记录

D. 该用户无法执行任何操作

2. 下面对系统权限与对象权限的叙述正确的是（   ）。

A. 系统权限是针对某个数据库对象操作权限，对象权限不与数据库中的具体对象相关联

B. 系统权限和对象权限都是针对某个数据库对象操作的权限

C. 系统权限与对象都不与数据库中的具体对象相关联

D. 系统权限不与数据库中的具体对象相关联，对象权限是针对某个数据库对象操作的权限

3. 启用所有角色应该使用的语句是（   ）。

A. ALTER ROLE ALL ENABLE　　　　　B. ALTER ROLE ALL

C. SET ROLL ALL ENABLE　　　　　　D. SER ROLE ALL

4. 在用户配置文件中不能限定（   ）资源。

A. 单个用户的会话数　　　　　　　　B. 数据库的会话数

C. 用户的密码有效期　　　　　　　　D. 用户的空闲时长

5. 如果用户 user 创建了数据库对象，删除该用户需要使用的语句是（   ）。

A. DROP USER user1;　　　　　　　　B. DROP USER user1 CASCADE;

C. DELETE USER user1;　　　　　　　D. DELETE USER user1 CASCADE;

6. 修改用户时，用户的（　　　）属性不能修改。

A．名称　　　　　　　B．密码　　　　　　C．表空间　　　　　D．临时表空间

二、填空题

1. 创建用户时，要求创建者具有_____系统权限。

2. 向用户授予系统权限时，使用_____选项表示该用户可以将此系统权限再授予其他用户，向用户授予对象权限时，使用_____选项表示该用户可以将此对象权限再授予其他用户。

3. Oracle 数据库中的权限主要有_____和_____两类。

4. _____是具有名称的一组相关权限的组合。

5. 一个用户想要在其他模式创建表，则该用户至少需要具有_____系统权限。

6. 禁用与启用角色应该使用_____语句。

三、简答题

1. 简述系统权限与对象权限的区别。

2. 简述权限与角色的关系，以及使用角色有哪些好处。

3. 简述使用 WITH ADMIN OPTION 选项与使用 WITH GRANT OPTION 选项的区别。

4. 在一个学生管理系统中，教师 teacher01 可以查询学生（student 表）的所有信息，并可以修改学生成绩（score 列），学生 student01 可以查看学生信息，主任 director01 可以添加和删除学生，请问该如何为 teacher01、student01 和 director01 授予相应的权限。

5. 什么是用户概要文件？其作用是什么？

6. 什么是系统权限和对象权限？分别如何设置？

7. 什么是审计？审计的作用是什么？

四、实践操作题

1. 完成本章系统权限的授予与回收操作练习。

2. 完成本章角色创建与授予操作练习。

3. 完成本章概要文件创建与分配操作练习。

第 15 章　数据库备份和恢复

由于人为操作或自然灾害等因素都可能造成数据丢失或破坏,从而对用户造成重大损失,数据库的备份与恢复技术是指为了防止数据库受损或受损后进行数据库重建的各种策略步骤和方法,数据库的备份与恢复是很重要的管理工作。Oracle 数据库提供了完备的数据库备份恢复方法及工具,通过备份的数据库文件可以在数据库出现故障时迅速恢复数据,保证数据库系统对外提供持续、一致的数据库服务。对于数据库管理员来说,数据库的备份与恢复都是其日常管理和维护工作中重要的职责。当数据库系统遇到意外断电、用户操作失误、磁盘损坏等可能造成数据文件的丢失或破坏的情况,数据库管理员必须尽快从数据备份中恢复数据,将系统损失减少到最小,保证用户的正常使用。

本章将具体学习 Oracle 数据库备份与恢复的策略及常用方法。

本章要点:
- ❑ 理解备份与恢复的概念。
- ❑ 掌握数据库备份与恢复的种类与策略。
- ❑ 掌握数据库脱机冷备份和联机热备份方法。
- ❑ 熟练掌握数据库的导入与导出操作。

15.1　数据库备份和恢复概述

备份(Backup)是数据库信息的一个副本,这个副本包括数据库的控制文件、数据文件和重做日志文件等,将其存放到一个相对独立的设备(如磁盘或磁带)上,以备数据库出现故障时使用。

恢复(Recovery)是指在数据库发生故障时,使用备份还原数据库,使数据库从故障状态恢复到无故障状态。

15.1.1　数据库备份概述

所谓备份,就是把数据库复制到转储设备的过程。其中转储设备是指用于放置数据库复制文件的磁带或磁盘。而存放于转储设备中的数据库复制文件则称为原数据库的备份或转储,如图 15-1 所示。

Oracle 备份数据库时,主要备份数据库中的各类物理文件,如数据文件、控制文件、服务器参数文件(SPFILES)和归档日志文件。数据文件中存放了系统和用户的数据,主要指表空间中包含的各个物理文件。控制文件中包含维护和验证数据库完整性的必要信息,它向 Oracle 指明了数据文件和重做日志文件的列表,以及数据库名称、数据库创建的时间戳等。

在数据库启动时，Oracle 会读取控制文件中内容以验证数据库的状态和结构。控制文件在数据库使用过程中由 Oracle 自动维护，该类文件很重要，因此对它的备份一般要求在不同的物理磁盘上进行。如果丢失或损坏控制文件，用户也可以手工创建。参数文件中包含对 Oracle 数据库及其实例的性能和功能的参数设置，另外还记录了控制文件和归档日志文件的一些信息，它是数据库启动时首先被读取的文件。归档日志文件是重做日志文件的备份，用于执行数据库的恢复操作。

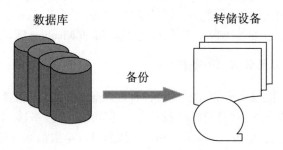

图 15-1　数据库备份

15.1.2　数据库备份的方法

Oracle 提供了多种备份方法，根据不同需求可以选择相应的最佳备份方法，常用备份方法主要有以下几种。

1．物理备份与逻辑备份

物理备份是将实际组成数据库的操作系统文件从一处复制到另一处的备份过程，通常是从磁盘到磁带。可以使用 Oracle 的恢复管理器（Recovery Manager，RMAN）或操作系统命令进行数据库的物理备份。物理备份包括冷备份（脱机备份）和热备份（联机备份）两种。逻辑备份是利用 SQL 语言从数据库中抽取数据并存于二进制文件的过程，具体是指利用 EXPORT 和 IMPORT 命令对数据库对象（如用户、表及存储过程等）进行导出和导入的工作。业务数据库采用逻辑备份方式，此方法不需要数据库运行在归档模式下，操作简单，而且不需要额外的存储设备。Oracle 提供的逻辑备份工具是 EXP。数据库逻辑备份是物理备份的补充。

2．一致性备份和不一致性备份

根据在物理备份时数据库的状态，可以将备份分为一致性备份（Consistent backup）和不一致性备份（Inconsistent backup）两种。

1）一致性备份

一致性备份是指备份过程中没有数据被修改。当数据库的所有可读写的数据库文件和控制文件具有相同的系统改变号（SCN），并且数据文件不包含当前 SCN 之外的任何改变，在做数据库检查点时，Oracle 使所有的控制文件和数据文件一致。对于只读表空间和脱机的表空间，Oracle 也认为它们是一致的。使数据库处于一致状态的唯一方法是数据库正常关闭（用 Shutdown normal 或 Shutdown immediate 命令关闭）。因此，只有在数据库正常关闭的条件下的备份是一致性备份。

2）不一致性备份

不一致性备份是指备份过程中仍有数据被修改，并且保存在归档的重做日志文件中。当数据库的可读写的数据库文件和控制文件的系统改变号（SCN）在不一致条件下的备份。对于一个 7×24 工作的数据库来说，由于不可能关机，而数据库数据是不断改变的，因此只能进行不一致备份。在 SCN 号不一致的条件下，数据库必须通过应用重做日志使 SCN 一致的情况下才能启动。因此，如果进行不一致性备份，数据库必须设为归档状态，并对重做日志归档才有意义。在以下条件下的备份是不一致性备份：数据库处于打开状态。数据库处于关闭状态，但是用非正常手段关闭的。例如，数据库是通过 shutdown abort 或机器断电等方法关闭的。

3．全数据库备份和部分数据库备份

全数据库备份是将数据库内的控制文件和所有数据文件备份。全数据库备份不要求数据库必须工作在归档模式下，在归档和非归档模式下都可以进行，只是方法不同。而归档模式下的全数据库备份又分为两种：一致备份和不一致备份。全数据库备份一般适用于数据非常重要的场合，如银行等需经常进行全数据库备份，甚至是异地多点全数据库备份。

部分数据库备份是指备份数据库的一部分，如表空间、数据文件及控制文件等。其中对表空间的备份就是对其包含的数据文件的备份。部分数据库备份有时也称为增量备份（Incremental）和累积备份（Cumulative），只备份更新部分的内容，这样可以大大减少备份的存储空间和时间。

4．联机备份和脱机备份

联机备份（Online Backup）指在数据库打开状态下进行的备份，只能运行在归档模式。使用联机备份时要避免出现数据裂块。数据裂块是指当联机备份数据库时，Oracle 可能正在更新某个数据库块中的数据，这时有可能导致该数据块中一部分是旧数据，一部分是新数据。

脱机备份（Offline Backup）是指在数据文件或表空间脱机后进行的备份。

5．不同工具的备份

按照备份时采用工具的不同，可以分为 EXP/IMP 备份、OS 备份、RMAN 备份、第三方工具备份（如 VERITAS）。

15.1.3　数据库备份的保留策略

数据库备份的保留策略（Retention Policy）包括基于备份冗余的策略和基于恢复时间窗的策略。

1．基于备份冗余的策略

基于备份冗余的策略是当备份达到一定要保留的备份文件的个数时开始删除前面多余的备份。冗余数量实质上是某个数据文件以各种形式（包括备份集和镜像复制）存在的备份的数量。如果某个数据文件的冗余备份数量超出了指定数量，RMAN 将废弃最旧的备份。

同样，基于数量的备份保留策略也是通过 CONFIGURE 命令设置的，例如：

```
RMAN> CONFIGURE RETENTION POLICY TO REDUNDANCY n;
n=大于 0 的正整数。
```

DBA 也可以通过下列命令设置成不采用任何备份保留策略：

```
RMAN> CONFIGURE RETENTION POLICY TO NONE;
```

如果不设置任何备份保留策略，使用 REPORT OBSOLETE 和 DELETE OBSOLETE 命令时也不会有任何匹配的记录，不过 REPORT OBSOLETE 和 DELETE OBSOLETE 命令也支持REDUNDANCY 和 RECOVERY WINDOW 参数，参数值的对应规则与 CONFIGURE 命令配置备份保留策略完全相同。因此如果决定将显示和删除过期的命令写在脚本中定期执行的话，不通过备份保留策略，而直接通过 REPORT 和 DELETE 命令实现也是可行的。

2．基于恢复时间窗的策略

基于恢复时间窗的策略指保留的备份必须可以恢复到用户指定的一段时间内的任意时间点。如保留策略指定为 7 天，那么必须保留备份，使数据库可以恢复到从今天往前的 7 天内的任何时间点。至于被保留的备份文件，是和用户所选择的备份策略相关的。

15.1.4　数据库恢复概述

当使用一个数据库时，总希望数据库的内容是可靠的、正确的，但由于计算机系统的故障（硬件故障、软件故障、网络故障、进程故障和系统故障）会影响数据库系统的操作，影响数据库中数据的正确性，甚至破坏数据库，使数据库中全部或部分数据丢失。因此当发生上述故障后，希望能重构这个完整的数据库，该处理称为数据库恢复。数据库恢复大致可以分为复原（Restore）与恢复（Recover）过程。

数据库恢复就是当数据库发生故障后，利用已备份的数据文件或控制文件重新建立一个完整的数据库，把数据库由存在故障的状态转变为无故障状态的过程。下面介绍数据库恢复的类型及过程。

1．根据出现故障的原因

根据出现故障的原因可分为实例恢复和介质恢复：

❑ 实例恢复：这种恢复是 Oracle 实例出现失败后，Oracle 自动进行的恢复。

❑ 介质恢复：这种恢复是当存放数据库的介质出现故障时所做的恢复。

复原物理备份与恢复物理备份是介质恢复的手段。复原是将备份复制到磁盘，恢复是利用重做日志（物理备份的一部分）修改复制到磁盘的数据文件（物理备份的另一部分），从而恢复数据库的过程。

2．根据数据库的恢复程度

根据数据库的恢复程度可分为完全恢复和不完全恢复：

❑ 完全恢复：将数据库恢复到数据库失败时数据库的状态。这种恢复是通过复原数据库备份和应用全部的重做日志做到的。

❑ 不完全恢复：将数据库恢复到数据库失败前的某一时刻数据库的状态。这种恢复是通过复原数据库备份和应用部分的重做日志做到的。进行不完全恢复后必须在启动数据库时用 reset logs 选项重设联机重做日志。

3．Oracle数据库的恢复过程

Oracle 数据库恢复过程分两步进行，首先将存放在重做日志文件中的所有重做运用到数据文件，然后对重做中所有未提交的事务进行回滚，这样所有数据就恢复到发生灾难的那一时刻了。数据库的恢复只能在发生故障之前的数据文件上运用重做，将其恢复到发生故障的时刻，而不能将数据文件反向回滚到之前的某一个时刻。

例如，在上午 10:00，由于磁盘损坏导致数据库中止使用。现在使用两种方法进行数据库的恢复，第一种方法使数据库可以正常使用，且使恢复后与损坏时（10:00）数据库中的数据相同，那么第一种恢复方法就属于完全恢复类型；第二种方法能使数据库正常使用，但只能使恢复后与损坏前（如 9:00）数据库中的数据相同，没能恢复数据库到失败时（10:00）数据库的状态，那么第二种恢复方法就属于不完全恢复类型。事实上，如果数据库备份是一致性的备份，则复原后的数据库即可使用，从而也可以不用重做日志恢复到数据库备份时的点，这也是一种不完全恢复。

Oracle 数据库的恢复过程如图 15-2 所示。

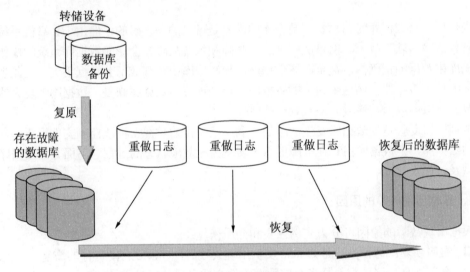

图 15-2　Oracle 数据库的恢复过程

15.1.5　备份与恢复的关系

备份一个 Oracle 数据库，类似于买医疗保险——在遇到疾病之前不会意识到它的重要性，获得保险金的数量取决于保险单的种类。同理，随着制作备份的种类和频繁程度的不同，数据库发生故障后其恢复的可行性、难度与所花费的时间也不同。

数据库故障是指数据库运行过程中影响数据库正常使用的特殊事件。数据库故障有许多类型，最严重的是介质失败（如磁盘损坏），这种故障如不能恢复将导致数据库中数据的丢失。数据库故障类型主要有语句失败、用户进程失败、实例失败、用户或应用错误操作（这类错误可能是意外地删除了表中的数据等错误操作）、介质失败（如硬盘失败，硬盘中的数据丢失）、自然灾害（如地震、洪水等）。由于故障类型的不同，恢复数据库的方法也不同。通过复原备份来恢复数据库既是常用的恢复手段，也是恢复介质失败故障的主要方法。

备份与恢复策略要考虑商业、操作及技术问题。

作为 DBA，有责任从以下 3 个方面维护数据库的可恢复性：

□ 使数据库的失效次数减到最少，从而使数据库保持最大的可用性。

□ 当数据库不可避免地失效后，要使恢复时间减到最少，从而使恢复的效率达到最高。

□ 当数据库失效后，要确保尽量少的数据丢失或根本不丢失，从而使数据具有最大的可恢复性。

作为 DBA，首先需要了解企业是如何使用数据库系统的，以及企业对数据库的可用性、恢复性能、数据的可恢复性以及恢复时间的要求。然后，DBA 需要使企业的管理人员了解维护这样的数据库可用性的代价有多大。做到这点的最好方法是评估恢复需要的花费，以及丢失数据给企业带来的损失。

在代价被评估后，就可以进行备份与恢复的讨论了。此时，要定义数据库总体的可用性需求，并根据各项工作对数据库可用性的影响程度来定义工作重点的次序。例如，如果数据库需要 7×24 的可用性，那么其重要性就高于其他任何工作，其他任何需要关机才能做的工作就不能做。

另外，数据库变化的情况也是备份与恢复策略需要考虑的一个因素。例如，如果数据不断改变，有新数据或数据文件加入，或表结构有大的变化，则应该经常备份；反之，如果数据是静态的或只读的，则备份一次即可。无论如何，应遵从这样一个原则，如果怀疑数据库的可恢复性，就应该备份。

灾难恢复的最重要步骤是设计充足频率的硬盘备份过程。备份过程应该满足系统要求的可恢复性。例如，如果数据库有较长的关机时间，则可以每周进行一次冷备份，并归档重做日志；但是，如果数据库只有极少的关机时间，则只能从硬件的角度来考虑备份与恢复的问题，例如使用硬盘镜像或双机系统。选择备份策略的依据是：丢失数据的代价与确保数据不丢失的代价之比。

企业都在想办法降低维护成本，现实的方案才可能被采用。只要制定详细的计划，并想办法达到数据库可用性的底线，花少量的钱进行成功的备份与恢复也是可能的。

DBA 还应以服务协议的形式制订一个可恢复性与可用性的标准文件。该文件应成为讨论 DBA 服务以及服务是否能达到预期标准的依据。这样做可使所有相关人员对同样的预期有潜在的危机感。

15.2　物理备份与恢复

物理备份又分冷备份和热备份两种。它涉及组成数据库的文件，但不考虑其逻辑内容。物理备份与逻辑备份有本质的区别。逻辑备份是提取数据库中的数据进行备份，而物理备份是复制整个数据文件进行备份。

15.2.1　冷备份与恢复

冷备份又称脱机备份，是在将数据库正常关闭的情况下，备份数据库中所有的关键文件，包括数据文件、控制文件和联机重做日志文件，将它们复制到其他位置。此时，系统会提供给用户一个完整的数据库。

1．冷备份的内容

冷备份时可以备份数据库使用的每个文件，这些文件包括：

- 所有控制文件，文件扩展名为.CTL，默认路径为 Oracle\oradata\oradb。
- 所有数据文件，文件扩展名为.DBF，默认路径为 Oracle\oradata\oradb。
- 所有联机 REDO LOG 日志文件，文件形式为 REDO*.*，默认路径为 Oracle\oradat\ oradb。
- 初始化文件 INIT.ORA，可选，默认路径为 Oracle\admin\oradb\spfile。

对于备份 Oracle 信息而言，冷备份是最快和最安全的方法。其主要优点如下：

- 只复制物理文件，是非常快速的备份方法。
- 恢复操作简单，简单复制即可，容易恢复到某个时间点上。
- 与数据库归档模式相结合可以使数据库恢复得更好。
- 维护量少，而且安全性高。

冷备份也有其不足之处，主要体现在以下几方面：

- 必须在数据库关闭状态下才能进行，在冷备份过程中，数据库必须备份而不能做其他工作。
- 单独使用冷备份，只能提供到"某一时间点上"的恢复。
- 若磁盘空间有限，冷备份只能将备份数据复制到磁带等其他外部存储设备上，速度会很慢。
- 冷备份不能按表或按用户恢复。

2．冷备份与恢复的方法

（1）使用操作系统命令。在 Oracle 数据库中，通过 RMAN 工具可以直接使用操作系统命令 COPY 将数据备份到磁盘或磁带上，在需要时，可以通过 RMAN 的 RESTORE 命令将备份的文件进行恢复。

（2）使用 SQL*PLus 命令。也可以在 SQL*PLus 中进行冷备份，相应语句如下。

备份（关闭数据库后）：

```
SQLDBA>! cp 或 SQLDBA>! Tar cvf/dev/rmd/0/wwwdg/oracle;
```

恢复（启动数据库后）：

```
SQLDBA>! recover datafile "D:\d1\oradata\backup1.dbf";
```

这里 backup1.dbf 为需要恢复的数据库。

15.2.2 热备份与恢复

热备份又称联机备份，是在数据库打开状态下进行的备份操作。执行热备份的前提是：数据库运行在可归档日志模式。该操作必须以 DBA 角色重启数据库进入 MOUNT 状态，然后执行 ALTER DATABASE 命令修改数据库的归档模式。适用于 7×24 不间断运行的关键应用系统。

热备份不必备份联机日志，必须在归档方式下操作。由于热备份需要消耗较多的系统资源，如大量的存储空间，因此 DBA 应安排在数据库不使用或使用率较低的情况下进行。

1．热备份的特点

热备份的优点如下：
- ❑ 备份时数据库可以是打开的。
- ❑ 热备份可以用来进行点恢复。
- ❑ 初始化参数文件、归档日志在数据库正常运行时是关闭的，可用操作系统命令进行备份。
- ❑ 可以对几乎所有的数据库实体进行恢复。
- ❑ 恢复速度快，大多数情况下在数据库工作时就可以完成恢复。

热备份的缺点如下：
- ❑ 不能出错，否则后果严重。
- ❑ 若热备份不成功，所得结果不可用于时间点的恢复。
- ❑ 因难于维护，必须仔细、小心，不允许有失败。

2．热备份方法

可以使用 SQL*Plus 程序和 OEM 中备份向导两种方法进行热备份。在进行热备份之前，应将数据库置为归档模式。该操作系统必须以 DBA 的角色重启数据库进入 MOUNT 状态，然后再执行 ALTER DATABASE 命令修改数据库的归档模式。在设置完数据库归档模式后，再将数据库打开，将数据库置为备份模式，这样数据库文件头在备份期间不会改变。

使用 SQL*Plus 语句的备份过程如下：

（1）查看数据库是否已经启动归档日志。

```
SQL> ARCHIVE log list;
```

如果归档日志模式没有启动，则打开数据库的归档日志模式，先使用 SHUTDOWN IMMEDIATE 命令关闭数据库，然后启动数据库。

```
SQL> STARTUP MOUNT;
Oracle 例程已经启动。
```

（2）修改数据库的归档日志模式。

```
SQL> ALTER database archivelog;
数据库已更改。
```

（3）将数据库设置为备份模式。

```
SQL> ALTER database open;
数据库已更改。
SQL> ALTER database BEGIN BACKUP;
数据库已更改。
```

（4）将数据文件、控制文件和表空间文件等复制到另一个目录进行备份。备份完成后，结束数据库的备份状态。

```
SQL> ALTER database BACKUP CONTROFILE to 'D:\backup\controlbak.ctl';
数据库已更改。
SQL> ALTER database END BACKUP;
数据库已更改。
SQL> ALTER SYSTEM ARCHIVE LOG CURRENT;
系统已更改。
```

3．热备份恢复方法

热备份恢复方法如下：

（1）使出现问题的表空间处于脱机状态。

```
SQL> ALTER database datafile
     'C:\oracle\oradata\oracl\test1.dbf';
数据库已更改。
```

（2）将原先备份的表空间文件复制到其原来所在的目录，并覆盖原有文件。

（3）使用 RECOVER 命令进行介质恢复，恢复 test 表空间。

```
SQL> RECOVER database datafile
     'C:\oracle\oradata\oracl\test1.dbf';
数据库已更改。
```

（4）将表空间恢复为联机状态。

```
SQL> ALTER database datafile
     'C:\oracle\oradata\oracl\test1.dbf ONLINE';
数据库已更改。
```

至此，表空间数据库恢复完成。

15.2.3　几种非完全恢复方法

不管是部分数据丢失还是整个数据库丢失，前面介绍的都是理想状态下完全的数据恢复，但实际上有时恢复过程并不成功，只能恢复部分内容，因此下面有必要介绍实际可能发生的不完全恢复情况。不完全恢复是指当数据库出现介质失败或用户误操作时，使用已备份数据文件、归档日志和重做日志将数据库恢复到备份点与失败点之间的某个时刻的状态。

不完全恢复有基于时间的恢复、基于撤销（CANCEL）的恢复、基于 SCN 的恢复 3 种类型，下面分别进行介绍。

1．基于时间的恢复

使用基于时间的恢复可以把数据库恢复到错误发生前的某一时间的状态。对于某些误操作，如删除了一个数据表，可以在备用恢复环境上恢复到表的删除时间之前，然后把该表导出到正式环境，避免人为操作的错误。采用此方法时，Oracle 会自动回滚一直到指定的时间点结束，具体步骤如下：

（1）记录发生错误的日期和时间 HOST DATE、HOST TIME，以便以后还原到该时刻。

（2）当遇到数据库错误时，首先使用 SHUTDOWN IMMEDIATE 命令关闭数据库（为防止不完全恢复失败，备份当前所有数据文件、控制文件和重做日志）。

（3）使用 STARTUP MOUNT 启动数据库。

（4）把数据文件副本复制回来（确保备份文件的时间点在恢复时间点之前）。

```
SQL> SELECT FILE#,TO_CHAR(TIME,'yyyy-mm-dd hh24:mi:ss') from v$recover_
file;
```

通过该语句可以看出备份文件是否在要恢复的时间点之前。

（5）使用 RECOVER 命令对数据库进行基于时间的恢复。

```
SQL> RECOVER database until time'2020-11-16 16:56:24';
```

```
SQL>ALTER database open resetlogs;
```

以 resetlogs 打开数据库之后，会重新建立重做日志，清空原有日志的所有内容，并将日志序列号复位为 1（可以查看日志：archive log list）。

【例 15-1】 创建一个测试表进行基于时间的恢复。

（1）连接数据库，创建测试表并插入记录。

```
SQL> connect internal/password as sysdba;
已连接。
SQL> create table test(a int);
表已创建。
SQL> insert into test values(1);
插入 1 行。
SQL> commit;
提交完成。
```

（2）备份数据库，这里最好备份所有的数据文件，包括临时数据文件或冷备份也可以。

```
SQL> @hotbak.sql 或在 DOS 下 svrmgrl @hotbak.sql
```

（3）删除测试表，假定删除前的时间为 T1，在删除之前，便于测试，继续插入数据并应用到归档。

```
SQL> insert into test values(2);
插入 1 行。
SQL> commit;
提交完成。
SQL> select * from test;
         A
----------------------------------------
         1
         2
SQL> alter system switch logfile;
语句处理完成。
SQL> alter system switch logfile;
语句处理完成。
SQL> select to_char(sysdate,'yyyy-mm-dd hh24:mi:ss')from dual;
-------------------
2020-11-21 14:43:01
SQL> drop table test;
表已删除。
```

（4）准备恢复到时间点 T1，找回删除的表，先关闭数据库。

```
SQL> shutdown immediate;
数据库关闭。
数据库已卸除。
Oracle 实例关闭。
```

（5）复制刚才备份的所有数据文件。

```
C:/>copy D:/DATABAK/*.DBF D:/Oracle/oradata/TEST/
```

（6）启动到 mount 下。

```
SQL> startup mount;
Oracle 实例启动。
System Global Area 总计: 102020364 bytes。
Fixed Size                       70924 bytes
```

```
Variable Size                  85487616 bytes
Database Buffers            16384000 bytes
Redo Buffers                     77824 bytes
数据库装载。
```

（7）开始不完全恢复数据库到 T1 时间。

```
SQL> recover database until time '2020-11-21:14:43:01';
ORA-00279: change 30944 generated at 11/21/2020 14:40:06 needed for thread 1
ORA-00289: suggestion : D:/Oracle/ORADATA/TEST/ARCHIVE/TESTT001S00191.ARC
ORA-00280: change 30944 for thread 1 is in sequence #191
   Specify log: {<ret></ret>=suggested | filename | AUTO | CANCEL}
自动日志应用。
介质恢复完成。
```

（8）打开数据库，检查数据。

```
SQL> alter database open resetlogs;
 数据库更改。
SQL> select * from test;
                        A
----------------------------------------
              1
                 2
```

实例说明如下：

❑ 不完全恢复最好备份所有的数据，冷备份亦可，因为恢复过程是从备份点往后恢复的，如果因为其中一个数据文件的时间戳（SCN）大于要恢复的时间点，那么恢复是不可能成功的。

❑ 不完全恢复有 3 种方式，其过程都一样，仅是 RECOVER 命令有所不同，这里用基于时间的恢复作为示例。

❑ 进行不完全恢复之后，都必须用 resetlogs 的方式打开数据库，建议马上再做一次全备份，因为进行 resetlogs 之后很难再用以前的备份进行恢复。

❑ 以上是在删除之前获得时间，但是实际应用中，很难知道删除之前的实际时间，但可以采用大致时间，或采用分析日志文件（logmnr），获得精确的恢复时间。

❑ 一般都是在测试机或备用机器上采用这种不完全恢复，恢复之后导出/导入被误删的表回原系统。

2. 基于撤销的恢复

基于撤销的恢复可以把数据库恢复到错误发生前的某一状态。具体步骤如下：

（1）当遇到数据库错误时，首先使用 SHUTDONW IMMEDIATE 命令关闭数据库，然后将备份的数据复制到相应的目录中。

（2）使用 STARTUP MOUNT 命令启动数据库。

（3）使用 RECOVER 命令对数据库进行基于 CANCEL 的恢复。

```
SQL> RECOVER DATABASE UNTIL CANCEL;
```

（4）恢复完成后，使用 resetlogs 模式启动数据库。

```
SQL> ALTER DATABASE open resetlogs;
```

3．基于SCN的恢复

使用基于 SCN 的恢复可以把数据库恢复到错误发生前的某一个事务前的状态。采用此方式时，Oracle 会执行恢复进程，直到恢复到指定的事务前时结束。具体步骤如下：

（1）当遇到数据库错误时，首先使用 SHUTDONW IMMEDIATE 命令关闭数据库，然后将备份的数据复制到相应的目录中。

（2）使用 STARTUP MOUNT 命令启动数据库。

（3）确保备份文件的 SCN 小于要恢复到的 SCN 值，使用 RECOVER 命令对数据库进行基于 SCN 的恢复。

```
SQL> select file#,change# from v$recover_file;
SQL> RECOVER DATABASE UNTIL change 486058;
```

（4）恢复完成后，使用 resetlogs 模式启动数据库。

```
SQL> ALTER database open resetlogs;
```

（5）可以通过查看日志文件来验证恢复结果。

```
SQL>SELECT group#,sequence#,first_change# from v$log;
SQL> SELECT name,sequence#,first_change#,next_change# from v$archived_log;
```

15.3　逻辑备份与恢复

逻辑备份与恢复又称为导出/导入，导出是数据库的逻辑备份，导入是数据库的逻辑恢复。可以将 Oracle 中的数据移出/移入数据库。这些数据的读取与其物理位置无关。导出文件为二进制文件，导入时先读取导出的转储二进制文件，再进行导入操作以恢复数据库。

与物理备份相比，虽然逻辑备份不够全面，但对于 DBA 来说，通常使用逻辑备份来恢复一个表、在模式之间转移数据和对象或通过移植将数据库升级版本。

15.3.1　逻辑备份与恢复概述

EXP/IMP 是 Oracle 最古老的两个命令行工具，其实 EXP/IMP 不是一种好的备份方式，正确的说法是，EXP/IMP 是一个好的转储工具，特别是在进行小型数据库的转储、表空间的迁移、表的抽取、检测逻辑和物理冲突等时有不小的功劳。当然，也可以把它作为小型数据库的物理备份后的一个逻辑辅助备份。

对于越来越大的数据库，特别是 TB 级数据库和越来越多的数据仓库，EXP/IMP 越来越力不从心了，这时，数据库的备份都转向了 RMAN 和第三方工具。为了方便早期 Oracle 版本用户，下面简要介绍 EXP/IMP 的使用。

15.3.2　导出和导入

1．EXP导出

EXP 是 EXPORT 的英文缩写，表示从数据库中导出数据。IMP 是 IMPORT 的英文缩写，表示将数据导入数据库中。Oracle 支持下面 3 种方式的导出和导入操作。

- 表方式（T 方式）：是指导出和导入一个指定的基本表，包括表的定义、表中的数据以及在表上建立的索引、约束等。
- 用户方式（U 方式）：是指导出和导入属于一个用户的所有对象，包括表、视图、存储过程和序列等。
- 全库方式（FULL 方式）：是指导出和导入数据库中的所有对象。

导出数据的语法格式如下：

```
EXP parameter_name=value
Or EXP parameter_name=(value1,value2…)
```

【例 15-2】 以 DBA 用户身份导出整个数据库，将 FULL 参数设置为 y，并设置导出文件为 D:\Oraclebak\2020_10_07_full.dmp，日志文件为 D:\Oraclebak\2020_10_07_full.log，其余参数为默认值。

```
C:> EXP userid=SYSTEM/system direct=y full=y
   File=D:\Oraclebak\2020_10_07_full.dmp
Log=D:\Oraclebak\2020_10_07_full.log
```

以 SCOTT 用户的身份导出 emp 表中工资大于 4000 的数据。

```
C:> EXP userid=SCOTT/tiger tables=emp query=\"where sal>4000\"
   File=D:\Oraclebak\2020_10_07_emp.dmp
   Log=D:\Oraclebak\2020_10_07_emp.log
   Statistics=none
```

2. IMP导入

IMP 用于读取导出的文件，将相应信息恢复到现有数据库中。

【例 15-3】 以 DBA 用户身份导入整个数据库。

```
C:>IMP userid=SCOTT/tiger@abc ignore=y full=y file=d:\2020_10_07_full.dmp
```

【例 15-4】 以 DBA 用户身份将 SCOTT 用户的 emp 表及其数据导入 hr 用户中。

```
C:>IMP userid=SYSTEM/tiger@abc ignore=y full=y file=d:\2020_10_07_scott.dmp
   formuser=SCOTT touser=hr tables=emp
```

注意：导出/导入操作结尾无分号，一般在 DOS 或 Linux 环境下操作。如果目的地有相同表，则导入不成功。导出其他方案的表时，该用户需具有 EXP_FULL_DATABASE 或 DBA 角色。

15.3.3 数据泵

数据泵（Data Pump）技术用来支持逻辑备份和恢复，使用数据泵中的 Data Pump Export（数据泵导出）应用程序，使 DBA 或开发人员可以对数据和数据库元数据执行不同形式的逻辑备份。这些实用程序包括数据泵导出程序（EXPDP）和数据泵导入程序（IMPDP）。

1. 数据泵的作用

数据泵的作用如下：

❑ 实现逻辑备份和逻辑恢复。

❑ 在数据库用户之间移动对象。

❑ 在数据库之间移动对象。

❑ 实现表空间搬移。

2. 数据泵导出/导入与传统导出/导入的区别

传统的导出/导入分别使用 EXP 和 IMP 工具。从 Oracle 10g 开始，不仅保留了原有的 EXP 和 IMP 工具，还提供了数据泵导出/导入工具 EXPDP 和 IMPDP。使用 EXPDP 和 IMPDP 时应该注意以下事项：

❑ EXP 和 IMP 是客户端工具，它们既可以在客户端使用，也可以在服务器端使用。

❑ EXPDP 和 IMPDP 是服务器端的工具程序，它们只能在 Oracle 服务器端使用，不能在客户端使用。

❑ IMP 只适用于 EXP 导出文件，不适用于 EXPDP 导出文件；IMPDP 只适用于 EXPDP 导出文件，不适用于 EXP 导出文件。

❑ 数据泵导出包括导出表、导出方案、导出表空间和导出数据库 4 种方式。

🔔注意：**数据泵导出/导入所得到的文件与传统的 Export/Import 应用程序的文件不兼容。**

3. 使用Data Pump Export导出数据

使用 Data Pump Export 应用程序可以将数据和元数据转存到转储文件集的一组操作系统文件中。在操作系统命令行中使用 EXPDP 命令来启动 Data Pump Export 工具。

EXPDP 命令行选项，可通过以下命令进行查看：

```
C:\>EXPDP help=y
Export: Release 11g.2.0.1.0-Production on 星期一, 07 10 月, 2020 17:54:49
Copyright (c) 1996,2009,Oracle. All rights reserved.
```

数据泵导出实用程序提供了一种用在 Oracle 数据库之间传输数据对象的机制。该实用程序可以使用以下命令进行调用：

```
C:> EXPDP SCOTT/tigerDIRECTORY=dmpdir DUMPFILE=scott.dmp
```

还可以控制导出的运行方式，语法格式如下：

```
EXPDP KEYWORD=value 或 KEYWORD=（value1,value2,…,valueN）
```

使用 EXPDP 命令可以带有参数，下面对参数进行介绍。

（1）ATTACH 用于在客户会话与已存在导出作业之间建立关联，语法格式如下：

```
ATTACH=[schema_name.]job_name
```

schema_name 用于指定方案名，job_name 用于指定导出作业名。注意，如果使用 ATTACH 选项，在命令行除了连接字符串和 ATTACH 选项外，不能指定任何其他选项，示例如下：

```
C:>EXPDP SCOTT/tiger ATTACH=scott.export_job
```

（2）CONTENT 用于指定要导出的内容，默认值为 ALL。

```
CONTENT={ALL|DATA_ONLY|METADATA_ONLY}
```

设置 CONTENT 为 ALL 时，将导出对象的定义及其所有数据。为 DATA_ONLY 时，只导出对象数据，为 METADATA_ONLY 时，只导出对象定义。

```
C:>Expdp scott/tiger DIRECTORY=dump DUMPFILE=a.dump
  CONTENT=METADATA_ONLY
```

（3）DIRECTORY 用于指定转储文件和日志文件所在的目录。

```
DIRECTORY=directory_object
```

directory_object 用于指定目录对象名称。需要注意，目录对象是使用 CREATE DIRECTORY 语句建立的对象，而不是 OS 目录。

```
C:>Expdp SCOTT/tiger DIRECTORY=dump DUMPFILE=a.dump
```

建立目录：

```
CREATE DIRECTORY dump as 'd:dump';
```

查询创建了哪些子目录：

```
SQL>SELECT * FROM dba_directories;
```

（4）DUMPFILE 用于指定转储文件的名称，默认名称为 expdat.dmp。

```
DUMPFILE=[directory_object:]file_name [,…]
```

directory_object 用于指定目录对象名，file_name 用于指定转储文件名。需要注意，如果不指定 directory_object，导出工具会自动使用 DIRECTORY 选项指定的目录对象。

```
C:> Expdp SCOTT/tiger DIRECTORY=dump1 DUMPFILE=dump2:a.dmp
```

（5）ESTIMATE 用于指定估算被导出表所占用磁盘空间的方法，默认值是 BLOCKS。

```
ESTIMATE={BLOCKS|STATISTICS}
```

设置为 BLOCKS 时，Oracle 会按照目标对象所占用的数据块个数乘以数据块尺寸估算对象占用的空间，设置为 STATISTICS 时，则根据最近统计值估算对象占用的空间。

```
C:> Expdp SCOTT/tiger TABLES=emp ESTIMATE=STATISTICS
DIRECTORY=dump DUMPFILE=a.dump
```

（6）ESTIMATE_ONLY 用于指定是否只估算导出作业所占用的磁盘空间，默认值为 N。

```
ESTIMATE_ONLY={Y|N}
```

设置为 Y 时，只估算对象所占用的磁盘空间，而不会执行导出作业，为 N 时，不仅估算对象所占用的磁盘空间，还会执行导出操作。

```
C:> Expdp SCOTT/tiger ESTIMATE_ONLY=y NOLOGFILE=y
```

（7）EXCLUDE 用于执行指定操作时，释放要排除的对象类型或相关对象。

```
EXCLUDE=object_type [:name_clause] [,…]
```

object_type 用于指定要排除的对象类型，name_clause 用于指定要排除的具体对象。EXCLUDE 和 INCLUDE 不能同时使用。

```
C:> Expdp SCOTT/tiger DIRECTORY=dump DUMPFILE=a.dup EXCLUDE=VIEW
```

（8）FILESIZE 用于指定导出文件的最大尺寸，默认值为 0（表示文件尺寸没有限制）。
（9）FLASHBACK_SCN 用于指定导出特定 SCN 时刻的表数据。

```
FLASHBACK_SCN=scn_value
```

scn_value 用于标识 SCN 值。FLASHBACK_SCN 和 FLASHBACK_TIME 不能同时使用。

```
C:> Expdp scott/tiger DIRECTORY=dump DUMPFILE=a.dmp
```

```
FLASHBACK_SCN=358523
```

（10）FLASHBACK_TIME 用于指定导出特定时间点的表数据。

```
FLASHBACK_TIME="TO_TIMESTAMP(time_value)"
C:>Expdp scott/tiger DIRECTORY=dump DUMPFILE=a.dmp FLASHBACK_TIME=
"TO_TIMESTAMP('25-08-2020 14:35:00', 'DD-MM-YYYY HH24:MI:SS')"
```

（11）FULL 用于指定数据库模式导出，默认值为 N。

```
FULL={Y|N}
```

为 Y 时，执行数据库导出。

（12）HELP 用于指定是否显示 EXPDP 命令行选项的帮助信息，默认值为 N。当设置为 Y 时，会显示导出选项的帮助信息。

```
C:> Expdp help=y
```

（13）INCLUDE 用于指定导出时要包含的对象类型及相关对象。

```
INCLUDE=object_type[:name_clause] [,…]
```

（14）JOB_NAME 用于指定要导出作用的名称，默认值为 SYS_XXX。

```
JOB_NAME=jobname_string
```

（15）LOGFILE 用于指定导出日志文件的名称，默认名称为 export.log。

```
LOGFILE=[directory_object:]file_name
```

directory_object 用于指定目录对象名称，file_name 用于指定导出日志文件名。如果不指定 directory_object，导出作业会自动使用 DIRECTORY 的相应选项值。

```
Expdp scott/tiger DIRECTORY=dump DUMPFILE=a.dmp logfile=a.log
```

（16）NETWORK_LINK 用于指定数据库链名，如果要将远程数据库对象导出到本地例程的转储文件中，必须设置该选项。

（17）NOLOGFILE 用于指定禁止生成导出日志文件，默认值为 N。

（18）PARALLEL 用于指定执行导出操作的并行进程个数，默认值为 1。

（19）PARFILE 用于指定导出参数文件的名称。

```
PARFILE=[directory_path] file_name
```

（20）QUERY 用于指定过滤导出数据的 WHERE 条件。

```
QUERY=[schema.] [table_name:] query_clause
```

schema 用于指定方案名，table_name 用于指定表名，query_clause 用于指定条件限制子句。QUERY 选项不能与 CONNECT=METADATA_ONLY、ESTIMATE_ONLY、TRANSPORT_TABLESPACES 等选项同时使用。

```
C: > Expdp SCOTT/tiger directory=dump dumpfiel=a.dmp
Tables=emp query='WHERE deptno=20'
```

（21）SCHEMAS 用于指定执行方案模式导出，默认为当前用户方案。

（22）STATUS 用于指定显示导出作业进程的详细状态，默认值为 0。

（23）TABLES 用于指定导出表模式。

```
TABLES=[schema_name.]table_name[:partition_name][,…]
```

schema_name 用于指定方案名，table_name 用于指定导出的表名，partition_name 用于指定要导出的分区名。

（24）TABLESPACES 用于指定要导出的表空间列表。

（25）TRANSPORT_FULL_CHECK 用于指定被搬移表空间和未搬移表空间关联关系的检查方式，默认为 N。当设置为 Y 时，导出作业会检查表空间直接的完整关联关系，如果表空间或其索引所在的表空间只有一个表空间被搬移，将显示错误信息。当设置为 N 时，导出作业只检查单端依赖，如果搬移索引所在表空间，但未搬移表所在表空间，将显示出错信息，如果搬移表所在表空间，未搬移索引所在表空间，则不会显示错误信息。

（26）TRANSPORT_TABLESPACES 用于指定导出表空间模式。

（27）VERSION 用于指定被导出对象的数据库版本，默认值为 COMPATIBLE。

```
VERSION={COMPATIBLE|LATEST|version_string}
```

数据库版本为 COMPATIBLE 时，会根据初始化参数 COMPATIBLE 生成对象元数据；数据库版本为 LATEST 时，会根据数据库的实际版本生成对象元数据；version_string 用于指定数据库版本字符串。

4. 使用Data Pump Import导入数据

Oracle 数据泵导入应用程序（IMPDP）在使用方面类似于传统的 IMP 应用程序。在操作系统命令中通过使用 IMPDP 命令来启动 Data Pump Import 导入工具。

IMPDP 命令行选项与 EXPDP 大部分都相同，下面仅列出不同的选项。

（1）REMAP_DATAFILE 用于将源数据文件名转变为目标数据文件名，在不同平台之间搬移表空间时可能需要该选项。

```
REMAP_DATAFILE=source_datafie:target_datafile
```

（2）REMAP_SCHEMA 用于将源方案的所有对象装载到目标方案中。

```
REMAP_SCHEMA=source_schema:target_schema
```

（3）REMAP_TABLESPACE 用于将源表空间的所有对象导入目标表空间中。

```
REMAP_TABLESPACE=source_tablespace:target:tablespace
```

（4）REUSE_DATAFILES 用于指定建立表空间时是否覆盖已存在的数据文件，默认值为 N。

```
REUSE_DATAFIELS={Y|N}
```

（5）SKIP_UNUSABLE_INDEXES 用于指定导入时是否跳过不可使用的索引，默认值为 N。

（6）SQLFILE 用于指定将导入的索引 DDL 操作写入 SQL 脚本中。

```
SQLFILE=[directory_object:]file_name
C:> Impdp scott/tiger DIRECTORY=dump DUMPFILE=tab.dmp SQLFILE=a.sql
```

（7）STREAMS_CONFIGURATION 用于指定是否导入流元数据（Stream Matadata），默认值为 Y。

（8）TABLE_EXISTS_ACTION 用于指定当表已经存在时导入作业要执行的操作，默认值为 SKIP。

```
TABBLE_EXISTS_ACTION={SKIP|APPEND|TRUNCATE|REPLACE }
```

当参数设置为 SKIP 时，导入作业会跳过已存在的表处理下一个对象；当参数设置为 APPEND 时，会追加数据；参数为 TRUNCATE 时，导入作业会截断表，然后为其追加新数据；当设置为 REPLACE 时，导入作业会删除已存在表，重建表并追加数据。注意，TRUNCATE 选项不适用与簇表和 NETWORK_LINK 选项。

（9）TRANSFORM 用于指定是否修改建立对象的 DDL 语句。

```
TRANSFORM=transform_name:value[:object_type]
```

transform_name 用于指定转换名，其中，SEGMENT_ATTRIBUTES 用于标识段属性（物理属性、存储属性、表空间和日志等信息），STORAGE 用于标识段存储属性，VALUE 用于指定是否包含段属性或段存储属性，object_type 用于指定对象类型。

```
C:> Impdp scott/tiger directory=dump dumpfile=tab.dmp
Transform=segment_attributes:n:table
```

（10）TRANSPORT_DATAFILE 用于指定搬移空间时要被导入目标数据库的数据文件。

```
TRANSPORT_DATAFILE=datafile_name
```

datafile_name 用于指定被复制到目标数据库的数据文件。

```
C:> Impdp system/manager DIRECTORY=dump DUMPFILE=tts.dmp
TRANSPORT_DATAFILES='/user01/data/tbs1.f'
```

【例 15-5】 导入表。

```
E:\> Impdp scott/tiger DIRECTORY=dump_dir DUMPFILE=tab.dmp
TABLES=dept,emp
E:\> Impdp system/manage DIRECTORY=dump_dir DUMPFILE=tab.dmp
TABLES=scott.dept,scott.emp REMAP_SCHEMA=SCOTT:SYSTEM
```

第 1 种方法表示将 DEPT 和 EMP 表导入 SCOTT 方案中，第 2 种方法表示将 DEPT 和 EMP 表导入 SYSTEM 方案中。

注意：如果要将表导入其他方案中，必须指定 REMAP_SCHEMA 选项。

【例 15-6】 导入方案。

```
E:\>Impdp SCOTT/tiger DIRECTORY=dump_dir DUMPFILE=schema.dmp
SCHEMAS=SCOTT
E:\>Impdp SYSTEM/manager DIRECTORY=dump_dir DUMPFILE=schema.dmp
SCHEMAS=SCOTT REMAP_SCHEMA=scott:system
```

【例 15-7】 导入表空间。

```
E:\> Impdp SYSTEM/manager DIRECTORY=dump_dir DUMPFILE=tablespace.dmp
TABLESPACES=user01
```

【例 15-8】 导入数据库。

```
E:\> Impdp SYSTEM/manager DIRECTORY=dump_dir DUMPFILE=full.dmp FULL=y
```

15.3.4　恢复管理器

为了更好地实现数据库的备份和恢复工作，Oracle 提供了恢复管理器（Recovery Manager，RMAN）。RMAN 是一个能在所有操作系统备份、恢复和还原数据库的应用工具，可以进行联机备份，而且备份与恢复方法将比 OS 备份更简单、可靠。通过执行相应的 RMAN 命令可以实现备份与恢复操作。

1. RMAN简介

RMAN 能够提供 DBA 针对企业数据库备份与恢复操作的集中控制，可以将备份记录保存在恢复目录中，Oracle 服务器保持对备份的跟踪。实际的物理备份将被存储在指定的存储系统上。通过 RMAN 工具，可以启动操作系统将数据备份到磁盘或磁带上，在需要时，可以通过 RMAN 工具恢复所备份的文件。

RMAN 能自动执行许多管理功能和职责。备份能发生在多级上，如数据库、表空间或数据文件。数据文件能够被特指为基于用户定义的备份。使用 RMAN 可以减少 DBA 对数据库进行备份与恢复时产生的错误，提高备份与恢复的效率。RMAN 主要有两个接口：命令行解释接口（CLI）和 OEM 图形用户接口（GUI）。CLI 接口是一个与 SQL*Plus 相似的应用，能够用交互或非交互的方式执行。

RMAN 的功能如图 15-3 所示。

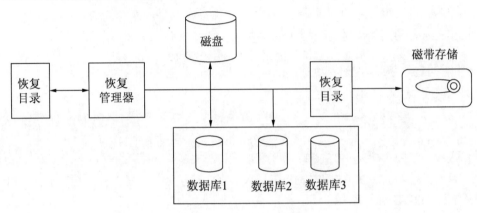

图 15-3　RMAN 的功能图

2．RMAN特点

下面介绍 RMAN 的特点。

1）跳过未使用的数据块

当备份一个 RMAN 备份集时，RMAN 不会备份从未被写入的数据块。而传统的备份方法无法知道已经使用了哪些数据块。

2）备份压缩

RMAN 使用一种 Oracle 特有的二进制压缩模式来节省备份设备上的空间。尽管传统的备份方法也可以使用操作系统的压缩技术，但 RMAN 使用的压缩算法是定制的，能够最大程度地压缩数据块中的一些典型的数据，还可以压缩空块。

3）执行增量备份

如果不使用增量备份，那么每次 RMAN 都备份已使用块；如果使用增量备份，那么每次都备份上次备份以来变化的数据块，这样可以节省大量的磁盘空间、I/O 时间、CPU 时间和备份时间。

4）块级别的恢复

RMAN 支持块级别的恢复，只需要还原或修复标识为损坏的少量数据块，实现真正的增量备份。

5）备份与恢复自动管理

备份与恢复过程可以自动管理，在备份与恢复期间，RMAN 检查损坏的数据块，并在警告日志、跟踪文件和其他数据字典视图中报告损坏的情况。

💭提示：在某些情况下，前述传统的备份方法可能优于 RMAN。例如，RMAN 不支持口令文件和其他非数据块文件的备份。

3. RMAN组件

RMAN 是一个以客户端方式运行的备份与恢复工具。最简单的 RMAN 可以只包括两个组件——RMAN 命令执行器和目标数据库。通常包括以下组件：

1）RMAN 命令执行器

RMAN 命令执行器用来对 RMAN 应用程序进行访问，允许 DBA 输入执行备份和恢复操作的命令，通过命令行或者图形用户界面与 RMAN 进行交互。

2）目标数据库

目标数据库就是要执行备份、转储和恢复操作的数据库。RMAN 使用目标数据库的控制文件来收集关于数据库的有关信息，并且存储相关的 RMAN 操作信息。此外，实际的备份以及恢复操作也是由目标数据库中的进程来执行的。

3）RMAN 恢复目录

恢复目录是 RMAN 在数据库上建立的一种存储对象，由 RMAN 自动维护。使用 RMAN 执行备份和恢复操作时，RMAN 将从目标数据库的控制文件中自动获取信息，包括数据库结构、归档日志和数据文件备份信息等，这些信息都将被存储到恢复目录之中。

4）RMAN 资料备份库

在使用 RMAN 进行备份与恢复操作时，需要使用的管理信息和数据称为 RMAN 资料备份库。资料备份库包括备份集（一次备份的集合）、备份段（一个备份集由若干个备份段组成，每个备份段是一个单独的输出文件）、镜像复制（直接复制独立文件）、目标数据库结构和配置设置。

5）恢复目录数据库

用来保存 RMAN 恢复目录的数据库，它是一个独立于目标数据库的 Oracle 数据库。RMAN 通常在一个恢复目录中自动保存备份信息，简化并自动化数据库的备份和恢复操作。恢复目录是一组数据库表和视图。

4. RMAN操作

恢复目录是由 RMAN 使用和维护，用来存储备份信息的一种存储对象。通过恢复目录，RMAN 可以从目标数据库的控制文件中获取信息，以维护备份信息。使用 RMAN 工具恢复数据库的步骤如下：

1）创建恢复目录

创建恢复目录的具体步骤如下：

（1）确定数据库处于归档模式，如果当前模式显示为非归档模式，则需要修改为归档模式。查看当前模式命令如下：

```
SQL> CONNECT sys/admin AS SYSDBA;
已连接。
SQL> ARCHIVE LOG LIST;
数据库日志模式              存档模式
自动存档                    启用
存档终点                    USER_DB_RECOVERY_FILE_DEST
```

最早的联机日志序列	69
下一个存档日志序列	71
当前日志序列	71

（2）在目录数据库中创建恢复目录所用的表空间和 RMAN 备份用户并授权。

```
SQL> CREATE TABLESPACE rmans_ts
2   DATAFILE 'E:\ORACLE\RMANS\rmans_ts.dbf' SIZE 10M
3   AUTOEXTEND ON NEXT 5M
4   EXTENT MANAGEMENT LOCAL;
表空间已创建。
SQL> CREATE USER rman1 IDENTIFIED BY rman1
2    DEFAULT TABLESPACE rmans_ts;
用户已创建。
SQL>GRANT CONNECT, RESOURCE, RECOVERY_CATALOG_OWNER TO rman1;
授权成功。
```

（3）在目录数据库中创建恢复目录。首先需要启动 RMAN 工具，并使用 RMAN 用户登录，来创建恢复目录。

```
C:\> RMAN
恢复管理器：Release 11.2.0.1- Production on 星期五 12 月 13 日  11:08:29  2020
Copyright © 1996,2009,Oracle. All rights reserved.
RMAN> CONNECT CATALOG rman1/rman1;
连接到恢复目录数据库。
RMAN> CREATE CATALOG;
恢复目录已创建。
```

如果想要删除恢复目录，则可以用 DROP 命令：

```
RMAN> DROP CATALOG;
```

2）连接到目标数据库

使用无恢复目录的 RMAN 连接到目标数据库时，可以使用以下几种连接方式。

（1）使用 RMAN TARGET 语句：

```
C:\> RMAN TARGET/
恢复管理器：Release 11.2.0.1 -Production on 星期六 12 月 14  16:08:22 2020
Copyright © 1996,2009,Oracle. All rights reserved.
连接到目标数据库：ORCL （DBID=1666688669）
```

（2）使用 RMAN NOCATALOG 语句：

```
C:\> RMAN NOCATALOG
恢复管理器：Release 11.2.0.1 -Production on 星期六 12 月 14  16:09:20 2020
Copyright © 1996,2009,Oracle. All rights reserved.
RMAN>
```

使用有恢复目录的 RMAN 连接到目标数据库时，则使用如下方式。

```
C:\> RMAN TARGET sys/sys CATALOG rman1/rman1
恢复管理器：Release 11.2.0.1 -Production on 星期六 12 月 14  16:15:58 2020
Copyright © 1996,2009,Oracle. All rights reserved.
连接到目标数据库：ORCL （DBID=1666688669）
```

提示：如果 RMAN 用户与目标数据库不在同一个数据库上，则必须在 TARGET 选项后使用 "@database_name"，例如，RMAN TARGET sys/sys@mydabase CATALOG rman1/rman1。

3）进行 RMAN 备份

在使用 RMAN 进行备份时，可以备份的类型包括完全备份（Full Backup）、增量备份（Incremental Backup）和镜像复制等。在实现备份时，可以使用 BACKUP 或 COPY TO 命令。

```
RMAN>RUN{
2> allocate channel cha1 type disk;
3> backup
4> format '/u01/rmanbak/full_%t'
5> tag full-backup format "E:\bakcup\db_t%t%p"
6> database;
7> release channel cha1;
8>}
```

RUN 中有 3 条命令，分别用分号进行分割。

Format 格式如下：

- ❑ %c：备份片的数量（从 1 开始编号）；
- ❑ %d：数据库名称；
- ❑ %D：位于该月中的天数（DD）；
- ❑ %M：位于该年中的月份（MM）；
- ❑ %F：一个基于 DBID 唯一的名称，这个格式的形式为 c-xxx-YYYYMMDD-QQ，其中 xxx 为该数据库的 DBID，YYYYMMDD 为日期，QQ 是一个 1~256 的序列；
- ❑ %n：数据库名称，并且会在右侧用 x 字符进行填充，使其保持长度为 8；
- ❑ %u：是一个由备份集编号和建立时间压缩后组成的 8 字符名称。利用%u 可以为每个备份集产生一个唯一的名称；
- ❑ %p：表示备份集中的备份片的编号，从 1 开始；
- ❑ %U：是%u_%p_%c 的简写形式，利用它可以为每一个备份片段（即磁盘文件）生成一个唯一的名称，这是最常用的命名方式；
- ❑ %t：备份集时间戳；
- ❑ %T：年月日格式（YYYYMMDD）；
- ❑ channel 的概念：一个 channel 是 RMAN 与目标数据库之间的一个连接，allocate channel 命令在目标数据库启动一个服务器进程，同时必须定义服务器进程执行备份和恢复操作。

🖓提示：在 RMAN 中，可以将需执行的 SQL 语句放在一个 RUN{}语句中执行，类似批处理命令方式。可使用 "#" 标识的注释语句。RUN{}语句中各个执行语句结束时都必须带有分号。

4）进行 RMAN 恢复

使用 RMAN 实现正确的备份后，如果数据库文件出现介质错误，可以使用 RMAN，通过不同的恢复模式将系统恢复到某个正常运行状态。

第 1 种模式：完全恢复。

方法 1：从最近的备份集恢复整个数据库，数据库会自动运行 redo 和 archive 日志（完全恢复）：

```
SQL>shutdown immediate
SQL>startup mount
```

```
RMAN>restore database;
RMAN>recover database;
RMAN>sql 'alter database open';
```

方法 2：从 tag 恢复整个数据库，数据库也会运行 redo 和 archive 日志（完全恢复），结果与上面的脚本一样。

首先查看标签：

```
RMAN> list backupset summary;
Key TY LV S Device Type     Completion Time    #Pieces #Copies Compressed
                                                                Tag
--- -- -- - ------ -------- --------           ------ ------   ------------------
25  B  A  A DISK   25-JUL-13 1                  1      NO       TAG20200725T104634
28  B  0  A DISK   25-JUL-13 1                  1      NO       TAG20200725T104645
29  B  A  A DISK   25-JUL-13 1                  1      NO       TAG20200725T104711
30  B  F  A DISK   25-JUL-13 1                  1      NO       TAG20200725T104713
31  B  A  A DISK   25-JUL-13 1                  1      NO       TAG20200725T105333
32  B  A  A DISK   25-JUL-13 1                  1      NO       TAG20200725T105350
33  B  1  A DISK   25-JUL-13 1                  1      NO       TAG20200725T105353
34  B  A  A DISK   25-JUL-13 1                  1      NO       TAG20200725T105408
35  B  F  A DISK   25-JUL-13 1                  1      NO       TAG20200725T105411
36  B  A  A DISK   25-JUL-13 1                  1      NO       TAG20200725T111403
37  B  1  A DISK   25-JUL-13 1                  1      NO       TAG20200725T111405
```

然后还原数据库：

```
SQL>shutdown immediate;
SQL>startup mount;
RMAN>restore database from tag TAG20200725T104645;
RMAN> recover database from tag TAG20200725T104645;
RMAN> alter database open;
```

第 2 种模式：不完全恢复。

不完全恢复的脚本如下：

```
SQL>shutdown immediate;
SQL>startup mount;
RMAN>restore database from tag TAG20110725T104645;
RMAN>recover database until time "to_date ('2011-08-04 15:37:25','yyyy/mm/dd
hh24:mi:ss')";
RMAN>alter database open resetlogs;
```

第 3 种模式：关键表空间恢复。

关键表空间恢复（system / undotbs1 / sysaux）的脚本如下：

```
SQL>shutdown abort
SQL>startup mount
RMAN>restore tablespace 名字;
RMAN>recover tablespace 名字;
RMAN>sql 'alter database open';
```

第 4 种模式：非关键表空间恢复。

非关键表空间恢复（example / users）的脚本如下：

```
select * from v$datafile_header; --表空间与数据文件对应关系
SQL>alter database datafile 数字 offline;
RMAN>restore tablespace 名字;
RMAN>recover tablespace 名字;
SQL>alter database datafile 数字 online;
```

第 5 种模式：退出 RMAN 客户端。

当使用完 RMAN 时，有必要退出 RMAN 客户端。RMAN 提供了两个命令：quit 和 exit。使用这些命令可返回命令提示符状态。RMAN 也允许使用 host 命令返回命令提示符状态。

```
RMAN> host;
Microsoft Windows 7 [Version 7.1.2600]
(C) Copyright 1999-2020 Microsoft Corp.
C:\>exit
主机命令完成。
RMAN> exit
恢复管理器完成。
```

💻小结：

❑ RMAN 也可以实现单个表空间或数据文件的恢复，恢复过程可以在 mount 或 open 方式下，如果在 OPEN 方式下恢复，可以减少宕机时间。

❑ 如果损坏的是一个数据文件，建议 offline 并在 OPEN 方式下恢复。

❑ 只要有备份与归档存在，RMAN 也可以实现数据库的完全恢复（不丢失数据）。

❑ RMAN 的备份与恢复命令相对比较简单并可靠，建议有条件的话，都采用 RMAN 进行数据库的备份。

15.4　案　例　分　析

某大型连锁超市系统每天工作（无休息日），每周一顾客采购量较少，而双休日业务较繁忙。系统数据库要求每日都要进行备份。在制订其备份恢复方案时，可以将完全导出放在星期一进行，累计导出放在星期五进行。

DBA 可以制定一个备份日程表，用数据导出的 3 个不同方式合理高效地完成。数据库的备份任务可以按如表 15-1 所示的安排进行。

表 15-1　数据库备份安排表

备份日程	数据导出方式
星期一	完全导出（A）
星期二	增量导出（B）
星期三	增量导出（C）
星期四	增量导出（D）
星期五	累计导出（E）
星期六	增量导出（F）
星期日	增量导出（G）

如果在星期日数据库遭到意外破坏，数据库管理员可以按下列步骤来恢复数据库：

（1）用命令 CREATE DATABASE 重新生成数据库结构。

（2）创建一个足够大的附加回滚段。

（3）完全增量导入 A：

```
IMP system/system inctype=RESTORE FULL=y FILE=A;
```

（4）累计增量导入 E：

```
IMP system/system inctype=RESTORE FULL=y FILE=E;
```

（5）最近增量导入 F：

```
IMP system/system inctype=RESTORE FULL=y FILE=F;
```

15.5　本章小结

本章介绍了逻辑备份与恢复、物理备份与恢复的概念和方法，然后介绍了早期常用的导出/导入逻辑工具的使用，进一步介绍了数据泵、RMAN 等目前 Oracle 主流备份与恢复工具的使用。

15.6　习题与实践练习

一、选择题

1. 在 RMAN 中要连接到目标数据库，可以执行下列（　　）语句实现，其中，SYS/SYS 为系统用户，rman1/rman1 为 RMAN 用户。

A. RMAN TARGET/

B. RMAN CATALOG

C. RMAN TARGET SYS/SYS NOCATALOG

D. MAN TARGET SYS/SYS CATALOG rman1/rman1

2. 使用 RMAN 实现表空间恢复时，执行命令的顺序是（　　）。

A. RESTORE、RECOVER　　　　　　　B. RECOVER、RESTORE

C. COPY、BACKUP　　　　　　　　　　D. COPY、RECOVER

3. 当执行 DROP TABLE 误操作后，可以使用（　　）方法进行恢复。

A. FLASHBACK TABLE　　　　　　　　B. 数据库时间点恢复

C. 表空间时间点恢复　　　　　　　　　D. FLASHBACK DATABASE

4. 当执行了 TRUNCATE TABLE 误操作之后，可以使用（　　）方法进行恢复。

A. FLASHBACK TABLE　　　　　　　　B. 数据库时间点恢复

C. 表空间时间点恢复　　　　　　　　　D. FLASHBACK DATABASE

5. 当使用以下（　　）备份方法时，数据库必须处于 OPEN 状态。

A. EXPDP　　　　　　　　　　　　　　B. 用户管理的备份

C. RMAN 管理的备份　　　　　　　　　D. EXP

6. 以下（　　）工具可以在 Oracle 客户端使用。

A. EXPDP　　　　　　B. IMPDP　　　　　　C. EXP　　　　　　D. IMP

二、填空题

1. 对创建的 RMAN 用户必须授予＿＿＿＿＿＿权限，然后该用户才能连接到恢复目录数据库。

2. 使用 STARTUP 命令启动数据库时，添加＿＿＿＿＿＿选项，可以实现只启动数据库实例，不打开数据库。

3．在 RMAN 中要备份全部数据库内容，可以通过 BACKUP 命令，带有＿＿＿＿＿＿参数来实现。

4．当数据库处于 OPEN 状态时备份数据库文件，要求数据库处于＿＿＿＿＿＿日志操作模式。

5．control_files 参数定义了 3 个控制文件，现在某个控制文件出现了损坏，数据库仍然＿＿＿＿＿＿正常启动。

6．当误删除了 SYSTEM 表空间的数据库文件之后，应该在＿＿＿＿＿＿状态下恢复该表空间。

三、简答题

1．简述数据库备份的重要性以及备份的种类？

2．当恢复数据库时，用户可以使用正在恢复的数据库吗？

3．简述冷备份、热备份的概念及区别。

4．Oracle 支持哪 3 种方式的导出/导入操作。

四、实践操作题

1．完成本章例题操作。

2．综合实验。

对创建的测试表空间 testspace 进行备份与恢复操作。

（1）首先使用 DBA 身份连接数据库，确定数据库处于归档模式。

（2）为表空间授予 RECOVRERY_CATALOG_OWNER 权限，语句如下：

```
SQL> GRANT RECOVERY_CATALOG_OWNER TO testspace;
```

（3）为 RMAN 用户 rman1 创建恢复目录，语句如下：

```
C:\> RMAN
RMAN> CONNECT CATALOG testspace/123456;
RMAN> CREATE CATALOG;
```

（4）连接到恢复目录数据库，并注册数据库，语句如下：

```
C:\> RMAN TARGET sys/sys CATALOG testpace/123456;
RMAN> REGISTER DATABASE;
```

（5）执行 BACKUP 命令，备份 testspace 表空间，备份文件的保存路径为 E:\backup，语句如下：

```
RMAN> BACKUP TAB tbs_testspace FORMAT
"E:\backup\tbs_testspace_t%t_s%s"(TABLESPACE testspace);
```

（6）使用 RESTORE 命令和 RECOVER 命令，对 testspace 表空间执行恢复操作，语句如下：

```
RMAN> RESTORE TABLESPACE testspace;
RMAN> RECOVER TABLESPACE testsapce;
```

（7）验证表空间是否恢复成功。如果恢复成功，则可以对 testspace 表空间中的表进行正常操作，可使用 SELECT 查询操作来验证。

第 16 章　大数据和云计算

　　全球数据量急剧增加，推动人类社会迈入大数据时代，随着云计算、物联网、移动互联和社交媒体等新兴信息技术和应用模式的快速发展，信息技术与人类世界政治、经济、军事、科研和生活等方方面面不断交叉融合。人们发现数据可以被当作一种基础性的资源而不仅仅只是简单的处理对象。大数据的数据复杂性、计算复杂性以及数据处理系统的复杂性都给大数据的计算及应用带来极大的挑战。对大数据的基本概念、特征、处理模式以及技术难点进行剖析研究都有助于更好地挖掘大数据的潜能和优势。

　　本章介绍大数据的基本概念、大数据和云计算的关系、大数据的来源、大数据的处理过程、大数据的技术支撑及云数据库和 NoSQL 数据库等内容。

本章要点：
- ❑ 了解大数据的概念和特点。
- ❑ 了解大数据和云计算的关系。
- ❑ 了解大数据的来源。
- ❑ 熟悉大数据的处理过程。
- ❑ 熟悉大数据的技术支撑。
- ❑ 掌握云数据库和 NoSQL 数据库概念及原理。

16.1　大　数　据

　　人类的日常生活已经与数据密不可分，随着科学研究数据量急剧增加，各行各业也越来越依赖大数据手段开展工作，数据产生越来越自动化，数据规模急剧膨胀，各行业累积的数据量越来越大，数据类型也越来越多、越来越复杂，已经超越了传统数据管理系统、处理模式的能力范围，于是"大数据"概念应运而生。

　　2004 年，全球数据总量是 30EB（1EB=1024PB=2^{60}B）；2005 年达到了 50EB；2006 年达到了 161EB；到 2015 年达到了惊人的 7900EB；2020 年已达到 35000EB，如图 16-1 所示。

16.1.1　大数据的基本概念

　　"大数据"这一概念的形成，有以下 3 个标志性事件。

　　2008 年 9 月，国际学术杂志 Nature 专刊组织了系列文章 The next google，第一次正式提出"大数据"概念。

　　2011 年 2 月，国际学术杂志 Science 专刊——*Dealing with data*，通过社会调查的方式，第一次综合分析了大数据对人们生活造成的影响，详细描述了人类面临的"数据困境"。

2011 年 5 月，麦肯锡研究院发布报告 *Big data: The next frontier for innovation, competition and productivity*，第一次给大数据做出相对清晰的定义——大数据是指其大小超出了常规数据库工具获取、存储、管理和分析能力的数据。

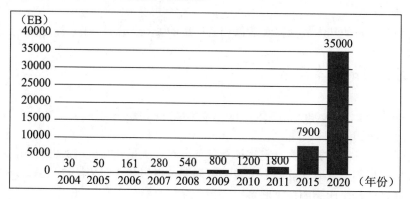

图 16-1　全球数据总量

目前学术界和工业界对于大数据的定义尚未形成标准化的表述，比较流行的说法如下：

❑ 维基百科（Wikipedia）定义大数据为"数据集规模超过了目前常用的工具在可接受的时间范围内进行采集、管理及处理的水平"。

❑ 美国国家标准技术研究院（NIST）定义大数据为"具有规模大（Volume）、多样化（Variety）、时效性（Velocity）和多变性（Variability）特性，需要具备可扩展性的计算架构进行有效存储、处理和分析的大规模数据集"。

根据上述情况和定义可以得出：大数据（Big Data）指海量数据或巨量数据，需要以新的计算模式为手段，获取、存储、管理、处理并提炼数据以帮助使用者决策。

16.1.2　大数据的特点

大数据的特点一般可以用 4V+1C 来表示：Volume、Variety、Velocity、Value 以及 Complexity。具体描述见表 16-1。

表 16-1　大数据的主要特点

数据量大（Volume）	存储和处理的数据量巨大，超过了传统的 GB（1GB=1024MB）或 TB（1TB=1024GB）规模，达到了 PB（1PB=1024TB）甚至 EB（1EB=1024PB）量级，PB 级别已是常态
种类多（Variety）	数据类型包括传统的关系数据类型也包括半结构化、非结构化、分布式以及单调模式的数据，如网页视频等
速度快（Velocity）	数据增长速度快，而且越新的数据价值越大，这就要求对数据的处理速度也要快，以便能够从数据中及时地提取知识，发现价值
价值密度低（Value）	需要对大量数据进行处理，挖掘其潜在的价值
复杂度（Complexity）	对数据的处理和分析的难度增大

16.2 云 计 算

本节介绍云计算的基本概念、大数据和云计算的关系、云计算的层次结构及其特点。

16.2.1 云计算的基本概念

2006 年 8 月 9 日，Google 首席执行官 Eric Schmidt 在搜索引擎大会上，第一次提出云计算（Cloud Computing）的概念。

云计算是一种新的计算模式，它将计算任务分布在大量计算机构成的资源池上，使各种应用系统能够根据需要获取计算能力、存储空间和信息服务，即云计算是通过网络按需提供可动态伸缩的性能价格比高的计算服务。

"云"指可以自我维护和管理的虚拟计算机资源，通常是大型服务器集群，包含计算服务器、存储服务器和网络资源等。"云"在某些方面具有现实中云的特征：规模较大，可以动态伸缩，在空中位置飘忽不定，但它确实存在于某处。

云计算是并行计算（Parallel Computing）、分布式计算（Distributed Computing）、网格计算（Grid Computing）的发展，又是虚拟化（Virtualization）、效用计算（Utility Computing）等概念演进和跃升的结果。

16.2.2 大数据和云计算的关系

云计算以数据为中心，以虚拟化为手段整合服务器、存储、网络和应用等资源，形成资源池并实现对物理资源的集中管理、动态调配和按需使用。通过云计算的力量，可以实现对大数据的统一管理、快速处理和实时分析，挖掘大数据的价值。

所以，云计算是处理大数据的手段，大数据是云计算处理的对象。

16.2.3 云计算的层次结构

云计算的层次结构包括物理资源层、虚拟资源层、服务模式和部署模式，如图 16-2 所示。

1. 物理资源层

物理资源层由服务器、存储器、网络设施、数据库和软件等构成。

2. 虚拟资源层

虚拟资源层由虚拟服务器资源池、虚拟存储器资源池、虚拟网络资源池和虚拟软件资源池等构成。

3. 服务模式

服务模式包括 IaaS、PaaS 和 SaaS，下面分别进行介绍。

1）IaaS 服务模式

云计算服务的最基本类别，可从服务提供商处租用 IT 基础结构，如服务器和虚拟机、存储空间、网络和操作系统。用户相当于使用裸机和磁盘，既可以让它运行 Windows，也可以让它运行 Linux，如 Microsoft Azure 和 AWS（Amazon Web Services）。

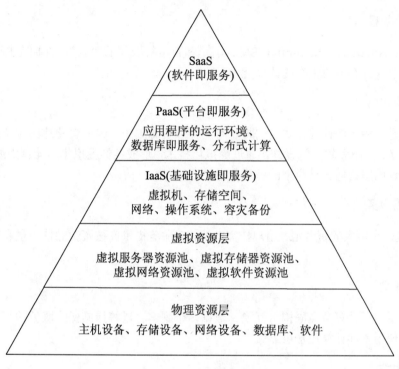

图 16-2　云计算层次结构

2）PaaS 服务模式

指云计算服务，可以按需提供开发、测试、交付和管理软件应用程序所需的环境，如 Google App Engine。

3）SaaS 服务模式

通过 Internet 交付软件应用程序的方法。用户通常使用电话、平板电脑或 PC 上的 Web 浏览器通过 Internet 连接到应用程序。

4. 部署模式

部署模式有 3 种不同的方法，分别为公有云、私有云和混合云，下面分别进行介绍。

- ❑ 公有云（Public Clouds）：由云服务提供商创建和提供，如 Microsoft Azure 就是公有云。公有云中，所有硬件、软件和其他支持性基础结构均被云提供商拥有和管理。
- ❑ 私有云（Private Clouds）：由企业或组织单独构建的云计算系统。私有云可以位于企业的现场数据中心；也可以交由服务提供商进行构建和托管。
- ❑ 混合云（Hybrid Clouds）：出于信息安全方面的考虑，有些企业的信息不能放在公有云上，但又希望能使用公有云的计算资源，可以采用混合云。混合云组合了公有云和私有云，通过允许数据和应用程序在私有云和公有云之间移动，为企业提供更大的灵活性和更多的部署选项。

16.2.4　云计算的特点

云计算具有超大规模、虚拟化、按需服务、可靠性、通用性、灵活弹性及性价比高等特点。

1．超大规模

Google、Amazon、Microsoft、IBM、阿里和百度等公司的"云"，都拥有几十万台到上百万台服务器，具有前所未有的计算能力。

2．虚拟化

云计算是一种新的计算模式，它将现有的计算资源集中，组成资源池。传统意义上的计算机、存储器、网络和软件等设施，通过虚拟化技术，形成各类虚拟化的计算资源池，这样，用户可以通过网络访问各种类型的虚拟化计算资源。

3．按需服务

"云"是一个庞大的资源池，用户按需购买，云服务提供商按资源的使用量和使用时间收取用户的费用。

4．可靠性

云计算采用了计算节点同构可互换、数据多个副本容错等措施保障服务的高可靠性，使用云计算比使用本地计算更加可靠。

5．通用性

"云"可以支撑千变万化的应用，同一片"云"可以同时支撑不同的应用运行。

6．灵活弹性

云计算模式具有极大的灵活性，可以适应各种类型和规模的应用程序。"云"的规模可动态伸缩，以满足用户和用户规模增长的需要。

7．性价比高

云计算使企业无须在购买硬件和软件以及设置和运行现场数据中心上进行资金投入，"云"的自动化管理降低了管理成本，其特殊的容错措施可以采用成本低的节点构成云，其通用性提高了资源利用率，从而形成较高的性价比。

16.3　大数据的处理过程

大数据的处理过程包括数据的采集和预处理、大数据分析和数据可视化。

1．数据的采集和预处理

大数据的采集一般采用多个数据库接收终端数据，包括智能终端、移动 APP 应用端、网页端和传感器端等。

数据预处理包括数据清理、数据集成、数据变换和数据归约等方法，下面分别进行介绍。

❑ 数据清理：目标是达到数据格式标准化，清除异常数据和重复数据，纠正数据错误。

❑ 数据集成：将多个数据源中的数据结合起来并统一存储，建立数据仓库。

❑ 数据变换：通过平滑聚集、数据泛化和规范化等方式将数据转换成适用于数据挖掘的形式。

❑ 数据归约：寻找依赖于发现目标的数据的有用特征，缩减数据规模，最大限度地精简数据量。

2. 大数据分析

大数据分析包括统计分析和数据挖掘等方法，下面分别进行介绍。

1）统计分析

统计与分析使用分布式数据库或分布式计算集群，对存储于其内的海量数据进行分析和分类汇总。

统计分析、绘图的语言和操作环境通常采用 R 语言，它是一个用于统计计算和统计制图的、免费的和源代码开放的优秀软件。

2）数据挖掘

数据挖掘与统计分析不同的是一般没有预先设定主题。数据挖掘通过对提供的数据进行分析，查找特定类型的模式和趋势，最终形成模型。

数据挖掘常用方法有分类、聚类、关联分析和预测建模等，下面分别进行介绍。

❑ 分类：根据重要数据类的特征向量值及其他约束条件，构造分类函数或分类模型，目的是根据数据集的特点把未知类别的样本映射到给定类别中。

❑ 聚类：目的在于将数据集内具有相似特征属性的数据聚集成一类，同一类中的数据特征要尽可能相似，不同类中的数据特征要有明显的区别。

❑ 关联分析：搜索系统中的所有数据，找出所有能把一组事件或数据项与另一组事件或数据项联系起来的规则，以预先获得未知的和被隐藏的信息。

❑ 预测建模：一种统计或数据挖掘的方法，包括可以在结构化与非结构化数据中使用以确定未来结果的算法和技术，可被预测、优化、预报和模拟等许多业务系统所使用。

3. 数据可视化

通过图形、图像等技术直观、形象、清晰、有效地表达数据，从而为发现数据隐含的规律提供技术手段。

16.4　推动大数据发展的因素

推动大数据发展的因素有计算速度的提高、存储成本的下降和对人工智能需求的增加，如图 16-3 所示。

1. 计算速度的提高

在大数据的发展过程中，计算速度是关键的因素。分布式系统基础架构 Hadoop 的高效性、基于内存的集群计算系统 Spark 的快速数据分析、HDFS 为海量数据提供的存储和 MapReduce 为海量数据提供的并行计算，都大幅度提高了计算效率。

大数据需要强大的计算能力做支撑。我国工信部电子科技情报所所做的大数据需求调查表明：实时分析能力差和海量数据处理效率低等是目前我国企业数据分析处理面临的主要难题。

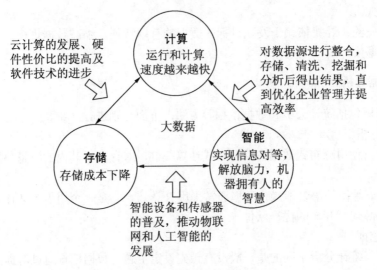

图 16-3   推动大数据发展的 3 大因素

2．存储成本的下降

新的云计算数据中心的出现降低了企业的计算成本和存储成本。例如，通过租用硬件设备建设企业网站，不需要购买服务器，也不需要雇佣技术人员维护服务器，并且可以长期保留历史数据，这为大数据做好了基础工作。

3．对人工智能需求的增加

大数据让机器具有智能。例如，Google 的 AlphaGo 战胜世界围棋冠军李世石，阿里云的小 AI 成功预测出"我是歌手"的总决赛歌王，都离不开大数据技术的支持。

16.5 云 数 据 库

云数据库是运行在云计算平台上的数据库系统，它是在 SaaS（软件即服务）模式下发展起来的云计算技术。

下面分别介绍 Oracle Database Cloud Service、Microsoft Azure SQL Database、Amazon RDS、Google 的 Cloud SQL 和阿里云数据库。

1．Oracle Database Cloud Service

使用 Oracle Database Cloud Service 的专用虚拟机，包含与配置运行的 Oracle Database 18c 或 11g 实例，数据库即服务提供的通用型大内存计算模型可将 Oracle 数据库的全部功能提供给任何类型的应用程序，无论部署生产负载还是部署开发与测试。

Oracle Database Cloud Service 的主要特性如下：

❑ 具备 Oracle 数据库的全部功能，包括对 SQL 和 PL/SQL 的支持。

❑ 专用的虚拟机。

❑ 通用大内存计算模型。

❑ 管理选项灵活多样，既可以自行管理，也可以完全由 Oracle 管理。

❑ 通过快速供应及易用的云工具简化了管理。

❑ 用户信息库和一次性登录的集成式身份管理。

2．Microsoft Azure SQL Database

使用 Microsoft Azure SQL Database，可以方便、快速地使用 SQL 数据库服务而不需要采购硬件和软件。SQL Database 像一个在 Internet 上已经创建好的 SQL Server 服务器，由微软托管和运行维护，并且部署在微软的全球数据中心。SQL Database 可以提供传统的 SQL Server 功能，如表、视图、函数、存储过程和触发器等，并且提供数据同步和聚合功能。Microsoft Azure SQL Database 的基底是 SQL Server，但它是一种特殊设计的 SQL Server。它以 Microsoft Azure 为基座平台，配合 Microsoft Azure 的特性，是一种分散在许多实体基础架构（Physical Infrastructure）及其内部许多虚拟伺服器（Virtual Servers）上的一种云端存储服务。它的特性为自主管理、高可用性、可拓展性、熟悉的开发模式和关系数据模型。

3．Amazon RDS

Amazon Relational Database Service（Amazon RDS）使用户能在云中轻松设置、操作和扩展关系型数据库。它在自动执行管理任务的同时，可提供经济实用的可调容量，使用户能够腾出时间专注于应用程序，并提供快速性能、高可用性、安全性和兼容性。

Amazon RDS 提供多种常用的数据库引擎，支持 SQL 数据库、NoSQL 和内存数据库，包括 Amazon Aurora、PostgreSQL、MySQL、MariaDB、Oracle 和 Microsoft SQL Server。可以使用 AWS Database Migration Service 将现有的数据库迁移或复制到 Amazon RDS。

4．Google的Cloud SQL

Google 推出基于 MySQL 的云端数据库 Google Cloud SQL，具有以下特点：

❑ 由 Google 维护和管理数据库。

❑ 高可信性和可用性。用户数据会同步到多个数据中心，机器故障和数据中心出错等都会自动调整。

❑ 支持 JDBC（基于 Java 的 App Engine 应用）和 DB-API（基于 Python 的 App Engine 应用）。

❑ 全面的用户界面管理数据库。

❑ 与 Google App Engine（Google 应用引擎）集成。

5．阿里云数据库

阿里云数据库提供多种数据库版本，包括对 SQL 数据库、NoSQL 和内存数据库的支持。

❑ 阿里云数据库 SQL Server 版：是发行最早的商用数据库产品之一，支持复杂的 SQL 查询，是支持基于 Windows 平台.NET 架构的应用程序。

- 阿里云数据库 MySQL 版：是全球受欢迎的开源数据库之一，广泛应用于各类应用场景，是开源软件组合 LAMP（Linux+Apache+MySQL+Perl/PHP/Python）中的重要一环。
- 阿里云数据库 PostgreSQL 版：是先进的开源数据库，面向企业复杂 SQL 处理的 OLTP 在线事务处理场景，支持 NoSQL 数据类型（JSON/XML/hstore），支持 GIS 地理信息处理。
- 阿里云数据库 HBase（ApsaraDB for HBase）版：是基于 Hadoop 且兼容 HBase 协议的高性能、可弹性伸缩、面向列的分布式数据库，轻松支持 PB 级大数据存储，满足千万级 QPS 高吞吐随机读写场景。
- 阿里云数据库 MongoDB 版：支持 ReplicaSet 和 Sharding 两种部署架构，具有安全审计、时间点备份等多项企业能力，在互联网、物联网、游戏和金融等领域被广泛采用。
- 阿里云数据库 Redis 版：是兼容 Redis 协议标准的、提供持久化的内存数据库服务，基于高可靠双机热备架构及可无缝扩展的集群架构，满足高读写性能场景及容量需弹性变配的业务需求。
- 阿里云数据库 Memcache（ApsaraDB for Memcache）版：是一种高性能、高可靠、可平滑扩容的分布式内存数据库服务。基于飞天分布式系统及高性能存储，并提供了双机热备、故障恢复、业务监控和数据迁移等方面的全套数据库解决方案。

16.6　NoSQL 数据库

在云计算和大数据时代，很多信息系统需要对海量的非结构化数据进行存储和计算，NoSQL 数据库应运而生。

16.6.1　NoSQL 数据库的基本概念

1. 传统关系型数据库存在的问题

随着互联网应用的发展，传统关系型数据库在读写速度、支撑容量、扩展性能、管理和运营成本方面存在以下问题。

- 读写速度慢。关系型数据库由于其系统逻辑复杂，当数据量达到一定规模时，读写速度快速下滑，即使能勉强应付每秒上万次的 SQL 查询，硬盘 I/O 也无法承担每秒上万次 SQL 写数据的要求。
- 支撑容量有限。Facebook 和 Twitter 等社交网站每月能产生上亿条用户动态，关系型数据库在一个有数亿条记录的表中进行查询，效率极低，会导致查询速度无法忍受。
- 扩展困难。当一个应用系统的用户量和访问量不断增加时，关系型数据库无法通过简单添加更多的硬件和服务节点扩展性能和负载能力，应用系统不得不停机维护以完成扩展工作。
- 管理和运营成本高。企业级数据库的 License 价格高，加上系统规模不断上升，系统管理维护成本无法满足要求。同时，关系型数据库的一些特性，如复杂的 SQL 查询、多表关联查询等，在云计算和大数据中往往无用武之地。因此，传统关系型数据库已难以独立满足云计算和大数据时代应用的需要。

2．NoSQL的基本概念

NoSQL（Not Only SQL）数据库泛指非关系型数据库，其在设计上和传统的关系型数据库不同，常用的数据模型有 Cassandra、HBase、BigTable、Redis、MongoDB、CouchDB 和 Neo4j 等。

NoSQL 数据库具有以下特点：

❑ 读写速度快、数据容量大，具有对数据的高并发读写和海量数据的存储。

❑ 易于扩展。可以在系统运行时，动态增加或者删除节点，不需要停机维护。

❑ 一致性策略。遵循 BASE（Basically Available，Soft state, Eventual consistency）原则，即 Basically Available（基本可用），指允许数据出现短期不可用；Soft state（柔性状态）指状态可以有一段时间不同步；Eventual consistency（最终一致）指最终一致，而不是严格的一致。

❑ 灵活的数据模型。不需要事先定义数据模式、预定义表结构。数据中的每条记录都可能有不同的属性和格式，当插入数据时，并不需要预先定义它们的模式。

❑ 高可用性。NoSQL 数据库将记录分散在多个节点上，对各个数据分区进行备份（通常是 3 份），以应对节点上发生的错误。

3．NoSQL的兴起

现有 NoSQL 数据库产品大多是面向特定应用的，缺乏通用性，其应用具有一定的局限性。已有一些研究成果和改进的 NoSQL 数据存储系统，但它们都是针对不同应用需求而提出的相应解决方案，还没有形成系列化的研究成果，缺乏强有力的理论、技术、标准规范的支持，缺乏足够的安全措施。

NoSQL 数据库以其读写速度快、数据容量大和易扩展等特点，在云计算和大数据时代取得迅速发展，但 NoSQL 不支持 SQL，这让应用程序开发困难，不支持应用所需要的 ACID 特性。新的 NewSQL 数据库将 SQL 和 NoSQL 的优势结合起来，代表的模型有 VoltDB、Spanner 等。

16.6.2　NoSQL 数据库的种类

随着云计算和大数据的发展，出现了众多的 NoSQL 数据库，常用的 NoSQL 数据库根据其存储特点及存储内容可以分为列存储模式（Column-Family）、图模型（Graph）、文档型模型（Document）和键值模型（Key-Value）4 类，如图 16-4 所示。

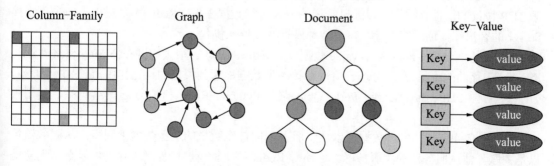

图 16-4　NoSQL 数据库的种类

1．列存储模型

列存储模式按列对数据进行存储，可存储结构化和半结构化数据。这类数据库的灵活性在于列不必在记录之间保持一致，可以将列添加到特定行，而不必将它们添加到每条记录。常见的列数据库有 Apache Cassandra、HBase 和 OTS。

2．图模型

图模型将数据以图形的方式进行存储，记为 G（V，E），V 为节点（Node）的结合，E 为边（Edge）的结合。该模型支持图结构的各种基本算法，用于直观地表达和展示数据之间的联系。此数据库类型对可视化、分析或帮助人们查找不同数据之间的关系特别有用，常用于推荐引擎、欺诈分析和网络分析。基于图的 NoSQL 数据库有 Neo4j。

3．文档型模型

文档型模型将数据存储在类似于 JSON（JavaScript 对象符号）对象的文档中，每个文档包含成对的字段和值。这些值通常可以是多种类型，包括字符串、数字、布尔值、数组或对象之类。常见的文档数据库有 MongoDB 和 Apache CouchDB。

4．键值模型

键值模型是一种较简单的数据库，其中每个项目都包含键（Key）和值（Value），键通常是一个简单的字符串，值是一系列对数据库不透明的字节。通常来说，键值存储没有查询语言，它们只是提供一种使用简单的 GET、PUT 和 DELETE 命令存储、检索和更新数据的方法。此模型优点是简单、快速、易于使用、可扩展和可移植。常见的键值数据库有 Redis。

16.6.3　常用的 NoSQL 数据库

1．Redis

Redis 是一款开源的、网络化的、基于内存的、可进行数据持久化的 Key-Value 存储系统，它的数据模型建立在外层，类似于其他结构化存储系统，通过 Key 映射 Value 的方式来建立字典以保存数据，有别于其他结构化存储系统的是，它支持多类型存储，包括 String、List、Set、Sort set 和 Hash 等，可以在这些数据类型上做很多原子性操作。在操作方面，Redis 基于 TCP 协议的特性使得它可以通过管道的方式进行数据操作，Redis 本身提供了一个可连接 Server 的客户端，通过客户端，可方便地进行数据存取操作。

Redis 是一个高性能的 Key-Value 数据库。Redis 的出现，很大程度补偿 Memcached 这类 Key/Value 存储的不足，在部分场合可以对关系型数据库起到很好的补充作用。它提供了 Java、C/C++、C#、PHP、JavaScript、Perl、Object-C、Python、Ruby 和 Erlang 等客户端，使用很方便。

Redis 支持主从同步。数据可以从主服务器向任意数量的从服务器上同步，从服务器可以是关联其他从服务器的主服务器。这使得 Redis 可执行单层树复制。存盘可以有意无意地对数据进行写操作。由于完全实现了发布/订阅机制，使得从数据库在任何地方同步树时，可订阅一个频道并接收主服务器完整的消息发布记录。同步对读取操作的可扩展性和数据冗余很有帮助。

2. MongoDB

MongoDB 是一种适用于海量数据读写的非关系型数据库。它是面向文档的数据库，由数据库、集合和文档 3 个层次组成。表 16-2 展示了 MongoDB 与关系型数据库的关系。

表 16-2　MongoDB 与关系型数据库的关系

MongoDB数据库	关系型数据库
集合（Collection）	表（Table）
文档（BSON Document）	行（Row）

文档的键（Key）和值（Value）可支持多种数据类型和类型嵌套。通过文档、数组和各种数据类型的灵活组合，可以用一条记录即一个文档表达复杂的层次关系。此外，由于没有固定的模式，添加和删除字段变得非常容易。

MongoDB 具有以下优点：

❑ 写入数据的负载更高，相较于数据库事务的安全性来说，MongoDB 更加注重的是增加数据的效率。如果需要快速插入一些对安全性要求不是很高的数据，那么MongoDB 会更加适合作为数据库。

❑ 对于处理很大规模的表单来说，传统数据库的压力是显而易见的。特别是表单的大小超过 5GB 时，MySQL 的表格处理速度会大大降低，这时如果通过 MongoDB 的分片机制进行拓展数据库，效率就会得到保证。

❑ 当在不稳定、不确定的环境下，MongoDB 也能够相对安全、可靠地运行，这得益于MongoDB 副本集的机制。通过设置在不同机器的副本集，其中一台 MongoDB 宕机了，其他服务器能够自动、快速地实现故障的转移。

❑ MongoDB 的查询效率更快，能够对二维的数据设置索引，大大提高查询效率。

❑ MongoDB 支持的语言广泛，能够支持现有市面上主流的语言平台，如 C++、.NET、Python、Scala、Java 和 PHP 等。

3. HBase

HBase 是 Apache 开源组织开发的基于 Hadoop 的分布式存储查询系统，它具有开源、分布式、可扩展及面向列存储的特点，能够为大数据提供随机、实时的读写访问功能。它可以动态增加丰富的接口，可以很好地集成到 Hadoop 的工作流中。凭借键值存储和高效的读写操作，HBase 被公认为是最出色的分布式存储之一。

HBase 对线性和模块化缩放有很好的支持。HBase 集群通过添加托管在服务器上的RegionServer 来扩展。例如，如果一个集群从 10 个 RegionServer 扩展到 20 个，则在存储和处理能力方面都将翻倍。而 RDBMS 为了获得最佳性能，需要专用的硬件和存储设备进行扩展，且只能扩展到一个点。

HBase 是借用 Google Bigtable 的思想来开源实现的分布式数据库，它为了提高数据可靠性和系统的稳定性，并希望能够发挥 HBase 处理大数据的能力，采用 HDFS 作为自己的文件存储系统；另外，它也支持 Hadoop 中的 Map Reduce 来并行处理海量数据。HBase 在整个Hadoop 生态系统中所处的位置，如图 16-5 所示。

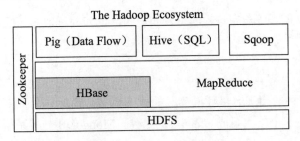

图 16-5　HBase 在 Hadoop 生态系统中的位置

16.7　本 章 小 结

本章介绍大数据的基本概念、大数据和云计算的关系、大数据的来源、大数据的处理过程、大数据的技术支撑等内容，然后对云数据库技术和 NoSQL 数据库进行了介绍。

16.8　习题与实践练习

一、选择题

1. 在下列人员中，能有效地处理越来越多的数据源的是（　　）。

A．业务开发员　　　　　B．软件工程师　　　　C．大数据科学家　　　D．销售经理

2. 下列不是大数据的特征的是（　　）。

A．数据量　　　　　　　B．可变因素　　　　　C．多样性　　　　　　D．速度

3. 下列不属于 NoSQL 数据库的类型的是（　　）。

A．键值模型　　　　　　B．列存储模型　　　　C．文档型模型　　　　D．树模型

4. 获取的数据可以是结构化或非结构化的，这是大数据的（　　）特征之一。

A．多样性　　　　　　　B．速度快　　　　　　C．数据量大　　　　　D．价值密度低

5. 下列不属于传统数据库技术的是（　　）。

A．DBMS　　　　　　　B．DBS　　　　　　　C．NoSQL　　　　　　D．PL/SQL

6. 云计算的层次结构不包括（　　）。

A．虚拟资源层　　　　　B．会话层　　　　　　C．IaaS　　　　　　　D．PaaS

7. 寻找担任大数据分析师的人才，将着眼于（　　）。

A．在职的业务发展顾问

B．来自计算机科学以外团体的专业人士

C．具有统计学背景和概念建模及预测建模知识的学生

D．机械工程专业的学生

二、填空题

1. 大数据指_____，大数据以新的计算模式为手段，获取、存储、管理、处理并提炼数据以帮助使用者决策。

2．大数据的技术支撑有计算速度的提高、存储成本的下降和对_____的需求。

3．NoSQL（Not Only SQL）数据库泛指_____的数据库，它在设计上和传统的关系型数据库不同。

4．NoSQL 数据库具有_____、数据容量大，易于扩展、一致性策略、灵活的数据模型、高可用性等特点。

5．云计算是一种新的计算模式，它将计算任务分布在大量计算机构成的_____上。

6．云计算具有_____、虚拟化、按需服务、可靠性、通用性、灵活弹性和性价比高等特点。

三、简答题

1．大数据的基本概念是怎样形成的？

2．论述大数据的基本特征。

3．试比较大数据计算与传统统计学。

4．大数据计算系统与传统关系型数据库系统有什么区别？

5．比较大数据技术架构与传统技术架构有什么区别？

6．简述大数据和云计算的关系。

7．如何对大数据的来源进行分类？

8．大数据预处理的方法有哪些？

9．大数据的挖掘方法有哪些？

10．简述大数据的支撑技术。

11．大数据科学家应具备哪些知识技能？

第 17 章 openGauss 数据库

数据库是计算机行业的基础核心软件，所有应用软件的运行和数据处理都要与其进行数据交互。2008 年，阿里提出"去 IOE（IBM 的小型机、Oracle 数据库、EMC 存储设备）"，而十多年之后，发现 Oracle 的数据库是最难替换的，数据库国产化是一个循序渐进的过程，不可能一蹴而就，想要打破 Oracle、IBM 和微软等国外数据库产品的包围，就需要走一条不同于它们道路。

2019 年，华为发布了全球首款 AI-Native 的分布式数据库 GaussDB（openGauss），华为 GaussDB 系列数据库产品的出现，让互联网厂商去 IOE、数据库国产化的讨论和呼声再次热烈起来，华为数据库产品让我们看到了国内厂商实现数据库国产化的努力。在华为 GaussDB 发布中有一行文字"向数学致敬、向科学家致敬"。前人的积累必将影响现在的科技，GaussDB 不仅蕴含着华为对数学和科学的敬畏，也承载着华为对基础软件的坚持和梦想，以及我们中国人，尤其中国 IT 人对国产数据库的未来与希望。

本章首先介绍华为数据库的发展历程，然后选取华为开源数据库 openGauss 为代表对华为数据库相关技术进行介绍，具体内容包括 openGauss 的 SQL 引擎、执行器技术、存储技术、事务机制和数据库安全。

本章要点：
- ❏ 华为数据库概述。
- ❏ openGauss SQL 引擎。
- ❏ openGauss 执行器技术。
- ❏ openGauss 存储技术。
- ❏ openGauss 事务机制。
- ❏ openGauss 安全。

17.1 华为数据库概述

华为公司研究数据库是从满足生产实践出发，从研发用于满足局限场景的较简单架构数据库产品开始，逐步向通用型、可规模商用的数据库产品演进，到 2019 年终于正式发布面向企业客户场景的通用分布式数据库产品 GaussDB（openGauss）。

17.1.1 华为数据库的发展历程

1. 华为自研数据库的早期发展阶段

华为公司研究和开发数据库技术及产品最早可追溯到 2001 年。当时，华为公司中央研究院 Dopra 团队为了支撑华为所生产的电信产品（交换机、路由器等），启动了内存数据库存储组件 DopraDB 的研发，从此开启了华为自研数据库的历程。DopraDB 后来随着业务和组织的切换，成为华为高斯数据库团队的 GMDB V1 系列产品。

2005 年，华为的通信产品需要一个以内存处理为中心的数据库，评估了当时最高性能的内存数据库软件，发现其性能和特性无法满足业务需求，便启动了 SMDB（Simple Memory DataBase）的开发。

2008 年，华为核心网产品需要在产品中使用一款轻量级、小型化的磁盘数据库，于是华为基于 PostgreSQL 开源数据库开发 ProtonDB，这是华为与开源数据库 PostgreSQL 数据库的第一次亲密接触。

2. GaussDB的诞生和发展阶段

2011 年，"数字洪水"即将到来，华为铸造"方舟"应对，组建了 2012 实验室。华为公司认为在数字洪水时代，ICT（Information and Communications Technology，信息和通信技术）软件技术栈中数据库是不可缺少的关键技术，因此将原来分散在各个产品线的数据库团队及业务重新组合，在 2012 实验室中央软件院下成立了高斯部，负责华为公司数据库产品和技术的研发。高斯部得名于纪念伟大的数学家高斯（Gauss）。

3. 数据库产业化阶段

随着华为在 2019 年对业界正式发布 GaussDB 数据库，华为自主研发数据库进入了第三阶段，即数据库产业化阶段。华为高斯数据库后续的规划主要围绕如下方面展开。

1）数据库生态

作为一款通用性、规模商用的数据库产品，生态是重中之重，华为将围绕两个方向来解决数据库生态问题。

- ❑ 技术上采用"云化+自动化"方案。通过数据库运行基础设施的云化将 DBA（数据库管理员）和运维人员的日常工作自动化，解决如补丁、升级、故障检测及修复等工作带来的开销。传统数据库随着业务负载变化越跑越慢的问题，依赖 DBA 监控和优化来解决。而通过在数据库内部引入 AI 算法，实现免 DBA 自动数据优化，将进一步降低对人工的依赖。

- ❑ 商业上开展与数据库周边生态伙伴的对接与认证，解决开发者 DBA 数据难获取、应用难对接等生态难题，减少企业客户使用华为高斯数据库面临的后顾之忧。

2）技术竞争力

数据库作为"皇冠上的明珠"，其技术含量十分高，因此想要在市场上击败竞争对手，必须持之以恒地在关键技术上进行大规模投资。华为高斯数据库将在如下方面构筑竞争力。

- ❑ 分布式：构筑世界领先的分布式事务能力和跨 DC（Data Center，数据中心）高可用能力，解决传统关系型数据库可扩展性和可用性不足等瓶颈问题。

- ❑ 云化架构：未来 10 年云数据库将成为市场主流，华为高斯数据库需要构筑满足公有云、私有云和混合云场景的云化架构，满足各种企业场景的云数据库诉求。

- ❑ 混合负载：过去由于数据库性能不足、架构缺乏隔离性，一个数据库实例难以在满足 SLA（Service Level Agreement，服务水平协议）前提下，同时支撑不同业务负载（交易型、分析型）的运行。随着硬件性能的提升和新数据架构理论的创新，在一套数据库中运行多种负载已经成为行业趋势，这不但简化了系统部署，消除了数据复制或搬迁带来的数据一致性问题，同时也提升了系统的可靠性和实时性。

❑ 多模异构：传统数据库围绕关系型数据进行管理，随着移动互联网、IoT（Internet of Things，物联网）、人工智能的普及应用，新类型数据（时序、图、图像等）成为接下来 10 年数据库系统主要的管理类型，这需要支持多模数据管理的新型数据库。通用处理器随着晶体管限制逐步走到极限，而异构加速器（FPGA/GPU/NPU 等）大放异彩，在 AI（人工智能）等场景大量使用，如何通过改造优化数据库架构，实现充分利用"通用处理器＋异构加速器"算力优势，是高斯数据库的重要发展方向之一。

17.1.2 openGauss 数据库概述

2019 年 9 月，在华为 CONNECT 大会上，宣布将开源其 GaussDB 数据库，开源后的产品被命名为 openGauss。简单来说，openGauss 就是 GaussDB T 的开源版。

openGauss 是一款开源关系型数据库管理系统，采用客户端/服务器、单进程多线程架构，支持单机和一主多备部署方式，备机可读，支持双机高可用和读扩展。openGauss 采用木兰宽松许可证 v2 发行，内核源自 PostgreSQL，深度融合华为在数据库领域多年的经验，结合企业级场景需求，持续构建竞争力特性。

1．openGauss数据库的特点

openGauss 是单机系统，在这样的系统架构中，业务数据存储在单个物理节点上，数据访问任务被推送到服务节点执行，通过服务器的高并发，实现对数据处理的快速响应。同时通过日志复制可以把数据复制到备机，提供数据的高可靠性的读扩展。

openGauss 是一款极致性能、安全、可靠的关系型（OLTP）开源数据库。采用协议"木兰宽松许可证（Mulan PSL V2）"用户可以自由复制、使用、修改和分发，不论修改与否。openGauss 的生命周期初步规划为 3 年。相比其他开源数据库，它有以下几个主要特点：

1）高性能

openGauss 提供了面向多核架构的并发控制技术，并结合鲲鹏硬件进行优化，在两路鲲鹏下 TPCC Benchmark 性能达到 150 万 tpmC；针对当前硬件多核 NUMA 的架构趋势，在内核关键结构上采用了 NUMA-Aware 的数据结构；openGauss 还提供 SQL-bypass 智能快速引擎技术。

2）高可用

openGauss 支持主备同步、异步以及级联备机多种部署模式；支持数据页 CRC 校验，损坏数据页通过备机可以自动修复；支持备机并行恢复，10 秒内可提供服务。

3）高安全

openGauss 支持全密态计算、访问控制、加密认证、动态数据脱敏等安全特性，提供全方位端到端的数据安全保护。

4）易运维

openGauss 采用基于 AI 的智能参数调优和索引推荐，提供 AI 自动参数推荐；采用慢 SQL 诊断和多维性能自监控视图，实时掌控系统的性能表现；提供在线自学习的 SQL 时间预测。

5）全开放

openGauss 采用木兰宽松许可证协议，允许对代码自由修改、使用和引用，openGauss 的数据库内核能力全开放；openGauss 相比其他开源数据库主要有多存储模式、NUMA 化内核

结构和高可用等产品特点。

2. openGauss的软件架构

openGauss 主要包含 openGauss 服务器、客户端驱动、OM 等模块,其架构如图 17-1 所示。在 openGauss 的文档中,将 openGauss 服务器称为实例。

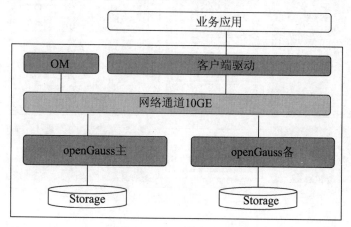

图 17-1　openGauss 软件架构

对图中各模块说明如下:

- □ OM:运维管理模块(Operation Manager),提供 openGauss 日常运维、配置管理的管理接口和工具。
- □ 客户端驱动:客户端驱动(Client Driver),负责接收来自应用的访问请求,并响应返回执行结果;负责与 openGauss 实例的通信,下发 SQL 在 openGauss 实例上执行,并接收命令执行结果。
- □ openGauss 主(备):负责存储业务数据(支持行存、列存和内存表存储),并执行数据查询任务以及向客户端驱动返回执行结果。
- □ Storage:服务器的本地存储资源,持久化存储数据。

3. openGauss的逻辑结构

openGauss 的数据库节点负责存储数据,其存储介质也是磁盘,数据库逻辑结构如图 17-2 所示,从逻辑视角介绍数据库节点都有哪些对象,以及这些对象之间的关系。

具体说明如下:

- □ Tablespace:表空间,是一个目录,可以存在多个,里面存储的是它所包含的数据库的各种物理文件。每个表空间可以对应多个 Database。
- □ Database:数据库,用于管理各类数据对象,各数据库间相互隔离。数据库管理的对象可分布在多个 Tablespace 上。
- □ Datafile Segment:数据文件,通常每张表只对应一个数据文件。如果某张表的数据大于 1GB,则会分为多个数据文件存储。
- □ Table:表,每张表只能属于一个数据库,也只能对应到一个 Tablespace。每张表对应的数据文件必须在同一个 Tablespace 中。
- □ Block:数据块,是数据库管理的基本单位,默认大小为 8KB。

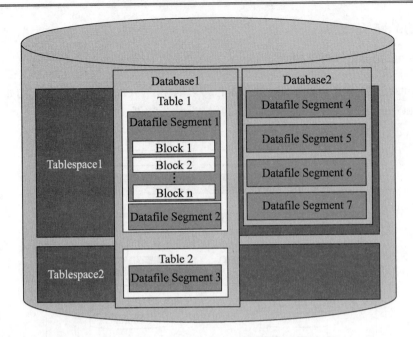

图 17-2　openGauss 逻辑结构

4．openGauss的典型组网

为了保证整个应用数据的安全性，openGauss 的典型组网划分为两个独立网络：前端业务网络和数据管理存储网络，如图 17-3 所示。

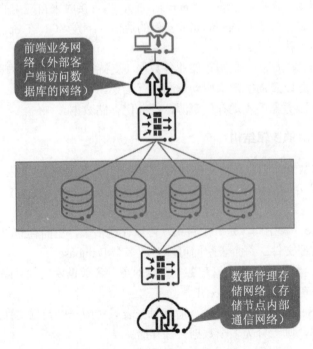

图 17-3　openGauss 的典型组网

openGauss 的典型组网有如下优点：

□ 业务网络与数据库管理存储网络的隔离，有效保护了后端存储数据的安全。
□ 业务网络和数据库管理存储网络的隔离，可以防止攻击者通过互联网对数据库服务器进行管理操作，增加了系统安全性。

17.2　openGauss SQL 引擎

SQL 引擎作为数据库系统的入口，主要承担对 SQL 语言进行解析、优化和生成执行计划的任务。对于用户输入的 SQL 语句，SQL 引擎会对语句进行语法和语义上的分析以判断其是否满足语法规则等，之后会对语句进行优化以便生成最优的执行计划给执行器执行。故 SQL 引擎在数据库系统中承担着承上启下的作用，是数据库系统的"大脑"。

17.2.1　SQL 引擎概述

SQL 引擎负责对用户输入的 SQL 语言进行编译，生成可执行的执行计划，然后将执行计划交给执行引擎进行执行。SQL 引擎整个编译过程如图 17-4 所示，在编译的过程中需要对输入的 SQL 语言进行词法分析、句法分析、语义分析，从而生成逻辑执行计划，逻辑执行计划经过代数优化和代价优化之后，产生物理执行计划。

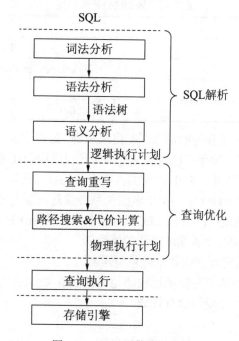

图 17-4　SQL 引擎编译流程

通常可以把 SQL 引擎分成 SQL 解析和查询优化两个主要的模块，openGauss 中参照 SQL 语言标准实现了大部分 SQL 的主要语法功能，并结合应用过程中的具体实践对 SQL 语言进行了扩展，具有良好的普适性和兼容性。openGauss 的查询优化功能也主要分成了逻辑优化和物理优化两个部分，从关系代数和物理执行两个角度对 SQL 进行优化，进而结合自底向上的动态规划方法和基于随机搜索的遗传算法对物理路径进行搜索，从而获得较好的执行计划。

17.2.2　SQL 解析

SQL 语句在数据库管理系统中的编译过程符合编译器实现的常规过程，需要进行词法分析、语法分析和语义分析，下面分别进行介绍。

- □ 词法分析：从查询语句中识别出系统支持的关键字、标识符、操作符和终结符等，确定每个词自己固有的词性，常用工具如 flex。
- □ 语法分析：根据 SQL 语言的标准定义语法规则，使用词法分析中产生的词去匹配语法规则，如果一个 SQL 语句能够匹配一个语法规则，则生成对应的抽象语法树，常用工具如 Bison。
- □ 语义分析：对抽象语法树进行有效性检查，检查语法树中对应的表、列、函数及表达式是否有对应的元数据，将抽象语法树转换为查询树。

在 SQL 标准中，确定了 SQL 的关键字以及语法规则信息，SQL 解析器在分析的过程中会将一个 SQL 语句根据关键字信息以及间隔信息划分为独立的原子单位，每个单位以一个词的方式展现，例如有 SQL 语句：

```
SELECT sname From students WHERE sno=001;
```

上述 SQL 语句可以划分的关键字、标识符、运算符和常量等原子单位如表 17-1 所示。

表 17-1　表词法分析的特征

词　　性	内　　容
关键字	SELECT、FROM、WHERE
标识符	sname、students、sno
运算符	=
常量	001

语法分析会根据词法分析获得的词来匹配语法规则，最终生成一个抽象语法树，每个词作为语法树的叶子节点出现。抽象语法树表达的语义还仅仅限制在能够保证应用的 SQL 语句符合 SQL 标准的规范，但是对于 SQL 语句的内在含义还需要做以下有效性检查。

- □ 检查关系的使用：FROM 子句中出现的关系必须是该查询对应模式中的关系或视图。
- □ 检查与解析属性的使用：在 SELECT 语句中或者 WHERE 子句中出现的各个属性必须是 FROM 子句中某个关系或视图的属性。
- □ 检查数据类型：所有属性的数据必须是匹配的。

在有效性检查的同时，语义分析的过程还是有效性语义绑定的过程，通过语义分析的检查，抽象语法树就转换成一个逻辑执行计划。

17.2.3　查询优化

SQL 语句在编写的过程中，数据库应用开发人员通常会考虑以不同的形式编写 SQL 语句以达到提升执行性能的目的。那么，为什么还需要查询优化器来对 SQL 进行优化呢？这是因为一个应用程序可能会涉及大量的 SQL 语句，而且有些 SQL 语句的逻辑极为复杂，数据库开发人员很难面面俱到地写出高性能语句，而查询优化器则具有以下独特的优势：

1）查询优化器和数据库开发人员之间存在信息不对称

查询优化器在优化的过程中会参考数据库统计模块自动产生的统计信息，这些统计信息从各个角度来描述数据的分布情况，查询优化器会综合考虑统计信息中的各种数据，从而得到一个比较好的执行方案，而数据库开发人员一方面无法全面地了解数据的分布情况，另一方面也很难通过统计信息构建一个精确的代价模型对执行计划进行筛选。

2）查询优化器和数据库开发人员之间的时效性不同

数据库中的数据瞬息万变，一个在 A 时间点执行性能很高的执行计划，在 B 时间点由于数据内容发生了变化，它的性能可能就很低，查询优化器则随时都能根据数据的变化调整执行计划，而数据库应用程序开发人员则只能手动地调整 SQL 语句，和查询优化器相比，它的时效性比较低。

3）查询优化器和数据库开发人员的计算能力不同

目前计算机的计算能力已经大幅提高，在执行数值计算方面和人脑相比具有巨大的优势，查询优化器对一个 SQL 语句进行优化时，可以从成百上千个执行方案中选择一个最优方案，而人脑要计算这几百种方案需要的时间要远远长于计算机。

因此，查询优化器是提升查询效率的非常重要的一个手段，虽然一些数据库也提供了人工干预执行计划生成的方法，但是通常，查询优化器的优化过程对数据库开发人员是透明的，它自动进行逻辑上的等价变换、自动进行物理执行计划的筛选，极大地提高了数据库应用程序开发人员的"生产力"。

依据优化方法的不同，优化器的优化技术可以分为以下 3 种。

- ❑ RBO（Rule Based Optimization，基于规则的查询优化）：根据预定义的启发式规则对 SQL 语句进行优化。
- ❑ CBO（Cost Based Optimization，基于代价的查询优化）：对 SQL 语句对应的待选执行路径进行代价估算，从待选路径中选择代价最低的执行路径作为最终的执行计划。
- ❑ ABO（AI Based Optimization，基于机器学习的查询优化）：收集执行计划的特征信息，借助机器学习模型获得经验信息，进而对执行计划进行调优，获得最优的执行计划。

在早期的数据库中，查询优化器通常采用启发式规则进行优化，这种优化方式不够灵活，往往难以获得最优的执行代价，而基于代价的优化则能够针对大多数场景高效筛选出性能较好的执行计划，但面对千人千面的用户和日趋复杂的实际查询场景，普适性的查询优化难以捕捉到用户特定的查询需求、数据分布、硬件性能等特征，难以全方位满足实际的优化需求。

近年来，AI 技术发展迅速，特别是在深度学习领域。ABO 在建模效率、估算准确率和自适应性等方面都有很大优势，有望打破 RBO 和 CBO 基于静态模型的限制。通过对历史经验的不断学习，ABO 将目标场景的模式进行抽象化，形成动态的模型，自适应地针对用户的实际场景进行优化。openGauss 采用基于 CBO 的优化技术，在 ABO 方面也在进行积极探索。

17.3　openGauss 执行器技术

执行器在数据库的整个体系结构中起承上（优化器）启下（存储）的作用，对上承接优化器产生的最优执行计划，并按照执行计划进行流水线式的执行，对底层的存储引擎中的数据进行操作。openGauss 数据库将执行的过程抽象成了不同类型的算子，同时结合编译执行、向量化执行、并行执行等方式，组成了全面、高效的执行引擎。本节将介绍执行器的架构。

17.3.1 openGauss 执行器概述

从客户端发出一条 SQL 语句到结果返回给客户端的整体执行流程如图 17-5 所示，从中可以看到执行器所处的位置。

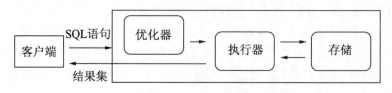

图 17-5 客户端发出 SQL 语句的执行流程示意

如果把数据库看成一个组织，优化器位于组织的最上层，是这个组织的首脑，是下达指令的机构，执行器位于组织的中间，听从优化器的指挥，严格执行优化器给予的计划，将从存储空间中读取的数据进行加工处理最终返回给客户端。

执行器接收到的指令就是由优化器应对 SQL 查询翻译出来的关系代数运算符所组成的执行树。一个形象的执行树如图 17-6 所示。

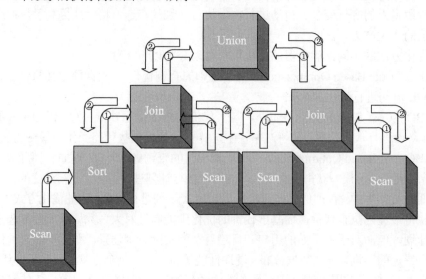

图 17-6 执行树示意

图中的每一个方块代表一个具体的关系代数运算符，称其为算子，而两种箭头代表流。其中，标注为①的流代表数据流，可以看到数据从叶节点流到根节点；标注为②的流代表控制流，从根节点向下驱动（指上层节点调用下层节点函数的数据传送函数，从下层节点请求数据）。

执行器的整体目标就是在每一个由优化器构建出来的执行树上，通过控制流驱动数据流在执行树上高效流动，其流动的速度决定了执行器的处理效率。

17.3.2 openGauss 执行引擎

下面介绍 openGauss 的执行引擎，执行器的整体执行流程如图 17-7 所示。

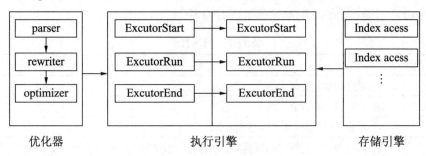

图 17-7 执行器的整体执行流程

17.3.1 小节描述了执行器在整个数据库架构中所处的位置，执行引擎的执行流程非常清晰，分成以下 3 个阶段。

❑ 初始化阶段。在这个阶段执行器会完成一些初始化工作，通常的做法是遍历整个执行树，根据每个算子的不同特征进行初始化执行。如 HashJoin 这个算子，在这个阶段会进行 Hash 表的初始化，主要是内存的分配。

❑ 执行阶段。这个阶段是执行器最重要的部分。在这个阶段，执行器完成对于执行树的迭代（Pipeline）遍历，通过从磁盘读取数据，根据执行树的具体逻辑完成查询语义。

❑ 清理阶段。因为执行器在初始化阶段向系统申请了资源，所以在这个阶段要完成对资源的清理。如在 HashJoin 初始化时对 Hash 表内存申请的释放。

17.3.3 执行算子

表达一个 SQL 语句需要很多不同的代数运算符进行组合，openGauss 为了完成这些代数运算符的功能，引入了算子（Operator）。算子是执行树最基本的运算单元。按照不同的功能，算子划分为控制算子、扫描算子、物化算子和连接算子 4 种，下面分别介绍。

1. 控制算子

控制算子并不映射代数运算符，而是为使执行器完成一些特殊的流程所引入的，其主要类型及描述如表 17-2 所示。

表 17-2 控制算子

类 型	描 述
Result	处理仅需要一次计算的条件表达式或 insert 语句中的 value 子句
Append	处理大于或等于 2 的子树流程
BitmapAnd	需要对两个或两个以上的位图进行并操作的流程
BitmapOr	需要对两个或两个以上的位图进行或操作的流程
RecursiveUnion	用于处理 with recursive 递归查询
Limit	用于处理下层数据的 limit 操作
VecToRow	用于普通执行器和向量化执行器之间数据传输的转换

2. 扫描算子

扫描算子负责从底层数据抽取数据，数据来源可能来自文件系统，也可能来自网络（分布式查询）。扫描节点（算子在执行树上称为节点）都位于执行树的叶子节点，作为执行树的数据输入来源。扫描算子的类型及描述如表 17-3 所示。

表 17-3　扫描算子

类　　型	描　　述
SeqScan	顺序扫描行存储
CstoreScan	顺序扫描列存储
DfsScan	顺序扫描HDFS类文件系统
Stream	顺序扫描来自网络的数据流，数据流一般来自其他子树执行分发到网络中的数据
BitmapHeapScan	通过Bitmap结构获取元组
BitmapIndexScan	利用索引获取满足条件的Bitmap结构
TidScan	通过事先得到的Tid来扫描Heap上的数据
SubqueryScan	通过查询的输出来扫描数据
ValuesScan	扫描Values子句产生的数据源
CteScan	扫描Cte表达式
WorkTableScan	扫描RecursiveUnion产生的迭代数据
FunctionScan	扫描Function产生的批量数据
IndexScan	扫描索引得到Tid，然后从Heap上扫描数据
IndexOnlyScan	在某些情况下，可以只用扫描索引就能得到查询想要的数据，因此不需要扫描Heap
ForgeinScan	从用户定义的外表数据源扫描数据

3. 物化算子

物化算子指算子的处理无法全部在内存中完成，需要进行下盘（即写入磁盘）操作。因为物化算子算法要求，在做物化算子逻辑处理时，要求把下层的数据进行缓存处理。因为对于下层算子返回的数据量不可提前预知，所以需要在物化算子算法上考虑数据无法全部放置到内存的情况。物化算子的类型及描述如表 17-4 所示。

表 17-4　物化算子

类　　型	描　　述
Sort	对下层数据进行排序，例如快速排序
Group	对下层已经排序的数据进行分组
Agg	对下层数据进行分组（无序）
Unique	对下层数据进行去重操作
Hash	对下层数据进行缓存，存储到一个Hash表里
SetOp	对下层数据进行缓存，用于处理Intersect等集合操作

4. 连接算子

连接算子是为了应对数据库中最常见的连接操作，根据处理算法和数据输入源的不同，连接算子分成以下几种类型，如表 17-5 所示。

表 17-5　连接算子

类　　型	描　　述
NetsLoop	对下层两股数据流实现循环嵌套连接操作
MergeJoin	对下层两股排序数据流实现归并连接操作
HashJoin	对下层两股数据流实现哈希连接操作

同时为了应对不同的连接操作，openGauss 定义了连接算子的连接类型，并定义两股数据流，一股为 S1（左），一股为 S2（右）。

表 17-5 中的 3 个连接算子都已经支持表 17-6 中 6 种不同的连接类型。

表 17-6　连接算子的连接类型

连接算子的连接类型	描　　述
Inner Join	内连接，对于S1和S2上满足条件的数据进行连接操作
Left Join	左连接，对于S1没有匹配S2的数据，进行补空输出
Right Join	右连接，对于S2没有匹配S1的数据，进行补空输出
Full Join	全连接，除了Inner Join的输出部分，对于S1和S2没有匹配的部分，进行各自补空输出
Semi Join	半连接，当S1能够在S2中找到一个匹配的，单独输出S1
Anti Join	反连接，当S1能够在S2中找不到一个匹配的，单独输出S1

1）NestLoop 算子

对于左表中的每一行，扫描一次右表。算法简单，但非常耗时（计算笛卡儿乘积），如果可以用索引扫描右表，则可能是一个不错的策略。可以将左表的当前行中的值用作右索引扫描的键。

2）MergeJoin

在连接开始前，先对每个表按照连接属性（Join Attributes）进行排序，然后并行扫描两个表，组合匹配的行形成连接行。MergeJoin 只需扫描一次表。排序可以通过排序算法或使用连接键上的索引来实现。

3）HashJoin

先扫描内表，并根据其连接属性计算哈希值作为哈希键（Hash Key，也称散列键）存入哈希表中。然后扫描外表，计算哈希键，在哈希表中找到匹配的行。

对于连接的表无序的情况，MergeJoin 操作需要将两个表扫描并进行排序，复杂度会达到 O（nlogn），而 NestLoop 操作是一种嵌套循环的查询方式，复杂度达到 O（n²）。而 HashJoin 操作借助哈希表来加速查询，复杂度基本在 O（n）。

不过，HashJoin 操作只适用于等值连接，对于>、<、<=、>=这样的连接还需要 NestLoop 这种通用的连接方式来处理。如果连接键是索引列，且本来就有序，或者 SQL 本身需要排序，那么用 MergeJoin 操作的代价会比 HashJoin 操作更小。

17.3.4　openGauss 执行器简介

本节将介绍 openGauss 执行器的几个高级特性，在介绍高级特性之前，先简单介绍当前

CPU 体系架构中影响性能的几个关键因素。这些关键因素和其对应的技术构成了执行器中的两个高级特性：编译执行和向量化引擎。影响性能的关键因素如下：

1）函数调用

函数调用过程中需要维护参数和返回地址在栈帧的管理，处理完成之后还要返回之前的栈帧，因此在用户的函数调用过程中，CPU 要消耗额外的指令进行函数调用上下文的维护。

2）分支预测

指令在现代 CPU 中以流水线运行，当处理器遇到分支条件跳转指令时，通常不能确定执行哪个分支，因此处理器采用分支预测来预测每条跳转指令是否会执行。如果猜测准确，那么流水线中就会充满指令；如果对跳转猜测错误，那么就要求处理器丢掉它这个跳转指令后的所有已做的操作，然后再开始用从正确位置起始的指令去填充流水线。可以看到，这种预测错误会导致很严重的性能惩罚，即会导致 20～40 个时钟周期的浪费，从而导致 CPU 性能严重下降。提速方式有两种：一种是更准确的智能预测，但是无论多么准确，总会存在误判；另一种就是从根本上消除分支。

3）CPU 存取数据

CPU 对于数据的存取存在鲜明的层次关系，CPU 在寄存器、CPU 高速缓存（CACHE）、内存中的存取速度依次越来越慢，所承载的容量却越来越大。同时，CPU 在访问数据时也会遵循从快到慢的原则，如缓存中找不到的数据才会从内存中找，而这两者的访问速度差距在两个数量级。如果 CPU 的访问模式是线性的（如访问数组），CPU 会主动将后续的内存地址预加载到缓存，这就是 CPU 的数据预取。因此，如果程序能够充分利用这个特征，将大大提高程序的性能。

4）SIMD（单指令多数据流）

对于计算密集型程序来说，可能经常需要对大量不同的数据进行同样的运算。SIMD 引入之前，执行流程为同样的指令重复执行，每次取一条数据进行运算。而 SIMD 可以一条指令执行多个位宽数据的计算。如当前最新的体系结构已经支持 512 位宽的 SIMD 指令，那么对于 16 位整型的加法，可以并行执行 32 个整型对的加法。

17.4　openGauss 存储技术

OLTP（联机事务处理）系统以高并发读写为主，数据实时性要求非常高，数据以行的形式组织，最适合面向外存设计的行存储引擎。随着内存逐渐变大，服务器上万亿字节（TB）大小的内存已经很常见，内存引擎面向大内存而设计，提高了系统的吞吐量，并降低了业务时延。OLAP（联机分析处理）系统主要面向大数据量分析场景，对数据存储效率、复杂计算效率的要求非常高。列存储引擎可以提供很高的压缩比，同时面向列的计算，CPU 指令高速缓存和数据高速缓存的命中率比较高，计算性能比较好，可按需读取列数据，大大减少了不必要的磁盘读取，非常适合数据分析的场景。

openGauss 系统具有可插拔、自组装的特点，并支持多个存储引擎来满足不同场景的业务诉求，目前支持行存储引擎、列存储引擎和内存引擎。本节主要介绍 openGauss 的行存储引擎和列存储引擎。

17.4.1 openGauss 存储概览

早期计算机程序通过文件系统管理数据，到了 20 世纪 60 年代，这种方式开始不能满足数据管理要求了，用户逐渐对数据并发写入的完整性、高效的检索提出更高的要求。由于机械磁盘的随机读写性能问题，从 20 世纪 80 年代开始，大多数数据库一直围绕着减少随机读写磁盘进行设计，主要思路是把对数据页面的随机写盘转换为对 WAL（Write Ahead Log，预写式日志）的顺序写盘，WAL 持久化完成，事务就算提交成功，数据页面异步将数据刷新到磁盘上。

随着内存容量变大和保电内存、非易失性内存的发展，以及 SSD（Solid State Disk，固态硬盘）技术的逐渐成熟，磁盘的 I/O（输入/输出）性能得到极大提高，经历了几十年发展的存储引擎需要调整架构来发挥 SSD 的性能和充分利用大内存计算的优势。随着互联网、移动互联网的发展，数据量剧增，业务场景呈现多样化，一套固定不变的存储引擎不可能满足所有应用场景的需求，因此，现在的 DBMS 需要支持多种存储引擎，以根据业务场景来选择合适的存储模型。

1. 数据库存储引擎需要解决的问题

数据库存储引擎需要解决的问题如下：
- ❑ 存储的数据必须要保证原子性（A）、一致性（C）、隔离性（I）和持久性（D）。
- ❑ 支持高并发读写、高性能。
- ❑ 充分发挥硬件的性能，解决数据的高效存储和检索能力。

2. openGauss存储引擎概述

当前，openGauss 存储引擎有以下 3 种。
- ❑ 行存储引擎：主要面向 OLTP 场景设计，如订货、发货及银行交易系统。
- ❑ 列存储引擎：主要面向 OLAP 场景设计，如数据统计报表分析。
- ❑ 内存引擎：主要面向极致性能场景设计，如银行风控场景。

创建表时可以指定为行存储引擎表、列存储引擎表和内存引擎表，支持一个事务中包含对 3 种引擎表的 DMI 操作，可以保证事务的 ACID 性质。

17.4.2 openGauss 行存储引擎

openGauss 行存储引擎采用原地更新（in-place update）设计，支持 MVCC（Multi-Version Concurrency Control，多版本并发控制），同时支持本地存储和存储与计算分离的部署方式。行存储引擎的特点是支持高并发读写，时延小，适合 OLTP 交易类业务场景。

openGauss 的行存储引擎在设计上支持 MVCC，采用集中式垃圾版本回收机制，可以提供 OLTP 业务系统的高并发读写要求，支持存储、计算分离架构，存储层异步回放日志。行存储引擎架构如图 17-8 所示。

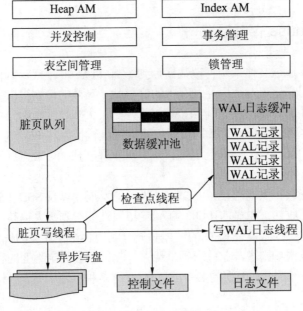

图 17-8　行存储引擎架构

行存储引擎的关键技术如下：

❑ 基于事务 ID 以及 ctid（行号）的多版本管理。

❑ 基于 CSN（Commit Sequence Number，待提交事务的序列号，它是一个 64 位递增无符号数）的多版本可见性判断以及 MVCC 机制。

❑ 基于大内存设计的缓冲区管理。

❑ 平滑无性能波动的增量检查点（checkpoint）。

❑ 基于并行回放的快速故障实例恢复。

17.4.3　openGauss 列存储引擎

传统行存储数据压缩率低，必须按行读取，即使只读取一列也必须读取整行。在分析性的作业以及业务负载的情况下，数据库往往会遇到针对大量表的复杂查询，而这种复杂查询中往往仅涉及一个较宽（表列数较多）的表中的个别列。此类场景下，行存储以行作为操作单位，会引入与业务目标数据无关的数据列的读取与缓存，造成了大量 I/O 的浪费，性能较差。因此，openGauss 提供了列存储引擎的相关功能。创建表时，可以指定行存储还是列存储。

总体来说，列存储有以下优势：

❑ 列的数据特征比较相似，适合压缩，压缩比很高，在数据量较大（如数据仓库）场景下会节省大量磁盘空间，同时也会提高单位作业下的 I/O 效率。

❑ 当表中列数比较多，但是访问的列数比较少时，列存储可以按需读取列数据，大大减少不必要的 I/O，提高查询性能。

❑ 基于列批量数据向量运算，结合向量化执行引擎，CPU 的缓存命中率比较高，性能比较好，更适合 OLAP 大数据统计分析的场景。

❑ 列存储表同样支持 DML 操作和 MVCC，功能完备，且在使用角度上做了良好的兼容，基本是对用户透明的，方便使用。

列存储引擎的存储基本单位是 CU（Compression Unit，压缩单元），即表中一列的一部分数据组成的压缩数据块。行存储引擎中是以行作为单位来管理的，而当使用列存储时，整个表整体按照不同列划分为若干个 CU，划分方式如图 17-9 所示。

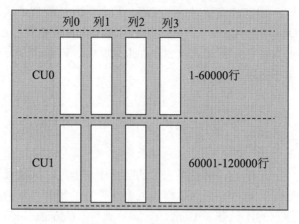

图 17-9　CU 划分方式

如图 17-9 所示，假设以 6 万行作为一个单位，则一个 12 万行、4 列宽的表被划分为 8 个 CU，每个 CU 对应一个列上的 6 万个列数据。图中有列 0、列 1、列 2、列 3 共 4 列，数据按照行切分了两个行组（Row Group），每个行组有固定的行数。针对每个行组按照列做数据压缩，形成 CU。每个行组内各个列的 CU 的行边界是完全对齐的。当然，大部分时候，CU 在经过压缩后，因为数据特征与压缩率的不同，文件大小会完全不同。

为了管理表对应的 CU，与执行器层进行对接来提供各种功能，列存储引擎使用了 CUDesc（压缩单元描述符）表来记录一个列存储表中 CU 对应的元信息，列存储引擎整体架构如图 17-10 所示。

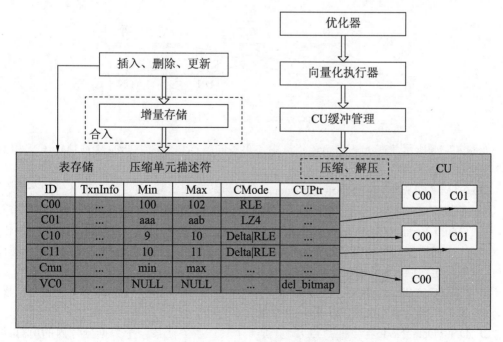

图 17-10　列存储引擎整体架构

每个 CU 对应一个 CUDesc 的记录，在 CUDesc 里记录了整个 CU 的事务时间戳信息、CU 的大小、存储位置、magic 校验码及 min/max 等信息。

与此同时，每张列存储表还配有一张 Delta 表，Delta 表自身为行存储表，当有少量的数据插入一张列存储表时，数据会被暂时放入 Delta 表，等到达阈值或满足一定条件或操作时再整合为 CU 文件。Delta 表可以帮助避免单点数据操作带来的加重的 CU 操作与开销。

设计采用多版本并发控制，删除通过引入虚拟列映射（Virtual ColumnBitmap）来标记删除，映射（Bitmap）是多版本的。

17.5 openGauss 事务机制

事务是为用户提供的最核心、最具吸引力的数据库功能之一。简单地说，事务是用户定义的一系列数据库操作（如查询、插入、修改或删除等）的集合，从数据库内部保证了该操作集合（作为一个整体）的原子性（Atomicity）、一致性（Consistency）、隔离性（Isolation）和持久性（Durability），这些特性统称事务的 ACID 特性。本节主要结合 openGauss 的事务机制和实现原理，阐述 openGauss 是如何保证事务的 ACID 特性的。

17.5.1 openGauss 事务概览

openGauss 是一个分布式的数据库。同样的，openGauss 的事务机制也是一个从单机到分布式的双层架构，如图 17-11 所示为 openGauss 集群事务组件构成示意图。

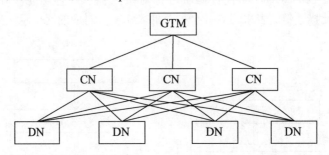

图 17-11 openGauss 集群事务组件构成示意图

如图 17-11 所示，在 openGauss 集群中，事务的执行和管理主要涉及 GTM、CN 和 DN 共 3 种组件，下面分别进行介绍。

❑ GTM（Global Transaction Manager，全局事务管理器）：负责全局事务号的分发、事务提交时间戳的分发以及全局事务运行状态的登记。对于采用多版本并发控制（Multi-Version Concurrency Control，MVCC）的事务模型，GTM 本质上可以简化为一个递增序列号（或时间戳）生成器，其为集群的所有事务进行了全局的统一排序，以确定快照（Snapshot）内容并由此决定事务可见性。

❑ CN（Coordinator Node，协调者节点）：负责管理和推进一个具体事务的执行流程，维护和推进事务执行的事务块状态机。

❑ DN（Data Node，数据节点）：负责一个具体事务在某一个数据分片内的所有读写操作。

17.5.2　openGauss 事务 ACID 特性

1. openGauss中的事务持久性

和业界几乎所有的数据库一样，openGauss 通过将事务对于数据库的修改写入可永久（长时间）保存的存储介质中，来保证事务的持久性，这个过程称为事务的持久化过程。持久化过程是保证事务持久性必不可少的环节，其效率对于数据库整体性能影响很大，常常成为数据库的性能瓶颈。

最常用的存储介质是磁盘，对于磁盘来说，其每次读写操作都有一个"启动"代价，因此在单位时间内（每秒内），一个磁盘可以进行的读写操作次数（Input/Output Operations Per Second，IOPS）是有上限的。HDD 磁盘的 IOPS 一般在 1000 次/秒以下，SSD 磁盘的 IOPS 可以达到 10000 次/秒。另一方面，如果多个磁盘读写请求的数据在磁盘上是相邻的，那么可以被合并为一次读写操作，这导致磁盘顺序读写的性能通常远优于随机读写。

一般来说，尤其是在 OLTP 场景下，用户对于数据库数据的修改是比较分散随机的。如果在持久化过程中，直接将这些分散的数据写入磁盘，那么这个随机写入的性能是比较差的。因此，数据库通常都采用预写日志（Write Ahead Log，WAL）来避免持久化过程中的随机 I/O。所谓预写日志，是指在事务提交时，先将事务对于数据库的修改写入一个顺序追加的 WAL 文件中。由于 WAL 的写操作是顺序 I/O，因此其可以达到一个比较高的性能。另一方面，对于真正修改的物理数据文件，再等待合适的时机写入磁盘，以尽可能合并该数据文件上的 I/O 操作。

在一个事务完成日志的下盘操作（即写入磁盘）以后，该事务就可以完成提交动作。如果在此之后数据库发生宕机，那么数据库会首先从已经写入磁盘的 WAL 文件中恢复出该事务对于数据库的修改操作，从而保证事务一旦提交即具备持久性的特点。

2. openGauss中的事务原子性

如图 17-12 所示，openGauss 通过 WAL、事务提交信息日志以及更新记录的多版本来保证写事务的原子性。

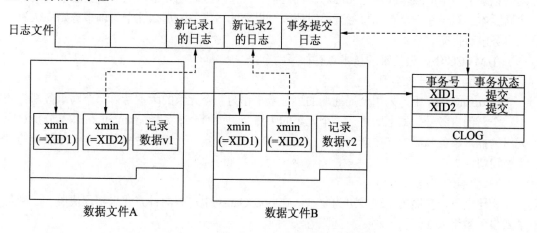

图 17-12　openGauss 事务的原子性示意图

通常将一条记录在数据库内部的物理组织方式称为元组，其在形式上类似一个结构体。对于每一条新插入的记录，在它们元组结构体头部的 xmin 成员处都附加了插入事务的唯一标识，即一个全局递增的事务号（Transaction ID，XID）。插入的记录（元组）连同它们的头部会被顺序写入 WAL 中。

事务是原子性的，例如以下插入事务语句：

```
START TRANSACTION;
INSERT INTO t(a) VALUES(v1);
INSERT INTO t(a) VALUES(v2);
COMMIT;
```

在该事务的提交阶段，在 WAL 中，会插入一条事务提交日志，以持久化该事务的提交结果，并会在专门的 CLOG（Commit LOG，事务提交信息日志）中记录该事务号对应的事务提交结果（提交还是回滚）。此后，如果有查询事务读到这两条记录，会首先去 CLOG 中查询记录头部事务号对应的提交信息，如果为提交状态，并且通过可见性判断，那么这两条记录会在查询结果中返回；如果为回滚状态，或者为提交状态但是该事务号对该查询不可见，那么这两条记录不会在查询结果中返回。因此，在没有故障发生的情况下，上述插入两行记录的事务是原子的，不会发生只看到插入一条记录的"中间状态"。

下面考虑故障场景。

❑ 如果在事务写下提交日志之前，数据库发生宕机，那么数据库恢复过程中虽然会把这两条记录插入数据页面中，但是并不会在 CLOG 中将该插入事务号标识为提交状态，后续查询也不会返回这两条记录。

❑ 如果在事务写下提交日志之后，数据库发生宕机，那么数据库恢复过程中，不仅会把这两条记录插入数据页面中。同时，还会在 CLOG 中将该插入事务号标识为提交状态，后续查询可以同时看见这两条插入的记录。因此，在故障场景下，上述插入两行记录的事务操作亦是原子性的。

3. openGauss中的事务一致性

openGauss 采用 MVCC（多版本并发控制）机制来保证与写事务并发执行的查询事务的一致性。MVCC 的基本机制是：写事务不会原地修改元组内容，而是将被修改的元组标记为这条记录的一个旧版本（标记 xmax），同时插入一条修改后的元组，从而产生这条记录的一个新版本；对于在一个查询事务开始时还没有提交的写事务，那么这个查询事务始终认为该写事务没有提交。

在 MVCC 中，最关键的技术点有如下两个：

1）元组版本号的实现

在 openGauss 中，采用全局递增的事务号来作为一个元组的版本号，每个写事务都会获得一个新的事务号。如上所述，一个元组的头部会记录两个事务号 xmin 和 xmax，分别对应元组的插入事务和删除（更新）事务。xmin 和 xmax 决定了元组的生命期，也即该版本的可见性窗口。

2）快照的实现

相比之下，快照的实现要更为复杂。在 openGauss 中，有两种方式来实现快照：一种是活跃事务数组方法，另一种是时间戳方法。

4．openGauss中的事务隔离性

事务的一致性反映的是某一个事务在其他并发事务"眼中"的状态。事务隔离性是某一个事务在执行过程中，它"眼中"其他所有并发事务的状态。一致性和隔离性，两者相互联系，在 openGauss 中两者均是基于 MVCC 和快照实现的；同时，两者又有一定区别，对于较高的隔离级别，除了 MVCC 和快照之外，还需要辅以其他的机制来实现。

在数据库业界，一般按由低到高将隔离性分为以下 4 个隔离级别：读未提交、读已提交、可重复读、可串行化。每个隔离级别按照在该级别下禁止发生的异常现象来定义。这些异常现象如下：

- ❑ 脏读：指一个事务在执行过程中读到并发的、还没有提交的写事务的修改内容。
- ❑ 不可重复读：指在同一个事务内，先后两次读到的同一条记录的内容发生了变化（被并发的写事务修改）。
- ❑ 幻读：指在同一个事务内，先后两次执行的、谓词条件相同的范围查询，返回的结果不同（并发写事务插入了新记录）。

隔离级别越高，在一个事务执行过程中，它能"感知"到的并发事务的影响越小。在最高的可串行化隔离级别下，任意一个事务的执行，均"感知"不到有任何其他并发事务执行的影响，并且所有事务执行的效果就和一个个顺序执行的效果完全相同。在 openGauss 中，隔离级别的实现基于 MVCC 和快照机制，因此这种隔离方式被称为快照隔离（Snapshot Isolation, SI）。目前，openGauss 支持读已提交（Read Committed）和可重复读（Repeatable Read）这两种隔离级别。两者实现上的差别在于在一个事务中获取快照的次数。

如果采用读已提交的隔离级别，那么在一个事务块中每条语句的执行开始阶段，都会去获取一次最新的快照，从而可以看到那些在本事务块开始以后、在前面语句执行过程中提交的并发事务的效果。如果采用可重复读的隔离级别，那么在一个事务块中，只会在第一条语句的执行开始阶段，获取一次快照，后面执行的所有语句都会采用这个快照，整个事务块中的所有语句均不会看到该快照之后提交的并发事务的效果。

17.5.3　openGauss 分布式事务

1．分布式事务的原子性和两阶段提交协议

为了保证分布式事务的原子性，防止出现部分 DN 提交、部分 DN 回滚的"中间态"事务，openGauss 采用两阶段提交（2PC）协议。

如图 17-13 所示，两阶段提交协议将事务的提交操作分为准备阶段和提交阶段两个阶段。

- ❑ 准备阶段（prepare phase）：在这个阶段，将所有提交操作所需要用到的信息和资源全部写入磁盘，完成持久化。
- ❑ 提交阶段（commit phase）：根据之前准备好的提交信息和资源，执行提交或回滚操作。

两阶段提交协议之所以能够保证分布式事务 原子性的关键在于：一旦准备阶段执行成功，那么提交选择的所有信息都完成持久化下盘（写入磁盘），即使后续提交阶段某个 DN 发生执行错误，该 DN 可以再次从持久化的提交信息中尝试提交，直至提交成功。最终该分布式事务在所有 DN 上的状态一定是相同的，要么所有 DN 都提交，要么所有 DN 都回滚。因

此，对外来说，该事务的状态变化是原子性的。

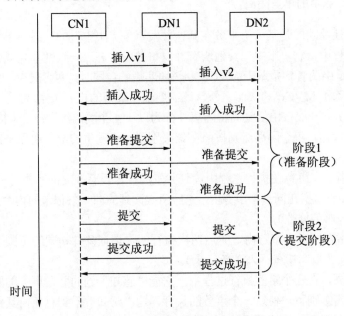

图 17-13　两阶段提交流程示意图

表 17-7 总结了在 openGauss 分布式事务中的不同阶段。

表 17-7　发生故障或执行失败时事务的最终状态

故障或执行失败阶段	事务最终状态
SQL 语句执行阶段	回滚
准备阶段	回滚
准备阶段和提交阶段之间	可回滚，也可提交
提交阶段	提交

2．分布式事务一致性和全局事务管理

为了防止瞬时不一致现象，并支持分布式事务的强一致性，一般需要全局范围内的事务号和快照，以保证全局 MVCC 和快照的一致性。在 openGauss 中，GTM 负责提供和分发全局的事务号和快照。任何一个读事务都需要到 GTM 上获取全局快照；任何一个写事务都需要到 GTM 上获取全局事务号。

对于读事务来说，由于写事务在其从 GTM 获取的快照中，因此即使写事务在不同 DN 上的提交顺序和读事务的执行顺序不同，也不会造成不一致的可见性判断和不一致的读取结果。在 openGauss 中，采用本地两阶段事务补偿机制。对于在 DN 上读取到的记录，如果其 xmin 或者 xmax 已经不在快照中，但是它们对应的写事务还在准备阶段，那么查询事务将会等到这些事务在 DN 本地完成提交之后，再进行可见性判断。考虑到通过两阶段提交协议，可以保证各个 DN 上事务最终的提交或回滚状态一定是一致的，因此在这种情况下各个 DN 上记录的可见性判断也一定是一致的。

17.6　openGauss 安全

数据库安全作为数据库系统的护城河，通过访问登录认证、用户权限管理、审计与监视、数据隐私保护以及安全信道等技术手段防止恶意攻击者访问、窃取、篡改和破坏数据库中的数据，阻止未经授权用户通过系统漏洞进行仿冒、提权等方式恶意使用数据库。

openGauss 作为新一代自治安全数据库，为有效保障用户隐私数据、防止信息泄露，构建了由内而外的数据库安全保护措施。本节将介绍和分析 openGauss 所采用的安全技术以及在不同应用场景下所采用的不同的安全实施策略。

作为独立的组件，传统的数据库系统构建于特定的操作系统平台上，以对外提供数据管理服务，或者通过对接可视化管理界面对外提供数据管理服务，整个系统部署在一个封闭的网络环境中。系统中的数据存放于物理存储介质上，存储介质可以为机械磁盘，也可以为 SSD（固态硬盘）。硬件的稳定性和可靠性作为重要的一个环节，保障了数据整体的存储安全。

随着云化技术的快速发展，数据逐步上传到云，系统所处的环境越来越复杂，相对应的系统风险也逐步增加。openGauss 作为分布式系统，需要横跨不同的网络区域进行部署。除了需要像传统数据库那样从系统访问、数据导入和数据存储等维度来考虑系统安全体系外，还需要考虑网络安全、虚拟隔离等与实际业务场景紧密相关的安全措施。一个完整的 openGauss 安全机制体系如图 17-14 所示。

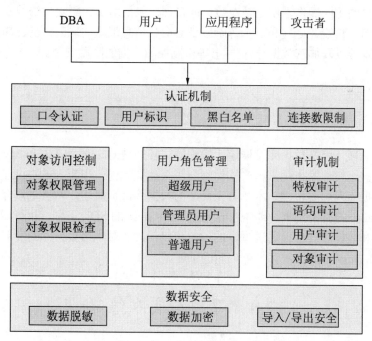

图 17-14　openGauss 安全机制体系

openGauss 安全机制充分考虑了数据库可能的接入方，包括 DBA、用户、应用程序以及通过攻击途径连接数据库的攻击者等。

openGauss 提供了用户访问所需的客户端工具 GaussSQL（缩写为 gsql），同时支持

JDBC/ODBC 等通用客户端工具。整个 openGauss 系统通过认证模块来限制用户对数据库的访问，通过口令认证、证书认证等机制来保障认证过程中的安全，同时可以通过黑白名单限制访问 IP。

用户以某种角色登录系统后，通过基于角色的访问控制（Role Based Access Control，RBAC）机制，可获得相应的数据库资源以及对应的对象访问权限。用户每次在访问数据库对象时，均需要使用存取控制机制 访问控制列表（Access Control List，ACL）进行权限校验。常见的用户包括超级用户、管理员用户和普通用户，这些用户依据自身角色的不同，获取相应的权限，并依据 ACL 来实现对对象的访问控制。所有访问登录、角色管理及数据库运维操作等均通过独立的审计进程进行日志记录，以用于后期行为追溯。

openGauss 在校验用户身份和口令之前，需要验证最外层访问源的安全性，包括端口限制和 IP 地址限制。访问信息源验证通过后，服务端身份认证模块对本次访问的身份和口令进行有效性校验，从而建立客户端和服务端之间的安全信道。整个登录过程通过一套完整的认证机制来保障，满足 RFC5802 通信标准。登录系统后用户依据不同的角色权限进行资源管理。角色是目前主流的权限管理概念，它实际是权限的集合，用户则归属于某个角色组。管理员通过增加和删除角色的权限，可简化对用户成员权限的管理。

用户登录后可访问的数据库对象包括表（Table）、视图（View）、索引（Index）、序列（Sequence）、数据库（Database）、模式（Schema）、函数（Function）及语言（Language）等。实际应用场景中，不同的用户所获得的权限均不相同，因此每一次对象访问操作，都需要进行权限检查。当用户权限发生变更时，需要更新对应的对象访问权限，且权限变更即时生效。

用户对对象的访问操作本质上是对数据的管理，包括增加、删除、修改及查询等各类操作。数据在存储、传输、处理和显示等阶段都会面临信息泄露的风险。openGauss 提供了数据加密、数据脱敏以及加密数据导入/导出等机制保障数据的隐私安全。

17.7　本章小结

在数据库领域，国产数据库发展还比较缓慢，长期被 Oracle、IBM 和 MySQL 等产品挤压，随着国家鼓励软件国产化，国产软件将会越来越被重视。华为 openGauss 数据库让人们看到了国产数据库发展的希望。本章首先对华为数据库进行概述，然后重点介绍了华为开源数据库 openGauss 的相关技术，具体内容包括 openGauss 的 SQL 引擎、执行器技术、存储技术、事务机制和数据库安全。通过本章的学习可以使读者对华为数据库的发展历程和华为开源数据库 openGauss 相关技术有一个全面的了解。

17.8　习题与实践练习

一、选择题

1. openGauss 在编译过程中不需要对输入的 SQL 语言进行（　　）。

A. 词法分析　　　　B. 关键字分析　　C. 句法分析　　　　　D. 语义分析

2. 下列不属于优化器优化技术的是（　　）。

　　A. RBO　　　　　　　B. CBO　　　　　　C. PBO　　　　　　D. ABO

3. 下列不属于执行引擎执行流程的 3 个阶段的是（　　　）。

　　A. 初始化阶段　　　　B. 准备阶段　　　C. 执行阶段　　　D. 清理阶段

4. 下列不属于 openGauss 存储引擎的是（　　　）。

　　A. 块存储引擎　　　　B. 行存储引擎　　　C. 列存储引擎　　　D. 内存引擎

5. 在 openGauss 集群中，下列不属于事务的执行和管理所涉及的组件的是（　　　）。

　　A. MVCC　　　　　　B.GTM　　　　　　C. CN　　　　　　D. DN

二、填空题

1. openGauss 采用的是基于_____的优化技术。

2. openGauss 是一个_____式数据库。

3. 数据库存储引擎必须要保证存储数据的原子性、_____、_____和持久性。

4. openGauss 的查询优化功能主要分成了_____和_____两个部分。

5. openGauss 的存储引擎分为_____和_____。

6. openGauss 安全机制体系中，数据安全包括_____、_____和_____。

三、简答题

1. 执行器的主要执行单元是什么？

2. openGauss 算子当前的类型有哪几种？

3. 哪些场景下应该使用列存储引擎，哪些场景下应该使用行存储引擎？

4. 简单描述列存储的优势。

第 18 章　数据库应用综合项目案例

Oracle 数据库在众多领域都有广泛的应用，基于 C/S 或 B/S 结构的网络应用系统是其应用的主要类型。而和 Oracle 结合应用的多为 JavaEE 平台。本章将介绍一个基于 JavaEE 的医药管理系统的实例。该系统使用 Oracle 数据库作为后台数据库，使用 JavaEE 中的 Struts 和 Hibernate 框架技术进行开发。Web 应用程序通过 Hibernate 的 JDBC 数据库访问技术对数据库进行连接及数据的查询、修改和更新等操作。开发工具选用当前最流行的 Java 平台 IDE 开发工具 MyEclipse 10.0。

随着计算机网络技术和数据库技术的迅猛发展，以往依靠人工为主的医药管理，已逐步转变成以计算机信息管理系统为主的医药管理，从根本上改变了医药管理的传统模式，凭借省时、省力、低误差等优点，节省了人力资源，提高了工作效率。

本章要点：
- ❑ 掌握医药管理系统的功能概述。
- ❑ 熟练掌握系统功能模块的设计。
- ❑ 熟练掌握数据库系统的功能实现。
- ❑ 掌握查询模块的实现。
- ❑ 掌握修改、删除模块的实现。

18.1　系　统　设　计

在医院、药店的日常医药管理中，面对众多的药品和各种需求的顾客，每天都会产生大量的医药数据使用信息。早期采用传统的手工方式来处理这些信息，操作比较烦琐，且效率低下。此时，一套合理、有效、实用的医药管理系统就显得十分必要。利用其提供的药品查询、统计功能，可以进行高效的管理，更好地为顾客服务。本节将通过对医药超市的实地考察，从经营者和消费者的角度出发，以高效管理、快速满足消费者为原则，进行医药管理系统的设计。

18.1.1　系统功能概述

本系统开发的总体任务是建立一个基于 Web 的医药管理系统，为使用者提供一个网上发布、查询和管理药品的平台。医药管理系统的功能目标如下：
- ❑ 灵活的人机交互界面，操作简单方便、界面简洁美观。
- ❑ 系统提供中、英文语言，实现国际化。
- ❑ 药品分类管理，并提供类别统计功能。

- ❑ 实现各种查询,如条件查询、模糊查询等。
- ❑ 提供创建管理员账户及修改口令功能。
- ❑ 可对系统销售信息进行统计分析。
- ❑ 系统运行稳定、安全可靠。

18.1.2 系统功能模块设计

根据系统的功能目标,医药管理系统划分为 4 大功能模块,分别为基础信息管理、进货/需求管理、药品销售管理、系统管理,系统功能模块图如图 18-1 所示。

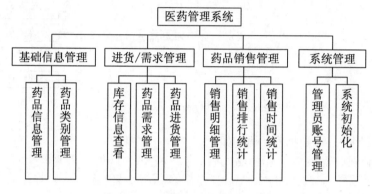

图 18-1 医药管理系统功能模块图

18.2 数据库设计

数据库在一个信息管理系统中占有非常重要的地位,数据库设计(Database Design)是指根据用户的需求,在某一具体的数据库管理系统上,设计数据库的结构和建立数据库的过程。数据库结构设计的好坏直接影响系统执行的效率和系统的可维护性。合理的数据库结构可提高数据存取的效率,有效降低数据冗余,增强数据的共享性和一致性。

数据库的生命周期主要分为 4 个阶段:需求分析、逻辑设计、物理设计、实现维护。设计数据库系统时应该了解用户各个方面的需求,包括现有的以及将来可能增加的需求。数据库设计一般包括数据库需求分析和数据库逻辑结构设计,下面分别进行介绍。

18.2.1 数据库需求分析

用户的数据处理主要体现在各种信息的输入、保存、查询、修改和删除等操作上,这就要求数据库结构能充分满足各种信息处理的要求。

针对本实例特点,经认真调查分析,得到系统的业务流程,如图 18-2 所示。

根据医药管理系统的特点,设计该系统需要的表空间、用户和表信息。本系统所创建的表空间是 medicinemanager_tbs,创建的用户是 mmu。

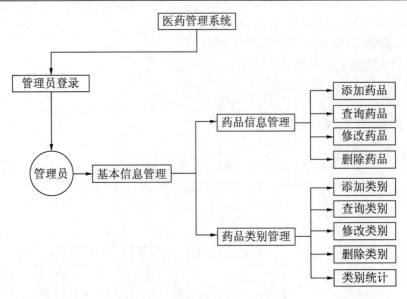

图 18-2　医药管理系统业务流程图

使用 mmu 用户连接数据库，语句如下：

```
C:\> CONNECT mmu/medicineuser
已连接。
```

通过分析医药管理需求和系统业务流程，设计数据库集和数据项如下：

❑ 药品表信息：数据项为编码、名称、出厂地址、描述信息、单价、库存数量、需求数量、图片、所属类别。

❑ 药品类别表信息：数据项为类别名称、描述信息、创建时间。

❑ 销售明细表：数据项为药品名称、销售单价、销售数量、销售时间、药品 ID、用户 ID。

❑ 用户表信息：数据项为用户名、密码、创建时间。

有了上面的数据结构、数据项和对业务处理的了解，就可以将以上信息录入数据库中。

18.2.2　数据库逻辑结构设计

下面将 18.2.1 小节规划的药品、药品类别、销售明细和用户 4 个实体用 E-R 图的方式描述如下。

1. 药品E-R实体图

药品 E-R 实体图如图 18-3 所示。

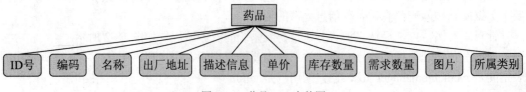

图 18-3　药品 E-R 实体图

2．药品类别E-R实体图

药品类别 E-R 实体图如图 18-4 所示。

图 18-4　药品类别 E-R 实体图

3．销售明细E-R实体图

销售明细 E-R 实体图如图 18-5 所示。

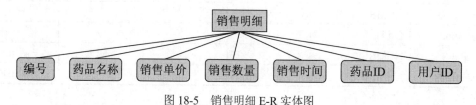

图 18-5　销售明细 E-R 实体图

4．用户E-R实体图

用户 E-R 实体图如图 18-6 所示。

图 18-6　用户 E-R 实体图

然后，把各实体转换为关系表，再根据实体间的联系定义关系表中的主键，最后得到数据库各个表的设计情况，如表 18-1～表 18-4 所示。

表 18-1　药品表（Medicine）

字　　段	数据类型	能否为空	自　　增	默　认　值	备　　注
id	NUMBER(8)	√	√	NULL	主键
medNo	VARCHAR2(20)	√			编码
name	VARCHAR2(50)	√			名称
factoryAdd	VARCHAR2(200)			NULL	出厂地址
description	VARCHAR2(1000)			NULL	描述信息
price	NUMBER(7,2)	√			单价
medCount	NUMBER(10)			NULL	库存数量
reqCount	NUMBER(10)			NULL	需求数量
photoPath	VARCHAR2(255)			NULL	图片
categoryId	NUMBER(8)			NULL	所属类别

表 18-2　药品类别表（category）

字　　段	数据类型	能否为空	自　增	默 认 值	备　　注
id	NUMBER(8)	√	√	NULL	主键
name	VARCHAR2(100)	√			类别名称
description	VARCHAR2(1000)			NULL	描述信息
createTime	DATE			NULL	创建时间

表 18-3　销售明细表（sellDetail）

字　　段	数据类型	能否为空	自　增	默 认 值	备　　注
id	NUMBER(8)	√	√	NULL	主键
sellName	VARCHAR2(200)	√			药品名称
sellPrice	NUMBER(7,2)	√			销售单价
sellCount	NUMBER(10)	√			销售数量
sellTime	DATE	√			销售时间
medid	NUMBER(8)			NULL	药品ID
userid	NUMBER(8)			NULL	用户ID

表 18-4　用户表（user）

字　　段	数据类型	能否为空	自　增	默 认 值	备　　注
id	NUMBER(8)	√	√	NULL	主键
username	VARCHAR2(50)	√			用户名
password	VARCHAR2(50)	√			密码
createTime	DATE			NULL	创建时间

18.3　数据库实现

数据库的逻辑结构设计完毕，下面需要在 Oracle 数据库系统中实现其逻辑结构，创建 mmu 用户方案，并在该用户方案下创建表、约束以及其他数据库对象，如视图、存储过程和触发器等。

18.3.1　创建 mmu 用户

创建 mmu 用户的步骤如下：
（1）以系统用户 SYSTEM 登录。

```
C:\> CONNETC system/system;
已连接。
```

（2）创建 mmu 用户。

```
SQL>CREATE USER mmu IDENTIFIED BY medicineuser;
用户已创建。
```

（3）为该用户授予相应权限。

```
SQL>GRANT CREATE SESSION,RESOURCE,CREATE VIEW TO mmu;
授权成功。
```

（4）以新用户 mmu 登录，连接数据库准备执行后面操作。

```
SQL> CONNETC mmu/medicineuser;
已连接。
```

18.3.2 创建表、序列和约束

1. 创建数据库表

创建数据库表的步骤如下：

（1）创建表 medicine（药品表）。

```
SQL>CREATE TABLE medicine(
2    id NUMBER(8)PRIMARYKEY,
3    medNo VARCHAR2(20)NOT NULL,
4    name VARCHAR2(50)NOT NULL,
5    factoryAdd VARCHAR2(200),
6    description VARCHAR2(1000),
7    price NUMBER(7,2)NOTNULL,
8    medCount NUMBER(10),
9    reqCount NUMBER(10),
10   photoPath VARCHAR2(255),
11   categoryID NUMBER(8));
```

表已创建。

（2）创建表 category（药品类别表）。

```
SQL>CREATE TABLE category(
2    id NUMBER(8)PRIMARYKEY,
3    name VARCHAR2(50)NOT NULL,
4    description VARCHAR2(1000),
5    createTime Date);
```

表已创建。

（3）创建表 sellDetail（销售明细表）。

```
SQL>CREATE TABLE sellDetail(
2    id NUMBER(8)PRIMARYKEY,
3    sellName VARCHAR2(200)NOT NULL,
4    sellPrice NUMBER(7,2)NOT NULL,
5    sellCount NUMBER(10),
6    sellTime Date,
7    medid NUMBER(8),
8    userid NUMBER(8));
```

表已创建。

（4）创建表 user（用户表）。

```
SQL>CREATE TABLE user(
2    id NUMBER(8)PRIMARYKEY,
3    username VARCHAR2(50)NOT NULL,
4    password VARCHAR2(50)NOT NULL,
5    createTime Date);
```

表已创建。

2. 创建序列和自增触发器

为上述表分别创建序列和触发器来实现主键自增。其他表的序列和触发器类似 medicine 表。下面以创建序列 medicine_seq 和触发器 tr_medicine 实现 medicine 表的主键自增为例进行介绍，创建过程如下：

```
SQL>CREATE SEQUENCE medicine_seq
2  MINVALUE 1 MAXVALUE 99999999
3  INCREMENT BY 1
4   START WITH 1
5   NOCYCLE NOORDER NOCACHE;
序列已创建。
SQL>CREATE TRIGGER tr_medicine
2  BEFORE INSERT ON medicine
3  FOR EACH ROW
4  BEGIN
5  SELECT medicine_seq.nextval INTO :NEW.id FROM dual;
6  END;
7  /
触发器已创建。
```

3. 创建存储过程

创建存储过程的步骤如下：

（1）创建向表 medicine 中插入数据的存储过程。

```
SQL>CREATE OR REPLACE PROCEDURE insert_medicine
2  (id NUMBER,,
3  medNo VARCHAR2,
4  name VARCHAR2,
5  factoryAdd VARCHAR2,
6  description VARCHAR2,
7  price NUMBER,
8  medCount NUMBER,
9  reqCount NUMBER,
10 photoPath VARCHAR2,
11 categoryID NUMBER)
 12 AS
 13 BEGIN
14  INSERT INTO medicine values
15  (medNo, name, factoryAdd, description, price, medCount,
16  reqCount, photoPath, categoryID);
17 END insert_medicine;

过程已创建。
```

（2）创建修改 medicine 表数据的存储过程。

```
SQL>CREATE OR REPLACE PROCEDURE update_medicine
2  (uid NUMBER,,
3  umedNo VARCHAR2,
4  uname VARCHAR2,
5  ufactoryAdd VARCHAR2,
6  udescription VARCHAR2,
7  uprice NUMBER,
8  umedCount NUMBER,
9  ureqCount NUMBER,
10 uphotoPath VARCHAR2,
11 ucategoryID NUMBER)
```

```
12  AS
13  BEGIN
14  UPDATE medicine SET id=uid,
15  medNo=umedNo, name=uname,
16  factoryAdd=ufactoryAdd, description=udescription,
17  price=uprice, medCount=umedCount,
18  reqCount=ureqCoun, photoPath=uphotoPath,
19  categoryID=ucategoryID;
20  END update_medicine;
21  /
```

过程已创建。

（3）创建删除 medicine 表数据的存储过程。

```
SQL>CREATE OR REPLACE PROCEDURE delete_medicine
2   (uid NUMBER)
3   AS
4   BEGIN
5   DELETE FROM medicine WHERE id=uid;
6   END delete_medicine;
```

过程已创建。

18.4　系统功能设计

后台数据库的基本结构已经完成，下面介绍系统功能结构设计。

18.4.1　逻辑分层结构设计

医药管理系统遵循 MVC 结构进行设计，由 4 层结构组成，分别为表示层、业务逻辑层、持久层与数据库层，如图 18-7 所示。

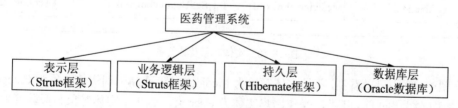

图 18-7　系统逻辑分层

其中，表示层与业务逻辑层均由 Struts 框架组成，表示层用于提供程序与用户交互的页面，项目中主要通过 JSP、ActionForm 及 Struts 标签库进行展现；业务逻辑层用于处理程序中的各种业务逻辑，项目中通过 Struts 框架的中央控制器及 Action 对象对业务请求进行处理；持久层由 Hibernate 框架组成，负责应用程序与关系型数据库之间的操作；数据库层为应用程序所使用的数据库，本系统使用的是 Oracle 数据库。4 层结构的具体实现如图 18-8 所示。

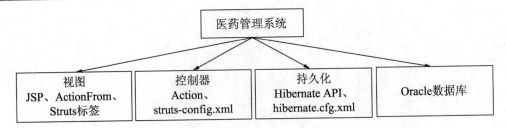

图 18-8　逻辑分层具体实现

18.4.2　系统文件组织结构

在 MyEclipse 开发工具中创建 Web 应用 MedicineManager，在该应用的 WEB-INF/lib 文件夹下，添加 Oracle 的 JAR 驱动包；在 src 目录下新建 util 包、dao 包、persistence 包和 struts 包，分别用来存放连接数据库的类、数据库操作类、持久层框架类和 struts 框架类，如图 18-9 所示。

18.4.3　实体对象设计

实体对象及其关系如图 18-10 所示。

图 18-9　医药管理系统的文件组织结构

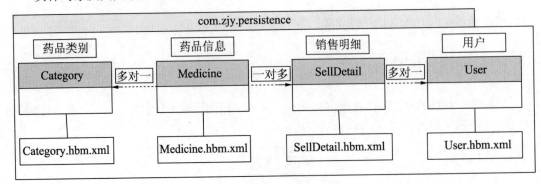

图 18-10　实体对象及其关系

从图 18-10 中可以看到，药品实体对象为 Medicine 类，药品类别实体对象为 Category 类，销售明细实体为 SellDetail 类，操作用户实体为 User 类，这 4 个实体对象为医药管理系统中的核心实体，它们所对应的映射文件均为"类名+.hbm.xml"文件。其中，药品信息与药品类别为多对一关联关系，一个类别中包含多个药品对象；药品信息与销售明细为一对多关联关系，多个销售明细对应一个药品对象；销售明细与用户之间为多对多的关联关系，多个销售明细信息对应多个操作用户。

18.4.4　定义 ActionForm

ActionForm 是简单的 JavaBean，主要用来保存用户所输入的表单数据，Action 要获取这些数据需要通过 ActionForm 对象进行传递。ActionForm 对表单的数据进行了封装，在 JSP 页面与 Action 对象提供了交互访问的方法。在使用过程中，可通过继承 org.apache.struts. action.ActionForm 对象来创建需要的 ActionForm 对象，项目中所涉及的 ActionForm 对象如 图 18-11 所示。

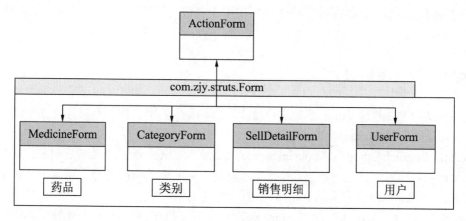

图 18-11 ActionForm 对象

18.4.5　持久层结构设计

持久层结构通过 Hibernate 框架进行设计。由于 Hibernate 对不同对象的增、删、改、查 操作具有一定的共性，如添加数据使用 save()方法、删除数据使用 delete()方法等，将项目中 这些具有共性的操作抽取出来，封装成一个类，其他数据库操作对象可通过继承此类来拥有 这些方法，从而减少程序中的多余代码。

SupperDao 类为所有数据库操作对象的父类，在此类中定义了对数据库进行操作的常用 方法，具体方法及说明如表 18-5 所示。

表 18-5　数据库类方法表

方　　法	说　　明
save()	用于保存一个对象
saveOrUpdate()	用于保存或更新一个对象
delete(Object obj)	用于删除一个对象，入口参数为Object类型
findByHQL()	通过HQL语句查询数据，入口参数为String类型的HQL语句
deleteByHQL()	通过HQL语句删除数据，入口参数为String类型的HQL语句
uniqueResult()	单值检索数据，入口参数hql为HQL查询语句、WHERE为查询条件
findPaging()	分页查询数据，入口参数hql为HQL查询语句，offset为结果集的起始位置，length为返回集的条目数，WHERE为查询条件

这些方法均为数据库操作的常用方法，所以将其封装在单独的一个类中，对于各个对象 的数据库相关操作，可通过继承此类来获取这些常用方法。其子类对象有 CategoryDao 类、 MedicineDao 类、SellDao 类和 UserDao 类，其功能说明如下：

❑ CategoryDao 类：药品类别数据库操作对象，用于封装与药品类别相关的数据库操作
　　方法。

❑ MedicineDao 类：药品信息数据库操作对象，用于封装与药品信息相关的数据库操作方法。

❑ SellDao 类：药品销售数据库操作对象，用于封装与药品销售相关的数据库操作方法。

❑ UserDao 类：用户数据库操作对象，用于封装与管理员及系统相关的数据库操作方法。

18.4.6　业务层结构设计

业务层结构主要通过 Struts 框架进行设计，由 Struts 的中央控制器对各种操作请求进行控制，并通过相应的 Action 对其进行业务处理。

Action、DispatchAction 与 LookUpDispatchAction 为 Struts 封装的 Action 对象，具有不同的特性及作用，项目中通过继承这几个对象实现对不同业务请求的处理。除这 3 个对象外，其余的 Action 对象均为自定义的 Action 对象。

在这些自定义的 Action 对象中，LanguageAction 与 LoginAction 用于处理国际化语言及用户登录操作。由于二者不涉及过多的业务逻辑，它们都直接继承于 Action 对象。

BaseAction 对象与 DeleteAction 对象为重要的 Action 对象，二者都继承了 DispatchAction 对象。项目中封装这两个对象的目的在于简化程序中的业务逻辑，提高程序的安全性。在这两个对象中均对用户的登录身份做了严格的验证，其子类对象通过继承不必再考虑用户登录的安全问题，而更专注于业务逻辑，同时通过继承还可以减少程序的代码量。BaseAction 对象的子类及作用如表 18-6 所示。

表 18-6　BaseAction对象的子类及其作用

子　　类	作　　用
SellAction	封装药品销售的相关操作，处理封装药品销售请求
SystemAction	封装系统相关操作，处理系统级的请求
CategoryAction	封装药品类别相关操作，处理药品类别相关请求
MedicineAction	封装药品信息相关操作，处理封装药品信息的相关请求
RequireAction	封装药品需求及库存相关操作，处理药品需求相关请求

DeleteAction 对象继承了 LookUpDispatchAction 对象，此类通过重写 getKeyMethodMap() 方法对数据进行批量删除操作，其子类对象及作用如表 18-7 所示。

表 18-7　DeleteAction对象的子类及其作用

子　　类	作　　用
DeleteMedicineAction	封装药品信息删除操作，用于批量删除药品信息
DeleteReqMedAction	封装药品需求信息删除操作，用于批量删除药品需求信息

18.4.7　页面结构设计

医药管理系统的页面结构采用框架进行设计，通过 HTML 语言中的<frameset>标签及

<frame>标签将页面分成 3 个部分，分别为页面头部、页面导航及内容页面，如图 18-12 所示。

此种布局方式将每一个页面单独置于一个框架之中，其中"页面头部"与"页面导航"在登录之后是固定不变的，对于用户的操作将在"内容页面"显示结果。使用这种方式的优点如下：

（1）避免了 JSP 页面中大量引用<include>动作标签。

（2）避免浏览器反复加载"页面头部"及"页面导航"等同样的内容，以加快浏览器读取速度。

图 18-12　页面布局

18.5　系统功能实现

下面将使用 MyEclipse 10 开发工具实现医药管理系统应用程序的开发，软件运行环境为 JDK 1.7+Tomcat 7.0，运行平台为 Windows 7 操作系统和 IE 7.0 浏览器。因 Java 程序的跨平台性，本系统也可移植到 Linux 平台运行。

18.5.1　创建 Web 项目——Medicine Manager

启动 MyEclipse 10 后，选择 File→New→Web Project 命令，在打开的窗口中将该项目命名为 Medicine Manager，如图 18-13 所示。

图 18-13　新建项目 Medicine Manager

18.5.2　配置文件

1．配置web.xml

web.xml 文件是 Web 项目的配置文件，在医药管理系统中，此文件需要配置 Struts 框架、JFreeChart 组件和过滤器等信息。

```
...
<servlet-mapping>
        <servlet-name>action</servlet-name>
        <url-pattern>*.do</url-pattern>
    </servlet-mapping>
    <!--JfreeChart 配置-->
    <servlet>
        <servlet-name>DisplayChart</servlet-name>
        <servlet-class>org.jfree.chart.servlet.DisplayChart</servlet-class>
    </servlet>
    <servlet-mapping>
        <servlet-name>DisplayChart</servlet-name>
        <url-pattern>/DisplayChart</url-pattern>
    </servlet-mapping>
    <!--字符编码过滤器-->
    <filter>
        <filter-name>CharacterEncodingFilter</filter-name>
        <filter-class>com.fw.util.CharacterEncodingFilter</filter-class>
        <init-param>
            <param-name>encoding</param-name>
            <param-value>GBK</param-value>
        </init-param>
    </filter>
    <filter-mapping>
        <filter-name>CharacterEncodingFilter</filter-name>
        <url-pattern>/*</url-pattern>
        <dispatcher>REQUEST</dispatcher>
        <dispatcher>FORWARD</dispatcher>
    </filter-mapping>
    <!--自定义 Hibernate 过滤器-->
    <filter>
        <filter-name>HibernateFilter</filter-name>
        <filter-class>com.fw.util.HibernateFilter</filter-class>
    </filter>
    <filter-mapping>
        <filter-name>HibernateFilter</filter-name>
        <url-pattern>/*</url-pattern>
    </filter-mapping>
    <!--首页文件-->
    <welcome-file-list>
        <welcome-file>index.jsp</welcome-file>
    </welcome-file-list>
</web-app>
```

2. 配置 struts-config.xml

Struts 框架实现了 MVC 模式，web.xml 和 struts-config.xml 文件是其两个重要的配置文件，其中 web.xml 文件实现了 Struts 的初始化加载，而 struts-config.xml 是它的核心配置文件。struts-config.xml 所做的工作比较多，包括 ActionForm 对象的定义、用户请求和 Action 之间的映射、异常处理等。

```
...
<struts-config>
  <!--注册 ActionForm-->
  <form-beans>
      <form-bean name="userForm" type="com..struts.form.UserForm"/>
      <form-bean name="medForm" type="com..struts.form.MedicineForm"/>
      <form-bean name="categoryForm" type="com..struts.form.CategoryForm"/>
      <form-bean name="sellDetailForm" type="com..struts.form.SellDetailForm"/>
```

```xml
  </form-beans>
  <global-exceptions/>
  <!--全局跳转-->
  <global-forwards>
     <forward name="login" path="/login.jsp" redirect="true"/>
     <forward name="buy" path="/sell/sell.do?command=add"/>
     <forward name="error" path="/error.jsp"/>
     <forward name="manage" path="/manager.jsp"/>
  </global-forwards>
  <action-mappings>
     <!--用户登录-->
    <action path="/login"
          type="com..struts.action.LoginAction"
          name="userForm"
          scope="request">
       <forward name="loginFail" path="/login.jsp"/>
    </action>
    <!--语言选择-->
    <action path="/language"
          type="com..struts.action.LanguageAction"
          scope="request" />
    <!--类别-->
    <action path="/baseData/category"
          type="com..struts.action.CategoryAction"
          name="categoryForm"
          scope="request"
          parameter="command">
       <forward name="paging" path="/baseData/category.do?command=paging"/>
       <forward name="findAllSuccess" path="/baseData/category_list.jsp"/>
       <forward name="edit" path="/baseData/category_add.jsp"/>
       <forward name="categoryGraph" path="/baseData/category_graph.jsp"/>
    </action>
    <!--药品-->
    <action path="/baseData/med"
          type="com..struts.action.MedicineAction"
          name="medForm"
          scope="request"
          parameter="command">
       <forward name="addSuccess" path="/baseData/med.do?command=paging"/>
       <forward name="findAllSuccess" path="/baseData/med_list.jsp"/>
       <forward name="view" path="/baseData/med_view.jsp"/>
       <forward name="add" path="/baseData/med_add.jsp"/>
       <forward name="medUpdate" path="/baseData/med_update.jsp"/>
       <forward name="medSave" path="/baseData/med_save.jsp"/>
       <forward name="canSellMeds" path="/baseData/med_sell.jsp"/>
    </action>
    <!--删除药品信息-->
    <action path="/baseData/deleteMedicineAction"
          type="com..struts.action.DeleteMedicineAction"
          parameter="command">
       <forward name="findAllSuccess" path="/baseData/med.do?command=
paging" />
    </action>
    <!--药品需求-->
    <action path="/require/require"
          type="com..struts.action.RequireAction"
          name="medForm"
          scope="request"
          parameter="command">
       <forward name="addSuccess" path="/require/require.do?command=paging"/>
```

```
            <forward name="findAllSuccess" path="/require/req_list.jsp"/>
            <forward name="medUpdate" path="/require/req_update.jsp"/>
            <forward name="medSave" path="/require/req_save.jsp"/>
            <forward name="add" path="/require/req_add.jsp"/>
            <forward name="view" path="/baseData/med_view.jsp"/>
        </action>
...
```

3．配置hibernate.cfg.xml

hibernate.cfg.xml 文件是 Hibernate 的配置文件，在项目中，此文件配置了数据库的方言、数据库连接信息、自动建表属性和打印 SQL 语句等属性。

```xml
<hibernate-configuration>
<session-factory>
    <!--Hibernate 方言-->
    <property name="dialect">org.hibernate.dialect.Oracle9Dialect</property>
    <!--数据库连接-->
    <property name="connection.url">jdbc:oracle:thin:@nuist:1521:orcl</property>
    <!--用户名-->
    <property name="connection.username">mmu</property>
    <!--密码-->
    <property name="connection.password"> medicineuser</property>
    <!--驱动-->
    <property name="connection.driver_class">oracle.jdbc.OracleDriver</property>
    <!--自动建表-->
    <property name="hibernate.hbm2ddl.auto">update</property>
    <!--显示 SQL 语句-->
    <property name="show_sql">true</property>
    <!--映射文件-->
    <property name="myeclipse.connection.profile">fw</property>
    <mapping resource="com//persistence/Medicine.hbm.xml"/>
    <mapping resource="com//persistence/Category.hbm.xml"/>
    <mapping resource="com//persistence/SellDetail.hbm.xml"/>
    <mapping resource="com//persistence/User.hbm.xml"/>
</session-factory>
</hibernate-configuration>
```

18.5.3　实体及映射

1．药品实体映射

药品实体对象的持久化类为 Medicine 类，此类封装了药品的相关属性并提供相应的 getXXX()与 setXXX()方法。

代码位置：MedicineManage\src\com\fw\persistence\Medicine.java。

药品对象与药品类别对象为多对一关联关系，所以在 Medicine 类中加入了药品类别属性 category，其关联关系通过映射文件 Medicine.hbm.xml 进行映射。

```xml
<hibernate-mapping package="com.fw.persistence">
    <class name="Medicine" table="tb_medicine">
        <!--主键-->
        <id name="id">
            <generator class="native"/>
        </id>
```

```
        <property name="medNo" length="100" not-null="true" unique="true"/>
        <property name="name" not-null="true" length="200"/>
        <property name="factoryAdd" length="200"/>
        <property name="description" type="text"/>
        <property name="price" not-null="true"/>
        <property name="medCount"/>
        <property name="reqCount"/>
        <property name="photoPath"/>
        <!--与药品类别的多对一关系-->
        <many-to-one name="category" column="categoryId" cascade="save-
update"/>
    </class>
</hibernate-mapping>
```

映射文件 Medicine.hbm.xml 将实体对象 Medicine 映射为 tb_medicine 表，主键的生成策略采用自动生成方式。此映射文件中，对于数据表的部分字段还通过 not-null、length、unique 等属性映射字段的属性，其中，not-null 用于映射字段的非空属性，length 用于映射字段的长度，unique 用于映射字段是否唯一。

2．药品类别实体映射

药品类别实体用于封装药品类别属性信息，其持久化类为 Category 类，与药品对象存在一对多关联关系。

代码位置：MedicineManage\src\com\fw\persistence\Category.java。

药品对象与药品类别对象为多对一关联关系，但从药品类别一端来看，药品类别对象与药品对象又是一对多的关系，所以程序中采用了多对一双向关联进行映射。药品类别实体对象的映射文件为 Category.hbm.xml。

代码位置：MedicineManage\src\com\fw\persistence\Category.hbm.xml。

Category 类所映射的数据表为 tb_category，其中，<set>标签用于映射药品类别实体与药品实体间的一对多关联关系，此种映射方式将在药品数据库表中添加 categoryId 字段。

3．销售明细实体映射

销售明细用于描述药品销售时的具体情况，如销售时间、销售人员及销售数量等。这些信息十分重要，需要记录到数据库中，实例中将其封装在 SellDetail 类中。

代码位置：MedicineManage\src\com\fw\persistence\SellDetail.java。

为了方便查看销售明细的总额信息，在 SellDetail 类中加入了 sellTotal 属性，此属性并不进行数据表的映射，它只有一个与之对应的 get()方法，在此方法中通过单价与数量的运算对 sellTotal 进行赋值，并将其返回。

销售明细实体的映射文件为 SellDetail.hbm.xml，此映射文件中映射了两个多对一关联关系，分别是与药品对象的多对一关系及与操作用户间的多对一关系。

代码位置：MedicineManage\src\com\fw\persistence\SellDetail.hbm.xml。

销售明细实体映射的数据表为 tb_selldetail。在映射文件 SellDetail.hbm.xml 中，通过两个 <many-to-one>标签分别映射与药品对象及操作用户的多对一关联关系，并配置了级联操作类型为 save-update。

4．用户实体映射

在医药管理系统中，用户实体用于封装管理员的基本信息，如登录的用户名、密码等属性，其类名为 User。

代码位置：MedicineManage\src\com\fw\persistence\User.java。

User 类中属性相对较少，其映射过程也相对简单。其映射文件为 User.hbm.xml。

代码位置：MedicineManage\src\com\fw\persistence\User.hbm.xml。

18.5.4　公共类设计

1．Hibernate过滤器

在没有使用 Spring 管理 Hibernate 的情况下，对 Hibernate 的管理仍然存在一定的难度，特别是在 J2EE 开发中，线程安全、SessionFactory 对象、Session 对象、Hibernate 缓存及延迟加载等是程序设计中的难题，管理不当将会对程序造成极为严重的影响。在医药管理系统中，将 SessionFactory 对象、Session 对象置于过滤器中，由过滤器对其进行管理，从而解决这些问题。

在 Web 项目中，以普通方式使用 Hibernate 将无法解决 Hibernate 延迟加载。当有一个业务请求查询数据时，首先要开启 Session 对象，然后 Hibernate 对数据进行查询，再关闭 Session 对象，最后通过 JSP 页面来显示数据。在这一过程中，如果查询数据时使用了延迟加载，当 JSP 页面显示数据信息时，Hibernate 将抛出异常信息，因为这时 Session 已经关闭，Hibernate 不能再对数据进行操作。

通过过滤器管理 Hibernate 的 Session 对象则可以避免此问题。

在 Web 容器启动时，过滤器被初始化，它将执行 init()方法，在后续的操作中不会再次被执行；而当容器关闭时，过滤器将执行 destroy()方法。这两个方法恰好符合 SessionFactory 对象的生命周期，在运行期间只执行一次操作，可用于实例化及销毁 SessionFactory 对象。对于 Session 对象的关闭操作，可以在业务逻辑处理结束后，response 请求转发到 View 层（JSP 页面）之前进行。项目中将封装在 HibernateFilter 类中，此类继承了 Filter 类，它是一个过滤器。

代码位置：MedicineManage\src\com\fw\util\HibernateFilter.java。

为了保证线程的安全性，项目中将 Session 对象存放在 ThreadLocal 对象中，当用到一个 Session 对象时，首先从 ThreadLocal 中获取，在无法获取的情况下才会开启一个新的 Session 对象。同时，为了保证 Session 对象能在 response 请求转发到 View 层之前被关闭，项目中采取了 try…finally 语句对 Session 进行关闭。

2．SuperDao类

SuperDao 类为项目中所有数据库操作类的父类，此类中封装了数据库操作的常用方法。在此类中，由于 Hibernate 对数据的操作都需要用到 Session 接口，类中定义了一个 protected 类型的 Session 对象，为其子类提供方便。

save()方法及 saveOrUpdate()方法都用于保存一个对象，其入口参数均为 Object 类型。其中，saveOrUpdate()方法比 save()方法更智能一些，可以根据实体对象中的标识值来判断保存还是更新操作。SuperDao 类中使用这两个方法对实体对象进行保存及更新操作。

代码位置：MedicineManage\src\com\fw\dao\SuperDao.java。

删除操作的方法为 delete()，入口参数为 Object 类型，此方法通过 Session 接口的 delete() 方法实现。

SuperDao 类为项目中所有数据库操作类的父类，在设计时应当考虑全面。Hibernate 的 HQL 查询语言提供了更为灵活的查询方式，在这个超类中应该加入 HQL 操作方法，其中，findByHQL()方法用于根据指定的 HQL 查询语句查询结果集，deleteByHQL()方法用于根据指定的 HQL 删除语句进行删除操作。

Hibernate 单值检索在查询后返回单个对象，当返回的结果包含多条数据时，Hibernate 将抛出异常。此种操作可用于查询单条数据，如聚合函数 count()等。在 SuperDao 类中，单值检索的方法为 uniqueResult()。

此方法的入口参数为 HQL 查询语句及查询条件，其中，查询条件为 Object[]数组类型，用于装载查询语句中的参数。

分页查询在程序开发中经常看到，不但方便查看，还可以减少结果集的返回数量，提高数据访问效率。使用 Hibernate 的分页查询方法极为简单，只需要传入几个参数即可，但在 SuperDao 类中对其进行了扩展，加入了 HQL 语句的动态赋值，其方法名为 findPaging()。

此方法的入口参数有 4 个，其中，参数 hql 为 HQL 查询语句，它允许传入参数中带有占位符"？"的 HQL 语句；参数 offset 为查询结果集对象的起始位置；参数 length 为查询结果的偏移量，也就是返回数据的条目数；参数 where 为查询条件，属于 Object[]数据类型，用于装载 HQL 语句中的参数。通过上述这几个参数基本可以满足项目中所有的分页查询，当然遇到特殊情况时，可以通过子类对象重写此方法。

3. BaseAction类

BaseAction 类是业务层，有一个超类对象，它继承了 Struts 的 DispatchAction 类，同时还为子类对象提供了公用方法。此类首先定义了 3 个 protected 类型的分量，分别用于设置每页的记录数、本地语言信息及国际化消息资源。

代码位置：MedicineManage\src\com\fw\action\BaseAction.java。

Struts 的 DispatchAction 类继承了 Action 类，此类在处理请求时首先要执行 execute()方法，然后通过控制器再转发到相应的方法进行业务处理。根据这一分析，可以在 execute()方法中对用户的身份做出验证。

如果对系统中涉及的 Action 均编写一个验证方法，则程序代码的重复性太高，不能体现出面向对象的设计模式，所以需将其单独封装在 BaseAction 类中，此类通过重写 Action 类的 execute()方法对用户身份进行验证。

由于分页查询的应用比较多，所以在业务层将其封装在 BaseAction 类中，通过 getPage() 方法进行实现，子类对象可以通过继承来获取此方法。getPage()方法返回一个 Map 集合对象，该集合用于装载结果集及分页条。其中，结果集对象为一页中的所有数据集合，它是一个 List 对象；分页条为分页查询后在 JSP 页面所显示的分页信息，如记录数、页码、上一页及下一页的超链接等，它是一个 String 类型的字符串。

getPage()方法的入口参数有 4 个，其中，参数 hql 为分页查询的 HQL 语句，此语句不可以包括 SELECT 子句，它从 FROM 子句开始，可以传入带有占位符的 HQL，但需要通过查询条件参数 WHERE 传递占位符的值，当 HQL 语句没有参数时，where 参数可以设置为 null；

参数 recPerPage 为每一页的记录数；currPage 为当前的页码；action 为分页所请求的 Action 地址。getPage()方法提供这些参数的目的在于提高程序代码的重用性，因为在医药管理系统中，通过这些参数，getPage()方法已满足所有的分页查询，用到分页查询的地方都调用了此方法。此外，在其他项目中，此方法的重用价值也是非常高的。

4．DeleteAction类

公共类 DeleteAction 主要用于对项目中 LookUpDispatchAction 的请求进行处理。它继承了 LookUpDispatchAction 类，重写了 execute()方法对用户的身份做出验证，当用户身份验证失败时将进行错误处理；同时，此类还重写了 LookUpDispatchAction 类中的 getKeyMethodMap()方法，添加了两个按钮对象的 key。

代码位置：MedicineManage\src\com\fw\action\DeleteAction.java。

5．字符串工具类

在一个 Web 项目中，字符串是经常被操作的对象。为了简化程序的代码及提高程序的可读性，对于经常用到的字符串处理方法，可以封装在一个字符串工具类对其进行操作。

在医药管理系统中，封装了一个名为 StringUtil 的字符串工具类，用于对字符的特殊处理。此类中均为静态方法。

代码位置：MedicineManage\src\com\fw\util\StringUtil.java。

arr2Str()方法用于将数组转换为字符串，可以将 JSP 表单传递 id 值转换为此种方法；encodeURL()方法可对字符串进行 URL 编码，主要用于对含有中文的超链接进行处理；encodeZh()方法用于对字符中的中文乱码进行处理。

18.5.5 系统登录模块设计

系统登录是一个对用户身份验证的过程，只有登录成功的用户才可以对系统进行操作，否则不能对系统进行管理维护。

1．查询用户

创建名为 UserDao 的类，封装对用户及系统级的数据操作。在此类中编写 login()方法，用于根据用户名及密码查询用户对象。

```java
// 代码位置: MedicineManage\src\com\fw\dao\UserDao.java
...
public User login(String userName, String password)
    {
    User user=null;
    try
        {
        session=HibernateFilter.getSession();        // 获取 Session 对象
        session.beginTransaction();                  // 开启事务
        // HQL 查询语句
        String hql="from User u where u.username=? and u.password=?";
        Query query=session.createQuery(hql)         // 创建 Query 对象
            .setParameter(0, userName)               // 动态赋值
            .setParameter(1, password);              // 动态赋值
```

```
            user=(User)query.uniqueResult();              // 返回 User 对象
            session.getTransaction().commit();            // 提交事务
        } catch (Exception e)
        {
            e.printStackTrace();                          // 打印异常信息
            session.getTransaction().rollback();          // 回滚事务
        }
        return user;
    }

    // 根据 id 查询用户
    public User loadUser(int id)
    {
        User user=null;
        try
        {
            session=HibernateFilter.getSession();         // 获取 Session 对象
            session.beginTransaction();                   // 开启事务
            // 根据 id 加载用户
            user=(User)session.load(User.class, new Integer(id));
            session.getTransaction().commit();            // 提交事务
        } catch(Exception e)
        {
            e.printStackTrace();                          // 打印异常信息
            session.getTransaction().rollback();          // 回滚事务
        }
        return user;
    }
```

在用户的登录过程中，需要判断数据库用户对象是否存在，当用户提交登录信息时，调用此方法可返回查询后的用户对象，如果查询不到将返回 null 值。

2. 登录请求

用户登录请求由 LoginAction 类进行处理，此类继承了 Action 对象，它重写 execute()方法对用户登录请求进行验证。

代码位置：MedicineManage\src\com\fw\action\LoginAction.java。

UserForm 对象为用户 ActionForm 对象，Struts 自动将 JSP 页面表单信息封装在此对象中，所以可以直接获取 ActionForm 对象中的属性信息。LoginAction 类通过 UserForm 中的用户名及密码属性，调用 UserDao 对象中的 login()方法对用户信息进行查询，当数据库中存在与之匹配的数据，则登录成功，否则登录失败。

3. 登录页面

在 Web 文件夹的根目录中创建 login.jsp 文件，即系统中的用户登录页面，在其中放置用户登录的表单。

代码位置：MedicineManage\WebRoot\login.jsp。

在此页面中，首先通过<login:notEmpty>标签判断是否存在 error 值（代表错误信息），如果存在即表示用户登录发生错误，将在登录页面显示错误信息。Login.jsp 页面运行结果如图 18-14 所示。

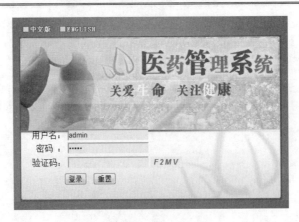

图 18-14　登录界面

18.5.6　药品类别信息管理

医药超市经营的药品众多，为方便查看及统计，需要对其进行分类。药品类别信息管理模块主要是对药品类别信息进行统一管理，其中包括对药品类别的添加、查看和统计等操作。

1. 药品类别持久层设计

CategoryDao 类是药品类别的数据库操作类，它继承了 SupperDao 类，提供对药品类别的数据库操作方法。其中，loadGategory()方法用于查询指定 id 的药品类别信息，其入口参数为 int 型药品 ID。

```java
// 代码位置：MedicineManage\src\com\fw\dao\CategoryDao.java
public class CategoryDao extends SupperDao
{
    // 根据id查询类别
    public Category loadCategory(int id)
    {
        Category c=null;
        try
        {
            session=HibernateFilter.getSession();
            session.beginTransaction();                    // 开启事务
            // 加载类别信息
            c=(Category)session.load(Category.class, new Integer(id));
            session.getTransaction().commit();             // 提交
        } catch(Exception e)
        {
            e.printStackTrace();
            session.getTransaction().rollback();           // 回滚
        }
        return c;
    }

    // 查询所有类别
    public List findAllCategory()
    {
        List list=null;
        try
        {
```

```
        session=HibernateFilter.getSession();
        session.beginTransaction();
        // 创建 Query 对象
        list=session.createQuery("from Category c").list();
        session.getTransaction().commit();
    }
    catch(Exception e)
    {
        e.printStackTrace();
        session.getTransaction().rollback();
    }
    return list;
}

// 统计药品类别及数量
    public List findCategoryAndCount()
    {
        List list=null;
        try
        {
            session=HibernateFilter.getSession();
            session.beginTransaction();
            String hql="select c.name,count(*) from Medicine m join m.category
c group by c";                                    // 内连接查询语句
            list=session.createQuery(hql).list();
            session.getTransaction().commit();
        } catch(Exception e)
        {
            e.printStackTrace();
            session.getTransaction().rollback();
        }
        return list;
    }
}
```

在添加药品信息时，需要添加与之对应的类别信息，所以还需要提供一个查询所有药品类别信息的方法——findAllGategory()。

为方便药品类别数据的统计，项目中对药品类别中药品的数量进行统计的操作被定义在findCategoryAndCount()方法中，由 HQL 语句的内连接查询进行实现。findCategoryAndCount()方法中的 hql 属性为内连接查询语句，可对药品数量按药品类别进行分组统计，查询后返回其结果集对象。

2．药品类别的添加

药品类别的添加是指将药品类别信息写入数据库，实现过程如下。

1）添加类别，修改请求处理

项目中将药品类别的相关请求封装在 CategoryAction 类中，此类继承了 BaseAction 对象，所以在对类别信息进行处理时，不必考虑用户是否登录的安全问题。此类中处理添加类别信息请求的方法为 add()，由于 CategoryAction 类是一个 DispatchAction 对象，所以当请求的参数为 add 时，将由此方法进行处理。

代码位置：MedicineManage\src\com\fw\action\CategoryAction.java。

因为此方法调用了 CategoryDao 对象的 saveOrUpdate()方法，所以药品类别信息的添加与修改操作均可通过此方法实现；当所传递的 CategoryForm 对象含有 ID 值时，则进行修改操作。

2）实现类别添加页面

类别添加页面即 category_add.jsp 文件，此页面中主要放置了类别添加的表单。

代码位置：MedicineManage\WebRoot\basedata\category_add.jsp。

此页面中使用Struts 的<html:hidden>标签设置药品类别的 ID 值，如果此属性不为空，则意味着操作为修改操作。类别添加页面运行结果如图 18-15 所示。

图 18-15　添加类别界面

3．分页查看类别信息

在添加药品信息后，系统将跳转到类别信息列表页面。在此页面中将对类别信息进行分页显示，此外还提供了药品类别修改与删除的超链接，如图 18-16 所示。

类别编号	类别名称	类别描述	创建时间	操作
1	感冒用药	主治感冒、发烧、头痛…	2013-06-09	修改 删除
2	胃肠用药	胃炎、肠炎专用药。	2013-06-09	修改 删除
3	儿童用药	慎用、儿童用药。	2013-06-09	修改 删除

总记录数3 共 1 页 首页 上一页 1 下一页 尾页 ☐ GO

图 18-16　所有类别界面

4．查询与删除请求处理

在 GategoryAction 类中，药品类别信息的分页查询方法为 paging()，由于此类继承于 BaseAction 类，所以调用父类中的 getPage()方法就可以实现，它将会返回结果集与分页条对象。

代码位置：MedicineManage\src\com\fw\action\CategoryAction.java。

在此方法中：currPage 属性为请求的页码；action 对象为 JSP 页面所请求的 action 地址；hql 为查询语句，由于它不含有占位符参数，所以 getPage()方法的条件参数设置为 null。

5．类别信息列表页面

category_list.jsp 是类别信息列表页面，在此页面中使用 Struts 的标签对药品类别信息进行迭代输出。

代码位置：MedicineManage\WebRoot\basedata\category_list.jsp。

category_list.jsp 页面中的"修改"与"删除"超链接使用 Struts 的<html:link>标签进行设置，此标签的功能十分强大，它可以设置超链接中的参数。项目中使用的 paramName 属性用于设置所迭代的对象，paramId 属性用于设置参数的名称，paramProperty 属性用于设置参数值，href 属性用于指定链接地址。

6．类别的修改与删除

在 GategoryAction 类中，类别的修改与删除相对简单一些，其中，处理删除类别请求的方法为 delete()，可根据指定的药品类别 id 删除药品类别对象。处理修改类别信息请求的方法为 edit()，此方法通过类别 ID 加载药品类别对象，将类别信息保存到 GategoryForm 对象中，最后转发到编辑页面。此方法在加载类别信息后，会将页面转到类别添加页面，因为类别添加请求处理的方法调用了 Hibernate 的 saveOrUpdate()方法，所以会对其进行自动更新。

7. 药品类别统计

为了方便查看、管理药品统计信息，项目中使用了报表组件 JFreeChart 对药品分类进行统计。实现过程如下。

1）生成制图对象 JFreeChart 工具类

创建名为 ChartUtil 的类（一个自定义的制图工具类），用于生成制图对象 JFreeChart。其中，categoryChart()方法用于生成药品类别统计的饼形图对象，其入口参数为装载结果集的 List 集合对象。

代码位置：MedicineManage\src\com\fw\util\ChartUtil.java。

此方法中，通过传递的 List 集合对象生成 DefaultPieDataset 数据集合，然后使用 ChartFactory 创建饼形图 JFreeChart 对象，并将其返回。

2）进行 Action 请求处理

药品类别统计请求由 CategoryAction 类的 findCategoryAndCound()方法进行处理,此方法首先通过 CategoryDao 对象统计药品类别信息，获取结果集对象后，通过 ChartUtil 类的 categoryChart()方法生成制图对象，最后将生成的图片路径放置到 request 中。

代码位置：MedicineManage\src\com\fw\action\CategoryAction.java。

3）显示报表

药品类别统计信息通过 category_graph.jsp 页面进行显示,此页面通过<bean:write>标签获取所生成图片的路径。

代码位置：MedicineManage\WebRoot\basedata\category_graph.jsp。

为避免指针错误，category_graph.jsp 页面使用<logic:notEmpty>标签判断所生成的图片路径是否存在，其运行结果如图 18-17 所示。

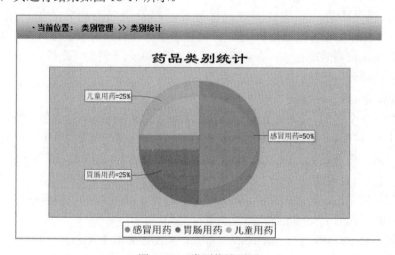

图 18-17　类别统计页面

18.5.7　药品信息管理

药品信息管理主要是对药品基本信息的维护，其中包括对药品信息的添加、删除及查询等操作。

1．药品对象持久层设计

MedicineDao 类是药品对象的数据库操作类，它继承了 SupperDao 类，此类主要包含 3 个方法，分别为 loadMedicine()、loadMedicineAndCategory()和 findMedicineByMedNo()。其中，loadMedicine()方法与 findMedicineByMedNo()方法用于根据药品 ID 及药品编码查询药品信息；loadMedicineAndCategory()方法用于查询药品信息与药品类别信息。loadMedicineAndCategory()方法是用内连接对药品信息表与药品类别表进行联合查询，可以减少 SQL 语句的数量。

代码位置：MedicineManage\src\com\fw\dao\MedicineDao.java。

药品实体与药品类别实体存在多对一的关联关系，当同时查看药品信息与药品类别信息时，Hibernate 将发出两条 SQL 语句，分别为查询药品信息的 SQL 语句与查询药品类别的 SQL 语句，所以项目中采用内连接将药品信息与药品类别信息一次加载出来，减少了 SQL 语句，提高了数据库的性能。

2．药品信息的添加与查询

药品编码是药品对象的一个标识，当添加一个药品信息时，需要判断此药品是否已经在数据库中存在，如果存在则只需要更新药品的数量即可。

1）药品添加的请求处理

药品管理的 Action 类为 MedicineAction，它继承了 BaseAction 类，是一个 DispatchAction 对象。此类的 findMedicineByMedNo()方法用于根据药品编码查询药品信息是否存在，当所添加的药品编码存在时，将跳转到更新页面，否则跳转到药品添加页面。

代码位置：MedicineManage\src\com\fw\action\MedicineAction.java。

MedicineAction 类的 add()方法用于添加或修改药品信息。此方法所做的工作比较多，包含判断药品信息是否存在、图片上传、保存药品以及更新药品等操作。此方法调用了 MedicineDao 类中的 saveOrUpdate()方法，因此适用于药品对象的添加与修改操作。其中，上传文件的命名采用日期时间格式，为防止重复，实例中加入了时间（毫秒）；上传的文件保存在 Web 目录的 upload 文件夹中。

2）药品添加页面

药品添加有 3 个页面，其中，med_add.jsp 页面提供输入药品编号表单；当添加的药品信息在数据库中不存在时，将通过 med_save.jsp 录入药品的详细信息；当所添加的药品信息存在于数据库中时，将通过 med_update.jsp 页面更新药品数量，如图 18-18 所示。

3）分页查看所有药品

在添加药品信息后，请求转发到查看所有药品信息，对所有药品信息进行分页显示。此操作通过 MedicineAction 类的 paging()方法进行处理。

代码位置：MedicineManage\src\com\fw\action\MedicineAction.java。

此方法通过调用 MedicineAction 类继承的 getPage()方法进行分页查询，在查询后分别将结果集与分页条放置到 request 中，并转发到 med_list.jsp 页面进行显示，如图 18-19 所示。

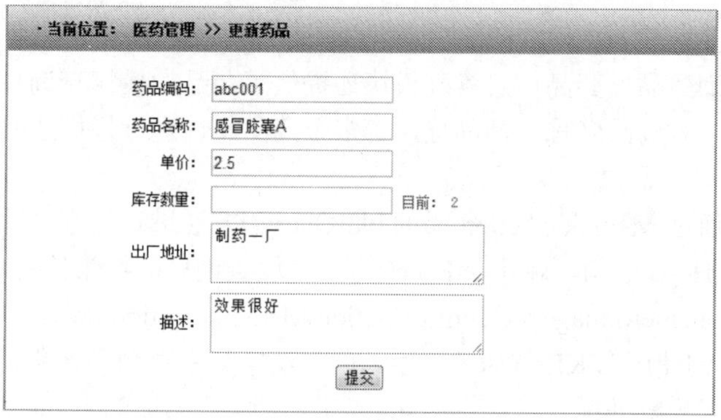

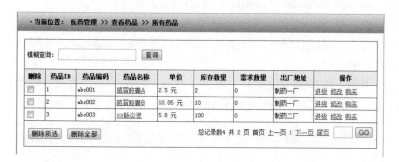

图 18-18 更新药品页面

图 18-19 所有药品界面

4）查看药品详细信息

在药品类别中提供了查看药品详细信息的超链接，此链接作用于药品名称上，单击此链接将进入药品查看请求中，该请求由 MedicineAction 类的 view()进行处理。

代码位置：MedicineManage\src\com\fw\action\MedicineAction.java。

在 view()方法中，首先通过传递的药品 ID 查询药品对象，然后将查询到的药品信息放置于 request 对象中，转发到 med_view.jsp 页面进行显示，如图 18-20 所示。

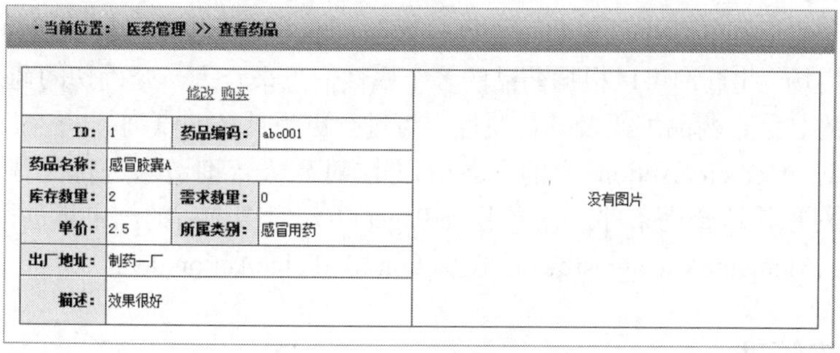

图 18-20 查看药品界面

在 med_view.jsp 页面中，通过<logic:empty>标签及<logic:notEmpty>标签对药品图片是否存在进行逻辑判断，当药品图片存在时，通过<bean:write>标签输出图片路径，否则输出提示信息。

代码位置：MedicineManage\WebRoot\basedata\med_view.jsp。

5）模糊查询药品

为方便用户查询药品，药品信息管理模块还提供了药品的模糊查询功能，即根据用户所输入的关键字信息，对药品名称、药品描述等多个药品属性进行模糊匹配，并分页显示模糊查询后的结果集。

药品模糊查询通过 MedicineAction 类的 blurQuery()方法进行处理。此方法根据提交的关键词 keyWord 组合 HQL 语句，调用 getPage()方法获取查询后的结果信息对象与分页条对象。

代码位置：MedicineManage\src\com\fw\action\MedicineAction.java。

HQL 的模糊查询使用 LIKE 作为关键字，此方法中分别对药品名称、药品编码、出厂地址及药品描述进行了模糊匹配。

药品模糊查询页面为 med_list.jsp，此页面包含输入药品信息的表单。

代码位置：MedicineManage\WebRoot\basedata\med_list.jsp。

为简化程序中的代码，此表单并没有使用 Struts 标签中的 for 表单，而采用了普通的<form>标签进行定义。此段代码在项目中是一段可以重用的代码，涉及模糊查询时可通过更改表单中的 action 来实现。

当在此表单中输入模糊的关键词时，单击"查询"按钮，系统将进行模糊查询。例如，查询的关键词为"感冒"，其查询结果如图 18-21 所示。

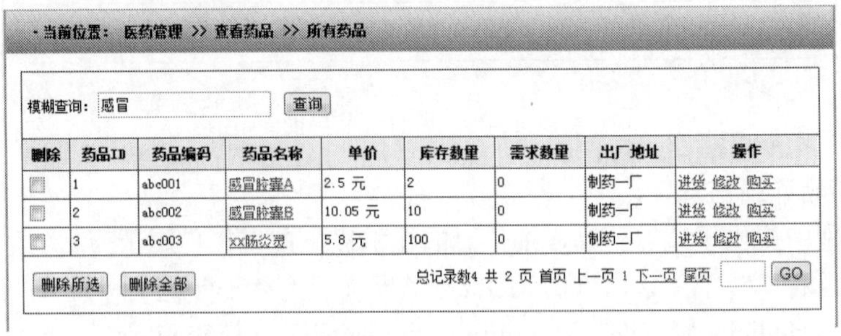

图 18-21　模糊查询

6）高级查询

使用模糊查询返回的数据结果集可能比较繁杂，不方便查找某一种确切的药品，此时高级查询便派上用场，此查询可以根据药品的多个属性信息来查询一个确切的药品对象，例如，输入一个药品的名称、药品编码及其他属性，可进行更为具体的查询。

项目中通过 MedicineAction 类的 query()方法对高级查询请求进行处理，此方法通过 MedicineForm 对象构造查询条件，并调用 getPage()方法对查询后的结果集进行分页显示。

代码位置：MedicineManage\src\com\fw\action\MedicineAction.java。

18.5.8　系统管理

系统管理模块的作用是对管理员账户进行管理及对系统进行初始化操作，在业务层与持久层分别由 SystemAction 类与 UserDao 类进行处理。

1. 添加管理员

添加管理员实质就是对管理员账号信息持久化的过程。其操作比较简单，持久层可以通过 Hibernate 框架的 save()方法添加管理员用户，在业务层由 SystemAction 类的 userAdd()方法处理此请求。

代码位置：MedicineManage\src\com\fw\action\SystemAction.java。

此方法首先验证了密码与确认密码是否相同，只有在密码与确认密码一致的情况下才可以添加管理员用户。在添加了管理员用户之后，由 user_list.jsp 页面进行显示，其效果如图 18-22 所示。

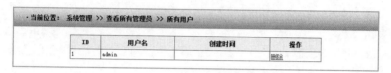

图 18-22　所有用户

2. 修改密码

修改密码操作需要提供旧密码，否则不能进行修改，此请求由 SystemAction 类的 modifyPssword()方法实现。

代码位置：MedicineManage\src\com\fw\action\SystemAction.java。

出于程序的安全性考虑，此方法分别对用户的旧密码、新密码及确认密码进行验证，只有在符合的条件下才可以修改成功，否则程序将对其进行相应的错误处理，由 error.jsp 页面输出错误信息。例如，用户提供了错误的原始密码，则结果如图 18-23 所示。

图 18-23　错误提示

3. 系统初始化

在系统需要恢复为原始状态时，可以通过程序提供的系统初始化操作来实现。此操作将清除数据库中所有数据，在使用过程中要慎重。其数据库的清理操作由 UserDao 类的 initialization()实现。

代码位置：MedicineManage\src\com\fw\dao\UserDao.java。

Hibernate 提供的 SchemaExport 类是一个工具类，其 create()方法用于导出表操作。在项目中通过此方法进行数据的初始化操作，此过程将删除数据库中原有的数据并重新生成。

18.5.9　运行项目

运行项目的步骤如下：

（1）MyEclipse 中要事先配置好 Tomcat 应用服务器，然后在 MyEclipse 的包资源管理器中选中 MedicineManager 项目，右击，在弹出的快捷菜单中选择"运行方式"→MyEclipse Server Application 命令，此时 MyEclipse 将对项目自动部署并运行。

（2）在 Web 服务器启动成功后，MyEclipse 将通过内置的浏览器打开项目主页，也可以直接通过在浏览器地址栏中输入"http://localhost:8080/MedicineManager"，输入用户名和密码后进入系统，其运行结果如图 18-24 所示。

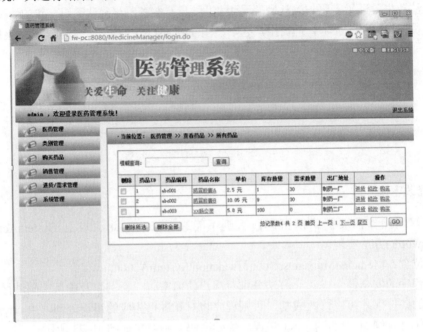

图 18-24　主界面

18.6　本章小结

本章以 Oracle 为后台数据库，结合 JavaEE 中 Struts 和 Hibernate 两大框架技术，介绍了一个医药管理系统的设计与开发过程。该系统详细介绍了 Oracle 数据库技术和 JavaEE 技术的运用，使数据的管理和系统的维护更加有效和健壮。通过本章的学习，读者会对采用 Oracle 作为数据库的 J2EE 应用程序开发有更深一层的了解，并能熟练掌握 Struts 和 Hibernate 框架的运行方法；同时对 Java 语言连接、调用数据库也进一步加深了理解。

参 考 文 献

[1] 方巍，文学志. Oracle 数据库应用与实践[M]. 北京：清华大学出版社，2014.

[2] 施郁文，陈清华. Oracle 18c 数据库实用教程[M]. 北京：电子工业出版社，2019.

[3] 赵明渊. 数据库原理与应用教程（Oracle 12c 版）[M]. 北京：清华大学出版社，2018.

[4] 戴明明，臧强磊. Oracle 18c 必须掌握的新特性[M]. 北京：电子工业出版社，2019.

[5] 王岩，宋放. Oracle 数据库应用开发[M]. 北京：北京理工大学出版社，2020.

[6] 甘长春，张建军. Oracle 数据库存储管理与性能优化[M]. 北京：中国铁道出版社，2020.

[7] 萧文龙，李逸婕，张雅茜. Oracle 11g 数据库最佳入门教程[M]. 北京：清华大学出版社，
    2013.

[8] 石彦芳，李丹. Oracle 数据库应用与开发[M]. 北京：机械工业出版社，2012.

[9] 王红. Oracle 数据库应用与开发案例教程[M]. 北京：中国水利水电出版社，2012.

[10] 李国良，周敏奇. openGauss 数据库核心技术[M]. 北京：清华大学出版社，2020.

[11] Ian Abramson，Michael Abbey，Michae J.Corey，Michell Malcher. Oracle Database Beginner's
    Guide[M]. New York：McGraw Hill，2009.

[12] Oracle Documents[EB/OL]. http://docs.Oracle.com.